FRANK LEIBBRAND

Theoretische Diskussion und abstrakte Handlungstheorie

ERFAHRUNG UND DENKEN

Schriften zur Förderung der Beziehungen zwischen Philosophie und Einzelwissenschaften

Band 82

Theoretische Diskussion und abstrakte Handlungstheorie

Ein methodologisches Abstraktionsstufenmodell und seine Anwendung in der Handlungsökonomik

Von

Dr. Frank Leibbrand

Duncker & Humblot · Berlin

Die Deutsche Bibliothek – CIP-Einheitsaufnahme

Leibbrand, Frank:
Theoretische Diskussion und abstrakte Handlungstheorie : ein methodologisches Abstraktionsstufenmodell und seine Anwendung in der Handlungsökonomik / von Frank Leibbrand. – Berlin : Duncker und Humblot, 1998
(Erfahrung und Denken ; Bd. 82)
Zugl.: Dresden, Techn. Univ., Diss., 1996
ISBN 3-428-09260-0

Fotoprint: Color-Druck Dorfi GmbH, Berlin
Printed in Germany

ISSN 0425-1806
ISBN 3-428-09260-0

Gedruckt auf alterungsbeständigem (säurefreiem) Papier
entsprechend ISO 9706♾

Zum Geleit

Die hier vorgelegte Arbeit befaßt sich mit einer Schnittstelle zwischen Wissenschaftstheorie und Wirtschaftswissenschaft, nämlich der Frage, wie und wann ein Fortschritt der (ökonomischen) Wissenschaft konstatiert werden kann. Der Verfasser bereichert uns dabei um eine wichtige und innovative Variante. Es wird nicht der sonst (vor allem bei *Popper*) übliche Theorie-Empirie-Vergleich bemüht, sondern zu zwei verschiedenen Theorien eines Forschungsgebietes eine Abstraktion gesucht, die beide Theorien als "Spezialfall" enthält, die also durch unterschiedliche Operationalisierung eines oder mehrerer Kriterien aus der Abstraktion hervorgehen, um dadurch auch den Konflikt zwischen den beiden Basistheorien erklärlich zu machen und auch aufzulösen. In allen wissenschaftstheoretischen Auffassungen gilt diese Art der Abstraktion nicht als Fortschritt.

Das Bedeutsame an dieser neuen Variante des Fortschrittes ist, daß er nur von Theoretikern erzielt werden kann, die so die existierende Theorienvielfalt zu reduzieren in der Lage sind. Die folgende Metapher drückt dies anschaulich aus: Würden alle (Handlungs-)Theoretiker (verschiedener Fachrichtungen wie der kognitiven Psychologie, Ökonomie, Soziologie) in eine Höhle ohne Schattenspiele eingesperrt, dann könnte die (Handlungs-)Wissenschaft doch einen Fortschritt erzielen durch das neue Fortschrittsvehikel: *Die theoretische Diskussion*. Die Lösung beruht also darauf, daß die Konflikte der Theoretiker mittels Abstraktion aufgelöst werden können und somit das Konfliktpotential identifiziert werden kann.

Diese neue Variante des Fortschrittes wird nun auf die Handlungsökonomie angewendet. Es wird aufgezeigt, daß die in dieser Arbeit entwickelte Handlungstheorie eine Abstraktion zu verschiedenen konkreteren Theorien, nämlich der rationalen Entscheidungstheorie, der Erwartungsnutzentheorie, der Theorie der beschränkten Rationalität, der Handlungsregulation und Prospekt-Theorie aus der Ökonomie, Psychologie und Soziologie darstellt. Nebenbei fallen auch noch Erkenntnisse über die Notwendigkeit dynamischer Präferenzen an, die in der vorgeschlagenen Abstraktion modellierbar sind. Zentraler Anspruch dieser Arbeit ist es (S. 233), „Verhalten ... nicht aus einem motivationalen Zustand (abzuleiten), sondern aus der potentiellen, gedachten bzw. erwarteten Motivationsanpassung“. Jedes Motiv wird durch einen „Behälter“ modelliert, der einen oberen und einen unteren Füllstand besitzt - letzterer ist ungleich Null, um interpersonell unterschiedliche Mindestniveaus in Form höchster Befriedigung darzustellen, während das Maximum eine Situation höchsten Antriebs darstellt. Durch diesen Behälter werden Entscheidungen pfadabhängig, und mit Hilfe einer einzuführenden Metrik können Unterschiede ausgewiesen werden. Durch eine Einbettung in Restriktionen (Budgets, Wissen, kognitive Struktur) werden die Rahmenbedingungen der Entscheidung festgelegt.

Drei Aspekte machen das Lesen dieser Arbeit ebenso spannend wie für Wirtschaftswissenschaftler wichtig:

- Das für Ökonomen relevante Forschungsgebiet ist dramatisch breiter als die Ökonomie selbst: Man bedarf unbedingt einer qualifizierten Wissenschaftstheorie, will man ökonomische Kernfragen sauber aufarbeiten, auch wenn dies manchmal eine scheinbare Hecklastigkeit verursacht.
- Für den theorieorientierten und zugleich empirisch forschenden Ökonomen stellt die Dialektik zwischen normativer und positiver Theorie sowie rationalistischer und empirischer Auffassung ein Spannungsfeld dar, daß der faktischen Wissenschaftlichkeit von Untersuchungen enge Grenzen setzt. Das hier vorgeschlagene Abstraktionsstufenmodell versucht nun, durch Rekurs auf eine nächst höhere Ebene Widersprüche aufzulösen. Dies erscheint den sonstigen Verfahren, nämlich einer Erweiterung des Geltungsbereichs einer Theorie oder Eliminierungsstrategien ebenso überlegen wie der Tautologisierung. Im vorliegenden Fall wird das Annahmensystem instrumentalistisch begründet, wobei die Frage nach dessen Relevanz durch konstruktivistische Übereinstimmung beantwortet wird. Durch die Abstraktion werden allerdings Falsifikatoren eliminiert, was zur Frage führt, welchen kritisch-rationalen Anteil die Theorie dann noch besitzt, denn der Falsifikationismus bezieht seinen Gehalt aus der Gegenüberstellung von Theorie und Empirie bzw. der empirischen Brille, die der Theorie aufgesetzt wird. Obwohl diese Frage offen bleibt, stellt der Ansatz einen wesentlichen Beitrag dar, die Wirtschaftsforschung und Wirtschaftspolitik theoretisch besser zu fundieren.
- Durch das „Füllstandsmodell“, das auf der Neoklassik und den neoklassischen „Reparaturtheorien“, die Unsicherheit und Zeit in die Neoklassik einbauten, sowie auf behavioristischen Ansätzen der Ökonomie (alte Institutionenökonomik und Evolutionsökonomik) und der Verhaltenspsychologie aufbaut, wird der Erkenntnisgewinn der Methode eindringlich deutlich gemacht. Am „Aufhänger“ Flexibilität als rationalem Handlungsziel wird gezeigt, wie derartige Elemente zusammengeführt werden können, um damit auch eine Theorie der Dynamik von Präferenzen zu erklären, die faktisch als Pendant zur intertemporalen Allokation erforderlich ist, um das Zweite Gossensche Gesetz dynamisch zu fundieren. Hier stellt sich nämlich das Pro-

blem, daß die statische Analyse ohne Erinnerung abläuft und damit nicht erklärt werden kann, wie Substitutionsraten bzw. relative Knappheiten vom Konsum der Vorperioden - dem Grad der Füllung - abhängen. Hierdurch wird, als Pendant zur intertemporalen Allokation, ein Paradoxon gelöst, daß nämlich in der Momentaufnahme inkonsistente Entscheidungen auftreten können, die durch das Verbrauchsverhalten der Vorperioden aber logisch erklärbar werden.

Die hier entwickelten Gedanken sind kreativ, werden in origineller Form zu Neuem integriert und erweitern auch aus Sicht der Ökonomie die Möglichkeiten des wissenschaftlichen Arbeitens. Die innovatorische Qualität wird auch aus der umfangreichen Literatur, die der Verfasser herangezogen hat, deutlich. Sie stellt einen wichtigen wissenschaftlichen Beitrag dar, so daß die begründete Hoffnung auf entsprechende Resonanz besteht.

Dresden, im Januar 1998

Prof. Dr. Ulrich Blum

Vorwort

Das vorliegende Buch, das mit der Erforschung des Flexibilitätsbegriffs begann und über die vielfältigen Handlungstheorien schließlich mit der Antwort auf eine wissenschaftstheoretische Fragestellung endete, verbindet mich mit vielen Menschen.

Meine Freude an Forschung und Lehre weckte Prof. Dr. Diethard Pallaschke durch die Mathematik und das Operations Research. Das Interesse an etwas Realitätsnäherem - nämlich der Ökonomie – erwies sich als zeitraubend aber ungemein spannend. Und hier gilt es, meinen akademischen Lehrer, Prof. Dr. Ulrich Blum, zu nennen. Seine Assoziationen und Hybridisierungen zu diesem Thema waren immer besondere Hilfestellungen und/oder Herausforderungen. Das Wichtigste war jedoch sein Vertrauen in mich, daß ich trotz größtmöglichster (Themen-)Freiheit in endlicher Zeit ein vernünftiges Resultat erzielen würde.

Prof. Dr. Ralf Witt danke ich für die wichtigen Konsultationen zum wissenschaftstheoretischen Teil in einer sehr angespannten Zeit und die Übernahme des Ko-Referats, ebenso dem Drittkorrektor Prof. Dr. Wolfgang Eichhorn.

Das intensive Durcharbeiten verschiedener Versionen, verbunden mit dem Aufzeigen von Mängeln, durch die Herren Dr. Werner Gleißner, Dipl.-Kfm. Johannes Mönius M.Sc. und Dipl.-Kfm. Andreas Müller war mir eine große Hilfe. Die externen Doktorandenseminare des Dresdner/Bamberger Lehrstuhls möchte ich nicht missen, wurde doch so manches Thema kontrovers und fundamental diskutiert.

Dr. Harald Schaub danke ich insbesondere für die allumfassende Unterstützung in der heißen Schlußphase. Jeder, der diese Phase hinter sich hat, weiß, wovon ich rede. Den Feinschliff in Sprache, Orthographie und Interpunktion schulde ich zu einem großen Teil meiner Schwester Eva Ulbricht.

Der bei weitem größte Dank gilt jedoch meinen beiden Söhnen Tobias und Florian und insbesondere meiner Frau Gaby, die mir stets die erforderliche Kraft sowie den nötigen Rückhalt gaben und in den entscheidenden Phasen ihre Forderungen zurückhielten.

Stegaurach, im Januar 1998 — Dr. Frank Leibbrand

Eine kleine Vorgeschichte

»Angesichts einiger unerklärlicher Tatsachen mußt du dir viele allgemeine Gesetze vorzustellen versuchen, ohne daß du ihren Zusammenhang mit den Tatsachen, die dich beschäftigen, gleich zu erkennen vermagst. Auf einmal, wenn sich unversehens ein Zusammenhang zwischen einem Ergebnis, einem Fall und einem Gesetz abzeichnet, nimmt ein Gedankengang in dir Gestalt an, der dir überzeugender als die anderen erscheint. Du versuchst, ihn auf alle ähnlichen Fälle anzuwenden, Prognosen daraus abzuleiten, und erkennst schließlich, daß du richtig geraten hast. Aber bis zuletzt weißt du nie, welche Prädikate du in deine Überlegung einführen sollst und welche du aufgeben mußt. Und genau in dieser Weise gehe ich vor, um das Geheimnis der Abtei zu lüften. Ich betrachte eine Anzahl unzusammenhängender Elemente und entwickele Hypothesen. Aber ich muß viele Hypothesen entwickeln, und manche davon sind so absurd, daß ich mich schämen würde, sie dir zu nennen ... [...] Siehst du, und ganz ähnlich steht es jetzt im Falle des Geheimnisses der Abtei: Ich habe inzwischen viele schöne Hypothesen, aber bisher noch kein evidentes Faktum, das mir zu sagen gestattet, welche die richtige ist. Und damit ich nicht hinterher dumm dastehe, verzichte ich lieber jetzt darauf, als klug zu erscheinen. Laß mir noch etwas Zeit zum Nachdenken, bis morgen wenigstens.«

Mit einem Male begriff ich die Denkweise meines Meisters, und sie schien mir recht unähnlich der eines Philosophen, der von ehernen Grundprinzipien ausgeht, so daß sein Verstand gleichsam die Vorgehensweise der göttlichen Ratio übernimmt. Ich begriff, daß William, wenn er keine Antwort hatte, sich viele verschiedene Antworten vorstellte. Und das verblüffte mich sehr.

»Aber dann«, wagte ich zu bemerken, »seid Ihr noch weit von der Lösung entfernt ... «

»Wir sind ihr bereits ganz nahe«, entgegnete William heiter, »ich weiß nur noch nicht, welcher.«

»Demnach habt Ihr nicht eine einzige Antwort auf alle Fragen?«

»Lieber Adson, wenn ich eine hätte, würde ich in Paris Theologie lehren.«

»Und in Paris haben sie immer die richtige Antwort?«

»Nie«, sagte er fröhlich, »aber sie glauben sehr fest an ihre Irrtümer.«

»Und Ihr«, bohrte ich weiter mit kindischer Impertinenz, »Ihr begeht nie Irrtümer?«

»Oft«, strahlte er mich an, »aber statt immer nur ein und denselben zu konzipieren, stelle ich mir lieber viele vor und werde so der Sklave von keinem.«

Ich hatte allmählich den Eindruck, daß William überhaupt nicht ernsthaft an der Wahrheit interessiert war, die bekanntlich nichts anderes ist als die Adaequatio zwischen den Dingen und dem Intellekt. Statt dessen amüsierte er sich damit, so viele Wahrheiten wie möglich zu ersinnen!

In diesem Moment, ich gestehe es, verzweifelte ich an meinem Meister und ertappte mich bei dem Gedanken: »Gar nicht so schlecht, daß die Inquisition gekommen ist!« Jawohl, ich ergriff Partei für den Wahrheitsdurst ...

Umberto Eco 1982, S. 390ff

Inhaltsverzeichnis

Tabellenverzeichnis

Abbildungsverzeichnis

Die meisten Menschen sprechen nicht, zitieren nur. Man könnte ruhig fast alles, was sie sagen, in Anführungsstriche setzen; denn es ist übernommen, nicht im Augenblick des Entstehens geboren.

Christian Morgenstern

Teil I: Einführung in die Welt der Wissenschaft und in die Problemstellung der Arbeit

1. Das Problem und die Struktur der Lösung

Die obige Aussage des Dichters *Morgenstern* gilt sicherlich auch für den wissenschaftlichen Bereich. Gerade die Erweiterung der Erkenntnis muß auf einer bestehenden Wissensbasis und deren Lücken bzw. Schwächen aufbauen. Dies kann durch eine unreflektierte, teilweise auch nur implizit "ausgewiesene" Übernahme oder aber durch ein kritisches Nachdenken und Überprüfen der Grundlagen des vorhandenen Wissens, welches dadurch in diesem Augenblick erneut entsteht, erfolgen. In dieser Arbeit wird versucht, letzterem, also einem so formulierten Anspruch der Originalität, gerecht zu werden. Dies erfordert eine Betrachtung der Wurzeln der bestehenden Wissenschafts- und Handlungstheorie. Dadurch soll der Anspruch des Entstehens während der Diskussion erfüllt werden.

Bereits *Weber* (1922) differenzierte zwischen Forschung, die der Spezialisierung dient und damit bestehendes Wissen auch unkritisch übernehmen muß, und der Überprüfung der neuen Erkenntnis an den "letzten Wertideen". So schloß er seine Untersuchung über die "Objektivität der sozialwirtschaftlichen und sozialpolitischen Erkenntnis" mit folgenden Aussagen:

> "Alle kulturwissenschaftliche Arbeit in einer Zeit der Spezialisierung wird, nachdem sie durch bestimmte Problemstellungen einmal auf einen bestimmten Stoff hin ausgerichtet ist und sich ihre methodischen Prinzipien geschaffen hat, die Bearbeitung dieses Stoffes als Selbstzweck betrachten, ohne den Erkenntniswert der einzelnen Tatsachen stets bewußt an den letzten Wertideen zu kontrollieren, ja ohne sich ihrer Verankerung an diesen Wertideen überhaupt bewußt zu bleiben. Und es ist gut so. Aber irgendwann wechselt die Farbe: die Bedeutung der unreflektiert verwerteten Gesichtspunkte wird unsicher, der Weg verliert sich in die Dämmerung. Das Licht der großen Kulturprobleme ist weiter gezogen. Dann rüstet sich auch die Wissen-

schaft, ihren Standort und ihren Begriffsapparat zu wechseln und aus der Höhe des Gedankens auf den Strom des Geschehens zu blicken." *(Weber 1922, S. 214)*

Diese Aussagen haben ihre Gültigkeit in jeder stufenlosen Abgrenzung von Wissenschaftsbereichen, auch innerhalb einer wirtschaftswissenschaftlichen Forschungsgemeinde. Teilweise wird in dieser Arbeit der Versuch unternommen, auf einen kleinen (Teil-) Strom des Geschehens zu blicken und Erweiterungen mancher vielleicht zu eng gezogener Grenzen anzudenken. Selbstverständlich liegen dieser Arbeit jedoch auch viele übernommene Ansichten und Aussagen zugrunde. Mit diesem Anspruch wollen wir nun die Untersuchung angehen.

1.1. Induktiver Weg über die Flexibilität zur Fragestellung

Diejenige wissenschaftliche Literatur, die sich mit dem Begriff der Flexibilität auseinandersetzt, zeugt von einer breiten Interpretationsvielfalt. Das ist sicherlich eine Folge davon, daß Flexibilität nur selten das unmittelbare Forschungsanliegen war und damit durch die verschiedenen Zielsetzungen und Untersuchungsperspektiven nur Teilaspekte des vielschichtigen Phänomens analysiert wurden. So interessieren sich dafür neben Managern und Ingenieuren auch Ökonomen: Flexible Produktionssysteme im Vorfeld von CIM-Strukturen, flexible Arbeitszeitmodelle, flexible Beschäftigung, organisatorische und strategische Flexibilität, flexible Unternehmen, flexible Vergeltung (der NATO) sind als Schlagworte in der Diskussion.

Flexibilität kommt vom lateinischen Wort für Biegsamkeit und hat als Synonym die (zielorientierte) Anpassung oder Veränderbarkeit. So wird sie z.B. von *Schneeweiß* und *Kühn* (1990) in einer Arbeitshypothese als Maß für die Fähigkeit eines Systems, sich veränderten Umweltsituationen anzupassen, formuliert; Flexibilität erhöht also die dynamische Wettbewerbsstärke. *Behrbohm* (1985, S. 1) interessiert die "*Frage nach der Anpassungsfähigkeit und Veränderungbereitschaft von sozio-technischen Systemen*" im Hinblick auf die industrielle Produktion.

An der Reaktion von Pflanzen (z.B. Kakteen) auf Umweltänderungen, z.B. das Aufkommen heftigen Windes, wird deutlich, daß die Anpassungsfähigkeit nicht das alleinige Kriterium sein kann. So haben wir einen großen stämmigen und einen feingliedrigen, blättrigen Kaktus unter Beobachtung. Beide brechen bei dem Sturm nicht, sind somit bezüglich des Impulses "Sturm" flexibel. Der stämmige Kaktus wird durch den Wind nicht berührt, d.h. er muß in sich nichts ändern, der feingliedrige hingegen legt sich flach in den Wind, um die Angriffsfläche zu verringern, und stellt sich danach wieder auf. Flexibilität kann also zugleich darin bestehen, auf einen Impuls zielkonform zu reagieren oder sich nicht verändern zu müssen.

Das Analogon für den stämmigen Kaktus im Sturm kann ein vertikal integriertes Unternehmen sein, welches auf eine Marktpreiserhöhung der in vertikaler Richtung verwendeten Vorprodukte trifft. Das andere Unternehmen, welches die Vorprodukte am Markt kauft und daraus das Endprodukt erstellt, kann darauf mit der Substitution oder anderen Maßnahmen reagieren. Die Empfindlichkeit gegenüber Impulsen spielt damit für die Flexibilität eine nicht zu vernachlässigende Rolle.

Jones und *Ostroy* (1984) betrachten die Revidierbarkeit bzw. Teilbarkeit von Entscheidungen in Abhängigkeit der Informationssicherheit und konstatieren, daß mit zunehmender Unsicherheit des Wissens eines Entscheidungsträgers die Flexibilität der von ihm gewählten Position zunehmen sollte. Sie diskutieren den Zusammenhang von Unsicherheit, Risikomaß und Flexibilität in einem sequentiellen Entscheidungsmodell.

Jones und *Ostroy* stellen auch fest, daß es keine eindeutige Definition oder Maß für das vielseitige Phänomen der Flexibilität gibt:

> "We thus have a sixty year tradition of isolated recognition that flexibility choice is a component of a wide range of economic decisions. The difficulty of defining flexibility in such a way as to have universal application, and the difficulty of obtaining formal results without model-specific qualification, may account for its limited role in conventional microeconomic theory." (Jones und Ostroy 1984, S. 26)

Die Einarbeitung der Flexibilität in Modelle der ökonomischen Theorie ist ein Ziel dieser Arbeit, auf das wir uns etwas zubewegen wollen. Es gilt also zu begründen, welche Relevanz Flexibilität in der Ökonomie hat, woher sie rührt und wie sie einbezogen und (von Innen- und Außenstehenden) gemessen werden kann.

Als Beispiel kann die Produktionsentscheidung in einem Unternehmen dienen. Speziell das strategische Management hat das Aufbauen von Zukunftspotentialen zum Ziel, welche in Anbetracht der unsicheren Zukunft auch als Flexibilitätspotentiale bezeichnet werden können. Die "betriebswirtschaftliche" Portfoliotheorie - das Marktwachstum-Marktanteil-Portfolio von der *Boston Consulting Group* oder die 9-Felder-Matrix von *McKinsey* mögen als Beispiel genügen - betont dies durch Bevorzugung unterschiedlicher Produkte, die sich in verschiedenen Lebensstadien befinden. Es werden nicht "alle Eier in einen Korb" gelegt, so daß man bei eintreffenden Impulsen noch reagieren kann, das Unternehmen sich noch anpassen kann.

Damit wird die Erfordernis klar, Flexibilität in den Entscheidungs- bzw. Handlungsprozeß einarbeiten zu müssen. In diesem legt das Unternehmen die Verwendung der Ressourcen fest und damit auch die "Investition in Flexibilität". Bei den Entscheidungen sind nicht nur die Aktionen zur Produktion, sondern auch potentielle Aktionen der Anpassung an neu entstandene Umweltbedingungen zu berücksichtigen. Die Entwicklung neuer Alternativen - z.B. Kooperationsmöglichkeiten durch den zeitigen Aufbau einer Kommunikations- und Vertrauensverbindung (siehe z.B. *Brennan* und *Buchanan* 1993) - oder Erhaltung von Alternativen, z.B. durch eine Nichtverausgabung von Finanzmitteln für zukünftige Investitionen (siehe z.B. *Pindyck* 1991, *Dixit* und *Pindyck* 1994 oder *Hubbard* 1994), führen zu einer Allokation der Ressourcen, die sich von einer bei sicherer Zukunft unterscheidet.

Die Einführung des Flexibilitätsansatzes macht nur Sinn bei einer dynamischen Betrachtung mit unsicheren zukünftigen Ereignissen. Dabei werden die ressourcenverbrauchenden Anpassungsreaktionen auf virtuelle, zukünftige Impulse analysiert. Es wird nicht in einer statischen Betrachtung kurzfristig die Ertragskraft (Erfolgskennzahl) "optimiert", sondern vielmehr ein Anpassungspotential aufgebaut, welches das langfristige Überleben des Unternehmens sichert[1]. Dies ist natürlich mit Kosten verbunden.

Bereits *Schumpeter* (1942, S. 83) vermutete, daß ein Tradeoff zwischen einer statischen und einer dynamischen Effizienz herrscht:

> "A system - any system, economic or other - that at every given point in time fully utilizes its possibilities to the best advantage may yet in the longer run be inferior to a system that does so at no given point of time, because the latter's failure to do so may be a condition for the level of speed of long-run performance."

Diesen Sachverhalt wollen wir in einem systemischen Zusammenhang darstellen, also durch Elemente und deren Beziehungen. Das betrifft die Kommunikation und Koordination der im Unternehmen beschäftigten Individuen, aber auch die Beziehung zu den Kunden, die beeinflußbar sind und somit in Rückkopplungen berücksichtigt werden sollten. Die (willkürliche) Abgrenzung des Systems, in dem Rückkopplungen und Kontrollparameter als existent verarbeitet werden, entscheidet damit über die Aussagekraft der Theorie. Durch die Abgrenzung werden stets mehr oder minder realitätsferne Annahmen zugrunde gelegt, so daß die gefolgerten (Ideal-) Aussagen nur dann eine Aussagekraft besitzen, wenn das System gegenüber solchen Fehlern robust ist. Die Chaostheorie kennt dynamische Systeme, bei denen kleine Abweichungen in den Ausgangsbedingungen (bei uns: Realität und Modell) zu völlig unterschiedlichem Verhalten führen können, so daß aus der Kenntnis des einen kein Rück-

[1] Diese Aussage zieht das Unternehmen als Beispiel heran. Sie gelten auch für andere Institutionen und sogar für Individuen.

schluß auf das andere stattfinden kann. Diese tatsächlich oft nicht vorhandene Robustheit wird bei der Theoriebildung häufig implizit vorausgesetzt.

Ebenso implizit wird zumeist in der ökonomischen Theorie Flexibilität unterstellt. Woher rührt sie jedoch, wo liegen ihre Wurzeln? Ein schicksalsbehafteter Weg durchs Leben ist vielleicht schwer zu ertragen, Vorwürfe gegen sich selbst muß man sich jedoch nicht machen, falls kein Entscheidungsspielraum, keine Flexibilität, für die man zur Rechenschaft - auch vor sich selbst - gezogen werden kann, existierte. Der Entscheidungsspielraum ist also eine notwendige Voraussetzung für das Forschungsinteresse an Flexibilität.

Mit der Annahme von mehreren zulässigen Alternativen, die für ein mit freiem Willen ausgestattetes Individuum zu von ihm unterschiedlich bewerteten (empfundenen) Konsequenzen führen, wird die notwendige Grundvoraussetzung für Flexibilität gelegt. Diese Vorstellung erinnert an die traditionelle Entscheidungstheorie mit ihrer Trennung von Alternativen und Präferenzen. Der "homo oeconomicus" als nutzenmaximierender Alternativenwähler hat jedoch diese Entscheidungsfreiheit bei unterstellter Sicherheit nicht, muß er doch stets die nutzenmaximale Alternative wählen. Ein Agent hingegen, der die Methode "trial and error" verwendet, kann sich für eine Alternative entscheiden und später eine weitere ausprobieren. Die Bedeutung von Verhaltensmodellen für das Flexibilitätskonzept wird damit klar.

In einem dynamischen, unsicheren Umfeld tritt dieser Zusammenhang noch deutlicher hervor. Dort steht die Entscheidungsrevidierung bzw. -anpassung, je nach Verhaltensmodell unterschiedlich, im Mittelpunkt. Eine heutige Entscheidung stellt in der Regel eine Bindung für die Zukunft dar. Diese Beeinflussung der künftigen Alternativenmenge wird in der Evolutionsökonomie auch als Trajektorie oder Entwicklungspfad bezeichnet. Auch hier setzt die Flexibilität unmittelbar am Handlungsmodell an.

Die dynamische Anpassung an interne oder externe Veränderungen ist mit Kosten und Zeitverzögerungen einer Realisierung von zur Verfügung stehenden Alternativen verbunden. *Dormayer* (1986, S. 150) unterscheidet hierbei verschiedene "time-lags" am Beispiel des Auftretens einer Umweltveränderung (siehe Abbildung 1.1).

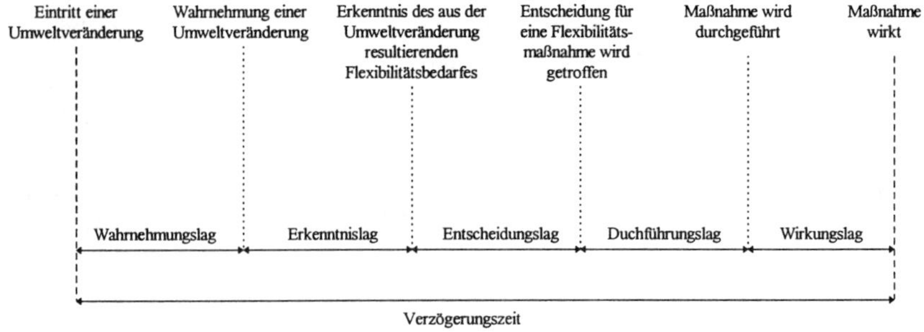

Abbildung 1.1: Die Verzögerungszeit bei Flexibilitätsmaßnahmen (Quelle: *Dormayer* 1986, S. 150)

Möglichkeiten zu Verbesserungen in der Time-lag-Struktur liegen vor allem in Planungs- und Entscheidungssystemen und stellen damit bereits ein Flexibilitätspotential dar. Durch das "time-lag" der Wirkung wird die Wahl des Einsatzzeitpunktes einer Flexibilitätsmaßnahme zu einer interessanten Frage. Sollen die Maßnahmen reaktiv oder preaktiv sein?

Gerade die Anpassung an eine neue Situation prägt die in der Praxis vorgeschlagenen verschiedenen Kriterien für Flexibilität. So gewähren z.B. eine substitutionale Produktionsfunktion, die intensitätsmäßige Anpassung auf der Basis vorhandener Kapazitäten (vgl. *Gutenberg* 1966, S. 342ff), freie Mitarbeiter und vieles mehr einen gewissen Freiheitsgrad. Die verschiedenen in der Literatur vorgeschlagenen Systematisierungsversuche führten zu folgenden Flexibilitätsmaßen:

- Anzahl an Alternativen zur Zukunftsbewältigung (vgl. z.B. *Marschak* und *Nelson* 1962, *Merkhofer* 1977, *Jones* und *Ostroy* 1984, *Pindyck* 1991, *Dixit* und *Pindyck* 1994, *Hubbard* 1994),
- Anpassungskosten auf eine Umweltveränderung (vgl. *Stigler* 1939, *Hart* 1951, *Turnovsky* 1973, *Eppink* 1978, *Jones* und *Ostroy* 1984, *Mills* 1984) sowie
- Anpassungszeit (vgl. *Eppink* 1978).

Diese drei Maße sind nicht unabhängig voneinander, unterscheiden sich jedoch in einem entscheidenden Punkt. Das erste ist ein Ex-ante-Maß, kann also im Vorfeld bestimmt werden, die beiden letzteren sind Ex-post-Interpretationen.

Damit haben wir einen Eindruck von der Vielschichtigkeit des Flexibilitätsphänomens bekommen. Es wurde deutlich, daß wir die Diskussion nur in einer dynamischen Handlungstheorie führen können, wobei wir nicht wissen, wie diese auszusehen hat. In den obigen Ausführungen bezog sich die Interpretation des Flexibilitätsbegriffs hauptsächlich auf den Produktionsbereich und manchmal auch auf den Konsumbereich. Gebunden ist der Flexibilitätsbegriff jedoch nur an das Handeln, d.h., es ist gleichgültig, ob dies durch die Ökonomie, Psychologie oder Soziologie beschrieben wird. Eine Definition von Flexibilität sollte davon unabhängig sein.

Damit tritt ein Auswahlproblem auf: Welche Handlungstheorie soll gewählt werden, in der die Flexibilität beschrieben werden kann? Diese Entscheidung könnte willkürlich getroffen werden, womit dann eine weitere, die Flexibilität berücksichtigende Handlungstheorie entstünde. Dieser Beliebigkeit, die ihre Rechtfertigung nur aus der Erklärung empirischer Phänomene ziehen kann, wollen wir nicht folgen. Damit ergeben sich die vor einer Integration der Flexibilität zu beantwortenden Fragen:

- Welche Handlungstheorie soll gewählt werden? Gibt es eine bevorzugte?
- Wie können verschiedene Handlungstheorien zusammengeführt werden?
- Ist die Formulierung einer "neuen" Handlungstheorie bereits als wissenschaftlicher Fortschritt zu bewerten?

Die erste Aufgabe der Arbeit besteht also darin, verschiedene Handlungstheorien zusammenzuführen. Dazu müssen wir uns auf eine abstrakte Ebenen zurückziehen. Läßt sich hierbei zeigen, daß ein wissenschaftlicher Fortschritt erzielt wurde? Oder wird dazu ein Vergleich mit der Empirie benötigt? Dann wären wir in der mißlichen Lage, daß wir uns mit der Abstraktion von der Empirie entfernen, für einen Fortschrittsnachweis jedoch wieder zur Empirie zurückkehren müßten.

Zunächst sollen verschiedene Handlungstheorien aus der Ökonomie, Psychologie oder Soziologie zusammengeführt werden. Daraus ergibt sich die Berücksichtigung einer Vielzahl von Systemelementen und -beziehungen, so daß wir eine Theorie erhalten, in der alles Verhalten erklärbar zu sein scheint. Daran schließt sich die Frage an, ob dieser Weg wissenschaftlich ist oder welchem wissenschaftstheoretischen Programm wir uns damit implizit verschreiben. Wie zu zeigen sein wird, zerschlägt sich die Hoffnung auf die Bezugnahme auf eine bereits ausgearbeitete wissenschaftstheoretische Position. Diese Zusammenführung von Theorien mittels Abstraktion ist vor dem Hintergrund der etablierten wissenschaftstheoretischen Programme unwissenschaftlich. Daraus ergeben sich nun zwei Möglichkeiten: Entweder wird dieser Weg abgebrochen und ein neuer Zugang gewählt oder wir schlagen eine neue wissenschaftstheoretische Konzeption bzw. eine Ergänzung eines bereits bestehenden Programms vor. Wir wählen die zweite Möglichkeit mit einer intensiven Aufarbeitung des status quo und zwar aus folgenden Gründen:

- um dem Leser, insbesondere den Wirtschaftswissenschaftlern, die mit der Wissenschaftstheorie nicht so vertraut sind, die wichtigsten Gedanken direkt zugänglich zu machen und
- um die Wahl des eingeschlagenen Weges induktiv zu beleuchten.

Dies führt uns zu dem Abstraktionsstufenverfahren, durch das sich zeigen läßt, daß eine rein theoretische Diskussion zu einem wissenschaftlichen Fortschritt führt. Dazu muß beschrieben werden, wie sich Theorien mittels Abstraktion zusammenführen lassen. Anschließend kann begründet werden, wieso die Theorienabstraktion auch ohne empirischen Vergleich bereits einen wissenschaftlichen Fortschritt bedeutet. Diese Diskussion ist der Wissenschaftstheorie zuzuordnen.

Das Anwendungsbeispiel auf einer tiefer gelegenen Metastufe stellt dann die Erarbeitung einer abstrakten Handlungstheorie dar. Diese soll uns als Ergebnis aber noch nicht genügen. Wir wollen wenigstens erreichen, daß der Boden für eine weitere Untersuchung der Flexibilität bereitet ist. Dies soll als eine Mindestanforderung an unsere abstrakte Handlungstheorie verstanden werden und führt uns zu der Dynamisierung der Präferenzordnung.

Zum Abschluß dieses Abschnittes wollen wir die Frage- bzw. Problemstellung dieser Arbeit noch einmal klar herausstellen:

- *Wie lassen sich verschiedene (Handlungs-) Theorien zu einer abstrakten Theorie zusammenführen?*
- *Ist das Ergebnis, die abstrakte Theorie, als wissenschaftlicher Fortschritt anzusehen?*
- *Kann in einer theoretischen Diskussion, d.h. ohne Bezug zur Empirie, ein wissenschaftlicher Fortschritt konstatiert werden?*

Die Lösung dieser Fragestellungen ist sehr komplex, so daß eine anschließende Untersuchung der Flexibilität einer weiteren Arbeit vorbehalten bleibt. Deshalb sollen im Ausblick potentielle Lösungswege zur Einarbeitung der Flexibilität in eine Handlungstheorie angesprochen werden. Dennoch wird im Verlauf der Untersuchung die Flexibilität hin und wieder eingeflochten und schwebt stets über dieser Arbeit.

1.2. Abgrenzungen

Die Verbindung von *Denken und Sprache* ist vielfach diskutiert worden. Wir wollen uns hier nur mit einer für unser Vorhaben ungünstigen Variante auseinandersetzen, mit der *Sapir-Whorf*-Hypothese. Sie verbindet den sprachlichen

Determinismus - "die Sprache determiniert das Denken" - mit sprachlicher Relativität - "der strukturelle Unterschied von Sprachen kann beliebig groß sein" (vgl. *Sapir* 1947, S. 162). Wenn nun die Sprache das Denken vollständig determinieren würde, so wäre die Debatte der Empiristen und Rationalisten eine Scheindebatte. Der Konstruktivismus bekäme einen Auftrieb, da seine wissenschaftstheoretische Position auf der Sprache fußt. Zu klären ist somit das Verhältnis von Denken und Sprache. Dies kann mit einem kleinen Exkurs in die Linguistik geschehen, die sich mit der Frage "Was ist Sprache?" beschäftigt.

Zu dem Begriff "Sprache" existieren zahllose Definitionen, die in der Regel Begriffe wie Kommunikation, soziale Kontakte, Kulturabhängigkeit, Anpassungsfähigkeit und syntaktische Strukturen beinhalten. Die gesprochene Sprache wird in der Regel prioritär zur geschriebenen gesehen. Eine wichtige weitere Unterscheidung ist die von Sprachsystemen und Sprachverhalten. Sie beruht auf der von *Saussure (1916)* eingeführten Abgrenzung von "Langue" und "Parole". *Chomsky* (vgl. 1969, S. 14) fügte eine weitere Unterscheidung zwischen Kompetenz und Performanz hinzu. Die Kompetenz zielt auf die Fähigkeit, egal ob sie genutzt wird oder nicht, ab, die Performanz orientiert sich an tatsächlichem Verhalten. Es ist jedoch die linguistische Kompetenz, welche die Sprachwissenschaftler interessiert. Sie versuchen deren Determinanten zu identifizieren und können deshalb als ein Zweig der kognitiven Psychologie aufgefaßt werden.

Interessant zu bemerken ist, daß für Sprachwissenschaftler im Gegensatz zu den Laien keine primitiven Sprachen, außer den künstlich beschränkten, existieren. Weiterhin besteht kein eindeutiger Zusammenhang von Sprache und kultureller Evolution (vgl. *Lyons* 1990, S. 34f). Damit scheint die Sprachfähigkeit einer Gesellschaft oder eines Menschen nicht deren Entwicklung vorherzubestimmen. Die diachronische Forschung ergab, daß es keine Richtung in der Entwicklung von Sprache gibt (vgl. *Lyons* 1990, S. 59f). Die Philosophie hingegen hat eine Richtung, so daß die Sprache oder Sprachfähigkeit keine ausreichende Grundlage für Beschränkungen sein kann. Bezogen auf die Denkfähigkeiten werden wir dies später bei der *Sapir-Whorf*-Hypothese noch genauer untersuchen.

Nach *Saussure (1916)*, dem Begründer des linguistischen Strukturalismus, tritt die strukturelle (und funktionale) Sichtweise in den Vordergrund. Die Strukturen sind aber dabei im Sprachsystem (Langue) beheimatet, das vom Sprachverhalten (Parole) abgegrenzt wird. Sprache selbst stellt eine Form dar, keinen Inhalt. Sie ist Struktur und damit unabhängig von physikalischen Erscheinungsformen. *Saussure* geht sogar davon aus, daß die Sprachstruktur von historischen Kräften, dem sozialen Rahmen und dem psychologischen Prozeß, durch den sie erworben wird, abstrahieren kann.

Der von *Chomsky* (vgl. 1969, S. 19f und 29ff) zu Beginn der 60er Jahre entwickelte Generativismus stützt sich auf die Überzeugung, daß es nützlich und möglich ist, menschliche Sprachen mit Hilfe generativer Grammatiken zu beschreiben. Die generative Grammatik ist eine sprachwissenschaftliche Forschungsrichtung, die das Regelsystem untersucht, durch dessen (unbewußte) Beherrschung der Sprecher in der Lage ist, alle in der betreffenden Sprache vorkommenden Äußerungen zu bilden und zu verstehen. Die Regeln, nach denen Sätze gebildet werden, stehen im Mittelpunkt. Der Einfluß des Generativismus ging jedoch weit über die Linguistik hinaus und hatte selbst auf die Philosophie und Psychologie einen Einfluß (siehe *Lyons* 1990, S. 214-237).

Ein Sprachsystem, das die Konstruktion und das Verständnis von unendlich vielen Äußerungen ermöglicht, die nie zuvor zum Erfahrungsschatz des Sprechers gehörten, wird als produktiv bezeichnet. Selbst Kinder sind von einem ziemlich frühen Alter an bereits in der Lage, für sie völlig neue Äußerungen hervorzubringen, die in dieser Sprache trotzdem wohlgeformt sind. Es handelt sich demnach nicht um reine Imitationen. Dies führte *Chomsky* (vgl. 1969, S. 75 oder 1973, S. 130) zur Annahme von angeborenen und artspezifischen Sprachfähigkeiten.

Er war überzeugt, daß Kinder sprachliche Äußerungen nicht mechanisch auswendig lernen und dann als Reaktion auf Reize aus ihrer Umgebung reproduzieren. Er (vgl. 1973, S. 14) war damit ein erklärter Gegner der Behavioristen, die den menschlichen Geist, einschließlich der Sprache, als Produkt aus Verstärkung und Konditionierung rein physiologischer Reflexe erklärten. *Chomsky* (vgl. 1969, S. 81f) zeigte, daß Sprache unabhängig von Reizkontrolle ist, indem er die regelgeleitete Kreativität, dem zentralen Aspekt der generativen Grammatik, einführte. Alle sprachlichen Äußerungen haben eine bestimmte grammatische Struktur und entsprechen damit genau bestimmbaren Regeln für die Wohlgeformtheit. Durch die Suche nach diesen Regeln für Wohlgeformtheit oder Grammatikalität kann eine befriedigende Erklärung jener Eigenschaften von Sprache gefunden werden, die das Ausüben der Kreativität ermöglichen. *Chomsky* geht davon aus, daß die Regeln, welche die Produktivität der menschlichen Sprachen bestimmen, spezifische formale Eigenschaften besitzen, die durch den menschlichen Geist determiniert sind. Dieser Mentalismus läßt uns annehmen, daß die Linguistik bei der Erforschung der Natur des menschlichen Geistes eine wichtige Rolle spielen kann.

V. Humboldt (1836) hob die Vielfalt der Sprachstrukturen und den Einfluß der Sprachstruktur auf die Kategorisierung von Denken und Erfahrung hervor. *Chomsky* (1973, S. 111) drehte diesen Sachverhalt teilweise um: "*Trotzdem ist es zulässig zu vermuten, daß die wesentlichste Leistung der Sprachwissenschaft in der Erklärung liegen wird, die sie für den Charakter mentaler Prozesse und die Strukturen, die sie bilden und mit denen sie arbeiten, zu liefern vermag*".

Smith und *Wilson* (1979, S. 9) würdigten seinen Beitrag zutreffend: "*Er war vermutlich der erste, der aus der Beschaffenheit der Sprache detaillierte Belege für die Beschaffenheit des menschlichen Geistes beibrachte, anstatt umgekehrt*".

Chomsky (vgl. 1973, S. 144) war Rationalist und nahm an, daß der Geist nach angeborenen Prinzipien Wissen aufnimmt und der Geist nicht einfach eine leere Tafel (tabula rasa) darstellt, der durch die Erfahrungen formiert wird. Eine herausragende Stellung zur Klärung dieses Sachverhaltes bietet der Erstsprachenerwerb. Er unterstellt, daß Menschen von Geburt an, d.h. genetisch, mit der Fähigkeit zur Begriffsbildung ausgestattet sind und damit auch Wortbedeutungen erlernen können. Geist könne am besten als eine Menge abstrakter Strukturen beschrieben werden. Diese Strukturabhängigkeit der menschlichen Sprache und des Geistes kann beim Erstsprachenerwerb besonders deutlich aufgezeigt werden.

Das Verständnis von Sprache und Denken war bei *Chomsky* (vgl. 1973, S. 144) durch den traditionellen Standpunkt der Rationalisten gekennzeichnet, nämlich daß Sprache dem Ausdruck von unabhängig existierendem, voll artikuliertem Denken dient. Den gegenteiligen Zusammenhang, nämlich daß das Denkmuster sprachlich determiniert sei, versuchten *Sapir* (1921, 1947) und *Whorf* (1956) in verschiedenen Experimenten nachzuweisen. So verbindet die "*Sapir-Whorf*-Hypothese" sprachlichen Determinismus mit sprachlicher Relativität. Wir können also nur sehen, hören oder auf andere Weise wahrnehmen, was in Form von Kategorien und Unterscheidungen in der Sprache kodiert ist. Experimente bestätigten die *Sapir-Whorf*-Hypothese nur in der eingeschränkten Fassung: die Struktur der Sprache, die man spricht, beeinflußt die Wahrnehmungen und vor allem das Erinnerungsvermögen, d.h., die Sprache, die man benutzt, wirkt auf das Denken, determiniert es jedoch nicht.

Bisher wurden jedoch keine hinreichend sprachunabhängigen Beweise für unterschiedliches Verhalten oder unterschiedliche Denkmuster geliefert. Die meisten Psychologen, Linguisten und Philosophen sind heute der Auffassung, daß Sprache bzw. deren Struktur einen Einfluß auf Gedächtnis, Wahrnehmung und Denken haben, aber daß die Sprache nicht die Denkkategorien und Denkmuster determiniert. Die Sprecher verschiedener Sprachen haben im Grunde dieselbe Sichtweise von der Welt und deren konzeptionellem Rahmen bezüglich grundlegender und philosophischer Konzepte wie Zeit, Raum oder Materie. Dies legt sogar den Gedanken nahe, daß eine vom Sprecher (Beobachter) unabhängige Realität existiert. Auf jeden Fall, und das ist für diese Arbeit wichtig, ist das Denken hinreichend unabhängig von der Sprache bzw. der Sprachfähigkeit.

Damit können wir uns der Abgrenzung zur *Analytischen Handlungstheorie* zuwenden. Unsere wissenschaftstheoretische Position ist in großen Teilen der Analytischen Philosophie verpflichtet. Was liegt also näher, als für den Übergang zur Handlungstheorie die Analytische Handlungstheorie zu wählen. Bevor wir hierzu kritisch Stellung beziehen, soll zunächst in knapper Form erläutert werden, was unter der Analytische Handlungstheorie zu verstehen ist.

Die philosophische Handlungstheorie (philosophy of action) stellt den Übergang von der Analytischen Philosophie zur Praktischen Philosophie dar. Sie ist weder normativ (Ethik) noch logisch (Handlungslogik, formale Entscheidungstheorie) noch empirisch (Soziologie, Psychologie). Sie kann jedoch als Metatheorie zu diesen verschiedenen Theorien interpretiert werden (vgl. *Meggle* 1977, S. VII). Sie beschäftigt sich mit ontologischen und metaphysischen Themen wie Kausalität, Willensfreiheit, Leib-Seele-Problem, Personalität, Intentionalität, Sinngeltung und Rationalität. Weiterhin beschäftigt sie sich mit den verschiedenen Begriffen wie Handlung, Verhalten, Präferenz, Motiv usw. (siehe *Meggle* 1974, S. VIII) und den Erklärungsmöglichkeiten von Handlungen. Die exakte Begriffsexplikation findet dann in der empirischen Theorie statt. Sämtliche Fragen zielen nicht auf die Erklärung von Handlungen, sondern auf die prinzipielle Möglichkeit zur Erklärung von Handlungen. Der Ansatz ist der philosophischen Kritik verpflichtet, die zu zeigen versucht, daß eine bestimmte Behauptung nicht wirklich (prinzipiell) belegbar ist.

Die Abgrenzung einer Handlung von bloßem Verhalten wird anhand der Zielgerichtetheit und der damit verbundenen Intention vorgenommen. Durch die Art der Relation von äußerem Verhalten und Intention lassen sich der Kausalismus von dem Intentionalismus abgrenzen. Diese unterschiedliche Auffassung spiegelt sich auch in der Debatte "Erklären versus Verstehen" wider.

Zunächst ließe sich vermuten, daß die Metatheorie, d.h. die Analytische Handlungstheorie, die abstrakte Ebene ist, die wir suchen. Doch genau dieser Nachweis fehlt. Die Analytischen Handlungstheorie beschäftigt sich zwar mit den Problemen verschiedener Handlungstheorien auf einer prinzipiellen, einer Meta-Ebene, welche aber nicht durch Abstraktion entsteht. Deshalb konstruieren wir die abstrakte Theorie selbst und weisen nach, daß die Abstraktion einen wissenschaftlichen Fortschritt erbringt. So können wir sicher sein, daß unser Resultate auch ihre Gültigkeit in den ausgewählten Realtheorien haben.

Ein weiterer Ansatzpunkt ist, daß noch keine allgemein akzeptierte Handlungstheorie in Sicht ist (vgl. *Lenk* 1989, S. 121f), auf der wir aufbauen können, so daß wir durch Operationalisierungen zwingend zur Einarbeitung eines Flexibilitätsbegriffs kommen, der in dieser Form in der Analytischen Handlungstheorie ohnehin unbekannt ist. Deshalb benötigen wir die verschiedenen

Realtheorien. Dies soll als kurze Abgrenzung zu zwei grundsätzlichen, potentiellen Einwänden genügen.

1.3. Struktur der Arbeit

Im Gegensatz zum induktiven Weg bei der Problemartikulation ist die Arbeit nach der deduktiven Denkweise aufgebaut, d.h. wir beschäftigen uns zunächst mit den wissenschaftstheoretischen Fragen und kommen dann zur Anwendung des dort entwickelten Abstraktionsstufenverfahrens, das uns zu einer abstrakten Handlungstheorie führt. Den Abschluß bildet ein Ausblick auf die Integration der Flexibilität in die Handlungstheorie sowie die Bedeutung unserer Erkenntnis für die Forschung im allgemeinen.

In *Teil I*, der nur aus dem *1. Kapitel* besteht, wird der induktive Zugang zur Fragestellung erläutert. Mit Hilfe von Abgrenzung wird der Lösungskorridor eingeschränkt. Den Abschluß bilden Erläuterungen zum Aufbau der Arbeit.

Der *Teil II* umfaßt unsere wissenschaftstheoretischen Überlegungen und stellt eine abgeschlossene Einheit dar, die auch die Grundlagen enthält. Die Gründe für die Ausführlichkeit wurden bereits genannt. Das Ziel ist es, eine (Real-) Theorienabstraktion als wissenschaftlichen Fortschritt auszuzeichnen. Dazu entwickeln wir mit dem "deduktiven Baum" ein zentrales Element, in dem eine theoretische Diskussion erläutert werden kann. Die Konfliktlösung mittels Abstraktion ist dafür ebenso wichtig wie die Systemabgrenzung.

Die Kapitel zwei bis fünf befassen sich mit den Grundlagen der Wissenschaftstheorie, allerdings in einer auf unsere Problemstellung zugeschnittenen Struktur. In *Kapitel 2* wird die Frage diskutiert, warum sich ein Realwissenschaftler überhaupt mit Wissenschaftstheorie beschäftigen soll. Die sich ergebenden Konsequenzen werden gezogen und führen zu einem kurzen Überblick über den Teil II.

In *Kapitel 3* erfolgt eine Einordnung der Wissenschaftstheorie in die Philosophie. Daraus ergibt sich, welche Fragen überhaupt gestellt werden können.

In *Kapitel 4* werden die Grundlagen der Wissenschaftstheorie diskutiert. Dies beginnt mit der Interdependenz von Sprache und Begriffen. Die dort auftretenden Probleme sind prinzipieller Natur und können nur durch "willkürliche" Entscheidungen gelöst werden. Daher ist eine klare Definition einzelner Begriffe nötig. Deshalb werden in dieser Arbeit die wichtigen Begriffe stets definiert, so auch die grundlegenden zur Wissenschaftstheorie. Nach einer Unterscheidung der Wissenschaft in Real-, Formal, und Metawissenschaft wird eine Abgrenzung von Erkenntnis- und Wissenschaftstheorie vorgenommen, die zu der Frage führt, wie sich wissenschaftliche Aussagen von nichtwissenschaftlichen unterscheiden. Daran läßt sich die Begründungsproblematik aufzeigen. Anschließend werden die historischen Grundpositionen vorgestellt, die bereits die heute noch diskutierten Fragen stellten. Die angesprochenen Gegensätze sollen die Differenzen in den heutigen Wissenschaftstheorien erläutern helfen.

Die Beschäftigung mit dem Wahrheitsbegriff ist äußerst wichtig, wird doch schon hier eine Vorentscheidung für eine wissenschaftstheoretische Konzeption getroffen. Bei den Schließ- und Erklärungsverfahren werden die grundsätzlichen Mechanismen der Wissenschaft erläutert. Das Ersetzen des Begründungspostulats durch die kritische Prüfung ist das herausragende Resultat. In den weiteren, angesprochenen wissenschaftstheoretischen Kontroversen wird im Sinne der Explizierung der eigenen Position "willkürlich" Stellung bezogen. Die "Assumption-Diskussion" ist auch für die Beurteilung des Instrumentalismus wichtig.

In *Kapitel 5* werden Forschungsprogramme untersucht. Im Rahmen des statischen Begründungszusammenhangs werden der Falsifikationismus in seinen verschiedenen Varianten, der Instrumentalismus und der Konstruktivismus einander gegenübergestellt. Es soll die Frage nach der Begründbarkeit von "Erkenntnis", die in einem Qualitätsmaßstab für Theorien endet, beantwortet werden. Die Konzeptionen des Entdeckungszusammenhangs - *Kuhn*s Struktur wissenschaftlicher Revolutionen, *Lakatos'* Methodologie wissenschaftlicher Forschungsprogramme und *Feyerabend*s anarchistische Erkenntnistheorie - sollen Aufschluß über die Beurteilung des Fortschrittes von Theorien geben.

In *Kapitel 6* wird die Notwendigkeit eines neuen methodologischen Ansatzes mit dem Versagen der bisherigen wissenschaftstheoretischen Konzeptionen bei der Beurteilung der Theorienabstraktion als wissenschaftlichen Fortschritt begründet. Um die aufgeführten Anforderungen an die Wissenschaftlichkeit zu erfüllen, wird ein "deduktiver Baum" eingeführt. In diesem werden die Abstraktion und die Systemabgrenzung diskutiert. Die Abstraktion ermöglicht eine Konfliktlösung und ist die Voraussetzung für eine theoretische Diskussion. Die Systemabgrenzung wird als äußerst wichtig für die Gültigkeit der Schlußfolgerungen identifiziert und spielt als Ausgangsbasis für die Abstraktion eine große Rolle. In einem kleinen Exkurs findet eine Gegenüberstellung von Tautologie und Abstraktion statt, die den Gedanken der Abstraktion durch diese Abgrenzung beleuchtet. Mit den Auswirkungen auf die weitere Forschung wird dieses Kapitel abgeschlossen.

Im letzten Kapitel des zweiten Teils, dem *Kapitel 7*, wird zunächst die Vernachlässigung des Strukturalismus, einer jüngeren Entwicklung in der Wissenschaftstheorie, erläutert. Es wird gezeigt, daß auch diese Konzeption unser Problem nicht lösen kann. Außerdem wird begründet, warum wir in unserem Falle weiterhin den älteren "statement view" für den richtigen Ansatz halten.

In *Teil III* wird ein neuer Entwurf gewagt, der zu bekannten, aber bisher unvereinbaren Handlungstheorien eine gemeinsame Abstraktionsstufe vorschlägt, von der aus neue Wege beschritten werden können. Dieser Teil soll sowohl die Theorienabstraktion als auch die Vorbereitung zur Einarbeitung der Flexibilität in die Handlungstheorie leisten. Dazu beginnen wir mit der Knappheit, kommen zu den Restriktionen und den Präferenzen von Individuen und enden in einem Füllstandsverhaltensmodell, in dem auch dynamische Präferenzen artikuliert werden können.

In *Kapitel 8* beschäftigen wir uns mit den Grundlagen der Handlungsökonomik. Im Zusammenhang mit der Definition von knappen Gütern wird ein Ressourcenbilanzansatz eingeführt, der bei der Operationalisierung der in dieser Arbeit formulierten Theorie benötigt wird. Auch auf die grundlegende Trennung von Werte- und Mengensphäre wird eingegangen.

In *Kapitel 9* werden die Darstellungen von Verhalten aus verschiedenen Wissenschaftsgebieten analysiert. Dabei streifen wir die (moderne) Mikroökonomik, die Evolutionsökonomik, die Psychologie sowie die Soziologie. Es werden Systemelemente und -beziehungen identifiziert und diskutiert. Stärker wird dabei auf die Rationalität der Individuen eingegangen.

In *Kapitel 10* werden unterschiedliche Modellierungen von Handlungen angesprochen, welche später zum Füllstandsverhaltensmodell abstrahiert werden. Außerdem wird das Thema der Systemabgrenzung aus Teil II aufgegriffen und in der Anwendung konkretisiert.

In *Kapitel 11* weichen wir von der reinen Anwendung der metatheoretischen Überlegungen aus Teil II auf das Untersuchungsgebiet der Handlungsökonomik ab. Dort steht das Vorbereiten der Einarbeitung der Flexibilität in unsere abstrakte Handlungstheorie im Vordergrund. So zeigen wir, daß der Übergang zu einer dynamischen Sichtweise die Dynamisierung der Präferenzen erfordert und daß das *Stigler Becker*-Modell ein erster, aber nicht ausreichender Schritt in die richtige Richtung ist. Daran anschließend wird versucht, den Zusammenhang von Motivation und Präferenz zu beleuchten und für die Modellierung dynamischer Präferenzen nutzbar zu machen.

In *Kapitel 12* wird eine dynamische Präferenzordnung operationalisiert und mit weiteren Systemelementen aus den Handlungstheorien zu einer Theorie verbunden. Dies ergibt das Füllstandsverhaltensmodell. Nach einer abstrakten und zusammenfassenden Formulierung wird nachgewiesen, daß unsere Theorie tatsächlich eine Abstraktion zu den zuvor beschriebenen Theorien ist. Mit Hilfe von bisher noch nicht durchgeführten Operationalisierungen könnten nun neue Theorien entstehen, was auch in Kapitel 13 angedeutet wird.

In *Teil IV* im *13.* und letzten *Kapitel* wird ein Ausblick auf die Einarbeitung der Flexibilität in die Handlungstheorie gegeben. Dazu werden Verbindungen zwischen dem Füllstandsverhaltensmodell und den bisherigen Forschungen zur Flexibilität hergestellt. Insbesondere ein neuer Ansatz von *Arrow* fügt sich nahtlos in unsere Überlegungen ein, sollte jedoch weiterentwickelt werden. Mit den Schlußfolgerungen endet die Arbeit.

Denn die Menschen sind nicht Herren im Haus des Denkens. Sie arbeiten als Sklaven ihrer ursprünglichen Dienerin, der Logik.

Hjelmslev

Teil II: Das Abstraktionsstufenmodell zur wissenschaftstheoretischen Beurteilung des Theorienfortschrittes

2. Why bother with methodology?

Für einen Ökonomen stellt sich bei wissenschaftstheoretischen Diskussionen immer die Frage nach dem Sinn derselben für die eigene Arbeit. Nicht allzu selten beschreibt ein Wissenschaftstheoretiker dabei, wie z.B. ein Ökonom seine Wissenschaft zu betreiben hat. Dem Ökonomen könnten dann folgende Gedanken durch den Kopf gehen: "Wer denkt er eigentlich, sei er, uns sagen zu können, wie wir unsere Wissenschaft zu betreiben hätten? Schließlich betreiben wir die ökonomische Forschung bereits seit einiger Zeit und kennen die auftretenden spezifischen Probleme sehr genau. Diese veranlassen uns zu der einen oder anderen Vorgehensweise. Wie will jemand fernab von der aktuellen Problemlage einen Beitrag zum Forschungsfortschritt in der Ökonomie leisten?"

In dieser Arbeit vertreten wir eine wesentlich offenere Position gegenüber der Wissenschaftstheorie. Insgesamt unterscheiden wir drei Motivationen, nämlich die philosophische Motivation sowie die Rechtfertigungs- und die Kritikmotivation.

Die philosophische Motivation zielt auf die erkenntnistheoretischen Grundlagen der eigenen Disziplin. Im Zuge der hier vertretenen kritischen Position nehmen wir an, daß wissenschaftstheoretische, meist implizit unterstellte Annahmen ebenso wie die ökonomischen, teilweise auch nicht explizierten Annahmen die Ergebnisse und den Fortgang in der ökonomischen Theorie beeinflussen. Im Zuge der intersubjektiven Nachvollziehbarkeit, die wir später als ein wichtiges Kriterium für Wissenschaftlichkeit heranziehen werden, sollte daher diese Position explizit genannt werden.

Durch die Explizierung können neuere philosophische Erkenntnisse leichter und direkter umgesetzt werden. Bei einer Verschiebung der philosophischen Grundposition im Sinne von Basisnormen einer Gesellschaft sind die Auswirkungen frühzeitig erkennbar. Dies trifft auch auf den Export ökonomischer Konzepte in andere Kulturkreise zu. Die Konzepte scheinen unterschiedliche Wirkungen zu haben, die vielleicht auf die philosophische Tradition des Landes zurückzuführen sein könnten. Man denke hierbei an die religiös beeinflußten Unterschiede in den Grundpositionen der Christen und Moslems.

Die Rechtfertigungsmotivation spielt für diese Arbeit die zentrale Rolle. Mit Hilfe der wissenschaftstheoretischen Position soll das methodische Vorgehen bei der Lösung eines (ökonomischen) Problems begründet werden. Dazu werden wir Wissenschaft als einen dynamischen Prozeß darstellen. Dies ermöglicht, die eigene Arbeit als unvollendetes Stückwerk in einen größeren Kontext eines als wissenschaftlich geltenden Werkes einzuordnen.

Die Kritikmotivation führt zum Aufzeigen fehlerhafter Entwicklungen auf dem entsprechenden Fachgebiet. So kann ein vermeintlicher Erkenntniszuwachs auf der Basis einer wissenschaftstheoretischen Grundposition als wissenschaftlich nicht gesichert identifiziert werden. An dieser Stelle ist zu bemerken, daß sich zum Beispiel kritisch-rationale Theorien und konstruktivistische Theorien nicht durch die selben Argumente kritisieren lassen. In der Regel wird die Kritik bestehender Theorien als Ausgangspunkt der eigenen Forschung gewählt. Die Kritik begründet also die Relevanz der eigenen Forschung.

Bei uns steht die Erkenntnisgewinnung und -rechtfertigung im Mittelpunkt. Wir wollen die Bewertung bestehender Theorien, Modelle oder Ansätze sowie theoretischer Erweiterungsmöglichkeiten erreichen. Nach einer eingehenden Untersuchung der traditionellen Konzepte - verbunden mit den Namen *Popper, Lakatos, Kuhn, Lorenzen, Friedman* - wird deren Unbrauchbarkeit für unser Untersuchungsziel herausgearbeitet. Somit sind wir gezwungen, etwas Neues anzubieten, nämlich die *theoretische Beurteilung des Theorienfortschrittes*. Dieser Fortschritt läßt sich in dem später eingeführten deduktiven Baum anhand der verschiedenen Abstraktionsstufen und der Systemabgrenzung auf einer theoretischen Ebene diskutieren.

Die Verbindung der beiden Hauptteile in dieser Arbeit, des Teils II "Das Abstraktionsstufenmodell zur wissenschaftstheoretischen Beurteilung des Theorienfortschrittes"und des Teils III "Handlungsökonomik", ist nicht vielschichtig. Der wissenschaftstheoretische Überbau entstand aus der Notwendigkeit des Nachweises der Wissenschaftlichkeit des Entwurfes eines Metamodells (Metatheorie) der Handlungsökonomik, also durch Teil III. Der übliche und auch geplante Verweis auf eine kritisch rationale Position im Sinne *Popper*s und seiner Schüler scheiterte jedoch an deren Definition des Fortschrittes von

Theorien, eröffnete die Suche nach anderen Begründungsmöglichkeiten und endete schließlich in der metatheoretischen Formulierung der Theorienabstraktion und der Begründung ihrer Wissenschaftlichkeit. Im Nachhinein kann der Teil III "Handlungsökonomik" als beispielhafte Formulierung zu diesem Teil interpretiert werden.

In diesem wissenschaftstheoretischen Teil soll die eigene Position deutlich herausgestellt werden. Danach existiert nur nicht sicheres Wissen, d.h. jede Aussage ist nur eine bedingte Aussage, die im Widerspruch zu anderen stehen kann. Eine für uns interessante Konfliktlösung erfolgt auf dem Weg der Abstraktion. Zunächst sind die Bedingungen für die Aussage herauszuarbeiten und anschließend die sich unterscheidenden Bedingungen - sie sind die einzigen Quellen eines Konfliktes - als spezielle Ausprägung einer allgemeineren, d.h. abstrakteren, Annahme zu identifizieren. Die Auflösung des Konfliktes hat damit etwas mit der Intersubjektivität und der Diskussionsfähigkeit zu tun, die spezifische Ausgestaltung einer Abstraktionsstufe dann eher mit der Glaubhaftigkeit bzw. Akzeptanz. Diese Position werden wir später in Kapitel 6 in diesem Teil genauer ausführen. Zur Abstraktion kommt als weiteres Element die Systemabgrenzung dazu. Dies ist auf die verstärkte Betrachtung dynamischer Systeme zurückzuführen.

Der Aufbau dieses wissenschaftstheoretischen Teils ist auf die Begründung und Ableitung einer eigenen wissenschaftstheoretischen Position - dem Abstraktionsstufenmodell - zugeschnitten, welche vor dem Hintergrund einer dynamischen Denkweise bei ökonomischen Problemen entstanden ist. Anhand der gewählten Strukturierung dieses Teils läßt sich das Zusammenspiel der verschiedenen, bei wissenschaftstheoretischen Diskussionen zu berücksichtigenden Aspekte sehr gut erkennen. Vollständigkeitshalber beginnen wir mit einer philosophischen Einordnung der Wissenschaftstheorie und nehmen dann die Abgrenzung zur Ethik und Metaphysik vor. In einem anschließenden Kapitel werden Grundlagen gelegt, die sich auf die Abgrenzung der Wissenschafts- von der Erkenntnistheorie, die historischen Grundpositionen des Empirismus und Rationalismus, die Sprache, wichtige Definitionen von Begriffen, elementare Aussagen zur Logik und die Diskussion verschiedener Schließverfahren beziehen. Danach werden wir verschiedene Aspekte wissenschaftlicher Forschung diskutieren.

So wird Wissenschaft in einem Begründungs-, Entdeckungs-[2] oder Verwendungszusammenhang unterschiedlich bewertet. Im Rahmen des Begründungs-

[2] *Reichenbach* (1938, S. 3) führte die Unterscheidung in Rechtfertigungs- und Entdeckungszusammenhang ein und vertritt die Auffassung, daß sich Erkenntnistheorie nur mit der Konstruktion des Rechtfertigungszusammenhangs befassen sollte. Auch in sei-

zusammenhangs geht es um die Frage, wie eine Theorie aussehen soll, damit sie wissenschaftlich brauchbare (wahre) Ergebnisse und Aussagen liefern kann. Hier werden wir die entsprechenden Aussagen verschiedener Forschungskonzeptionen referieren und diskutieren. Der Entdeckungszusammenhang beschäftigt sich mit der dynamischen Komponente des Forschungsverhaltens, zumeist auf präskriptiver Ebene. Hier werden wir die unterschiedlichen Forschungsprogramme einander gegenüberstellen und der Frage, wodurch sich erfolgreiche Theorien auszeichnen, nachgehen. Wir interessieren uns für die unterschiedlichen Auffassungen des Theorienfortschrittes.

Einige Passagen in diesem Teil, so die Diskussion der Grundlagen und die Vorstellung konkurrierender wissenschaftstheoretischer Konzepte, haben teilweise Lehrbuchcharakter und würden sich dementsprechend kürzen lassen. Darauf verzichten wir bewußt, da es der Lesbarkeit für den "wissenschaftstheoretisch weniger Vorbelasteten" äußerst abträglich wäre. Die neu eingeführten Gedanken zum Abstraktionsstufenmodell sind jedoch nur vor einem sehr feinen und präzisen Verständnis der angeführten wissenschaftstheoretischen Konzeptionen einzuordnen. Zu schnell könnte der Gedanke aufkommen, es handle sich nur um bereits Bekanntes[3].

In Kapitel 6 wird die eigene Position als Filtrat der vorgetragenen Gedanken dargestellt und dabei auf zwei Punkte noch einmal speziell eingegangen. Zum einen handelt es sich hierbei um die Abstraktion, die eine Diskussionsfähigkeit voraussetzt, zum anderen um die Systemabgrenzung, die bisher stark vernachlässigt wurde. Sie wird jedoch im Hinblick auf die Integration verschiedener Forschungsgebiete - bei zunehmender Arbeitsteilung auch in der Forschung - immer wichtiger. Wir werden dabei einen Fehler erster und einen Fehler zweiter Art, ähnlich den aus der Statistik bekannten, einführen.

Den Abschluß dieses Teils bildet die Erörterung einer von uns bis dahin fast vollständig vernachlässigten neuen wissenschaftstheoretischen Forschungsrichtung. So bietet der Strukturalismus für viele Fragen, allem voran für rationale ex-post Rekonstruktionen der Theorienentwicklung, interessante und gute

---

nem Buch zur Wahrscheinlichkeitslehre (1949, S. 439) erläutert er die Bedeutung des Unterschiedes für die Induktion. Eine detailliertere Darstellung findet sich in Kapitel 5 auf S. 85.

[3] Wer mit den dargestellten Konzeptionen hinreichend vertraut ist, kann sich nach der philosophischen Einordnung über den Abschnitt 4.5.1 "Wahrheit", den Abschnitt 4.6.3 "Assumption-Diskussion" und den Abschnitt 5.3.3 "Feyerabends anarchistische Erkenntnistheorie" direkt dem Kapitel 6 "Die eigene wissenschaftstheoretische Position - das Abstraktionsstufenmodell" zuwenden und mit der Abgrenzung zur "Strukturalistische Theorieauffassung von *Sneed* und *Stegmüller*" in Kapitel 7 ausklingen lassen.

Antworten. Für unser Vorhaben, unter anderem wollen wir eine normative Orientierungshilfe geben, ist jedoch die alternative Sichtweise der Aussagenkonzeption geeigneter, da sie erlaubt, die Konflikte leicht zu erkennen und dann aufzulösen.

3. Philosophische Einordnung

Mit der philosophischen Einordnung der Wissenschaftstheorie nehmen wir eine erste Eingrenzung des Untersuchungsgegenstandes vor und schließen damit einige Fragestellungen aus. Deutlich wird dadurch die Suche nach einer Orientierung jenseits der Metaphysik und die Hoffnung, daß die Wissenschaft etwas zur Beherrschung der Komplexität durch Strukturierung mit dem Ziel der Bekämpfung - oder langfristig betrachtet, der Eliminierung - des Zufalls beitragen kann. Doch nun zur Einordnung.

I. *Kant* (1800, S. 448, A25) bringt die Philosophie in "weltbürgerlicher Bedeutung" in seiner Vorlesung zur Logik auf vier Fragen:

1. Was kann ich wissen?
2. Was soll ich tun?
3. Was darf ich hoffen?
4. Was ist der Mensch?

Im Mittelpunkt steht somit die Anthropologie. Die Stellung des Menschen in der Natur wird aus seinem sicheren Wissen, seinen ethischen Vorstellungen und den dahinterliegenden Prinzipien des Ganzen, der Metaphysik, zu erklären versucht.

Unser Ziel ist es, ein "sicheres"[4] und gleichzeitig vermittelbares, also nicht nur individuelles (implizites) Wissen in einem Teilbereich der Natur zu erzeugen. So sind wir am Ablauf der Ökonomie, der Gesamtheit der wirtschaftenden Einheiten interessiert. Das menschliche Verhalten, geprägt durch das Wissen, die ethischen Einstellungen und die Hoffnungen, steht im Mittelpunkt. Die ethischen Grundeinstellungen bzw. Hoffnungen sind in dieser Arbeit keine Erkenntnisfragen, so daß wir die Diskussion nicht selbst führen müssen, sondern uns einen begründeten oder auch willkürlichen Standpunkt aussuchen können.

---

[4] Wir sind der Überzeugung, daß es kein sicheres Wissen im Sinne von letztbegründet gibt. Wir verstehen unter einem "sicheren" Wissen ein auf möglichst abstrakten Bedingungen basierendes. Dies sollte im weiteren Verlauf der Arbeit klarer werden.

Wir sprechen deshalb auch nur von präskriptiven und nicht von normativen Theorien. Normative Theorien setzen sich mit ethischen Fragestellungen auseinander, präskriptive Theorien übernehmen solche Normen z.B. in das Verhaltensmodell.

Anders verhält es sich jedoch mit der Wissenserweiterung, die wir selbst auf diesem Gebiet anstreben. Hier müssen wir eine klare Position einnehmen, vor deren Hintergrund die Qualität der Ergebnisse zu interpretieren ist.

Es gilt die Frage nach Wissenschaft bzw. wissenschaftlicher Erkenntnis, wie sicher diese ist und wie man sie erhält, zu beantworten. Diesen Sachverhalten übergeordnet ist die zentrale Frage der Philosophie nach dem Sinn des Lebens. Diese Formulierungen lassen bereits die verschiedenen Aspekte wissenschaftlicher Forschung erkennen: den Begründungs-, den Entdeckungs- und den Verwendungszusammenhang. Auf diese Aspekte werden wir weiter unten eingehen.

"*Der Philosoph glaubt, aus reiner Vernunft, das heißt, ohne Offenbarung durch ein jenseitiges Wesen, Aussagen über das Ganze des Seins, über das Absolute, über die Stellung des Menschen im Kosmos, über den Sinn des Lebens, über die Rolle der Gesellschaft und der Geschichte für unsere Existenz entwikkeln zu können*" (*Wuchterl* 1992, S. 19). Er versucht, die Stellung der Menschen aus reiner Vernunft zu reflektieren. Der Naturwissenschaftler versucht, diese aus der Natur, d.h. der Empirie, zu bestimmen. Diese unterschiedlichen Standpunkte führen zu dem Konflikt, ob Methodologie außerhalb oder innerhalb des speziellen Forschungsgebietes angesiedelt werden soll. *Feyerabend* (1981, S. XI) bezieht die Position, daß eine "*fruchtbare Methodologie ... forschungsimmanent, nicht forschungstranszendent*" sei. Dabei rekurriert er auf *Wittgenstein*, der klar macht, daß sich die Praxis des Denkens oder Handelns in einer bestimmten Kultur weder durch abstrakte Begriffe oder Beschreibungen darstellen noch lenken läßt, d.h. einer Formulierung von außerhalb nicht zugänglich ist (vgl. *Feyerabend* 1981, S. XI). In seinem Buch "Wider den Methodenzwang" kommt *Feyerabend* (1983, S. 10) zu der Erkenntnis, daß Wissenschaft nicht absolut angesehen werden sollte. Die Wissenschaft sei "*eine der vielen Formen des Denkens, die der Mensch entwickelt hat und nicht unbedingt die beste. Sie ...* [sei] *laut, frech und ...* [fiele] *auf*"; Er nennt sie die "*jüngste, aggressivste und dogmatischste Institution*" in der Gegenwart. *Feyerabend* kommt in seinem Werk zu dem Grundsatz: "*Anything goes*" (Mach, was du willst), der auf eine Auflösung jedes verantwortungsbewußten Orientierungsversuchs, der wiederum das erklärte Ziel der Philosophie ist, hinausläuft.

Auch die Definition von Philosophie durch *Heisenberg* oder *Wittgenstein* zeugen von einem nur begrenzten Vertrauen in dieselbe:

"Philosophie ist der systematische Mißbrauch einer eigens zu diesem Zwecke erfundenen Nomenklatur." (*Heisenberg* 1969, S. 49)

"Die Ergebnisse der Philosophie sind die Entdeckung irgendeines schlichtes Unsinns und Beulen, die sich der Verstand beim Anrennen an die Grenze der Sprache geholt hat." (*Wittgenstein* 1960, § 119)

Wir sehen die Philosophie auf einem abstrakteren Niveau zum Alltagshandeln. Hierfür soll eine Begründungsbasis zur Verfügung gestellt werden. "*Philosophie beginnt mit der Verwunderung über Selbstverständlichkeiten; sie zerstört notwendigerweise die Unmittelbarkeit durch kritische Reflexion und sucht trotz bewußter und gesellschaftlicher und historischer Abhängigkeiten eigene Rechtfertigungen*" (*Wuchterl*, 1992, S. 24). Aus diesen Rechtfertigungen entstehen abstrakte Kriterien, die gegenüber Dritten begründet werden müssen.

Im Widerspruch zu *Feyerabend* vertreten wir die Ansicht, daß beim Begründungszusammenhang durchaus eine objektive oder zumindest eine von den Wissenschaftlern akzeptierte Basis erforderlich und auch zu finden ist. Wäre eine Behauptung nicht begründbar - im Sinne der Rückführbarkeit auf Annahmen -, so könnte im Konfliktfall nur Glaubwürdigkeit oder Macht des Gegenübers überzeugen, und dies ist auch im Sinne des Findens eines Konsenses des Zusammenlebens nicht vertretbar. Für die von uns vorausgesetzte objektive Basis ist ein intersubjektives Grundverständnis nötig, das wir in der Logik finden bzw. zu finden glauben.

Den wissenschaftlichen Entdeckungsprozeß auf eine objektive Basis zu stellen, wird hingegen wesentlich schwieriger. Es sind viele kreative (und äußerst nützliche, ja geradezu geniale) Elemente in diesem Prozeß enthalten. *Feyerabend* (1981, S. 55) zitiert hierzu die Auffassungen von *Albert Einstein* und *Niels Bohr*:

"'Die äußeren Bedingungen', schreibt *Einstein*[5], 'die *[dem Wissenschaftler]* ... gesetzt sind, erlauben es ihm nicht, sich bei der Konstruktion seiner Begriffswelt zu sehr von seiner Loyalität zu einem erkenntnistheoretischen System einschränken zu lassen. Dem systematischen Epistemologen muß er daher wie ein skrupelloser Opportunist erscheinen ... 'Und Niels *Bohr'* versucht nie, ein vollendetes Bild zu zeichnen; er ging vielmehr mit Geduld durch alle Phasen eines Problems, beginnend mit einem scheinbaren Paradox, das er ganz allmählich durchleuchtete und auflöste. Ergebnisse waren für ihn niemals etwas anderes als Ausgangspunkte weiterer Forschung. Bei der Betrachtung einer bestimmten Forschungsrichtung schob er die üblichen Maßstäbe der Einfachheit, Eleganz und selbst Widerspruchsfreiheit zur Seite,

[5] *Albert Einstein*: Philosopher scientist, ed. *Schilpp*, New York 1951, 683f. Nachdruck der dt. Ausg. *Albert Einstein* als Philosoph und Naturforscher, Braunschweig 1979.

und er bemerkte, daß man solche Eigenschaften nur hinterher richtig einschätzen könne ...'[6]"

Was in diesem Prozeß entsteht, gilt zunächst jedoch noch nicht als wissenschaftliche Erkenntnis; dazu bedarf es noch einer Begründung. Insofern stehen wir in keinem Widerspruch zu der von *Feyerabend* vertretenen Position.

Der wissenschaftliche Erkenntnisprozeß soll sich dabei deutlich von der Metaphysik abgrenzen, so daß Wissenschaft auch als Beherrschung der Komplexität durch Strukturierung mit dem Ziel der Bekämpfung - oder langfristig betrachtet, der Eliminierung - des Zufalls verstanden werden kann.

4. Grundlagen der Wissenschaftstheorie

4.1. Sprache, Begriffe und Begriffsdefinitionen

In diesem Abschnitt werden die mit den Grundelementen verbundenen Probleme der Wissenschaft (an-) diskutiert. Darunter fällt auch die Begriffsdefinition, die stets eine Grundlage braucht, die durch das Voraussetzen der Existenz einer Sprachgemeinschaft erfüllt wird. Aus den verschiedenen Möglichkeiten der Begriffsdefinition wird in der prädikatenlogischen Interpretation des Abstraktionsstufenmodells die intensionale Auffassung verwendet. Abschließend werden einige grundlegende Definitionen im Sinne einer Sprachregelung angegeben, ganz nach dem Motto einer kritischen Wissenschaftsauffassung: Besser eine explizite als eine implizite Annahme, da sich erstere kritisieren läßt!

Die Explizierung der Begriffsverwendung steht im Vordergrund, es soll ausdrücklich nicht auf die damit verbundenen, grundlegenden Diskussionen und Probleme eingegangen werden. In der Regel stellen sie lediglich eine Arbeitsdefinition dar, was speziell bei der Definition von "Modell" hervortritt. Hierzu gibt es die unterschiedlichsten Auffassungen, die aber nicht an dieser Stelle angesprochen werden sollen. Für den weiteren Fortgang der Arbeit werden die Begriffe (bis zu einer neuen Diskussion) in dieser Art und Weise verwendet.

---

[6] L. *Rosenfeld* in *Niels Bohr*. His Life and Work as seen by his Friends and Colleagues, ed. S. *Rosental*, New York 1967, 117.

4.1.1. Das Anfangsproblem der Definition von Begriffen

Die Wissenschaft arbeitet nie mit konkreten Phänomenen, sondern immer mit der sprachlichen Variante einer wahrgenommenen Realität bzw. mit Aussagen über diese Realität. Damit wird die begriffliche Präzisierung eine notwendige Voraussetzung zur Beschreibung, Erklärung und Prognose von irgendwelchen Phänomenen. Hierbei unterscheidet man zwei Begriffsarten, den logischen Begriff, dessen Bedeutung als bekannt vorausgesetzt wird, und den empirischen Begriff, der innerhalb der Wissenschaft zu präzisieren ist. Diese Präzisierung kann mit Hilfe von "Nominaldefinitionen" geschehen, die zwei Komponenten beinhaltet:

- das Definiendum, der neue Begriff, dessen Bedeutung festgelegt wird und
- das Definiens, das den Inhalt des Definiendums durch andere Begriffe darstellt

(vgl. *Schnell, Hill, Esser* 1992, S. 39).

Hierbei entsteht sofort ein Problem: Wir können nicht alle Begriffe definieren, die wir verwenden, denn wollten wir das tun, würden wir unweigerlich in einen unendlichen Regreß geraten, der dadurch entstünde, daß der erste Begriff, den man definieren wollte, durch einen oder mehrere Begriffe erklärt werden müßte, die ihrerseits, weil man ja alle Begriffe definieren will, ebenfalls einer Definition bedürften. Die Definition dieser Begriffe bedürfte dann wiederum der Einführung von Begriffen, die wieder definiert werden müßten, und so fort. Es wäre zwar möglich, zwei Begriffe parallel einzuführen und den einen durch den anderen zu definieren und umgekehrt. Dadurch würde man jedoch in einen logischen Zirkel geraten, und es entstünde eine Tautologie. Dies muß vermieden werden, da Tautologien[7] Aussagen ohne Informationsgehalt sind.

Um diesem Dilemma zu entgehen, müssen wir darauf verzichten, alle Begriffe zu definieren. Der "definitorische" bzw. inifinite Regreß im Definitionsprozeß muß abgebrochen werden. Die Entscheidung darüber, welcher Begriff definiert werden muß und bei welchem Begriff auf eine Definition verzichtet werden kann, darf jedoch nicht willkürlich erfolgen. Es ist deshalb notwendig, ein Kriterium zu finden, welches diese Entscheidung intersubjektiv nachvollziehbar macht. Dieses Kriterium liefert uns die sprachtheoretische Analyse von Begriffen durch die Einteilung der Sprache in eine Alltagssprache und eine Wissenschaftssprache. Die Existenz einer Sprachgemeinschaft - hier der All-

---

[7] Zur Vertiefung des Begriffs einer Tautologie siehe auch Abschnitt 6.6 auf S. 161ff.

tagssprache - ist eine notwendige Voraussetzung für die Auflösung des Dilemmas. Die meisten Begriffe, die wir verwenden, sind der überwiegenden Mehrheit der Menschen zumindest eines Kulturkreises geläufig und werden sprachlich auch so gekennzeichnet, daß dieselben Menschen wissen, welcher Begriff mit welcher sprachlichen Kennzeichnung gemeint ist. Diese Begriffe können wir einer Alltagssprache zuordnen. Für sie sind Definitionen nicht notwendig; ihr Gebrauch wird an Beispielen gelernt. Gelegentliche Unstimmigkeiten über die sprachliche Kennzeichnung solcher Begriffe stellen für die gegenseitige Verständigung in der Regel kein gravierendes Problem dar. Anders verhält es sich in der Wissenschaftssprache. Dort müssen Begriffe klar und widerspruchsfrei definiert sein, da sonst der Anspruch an die Wissenschaft, konsistente Aussagensysteme durch logische Verknüpfung von Begriffen zu liefern, bereits durch die Nicht-Eindeutigkeit der Begriffe selbst verlorenginge.

Die Nominaldefinitionen, d.h. die Begriffsdefinition durch andere Begriffe, stellt eine semantische Festsetzung dar, die häufig als Ziel sprachökonomische Abkürzung hat. Nominaldefinitionen wollen nicht das Wesen einer Sache treffen, auf welches die Realdefinitionen abzielen. Letztere versuchen das Wesen einer Sache durch die intensionale und die extensionale Bedeutung zu erfassen. Die intensionale Bedeutung zielt dabei auf den Begriffsinhalt und umfaßt die Menge von Merkmalen bzw. Eigenschaften, die Objekte haben müssen, damit sie diesem Begriff zugeordnet werden können. Die extensionale Bedeutung zielt auf den Begriffsumfang und umfaßt die Menge aller Objekte, die die Intension des Begriffs erfüllen.

Für wissenschaftliches Arbeiten sind die Realdefinitionen jedoch nicht tauglich, da kein Kriterium angegeben werden kann, inwieweit das Wesen einer Sache durch die Definition erfaßt werden kann (vgl. *Esser u.a.* 1977, S. 83ff). Deshalb wird häufig der Weg über "operationale Definitionen" beschritten, bei denen ein Meßverfahren festgelegt wird, durch dessen Ergebnisse der Begriff bestimmt wird. Ein ähnliches Problem der Begriffsklärung besteht beim Korrespondenzproblem, das durch die "Zweisprachentheorie"[8] gelöst werden sollte. Nach ihr werden theoretische Konstrukte (sprachliche Konstrukte) mit Hilfe von Korrespondenz- bzw. Zuordnungsregeln mit konkreten Beobachtungssätzen (Objekten) in Verbindung gesetzt. Diese empirische Zuordnung stellt eine

[8] Die Zwei-Stufen-Theorie der Sprache geht auf *Carnap* zurück. Er verbindet die Beobachtungssprache durch sogenannte Korrespondenzregeln mit der theoretischen Sprache. Beispielsweise kann eine Korrespondenzregel der Optik den Zusammenhang zwischen Lichtstrahl und geometrischer Gerade, die nur theoretisch existiert und nie beobachtet werden kann, herstellen. Zu bemerken bleibt, daß nicht allen theoretischen Sprachelementen ein Element aus der Beobachtungssprache zugeordnet werden muß und umgekehrt.

hypothetische Begriffsdefinition dar und ist stets gemeinsam mit der Theorie empirischen Falsifikationsversuchen zugänglich.

Auf einige unten definierte Begriffe konnte im bisherigen Text aus Gründen der Verständlichkeit nicht verzichtet werden. Es ließ sich nicht vermeiden, sie bis hierher undefiniert zu verwenden. Dies soll im folgenden Abschnitt nachgeholt werden.

4.1.2. Definition wichtiger, grundlegender Begriffe

In diesem Abschnitt werden einige Definitionen angeführt, die durchaus dem allgemeinen Sprachgebrauch (common use) zugerechnet werden können. Sie werden trotzdem expliziert, um deutlich zu machen, welche Begrifflichkeit besonders wichtig ist. Außerdem kann der Leser überprüfen, ob die im hinteren Teil der Arbeit auftretenden Unstimmigkeiten von einer unterschiedlichen Auffassung dieser Definitionen herrühren, was für ihn eine Erleichterung beim Verständnis darstellt.

Definition 4.1: Aussage

Eine Aussage ist ein sprachlicher Ausdruck für einen Sachverhalt. Sie hat den Charakter wahr oder falsch zu sein.

Ganz im Sinne der Prädikatenlogik kann es sinnvoll sein, das Subjekt und das Prädikat einer Aussage besonders zu bezeichnen. In einem mengentheoretischen Zusammenhang entsprechen die Subjekte den Elementen und das Prädikat den Eigenschaften, die auf Wahr- oder Falschheit überprüft werden, d.h. dem Kriterium zur Mengenabgrenzung.

Definition 4.2: Theorie

Mit einer Theorie bezeichnen wir ein System von Aussagen (Sätzen, Lehrsätzen, Theoremen, Gesetzen, Quasigesetzen, Hypothesen, Axiomen, Annahmen[9]), welches darauf ausgerichtet ist, einen Tatbestand bzw. ein Phänomen oder eine Klasse von Tatbeständen bzw. Phänomenen sowie die daraus ableitbaren Folgerungen zu erklären. Bei wissenschaftlichen Theorien wird zudem Widerspruchsfreiheit gefordert[10].

---

[9] Zur Definition dieser Begriffe siehe z.B. *Brinkmann* 1991, S. 4f.

[10] Bei komplexeren wissenschaftlichen Theorien kann diese Forderung jedoch nicht aufrechterhalten werden, denn sonst würde eine ganze Reihe wissenschaftlicher Theorien, vor allem neuere und noch nicht voll ausgereifte Theorien, die bisher noch nicht er-

Definition 4.3: Modell

Als Modell bezeichnen wir die vereinfachte Darstellung eines Teilausschnittes der Realität, die sich dadurch auszeichnet, daß sie mit dem Realitätsausschnitt strukturgleich - genauer: ein Modell ist homomorph zur Realität - ist und die für die Erklärung des Realitätsausschnittes wesentlichen Elemente enthält. Ein Modell besteht aus einer Menge von Annahmen, die zielgerichtet zur Herleitung bestimmter Folgerungen zusammengestellt werden (vgl. *Eichhorn* 1979, S. 60-104).

Hierbei unterscheidet man verbale, graphische und mathematisch-analytische Darstellungsmöglichkeiten[11]. Zu bemerken ist an dieser Stelle, daß diese Auffassung in den Wirtschaftswissenschaften vorherrscht und sich sowohl von der mathematischen als auch von der im non-statement view vertretenen, wissenschaftstheoretischen Auffassung unterscheidet, worauf sich an dieser Stelle[12] einzugehen nicht lohnt.

In den abstrakten Definitionen von Theorie und Modell verschwimmt der Unterschied[13] zunehmend. Beide bestehen aus einem System von Aussagen, darunter auch Allaussagen (Gesetze). Innerhalb dieses Annahmensystems werden weitere Aussagen abgeleitet, die jedoch nur bedingt gültig sind. Damit wird die Schwierigkeit, ein eindeutiges Kriterium zur Abgrenzung von Theorie und Modell zu finden, deutlich[14].

---

klärbare Phänomene zu erklären versuchen, von vornherein als unwissenschaftlich zurückgewiesen werden. Eine wissenschaftliche Diskussion könnte so erst überhaupt nicht entstehen. Die Forderung nach Widerspruchsfreiheit muß also als Streben der Wissenschaftler nach möglichst vollkommener Widerspruchsfreiheit in wissenschaftlichen Theorien relativiert werden.

[11] Zur Vertiefung der Modellbildung siehe *Eichhorn* 1979 oder in Kurzform auch bei *Blum* 1992, S. 17-21.

[12] Weitere Ausführungen finden sich hierzu im Kapitel 7 auf S. 165ff. Eine mögliche Abgrenzung von Modell und Theorie hat auf die Aussagen im Abstraktionsstufenmodell keine Auswirkungen, lediglich die Bezeichnung, ob es sich um ein Abstraktionsstufenmodell oder um eine -theorie handelt, müßte überprüft werden.

[13] In der wissenschaftstheoretischen Auffassung des Strukturalismus verschwimmt der Unterschied nicht. Vgl. hierzu die Ausführungen in Kapitel 7 auf S. 165ff.

[14] Wie bereits mehrfach erwähnt, vertritt der Strukturalismus eine gegensätzliche Position. Eingehen wollen wir an dieser Stelle allerdings nur auf *Küttner* (1983), der eine Vereinigung von statement und non-statement view anstrebt und dabei die Unterscheidung von Modell und Theorie betont. So interpretiert *Küttner* ein Modell nur als Struktur, die in ihrer Anwendung auf eine konkrete Raum-Zeit-Stelle zur Lokalisierung wird. Eine Theorie beinhaltet zusätzlich zum Modell noch eine Hypothesenmenge. Die zustande kommenden Erklärungen (Aussagen) sind damit nicht unabhängig vom verwendeten Modell, weshalb *Küttner* den Begriff der Modellerklärung einführt.

Definition 4.4: Erkenntnis

Als Erkenntnis bezeichnen wir den Prozeß bzw. das Ergebnis des Prozesses der Zuordnung von - durchaus auch vorläufigen - Wahrheitswerten zu Aussagen[15].

Definition 4.5: Wissenschaft

Als Wissenschaft bezeichnen wir jede intersubjektiv überprüfbare Untersuchung von Aussagen über Tatbestände bzw. Phänomene[16] und die auf ihr beruhende systematische, widerspruchsfreie Beschreibung. Wenn möglich, sollten die untersuchten Tatbestände auch erklärt werden.

Definition 4.6: Wissenschaftstheorie

Mit Wissenschaftstheorie bezeichnen wir diejenige wissenschaftliche Disziplin, deren Erkenntnisobjekt die Wissenschaft ist.

Definition 4.7: Erkenntnistheorie

Als Erkenntnistheorie bezeichnen wir den Teilbereich der Philosophie, der Antworten auf die Frage zu finden sucht, ob und wie wahre Erkenntnis möglich ist.

Definition 4.8: Logik

Als Logik bezeichnen wir die Lehre vom folgerichtigen Schließen von der Wahrheit bzw. Falschheit von Aussagen auf die Wahrheit bzw. Falschheit anderer Aussagen, die auf den vorhergehenden beruhen.

Damit beschränken wir uns auf die zweiwertige Logik.

4.2. Abgrenzung und Einteilung von Wissenschaften

Bevor wir uns mit wissenschaftstheoretischen Fragestellungen befassen, müssen wir den Forschungsgegenstand der Wissenschaftstheorie, nämlich die

---

15 Vgl. hierzu z.B. *Röd* 1989, S. 52ff.

16 Darunter sollen auch Handlungsempfehlungen fallen. Die technologische (dezisive) Wissenschaft ist somit auch ein Teil der Wissenschaft. Zu bemerken ist, daß auch für die technologischen Wissenschaften die kausalen Erklärungen der explikativen Wissenschaft benötigt werden. Erst wenn die kausalen Zusammenhänge (hinreichend genau) bekannt sind, kann dieses Wissens systematisch zur Gestaltung verwendet werden.

Wissenschaft selbst[17], abgrenzen. Dazu ist es hilfreich, die volle Breite der Wissenschaft bzw. der wissenschaftlichen Theorien zu erkennen. Erst vor diesem Hintergrund sind verschiedene Konflikte verständlich. Die Wissenschaftstheorie beschäftigt sich mit der Wissenschaft bzw. den verschiedenen Arten von Wissenschaft und hat nach obiger Definition das Ziel, auf systematische Weise Tatbestände zu beschreiben und, wenn möglich, auch zu erklären. Je nach Art dieser Tatbestände gliedert sich die Wissenschaft in drei Gruppen (siehe auch Abbildung 4.1):

Die Realwissenschaften

Die Realwissenschaften "*bemühen sich um die Beschreibung, Erklärung und Gestaltung empirisch (sinnlich) wahrnehmbarer Wirklichkeitsausschnitte*" (*Ulrich, Hill 1979*, S. 163). Anders ausgedrückt sind die Erkenntnisobjekte der Realwissenschaften alle mit unseren Sinnen wahrnehmbaren Gegenstände und Tatbestände unserer Welt. Es werden Aussagen über Sinneseindrücke oder Regeln über den Umgang mit Sinneseindrücken aufgestellt. Die Realwissenschaften ihrerseits werden nochmals aufgeteilt in Natur- und Kultur- bzw. Geisteswissenschaften. Innerhalb dieser Kategorien wird die reine von der angewandten Wissenschaft unterschieden.

Die reinen Wissenschaften, auch Grundlagenwissenschaften genannt, haben zum Ziel, Ausschnitte der Wirklichkeit zu erklären bzw. zu beschreiben (vgl. *Ulrich, Hill* 1979, S. 163), wobei es ihnen ausschließlich um die Erlangung von Wissen, nicht aber um die Anwendung dieses Wissens bzw. dessen praktische Umsetzung geht. Die angewandten Wissenschaften stellen auf eben diese praktische Zwecksetzung ab; ihnen geht es vordergründig um "*Handlungsalternativen zwecks Gestaltung sozialer und technischer Systeme: Sie versuchen deshalb, Entscheidungsmodelle bzw. Entscheidungsprozesse zu entwickeln*" (*Ulrich, Hill* 1979, S. 164).

Die metaphysischen Wissenschaften

Von den Realwissenschaften abzugrenzen sind die metaphysischen Wissenschaften, die zwar ebenfalls wie die Realwissenschaften Aussagen über die Wirklichkeit treffen, sich im Gegensatz zu den realwissenschaftlichen Aussagen jedoch nicht auf Beobachtungen stützen. Sie wollen "höhere Erkenntnisse über das Wesen und die Zusammenhänge unserer Welt" erlangen, die Aussa-

---

[17] Siehe z.B. *Seiffert* 1989, S. 461 oder *Bayertz* 1981, S. 6f. Dabei beschäftigt sich die Wissenschaftstheorie in einer engeren Auffassung nicht mit allen Aspekten der Wissenschaft, sondern hauptsächlich mit ihren logischen und methodologischen Aspekten.

gen können aber weder empirisch noch logisch auf ihre Übereinstimmung mit der Wirklichkeit überprüft werden.

Die Formalwissenschaften

Die Formalwissenschaften beschäftigen sich nicht mit Dingen der realen Welt, sondern mit Zeichen. Sie "*haben keinen Bezug zu Sinneseindrücken, ihre Sätze beschäftigen sich nur mit der Art der Zeichen, die in einem Ausdruck vorkommen, und der Weise, in der die Zeichen geordnet werden, nicht aber mit dem, was diese Zeichen bezeichnen können*" (*Brinkmann* 1991, S. 2, vgl. auch *Carnap* 1961, S. 10 und *Bochenski/Menne* 1973, S. 11f.). Sie "*bemühen sich um die Konstruktion von Sprachen, d.h. von Zeichensystemen mit Regeln zur Verwendung dieser Zeichen*" (*Ulrich, Hill* 1979, S. 163). Zu den Formalwissenschaften gehören die Logik, die Mathematik und, soweit sie nicht als Teilbereich der Mathematik angesehen wird, die Statistik. Die Formalwissenschaften können - im Gegensatz zu den Realwissenschaften - nur auf ihre logische Widerspruchsfreiheit, nicht aber auf ihre inhaltliche Richtigkeit hin überprüft werden. Da die Aussagen der Realwissenschaften aus Zeichen bestehen bzw. sprachlicher Natur sind, sind auch die Formalwissenschaften für diese von großer Bedeutung.

Die Metawissenschaften

Neben den Realwissenschaften, den metaphysischen Wissenschaften und den Formalwissenschaften läßt sich noch eine weitere Kategorie von Wissenschaften anführen, die Metawissenschaften. Sie ähneln den Realwissenschaften und den metaphysischen Wissenschaften, da auch sie - im Gegensatz zu den Formalwissenschaften Erkenntnisobjekte haben. Ihre Erkenntnisobjekte aber sind nicht die Dinge der realen Welt, sondern die Wissenschaften selbst. In diesem Sinne also ist die Wissenschaftstheorie eine Metawissenschaft zu den anderen Wissenschaftsarten, d.h. sie befindet sich auf einer übergeordneten Ebene.

Zwischen den drei Arten von Wissenschaft sind folgende Beziehungen erkennbar: Grundsätzlich kommen sowohl Realwissenschaft und Metawissenschaft nicht ohne formalwissenschaftliche Prinzipien aus, da zumindest das formalwissenschaftliche Prinzip einer Logik in jeder Art wissenschaftlichen Arbeitens enthalten sein muß, denn Wissenschaft definiert sich unter anderem durch Prinzipien wie Systematik und Widerspruchsfreiheit, und eben diese Prinzipien liefert die Logik. Neben diesen implizit enthaltenen formalwissenschaftlichen Elementen gibt es viele realwissenschaftliche Disziplinen, wie beispielsweise die Wirtschaftswissenschaften, die einen expliziten formalwissenschaftlichen Teil enthalten; dieser Teil ist dann "rein" mathematisch bzw. logisch, d.h. unabhängig von realen Interpretationen. Insbesondere an die formale Entscheidungstheorie ist hierbei zu denken.

Neben den formalwissenschaftlichen Elementen sind in allen drei Wissenschaftsarten Elemente enthalten, die sie als Wissenschaften charakterisieren. Diese Elemente herauszuarbeiten ist die Aufgabe der Wissenschaftstheorie - sofern sie explikative Aussagen trifft. Von explikativen Aussagen in der Wissenschaftstheorie lassen sich normative Aussagen unterscheiden. In ihnen drückt sich aus, welche Elemente eine Wissenschaft bzw. eine Theorie nach der Sichtweise einer wissenschaftstheoretischen Konzeption haben sollte, um dem Anspruch gerecht zu werden, wissenschaftlich zu sein.

Theoretisch könnte die Wissenschaftstheorie tatsächlich alle drei Arten von Wissenschaft zum Gegenstand haben, also neben den Real- und Formalwissenschaften auch sich selbst. Sie wäre dann eine Metawissenschaft der Metawissenschaft, also eine Metametawissenschaft. Damit wird deutlich, daß wir implizit einer naturwissenschaftlichen Denkrichtung folgen, da die Wissenschaftstheorie nicht forschungsimmanent sondern -transzendent aufgefaßt wird. Daraus kann gefolgert werden, daß für alle Wissenschaften eine verbindliche Wissenschaftstheorie existiert. In der vorliegenden Arbeit interessieren allerdings nur wissenschaftstheoretische Aussagen über die Realwissenschaften bzw. über realwissenschaftliche Theorien.

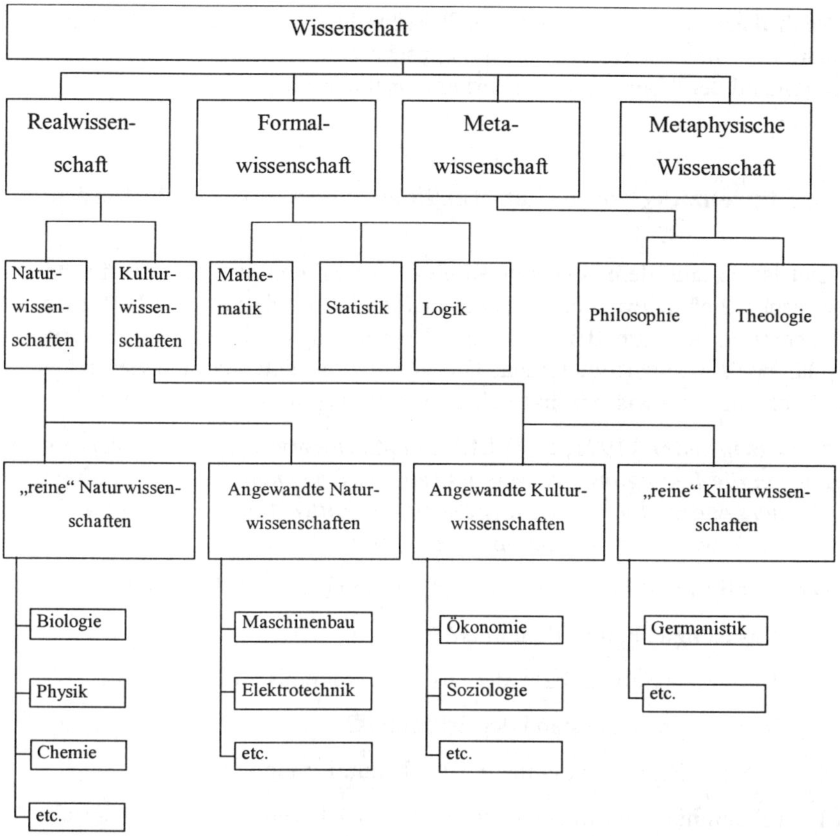

Abbildung 4.1: Einteilungsschema der Wissenschaft (vgl. *Raffée* 1974, S. 15ff)

Diese Ausführungen sind auch auf den Begriff "Theorie" anwendbar. Die vorgenannte Dreiteilung der Wissenschaften läßt sich in einer realwissenschaftlichen Theorie wiederfinden, die damit aus einem sehr reichhaltigen Annahmensystem besteht. In ihr sind die folgenden Elemente zu unterscheiden:

(1) realwissenschaftliche Elemente (empirische, erfahrbare Elemente, die zu den Aussagen der Theorie führen)

(2) formalwissenschaftliche Elemente

implizit: Logik

explizit: mathematische Algorithmen etc.

(3) wissenschaftstheoretische Grundelemente.

Nach dieser Unterscheidung von Wissenschaft, auch auf den Metaebenen, wollen wir nun den Begriff der Wissenschaftstheorie näher beleuchten. Dies wird anhand der Abgrenzung zur Erkenntnistheorie begonnen.

4.3. Abgrenzung von Erkenntnistheorie und Wissenschaftstheorie

Ziel ist es, aus dem weiteren Kontext der Erkenntnis das Spezifische der wissenschaftlichen Erkenntnis herauszuarbeiten und damit erste Leitlinien für die zentralen Aspekte der Wahrheit, Begründung und des Gegensatzpaares "Erklären - Verstehen" zu finden. Die Wichtigkeit eines Ordnungsprinzips als Auszeichnung von wissenschaftlicher Erkenntnis wird herausgearbeitet.

Nach *Brinkmann* (1991, S. 7) ist Erkenntnistheorie ein "*System von Sätzen, aus denen die Bedingung der Möglichkeit von Erkenntnis überhaupt abgeleitet wird, oder, anders formuliert, aus denen die Antwort auf die Frage deduziert wird, ob und wie wahre Erkenntnis möglich sei*".

Die wichtigsten dort behandelten Fragen sind (vgl. z.B. *Röd* 1989, S. 52-58):

1. Was ist bzw. heißt Erkenntnis?
2. Wie ist das Subjekt bzw. der Ort der Erkenntnis zu bestimmen?
3. Was gilt als Gegenstand der Erkenntnis?
4. Unter welchen Bedingungen ist Erkenntnis möglich?

ad 1: Erkenntnis kann mit Wissen gleichgesetzt werden und man spricht davon, wenn eine Überzeugung (Aussage) begründeterweise für wahr gehalten wird. Es wird ein Wahrheitsbegriff und ein Urteilsbegriff vorausgesetzt. "*Wenn ein Subjekt S das Urteil, daß aP ist, begründeterweise für wahr hält, dann liegt Erkenntnis vor.*" (*Röd* 1989, S. 52). Unmittelbar klar wird, daß dem Wahrheitsbegriff eine gewichtige Rolle zufällt: Was ist die Basis für wahre Aussagen, sind diese für immer gültig? Antworten darauf werden wir in einem späteren Abschnitt geben, es sei jedoch hier schon angemerkt, daß sich verschiedene philosophische Richtungen aus einer unterschiedlichen Beantwortung dieser Frage entwickelten.

ad 2: In der Erkenntnis verbindet sich das Urteil des Subjekts über den Wahrheitsbegriff mit der Realität. Das Subjekt der Erkenntnis muß also eine Relation von Subjekt und Objekt ausdrücken und wurde (wird) stets durch einen nicht empirischer Begriff beschrieben. Bei *Descartes* handelt es sich um eine denkende Substanz, bei *Locke* um das Bewußtsein und bei *Kant* um die Einheit des "Ich denke" (vgl. *Röd* 1989, S. 53). Der Erkenntnisakt findet also im Bewußtsein statt.

ad 3: Als Gegenstand der Erkenntnis galt lange Zeit die Realität. Wir werden uns jedoch dem deutschen Idealismus anschließen und die (subjektiv) vorgestellten Objekte und nicht die realen ansichseienden betrachten. Die Neukantianer definieren das reale Objekt bzw. das Ding an sich als den Grenzbegriff des vollständigen erkannten Gegenstandes. Diese Zweiteilung von der Vorstellung von einem Gegenstand und dem Gegenstand an sich, prägt auch die Diskussion um die Bedingungen von Erkenntnis.

ad 4: Eine Bedingung, unter der Urteile über mittelbar wahrgenommene Gegenstände als objektiv gültig anzusehen sind, liegt in der Übereinstimmung von Urteil und bewußtseinsunabhängigem Objekt. Dafür wird eine nichtempirische Voraussetzung benötigt, nämlich eine strukturgleiche Ordnung im Denken und in der Wirklichkeit. Im Gegensatz zu dieser Position erklärt *Popper* (1994, S. 111) objektive Erkenntnis über den Gehalt von Annahmen, Problemen, Theorien usw. Damit diese Erkenntnistheorie ohne erkennendes Subjekt möglich ist, führt er mit der "Welt 3" einen selbständigen Wirklichkeitsbereich ein, in dem Annahmen, Probleme und Theorien ihren Platz finden[18].

Sowohl der Empirismus als auch der Rationalismus[19] konnten die Erkenntnis nur partiell erklären. Der Empirismus fand keine rein empirische Basis (sinnlich Erfahrbares) für die Vorbedingungen der Erkenntnis. Der Rationalismus basierte auf metaphysischen Voraussetzungen, die zu eliminieren versucht wurden. *Kant* verbindet nun die kritische Einstellung und die strikte Bindung von objektiver Erkenntnis an die Erfahrung des Empirismus mit seiner Theorie über apriorische und reine Formen des Verstandes, die auf dem Rationalismus basiert. "*Seine transzendental-kritische Begründung der Erkenntnis besteht also darin, in einer Analyse des Erkenntnisvermögens jene apriorischen Bedingungen festzustellen, die den Gegenstand der Erkenntnis schlechthin ermöglichen*" (*Wenturis* u.a. 1992, S. 32)

Bevor wir *Kants* Grundprobleme der Erkenntnistheorie formulieren, wollen wir zur Klärung noch einige Definitionen einführen.

---

[18] *Popper* versuchte damit, Stufen kosmischer Evolution aufzuzeigen. Die Objektivität, d.h. die Loslösung vom Subjekt erfolgt erst in der "Welt 3". Zur Vertiefung siehe *Popper* und *Eccles* 1982, S. 38 sowie S. 61-77 und *Popper* 1994, S. 109-157.

[19] Siehe zu den beiden hier noch nicht definierten Grundpositionen den Abschnitt 4.4 "Historische Grundpositionen" auf S. 56.

Definition 4.9: a priori

Eine Erkenntnis ist a priori, wenn wir sie bereits vor einer Sinneserfahrung haben. Sie ist unabhängig von der empirischen Erfahrung.

Definition 4.10: a posteriori

Eine Tatsache, die erst nach der (sinnlichen) Erfahrung bekannt ist, heißt a posteriori. Empirische Erfahrungen sind stets a posteriori. Diese Erkenntnis ist zufällig oder kontingent, denn rein logisch könnte auch ein anderer Sachverhalt vorliegen.

Definition 4.11: analytisch

Eine Aussage ist analytisch, wenn sie durch logische Analyse aus den in der Aussage enthaltenen Begriffe abgeleitet werden kann. Es handelt sich um ein Erläuterungsurteil.

Definition 4.12: synthetisch

Eine Aussage ist synthetisch, wenn sie nicht analytisch ist, d.h. sie enthält etwas Neues. Damit handelt es sich um eine Erweiterung.

Definition 4.13: transzendent

Transzendent heißt etwas, das die Erfahrung überschreitet.

Definition 4.14: immanent

Immanent heißt etwas, das innerhalb der Erfahrung liegt.

Definition 4.15: transzendental

Transzendental heißt seit *Kant* etwas, das die gegenständliche Erfahrung überschreitet, als es eine a priorische Bedingung der Möglichkeit ist. Es betrifft die Voraussetzungen für Erfahrungen, wie z.B. die Kategorien Raum, Zeit und Kausalität.

Die *Kant*sche Transzendentalphilosophie besitzt ihren Namen deshalb, weil sich die Überlegungen "*nicht mit den Gegenständen selbst befassen ..., sondern mit der apriorischen Erkenntnisart von Gegenständen*" (*Wuchterl* 1992, S. 90 f). Die Untersuchungen gelten den Grenzen unseres Wissens und der menschlichen Vernunft.

Wuchterl (1992, S. 91) stellt die Erkenntnisarten und Aussagetypen in einem quadratischen und linearen Schema gegenüber.

Quadratisches Schema zu den Grundbegriffen:

	analytisch (erläuternd)	synthetisch (erweiternd)
a priori (nicht empirisch)	z. B. Logik Tautologien	z. B. Transzendentalphilosophie Kausalität; Raumform
a posteriori (empirisch)	–	z. B. sinnliche Erfahrung

Lineares Schema:

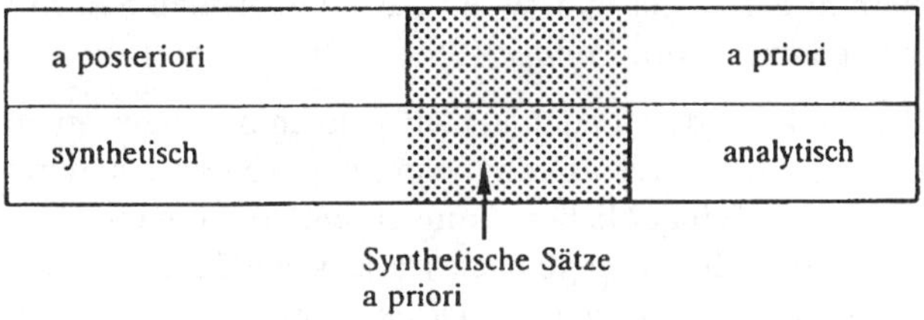

Abbildung 4.2: Erkenntnisart und Aussagetyp (Quelle: *Wuchterl* 1992, S. 91)

Kant hat das Grundproblem der Erkenntnistheorie auf die Frage reduziert, ob und wie synthetische Erkenntnisse a priori möglich sind. Es interessieren Erkenntnisse, die Neues aussagen und trotzdem nicht aus der Erfahrung stammen. Die heutige Wissenschaftstheorie verneint jedoch die Möglichkeit eines synthetischen Apriori[20].

Nach dieser kurzen Einführung in die Grundfragen der Erkenntnistheorie und deren Antworten blicken wir nun auf die verschiedenen Arten von Erkenntnis, um damit die Überleitung zu wissenschaftlicher Erkenntnis und Wissenschaftstheorie zu ermöglichen. *Leinfellner* (1980, S. 11) unterscheidet vier Arten von Erkenntnis, die Gegenstand der Erkenntnistheorie sind:

[20] Siehe hierzu *Popper* 1989, S. XXIV oder 1972 S: 193-200 sowie *Ayer* 1970, S. 37 oder *Reichenbach* 1938, S. 215f. *Popper* lehnt den synthetischen Apriori ab, da es für ihn kein absolut sicheres Wissen geben kann. *Ayer* als logischer Positivist hat die Ambition, alles aus der Erfahrung heraus zu begründen. *Reichenbach*, der sich als logischer Empirist sieht, hat auch das Ziel, nur Erfahrungen zur Begründung heranzuziehen. Dazu entwickelt er eine Wahrscheinlichkeitstheorie, mit deren Hilfe er die Erkenntnisgewinnung beschreiben kann. Er setzt sich sogar explizit mit den von *Kant* als apriorisch angesehenen Kategorien auseinander. Gleichzeitig erkennt er auch, daß es eine letzte Sicherheit für Prognosen nicht geben kann.

- Alltagserkennen
- ästhetische Erkenntnis
- wertende Erkenntnis
- wissenschaftliche Erkenntnis

Die Wissenschaftstheorie beschäftigt sich mit der zuletztgenannten Erkenntnisart und ist (nach *Brinkmann* 1991, S. 6) ein "*System von Sätzen, die über die Ordnungsprinzipien handeln, durch deren Anwendung Erkenntnis zu Wissenschaft* [wissenschaftlicher Erkenntnis] *wird*". Wissenschaftstheorie stellt somit eine Untermenge der Erkenntnistheorie dar. Das bei uns angewandte Ordnungsprinzip entstammt der Logik und lautet: Aus allgemeinen Sätzen werden weniger allgemeine deduziert (vgl. *Popper* 1989, S. 7f).

Wissenschaftstheorie kann damit auch als auf Erkenntnis angewandte Logik verstanden werden. Ein alternatives Ordnungsprinzip könnte der herrschaftsfreie Diskurs, der zu einer einheitlichen (konvergenten) Meinung führt, darstellen. Letztendlich stellt sich die Frage nach wissenschaftlicher Erkenntnis als Abgrenzungsproblem: *Wie lassen sich wissenschaftliche Aussagen von nichtwissenschaftlichen abgrenzen?*

Diese Abgrenzung wurde in einem sicheren Wissen, das auf einem archimedischen Punkt der Wahrheit beruht, gesucht. Die Nichtnachweisbarkeit eines sicheren Wissens[21] führte dann zum Versuch einer positiven Abgrenzung durch die Einführung eines Sinnkriteriums, das in die Richtung der Verifizierbarkeit und der Falsifizierbarkeit zielt.

Dieses Sinnkriterium hat seinen Platz in den empirisch ausgerichteten Naturwissenschaften und ist strikt von der Unterscheidung der Natur- und Geisteswissenschaften anhand der Verbindung zu dem Sinn bzw. der Intention einer Handlung abzugrenzen. Gerade der große wissenschaftliche Fortschritt in den Naturwissenschaften wird auf die neuzeitliche Entsinnlichung zurückgeführt. Darunter versteht man, daß die Natur nicht mehr Ausdruck und Manifestation göttlicher Sinnstiftung ist, sondern als sinnleerer Realitätsbereich von dem sinnhaften Bereich der Kultur bzw. geistiger Phänomene abgegrenzt wird[22].

Dieser Abschnitt diente u. a. dem Problemaufriß und damit als Grundlage für die weiter unten angesprochenen Themen des Werturteils (-streits), Wahr-

---

[21] Siehe hierzu die Ausführungen zum Begründungszusammenhang in Kapitel 5 auf S. 85ff.

[22] Siehe hierzu auch den Abschnitt 4.6.2 "Erklären und Verstehen" auf S. 78ff.

heit und Begründung sowie des Gegensatzes von Erklären und Verstehen. Auch bei der Frage nach der Abgrenzung wissenschaftlicher von nichtwissenschaftlicher Erkenntnis müssen wir Position beziehen. Auf der Ebene der Begründung konzentriert sich dies auf die intersubjektive Nachvollziehbarkeit und die Aussetzung der Kritik und damit auch der Empirie. Auf der Ebene der - zumindest vorübergehend - ersten Annahmen versuchen wir die Andeutung einer Sinnhaftigkeit, die zu einer erhöhten Glaubwürdigkeit derselben führen soll. Letztendlich wird Wissenschaft damit zur Glaubensfrage, dem Glauben an die unterstellten Annahmen.

Dies beinhaltet die Verbindung von Kritik und Ratio. Wir setzen voraus, daß Wissenschaft ein vorstrukturiertes Wissen benötigt. Dies sind die genialen Momente, die im Begründungszusammenhang jedoch nicht hinterfragt werden. Selbst für die Anwendung der Vernunft existieren Vorbedingungen, die wir jedoch in dieser Arbeit nur voraussetzen können, aber nicht erklären müssen. So existieren Kategorien - Raum, Zeit und Kausalität auf der Metaebene -, die für uns durchaus nützlich sind.

Die Erkenntnis wird über subjektive Abbildungen im "Bewußtsein" - wir vertreten, wie oben bereits angedeutet, eine idealistische Position - vorangetrieben, konvergiert aber gegen die Welt an sich. Dieser Konvergenzprozeß wird durch die Kritisierbarkeit und damit die Revidierung von Auffassungen ermöglicht. Der naturwissenschaftliche Erklärungsansatz unterstützt uns hierbei[23].

Wir werden uns in dieser Arbeit auf die Position der analytischen Wissenschaftstheorie stellen, deren Ziel unter anderem die Abgrenzung von metaphysischen Aussagen ist (vgl. *Popper* 1989, S. 8-14). Ihr Ordnungsprinzip für das Entstehen neuer wissenschaftlicher Erkenntnis ist die Deduktion. Die Begründung zur Positionenwahl folgt jedoch erst aus den folgenden Abschnitten. Zunächst werden wir jedoch auf die historischen Grundpositionen eingehen, anhand derer wir die verschiedenen Entwicklungsrichtungen besser verstehen können.

---

[23] Bei diesen Ausführungen dürfte die Nähe zum Kritischen Rationalismus bereits deutlich werden. Davon werden wir uns jedoch abheben, was in dem Kapitel 6 über die vertretene wissenschaftstheoretische Position deutlich wird.

4.4. Historische Grundpositionen

Zum Verständnis der verschiedenen wissenschaftstheoretischen Konzeptionen werden die in der europäischen Geistesgeschichte aufgestellten Erkenntnistheorien mit den Dichotomien - Realismus versus Idealismus und Rationalismus versus Empirismus - betrachtet. Diese Wurzeln zu kennen, ist meist hilfreich. Außerdem wurden die grundsätzlichen Probleme bereits damals in aller Klarheit diskutiert, die Antworten wurden im Laufe der Zeit freilich immer "raffinierter". Zentrale Grundannahmen betreffen die Sicht der Wahrheit, das Begründungspostulat und die Einstellung zur Vernunft und Erfahrung. Hier gilt es, Stellung zu beziehen und anschließend, in den späteren Abschnitten, die jeweilige Position zu verfeinern.

Im *Realismus* beschreiben Theorien oder versuchen zu beschreiben, wie die Welt wirklich ist. Für den Realisten gibt es eine vom Betrachter (erkennenden Subjekt) unabhängige Realität. Sein wissenschaftliches Ziel ist die wahre Beschreibung der Welt. Mit der Realität übereinstimmende Theorien sind wahr, andere sind falsch. Theoriekonstrukte existieren stets auch in der Realität.

Im *Idealismus* konstituiert das erkennende Subjekt die Realität. Es gibt keinen allgemein gültigen ahistorischen Maßstab für Rationalität, mit dem sich beurteilen läßt, ob eine Theorie besser ist als die andere. Die Beurteilung hängt vom jeweiligen Individuum oder der jeweiligen Gesellschaft ab, oder wie *Protagoras* sagt: "Der Mensch ist das Maß aller Dinge[24]" (vgl. *Wenturis*, u.a. 1992, S. 11). Anhänger des totalen Subjektivismus und des Relativismus verneinen die intersubjektiv nachprüfbare Erkenntnis, während die Anhänger des deutschen Idealismus eine objektive Erkenntnis für möglich halten. Die individuellen Meinungen konvergieren gegen die Wahrheit, gegen die Realität.

Die zweite Dichotomie entsteht bei der Suche nach den Fundamenten "gesicherten" Wissens. Gibt es eine vernunftmäßige oder eine wahrnehmungsspezifische Offenbarung der Wahrheit? Sowohl der klassische Rationalismus als auch der klassische Empirismus geht davon aus - und hier befinden wir uns bei der Fragestellung des Begründungszusammenhangs -, daß eine vom Betrachter unabhängige Wahrheit bzw. Realität existiert, d.h. sie vertreten einen realisti-

---

[24] *Ueding* (1995, vgl. S. 21) weist auf eine weitere Interpretationsmöglichkeit des "homo-mensura-Satzes" von *Protagoras* hin. Statt "Der Mensch sei das Maß aller Dinge, der Seienden, daß sie sind, der Nichtseienden, daß sie nicht sind" könnte der Satz auch durch "Das menschliche Individuum sei das Maß aller Dinge, der Seienden, wie sie sind, der Nichtseienden, wie sie nicht sind" übersetzt werden. Damit wird die extreme idealistische Position, nach der nur das subjektive Bewußtsein das einzig Seiende ist, durch eine perspektivische Wahrheitsauffassung ersetzt.

schen Standpunkt. Weiterhin stimmen sie überein in der Überzeugung, daß es grundsätzlich möglich ist, die Realität zweifelsfrei zu erfassen, und daß Aussagen nur dann als wahre Erkenntnisse bzw. wissenschaftliche Erkenntnisse betrachtet werden können, wenn sie hinreichend begründbar sind. Grundlegend unterschiedlich sind beim klassischen Rationalismus und klassischen Empirismus die Auffassungen darüber, auf welchem Wege man zu solchen sicheren Erkenntnissen gelangt.

Im *klassischen Rationalismus* ist allein die Vernunft - sie bringt klare und deutliche Ideen hervor - Quelle menschlicher Erkenntnis. Erkenntnis ist a priori zur Erfahrung möglich. Gemäß *Descartes*, dem bekanntesten Vertreter[25] dieser erkenntnistheoretischen Konzeption, ist unmittelbare Erkenntnis nur durch klare und evidente Intuition möglich (vgl. *Albert* 1991, S. 25). Eine solche Intuition sei nicht durch "*das mannigfache wechselnde Zeugnis der Sinne oder das trügerische Urteil, das sich auf die verworrenen Bilder der sinnlichen Anschauung stützt*", erreichbar, sondern durch "*ein so einfaches und instinktives Begreifen des reinen und aufmerksamen Geistes, daß über das Erkannte weiterhin kein Zweifel übrigbleibt, oder, was dasselbe ist, das über jeden Zweifel erhabene Begreifen eines reinen und aufmerksamen Geistes, das allein dem Lichte der Vernunft entspringt*" (*Descartes* 1962, S. 10ff, zitiert nach *Albert* 1991, S. 25). Der Mensch hat demnach durch die Intuition einen unmittelbaren, sicheren Zugang zur Wahrheit, und zwar zu allgemeinen Wahrheiten, mittels derer er durch das Verfahren der Deduktion, welches hier als logischer Schluß vom Allgemeinen auf das Besondere begriffen wird, zu weiteren, speziellen Erkenntnissen gelangen kann. Der klassische Rationalismus verbindet zwei Verfahren (Intuition und Deduktion) miteinander, durch die, und nur durch sie, prinzipiell alle Wahrheit erreichbar ist.

Entscheidend ist dabei, daß der Geist, bevor er im Sinne des klassischen Rationalismus an die Erforschung der Wahrheit geht, von allen Vorurteilen gereinigt sein muß. Es wird darüber hinaus größten Wert auf Deutlichkeit und Klarheit im Denken gelegt; Prinzipien wie Präzision, Widerspruchsfreiheit, Berechen- und Beweisbarkeit von Aussagen führen im klassischen Rationalismus zu einer Dominanz formaler und mathematischer Methoden gegenüber Erfahrungsdaten. Sie bilden sogenannte Leerformeln, deren Füllen mit empirischem Gehalt dann zu einer Tätigkeit von untergeordneter Bedeutung wird (vgl. *Kern* 1979, S. 13f).

Der *klassische Empirismus* - er geht auf *Locke* und *Hume* zurück - als Gegenstück erhebt die Beobachtung und Sinneswahrnehmung, d.h. die Erfahrung,

---

[25] Weitere Vertreter dieser Richtung sind *Leibniz, Platon, Spinoza* und *Wolff*.

zur einzig sinnvollen Quelle menschlicher Wahrheitserkenntnis. Es wird davon ausgegangen, daß es kein angeborenes Wissen geben kann. Daher ist unser Bewußtsein bei der Geburt wie ein Stück weißes Papier oder eine tabula rasa (leere Tafel). Der Geist liefert nach ihrer Auffassung über die Mathematik und Logik nur analytische Beiträge zur Erkenntnis, die inhaltlich jedoch keinen Gehalt haben. Die Methode der Deduktion ist tautologisch; durch sie kann aus einem Prämissenbündel nur die Information entnommen werden, die schon vorher darin enthalten ist (vgl. *Kern* 1979, S. 15). Um zu wirklich neuen Erkenntnissen zu gelangen, müssen Schließverfahren angewandt werden, bei denen die Schlußfolgerungen nicht bereits in den Prämissen enthalten sind. Dies ist nur möglich durch die Methode der Induktion, also des Schlusses vom Besonderen auf das Allgemeine. Der Geist müsse auch hier - in dieser Forderung gehen klassischer Rationalismus und klassischer Empirismus konform - von sämtlichen Vorurteilen bereinigt werden. Erst dann könne er induktiv - wie es Francis *Bacon*, einer der wichtigsten Vertreter dieser erkenntnistheoretischen Konzeption, formuliert - von den Ergebnissen der Beobachtung ausgehend "*auf richtiger, stetiger Stufenleiter erst zu den niedrigsten Grundsätzen, dann höher zu den mittleren und erst zuletzt zu den allgemeinsten*" emporsteigen (zitiert nach *Albert* 1991, S. 27). Der klassische Empirismus formuliert also auch zwei Verfahren, mit denen man zu sicherer Erkenntnis der Wahrheit gelangen könne, die Erfassung singulärer Phänomene durch Beobachtung bzw. durch sinnliche Wahrnehmung, verbunden mit dem Induktionsprinzip der schrittweisen Verallgemeinerung vom Besonderen zum Allgemeinen.

Beiden Konzeptionen gemein sind zwei Grundannahmen, auf die im folgenden näher eingegangen werden soll.

1. Grundannahme: Die Wahrheit ist offenbar

Neben der bereits oben erwähnten Annahme, daß es eine vom Betrachter unabhängige Wahrheit gibt, gehen die klassischen Erkenntnistheorien davon aus, daß diese Wahrheit offen vor dem Betrachter liegt und dieser sie zweifelsfrei erkennen kann. Diese Grundannahme wird von *Albert* (1991, S. 18-24) als das "Offenbarungsmodell der Erkenntnis" bezeichnet, welches bereits auch in früheren Erkenntnistheorien zu finden war. Die Wahrheit, so beschreibt *Popper* (1972, S. 5, zitiert nach der Übersetzung von *Albert* 1991, S. 18) dieses Erkenntnismodell, "*könne zwar oft verschleiert und es könne unter Umständen nicht leicht sein, diesen Schleier zu beseitigen, aber sobald die nackte Wahrheit vor unseren Augen steht, haben wir die Macht, sie zu sehen, sie von der Falschheit zu unterscheiden und zu wissen, daß es die Wahrheit ist*". Der Mensch stößt demnach während des Erkenntnisprozesses automatisch auf die Wahrheit, der Irrtum demgegenüber sei erklärungsbedürftig, er sei zurückzuführen auf den bösen Willen, der durch Vorurteil und Eigeninteresse die Offenbarung beeinträchtige. Nachdem die Wahrheit also durch Offenbarung an den Menschen herangeführt wird, muß es eine Quelle geben, aus der diese Erkenntnis gespeist wird.

Während in theologischen Denkweisen eine solche Offenbarung auf höhere, für den Menschen unantastbare Instanzen mit Unfehlbarkeitscharakter zurückgeführt wird, setzt die klassische Erkenntnislehre als unfehlbare Erkenntnisquelle für die Offenbarung der Wahrheit die Vernunft oder die Sinne.

2. Grundannahme: Das Begründungspostulat

Da es gemäß der Vorstellung in der klassischen Erkenntnislehre eine absolute Wahrheit gibt, die mit bestimmten Methoden sicher und zweifelsfrei erkannt werden kann, muß auch das Wissen, welches wir mit diesen Methoden erlangen, wahr sein. Für dieses Wissen muß es also ein sicheres Fundament geben, auf dem es aufbaut. Jede Aussage, die diesem Wahrheitsanspruch gerecht werden will, muß sich demnach begründen lassen können, bis hin zu letzten, sicheren Gründen bzw. Gegebenheiten, die ihrerseits keiner Begründung mehr bedürfen, weil sie selbstevident sind. Dieses Postulat nach einer absoluten Begründung jeder Aussage, eines gleichsam archimedischen[26] Punktes der Erkenntnis, wird auch der Satz vom zureichenden Grund genannt. Er ist untrennbar verbunden mit der Gewißheit, die Wirklichkeit und Wahrheit erkennen und entscheiden zu können. Aus ihm läßt sich ein methodisches Prinzip formulieren, das *Albert (1991, S. 11)* als allgemeines Postulat der klassischen Methodologie des rationalen Denkens bezeichnet. Es lautet: "*Suche stets nach einer zureichenden Begründung aller deiner Überzeugungen*".

Die klassische Erkenntnislehre liefert mit den oben beschriebenen Grundannahmen und in den zwei Ausprägungen des Empirismus und des Rationalismus die Grundlage der heutigen Wissenschaftstheorien. Das heißt nicht, daß diese alle oder auch nur die wesentlichen Elemente übernommen hätten. Einiges wurde übernommen bzw. weiterentwickelt, anderes wurde aus der Kritik an klassischen Erkenntnisprinzipien heraus entwickelt. So hat sich beispielsweise der kritische Rationalismus aus der Kritik an der Offenbarungstheorie der Wahrheit und dem Begründungspostulat der klassischen Erkenntnislehre sowie der Verwerfung des empiristischen Induktionsprinzips entwickelt. Auch hat er die auf *Kant* zurückgehende Verbindung von Rationalismus und Empirismus mittels der Kritik aufgenommen. Vernunftbeladene Theorie wird Falsifikationsversuchen durch die Empirie ausgesetzt.

---

[26] Vgl. zur Einführung des archimedischen Punktes *Descartes* 1641, S. 43 (zitiert nach *Albert* 1991, S. 10).

4.5. Wahrheit, Schließverfahren, Erklärung und Prognose

In diesem Abschnitt wollen wir erläutern, wie wir zu neuer wissenschaftlicher Erkenntnis gelangen können. Wahre Aussagen sind das Ziel. Um aus solcher Erkenntnis einen Nutzen für die Bewältigung der Zukunft zu ziehen, muß es gelingen, dynamische Zusammenhänge zu erkennen, d.h. Erklärungen für Phänomene zu finden. Dadurch und durch die identifizierten "Kausalstrukturen" wird eine Prognose möglich. Dabei geht es auch um die Zusammenhänge zwischen der Wahrheit und Falschheit von Aussagen und die Übertragung von Wahrheits- und Falschheitswerten auf andere Aussagen. Dazu benötigen wir die Logik, die die Lehre von der Folgerichtigkeit des Schließens ist. Der Aufbau dieses Abschnittes folgt dieser Argumentation über die Stationen Wahrheit, Schließverfahren, Erklärung bis hin zur Prognose.

Wir werden sehen, daß die verschiedenen Auffassungen von Wahrheit typisch für die unterschiedlichen wissenschaftstheoretischen Programme sind, was jedoch (fast) immer nur implizit geäußert wird. Das Herausstellen dieser Sachverhalte erleichtert später die Entscheidung für eine Wahrheitskonzeption und erhöht die Kritisierbarkeit unseres Ansatzes.

Die Ausführungen zu den Schließverfahren leiten in die Struktur der Erklärung über, wobei die Gesetze später beim Aufbau des "deduktiven Baums" eine zentrale Rolle spielen werden. Anhand des Erklärungsbegriffs wird deutlich, daß es keine letzte Sicherheit bei der Erkenntnis geben kann, weshalb auch das (Letzt-)Begründungspostulat durch das Prinzip der kritischen Prüfung ersetzt wird.

4.5.1. Wahrheit

Eine Wahrheitstheorie[27] sollte sowohl eine Wahrheitsdefinition als auch ein -kriterium beinhalten. Zur Definition werden die Fragen: “Was ist Wahrheit?” oder “Was ist eine wahre Aussage?” zu beantworten versucht. Es handelt sich um ein Problem der Semantik. Das Wahrheitskriterium hingegen stellt eine erkenntnistheoretische Frage dar: “Welche Behauptungen sind wahr?”, d.h. wie wird die Wahrheit identifiziert.

Nach der klassischen Formulierung der *Korrespondenztheorie* besteht die Wahrheit einer Aussage in ihrer Übereinstimmung mit der Realität bzw. Wirk-

---

[27] Vgl. zu den Wahrheitstheorien *Andersson*, 1989, S. 369-375 sowie *Weingartner*, 1980, S. 680-689.

lichkeit oder um mit der im Anschluß an *Aristoteles* seit der Scholastik verwendeten Formel zu sprechen: veritas est adaequatio rei et intellectus, d.h. die Übereinstimmung einer Sache mit einem Gedachten (vgl. *Wuchterl* 1992, S. 93). Diese Übereinstimmung wurde zunächst als Spiegelbild interpretiert und wurde dann in Richtung der Strukturgleichheit gedeutet, und zwar im mathematischen Sinne als umkehrbar eindeutige Abbildung zwischen Aussagen und Wirklichkeit.

Damit lassen sich jedoch die seit der Antike bekannten Widersprüche, wie z.B. "Die Aussage a ist nicht wahr", nicht erklären. Wird davon ausgegangen, daß die Aussage a selbst wahr ist, so ist die Aussage über sie - "die Aussage a ist nicht wahr" - falsch und umgekehrt[28]. *Tarski* (1935) zeigte, daß diese Widersprüche (Antinomien) durch die Unterscheidung in eine Objektsprache und in eine Metasprache vermieden werden können. Erst in der Metasprache kann damit über die Wahrheit von Aussagen, Sätzen bzw. Sachverhalten diskutiert werden. Damit wird deutlich, daß es zwei Fragetypen zur Wahrheit gibt, nämlich "Was bedeutet es zu sagen, daß eine Aussage wahr ist?" und "Was bedeutet es, von einer Aussage feststellen zu können, ob sie wahr oder falsch ist?". Die erste Frage nach der Wahrheitsdefinition wird in der Philosophie beantwortet, die zweite nach einem Wahrheitskriterium wird in den einzelnen Fachdisziplinen behandelt. Nachdem *Tarski* einen widerspruchsfreien Wahrheitsbegriff gefunden hatte, konzentrierte er sich auf eine inhaltlich zufriedenstellende Definition. Diese fand er in einer semantischen Wahrheitstheorie für formalisierte Sprachen, der Korrespondenztheorie[29] (vgl. *Andersson 1989*, S. 369).

Tarski bildet die Grundlage für den kritischen Rationalismus, dessen Grundposition von uns unterstellt wird. Als Wahrheitskriterium wurde in den ersten Auffassungen die Evidenz von Aussagen angenommen, was durch den kritischen Rationalismus allerdings kritisiert wurde. Dort wird unterstellt, daß kein positiv, sondern nur ein negativ formuliertes Kriterium, angesprochen wird das Prinzip der Falsifikation, existieren kann. Auch *Tarski* behauptet, daß ein allgemeines Wahrheitskriterium nicht existiert. Damit existiert im kritischen Rationalismus die Wahrheit, obwohl sie nicht sicher festzustellen ist (Fallibismus), in Form einer hinter den Erscheinungen liegenden Realität. *Popper* geht

---

[28] Ein weiteres berühmtes Beispiel ist die Antinomie des Lügners, der sagt: "Ich lüge". Auch das Beispiel einer beidseitig beschrifteten Karte liegt häufig logischen Spielereien zugrunde (vgl. *Chalmers* 1982, S. 152): Auf der einen Seite steht "Der Satz, der auf der Rückseite dieser Karte steht, ist wahr", während auf der anderen Seite steht "Der Satz, der auf der Rückseite dieser Karte steht, ist falsch".

[29] Weder die Kohärenz-, noch die Konsens- oder die pragmatische Wahrheitstheorie erfüllen dieses Kriterium.

davon aus, daß durch das Einhalten seiner vorgeschlagenen methodologischen Regeln eine Annäherung an die Wahrheit möglich ist.

Zur Abgrenzung werden wir noch kurz die Kohärenz-, die Konsens- und die pragmatische Wahrheitstheorie vorstellen. Die *Kohärenztheorie* betrachtet eine Aussage als wahr, wenn sie sich widerspruchslos in ein Gesamtsystem von Aussagen einordnen läßt. Daß die Widerspruchsfreiheit innerhalb eines Systems nicht das Maß aller Dinge sein kann, wird an den verschiedenen, einander widersprechenden Theorien in der Volkswirtschaftslehre deutlich[30]. Vielleicht durch die Vervollständigung eines Systems zu dem Gesamtsystem ließe sich diese Kritik entkräften.

Die *Konsenstheorie*[31], der Kohärenztheorie sehr ähnlich, definiert die Übereinstimmung nicht auf ein Gesamtsystem von Aussagen, sondern auf die Übereinstimmung der Meinungen. Eine Aussage ist damit wahr, wenn sie allgemein akzeptiert wird. Durch die Einbeziehung der Zeit und damit der Unterscheidung in kurzfristigen und langfristigen Konsens werden bezüglich der Wahrheitsdefinition bessere Resultate erzielt. Der kurzfristige Konsens wird als Approximation des langfristigen angesehen. Damit wird eine Konvergenz gegen die Wahrheit erreicht. Zur Konsensbildung werden verschiedene Annahmen bezüglich des Diskurses unterstellt. Diese Positionen dienen der Frankfurter Schule der kritischen Theorie (M. *Horkheimer*, H. *Marcuse*, T. *Adorno*, J. *Habermas*) und dem Konstruktivismus (P. *Lorenzen*, Erlanger Schule) als Grundlagen.

Die *pragmatische Wahrheitstheorie* orientiert sich an den praktischen Konsequenzen. Als Begründer gelten C. S. *Peirce*, W. *James* und J. *Dewey*. In überspitzter Formulierung reduziert sie sich zu "wahr ist das, was nützlich ist" und hat als Hintergrund, daß eine bewährte Theorie recht nahe an der Wahrheit sein muß.

Wir werden die im kritischen Rationalismus verwendete, auf *Tarski* basierende Korrespondenz- bzw. Adäquationstheorie in dieser Arbeit zugrunde legen. Damit können wir wahre Aussagen voraussetzen und uns auf die Schlußfolgerungen vom Wahrheitsgehalt von Aussagen auf den anderer konzentrieren.

---

30 Zur Kritik von *Tarski* (1935) an der Kohärenz- bzw. Konsenstheorie siehe ebenda.

31 Detaillierte Ausarbeitungen finden sich in *Kamlah* und *Lorenzen* (1973) und *Habermas* (1973).

4.5.2. Schließverfahren

In diesem Abschnitt konzentrieren wir uns zunächst auf das deduktive und dann auf das induktive Schließverfahren. Bei ersterem, der *Deduktion*, spielt die Logik eine ausgezeichnete Rolle. Als die Lehre von der Folgerichtigkeit der Übertragung von Wahrheitswerten zwischen Aussagen setzt sie sich mit sechs verschiedenen Aussagetypen und vier Gesetzen des Schließens auseinander. Bei den Aussagetypen handelt es sich um die[32]:

- positive Allaussage: Alle Menschen sind sterblich;
- positive partikuläre Aussage: Irgendein (nicht näher bestimmter) Mensch ist sterblich;
- positive singuläre Aussage: Peter ist sterblich;
- negative Allaussage: Alle Menschen sind nicht sterblich;
- negative partikuläre Aussage: Irgendein (nicht näher bestimmter) Mensch ist nicht sterblich;
- negative singuläre Aussage: Peter ist nicht sterblich.

Die Verneinung als Möglichkeit der Wahrheitswertübertragung ist für obige Aussagetypen in folgender Tabelle zusammengefaßt:

---

[32] Zur Vertiefung siehe *Brinkmann* 1991, S. 14 ff; von dort stammen auch die Beispiele.

Tabelle 4.1

Aussagen und die Äquivalente ihrer Verneinungen (Quelle: *Brinkmann* 1991, S. 20)

Aussage ⟶ (Äquivalent der Verneinung) ⟵	Äquivalent der Verneinung (Aussage)
Positive Allaussage Alle Menschen sind sterblich. S a P $\bigwedge x (x \in S \rightarrow x \in P)$	**Negative Partikuläre Aussage** Irgendein Mensch ist nicht sterblich. S o P $\bigvee x (x \in S \wedge x \notin P)$
Positive Partikuläre Aussage Irgendein Mensch ist sterblich. S i P $\bigvee x (x \in S \wedge x \in P)$	**Negative Allaussage** Alle Menschen sind nicht sterblich. S e P $\bigwedge x (x \in S \rightarrow x \notin P)$
Positive Singuläre Aussage Peter (ein ganz bestimmter Mensch) ist sterblich. S' i P $b \in S \wedge b \in P$	**Negative Singuläre Aussage** Peter (ein ganz bestimmter Mensch) ist nicht sterblich. S' o P $b \in S \wedge b \notin P$

Weiterhin folgt aus der Wahrheit der positiven (negativen) Allaussage sowohl die Wahrheit der positiven (negativen) partikulären und singulären Aussage. Aus der Wahrheit der positiven (negativen) singulären Aussage folgt zwar die Wahrheit der entsprechenden partikulären, aber nicht die Wahrheit der zugehörigen Allaussage.

Ist die positive partikuläre Aussage falsch, so sind es auch die positive singuläre und die positive Allaussage. Aus der Falschheit der positiven singulären Aussage folgt auch die Falschheit der positiven Allaussage, nicht jedoch die der partikulären. Für negative Aussagen gilt entsprechendes. In dieser Asymmetrie erkannte *Popper* (1989, S. 15f und S. 40f) die Asymmetrie von Falsifizierbarkeit und Verifizierbarkeit, die *Brinkmann* (1991, S. 22) etwas allgemeiner wie folgt formuliert:

> " Aus der Wahrheit der singulären Aussage folgt zwar die Wahrheit der entsprechenden partikulären Aussage, aber nicht die Wahrheit der entsprechenden Allaussage; aus der Falschheit der singulären Aussage folgt zwar nicht die Falschheit der entsprechenden partikulären Aussage, wohl aber die Falschheit der entsprechenden Allaussage."

Bevor wir nun auf die verschiedenen Schlußverfahren zu sprechen kommen, müssen wir die Grundlagen, nämlich die Gesetze des Schließens innerhalb der Logik, dafür legen. Die vier Gesetze lauten im einzelnen[33]:

Gesetz 1:

Der Umfang des Schlußsatzes ist nicht größer als der Umfang der schwächsten Prämisse.

Gesetz 2:

Wenn eine der Prämissen partikulär ist, dann ist auch der Schlußsatz partikulär. Wenn eine der Prämissen singulär ist, dann ist auch der Schlußsatz singulär (Gesetz 2 kann aus Gesetz 1 abgeleitet werden).

Gesetz 3:

Nur aus partikulären und singulären Prämissen kann kein Schluß gezogen werden, der etwas anderes behauptet als die Prämissen.

Gesetz 4:

Wenn eine der Prämissen negativ ist, dann ist auch der Schlußsatz negativ.

Ein Beispiel für das zweite Gesetz wäre: Alle Menschen sind sterblich und Peter ist ein Mensch. Daraus folgt: Peter ist sterblich. Die Übertragung von Wahrheitswerten von den Prämissen zu der Schlußfolgerung ist analog wie die bei den Aussagetypen, d.h., wenn die Prämissen wahr sind, so ist auch die Schlußfolgerung wahr. Umgekehrt, wenn die Schlußfolgerung wahr ist, so folgt daraus nicht die Wahrheit der Prämisse. Ist jedoch die Schlußfolgerung falsch, so ist mindestens eine der Prämissen falsch. Aus der Falschheit mindestens einer Prämisse folgt jedoch nicht die Falschheit der Schlußfolgerung. Auch hier erkennt man die Asymmetrie von Falsifizierbarkeit und Verifizierbarkeit.

33 Zur Vertiefung siehe *Brinkmann* 1991, S. 22ff.

Definition 4.16: Modus tollens

Der Schluß von der Falschheit der Schlußfolgerung auf die Falschheit mindestens einer Prämisse wird auch als Modus tollens bezeichnet:

A ist B	(Obersatz)
nun ist B nicht	(Untersatz)
also ist A nicht	(Schlußsatz)

d.h. von der Ungültigkeit der Folge kann auf die Ungültigkeit des Grundes geschlossen werden.

Das *Deduktionsprinzip* entspricht nun den oben angesprochenen Schließverfahren. Es wird von allgemeineren auf speziellere Aussagen geschlossen, d.h. die Gesetze 1 bis 3 werden berücksichtigt. Diese Struktur werden wir auch im nächsten Abschnitt bei dem Erklärungsschema wiedererkennen. Zunächst wollen wir jedoch das zweite Schlußverfahren etwas genauer betrachten.

Das *Induktionsprinzip* besagt, daß man durch wiederholtes Beobachten, also durch Erfassung einer gewissen Anzahl von Einzelaussagen, zu gesicherten allgemeinen Aussagen gelangen kann[34]. Die Grundlage bildet die Beobachtung, d.h. die singuläre Aussage. Die allgemeinen Aussagen können dann als gesicherte Erkenntnis angesehen werden, wenn auf korrektem Wege induziert, also ein verbindliches Induktionsprinzip verwendet wurde. Folgende Bedingungen müssen demnach erfüllt sein[35]:

(1) Verallgemeinerungen müssen auf einer großen Anzahl von Aussagen beruhen.

(2) Die Beobachtungen müssen unter einer großen Vielfalt von Bedingungen wiederholt worden sein.

(3) Keine Beobachtungsaussage darf im Widerspruch zu dem entsprechenden allgemeinen Gesetz stehen.

---

[34] *Reichenbach* (1938, S. 218) verallgemeinerte die auf *Hume* zurückgehende Definition um die wahrscheinlichkeitstheoretische Sichtweise: "*Das Ziel der Induktion ist, Ereignisfolgen zu finden, bei denen die Häufigkeit des Eintreffens eines bestimmten Ereignisses einem Grenzwert zustrebt*". In der *Hume*schen Definition entspricht dieser Grenzwert der Zahl 1. Obwohl *Reichenbach* (1938, S. 218ff) die Induktion für das beste, weil risikoärmste, aller möglichen Verfahren hält, werden wir uns seiner Argumentation nicht anschließen. Wir sind der Meinung, daß neue Ideen nicht nur durch die Verdichtung von Erfahrungsdaten entstehen können, sondern auch durch kreative theoretische "Gedankenspiele".

[35] Vgl. *Chalmers* 1982, S. 10.

Sind diese Bedingungen erfüllt, wurde also gemäß dieses Induktionsprinzips geschlossen, kann die allgemeine Aussage als Gesetz akzeptiert werden, welches deduktiv für Prognosen und Erklärungen verwendet werden kann. Unmittelbar stellt sich die Frage, wann die Menge der Beobachtungsaussagen ausreichend groß ist, um das allgemeine Gesetz für gültig zu erklären.

Weitere Einwände gegen die Induktion wurden z.B. von Vertretern des Kritischen Rationalismus aufgebracht:

(1) Induktion ist ein logisch unzulässiges Verfahren; der Schluß von der Richtigkeit singulärer Aussagen auf die Richtigkeit allgemeiner Aussagen ist logisch nicht zwingend, da es keine Garantie dafür gibt, daß nicht doch noch eine Beobachtung gemacht werden kann, die dem aus den vorherigen Beobachtungen folgenden Gesetz widerspricht. Dies sei durch das folgende, häufig zitierte Beispiel verdeutlicht: Ein Induktivist würde aus der wiederholten Beobachtung schwarzer Raben schließen, daß es ausschließlich schwarze Raben gibt und die Allaussage "Es gibt nur schwarze Raben" für zweifelsfrei wahr erachten. Niemand aber kann den Beweis dafür liefern, daß es nicht doch irgendwo weiße oder andersfarbige Raben gibt. Hierzu müßte er in der Lage sein, alle Raben, die auf der Welt existieren, zu begutachten. Käme er aufgrund dieser Untersuchung zum Ergebnis, alle Raben seien schwarz, wäre dies kein induktiver Schluß mehr, sondern eine durch einfaches Zusammenzählen aller Einzelinformationen getroffene zusammengefaßte Aussage, die selbst keinen Erkenntnisfortschritt mehr darstellt.

(2) Um durch den Induktionsschluß zu sicheren Erkenntnissen zu gelangen, bedarf es - wie bereits oben erwähnt - eines Induktionsprinzips. Was aber ist die Methode, um dieses Induktionsprinzip zu rechtfertigen? Um zu vermeiden, auf ein Dogma zurückgreifen zu müssen, bleibt nichts anderes übrig, als das Induktionsprinzip seinerseits induktiv zu rechtfertigen nach dem Prinzip: "Ist die Induktion mehrmals erfolgreich gewesen, so läßt sich induktiv ableiten, daß sie immer erfolgreich ist." Solch ein Meta-Induktionsprinzip aber bedürfte seinerseits zur Rechtfertigung eines Meta-Meta-Induktionsprinzips und so fort. Man gerät also in einen unendlichen Regreß, der aus logischen Gründen keine Lösung darstellen kann.

Der Begründer des Kritischen Rationalismus, Karl Raimund *Popper*, geht noch einen Schritt weiter und bestreitet generell die Existenz jeglicher Induktion, also auch einer Induktion, die nur zu vorläufigen, nicht aber gesicherten Erkenntnissen führt, weil er davon überzeugt ist, daß jede Beobachtung theoriegeleitet ist, also bereits die Beobachtungen deduktiv auf ihre Übereinstimmen mit impliziten Theorien über die Beobachtungen überprüft werden.

Für den Forschungsprozeß ist zweifellos das Induktionsprinzip von großer Bedeutung, so z.B. im Entdeckungszusammenhang. Gerade kreative Prozesse haben das Erkennen von zugrunde liegenden, allgemeinen Strukturen als Ergebnis. Die Begründung hingegen muß auf die Nachvollziehbarkeit ausgerichtet sein und ist intersubjektiv nur über die Logik zu erschließen, so daß wir die deduktive Methode den Erklärungen, auf die wir nun zu sprechen kommen, zugrunde legen.

4.5.3. Erklärung und Prognose

Im Rahmen des Begründungszusammenhangs ist es ein Ziel wissenschaftlichen Erkenntnisstrebens, reale Phänomene zu erklären und zukünftige zu prognostizieren. Dabei zielt die wissenschaftliche Erklärung[36] auf die Beantwortung von "Warum-Fragen"; damit wird erklärt, warum ein Sachverhalt so und nicht anders vorliegt. Die wissenschaftliche Erklärung muß logisch korrekt und empirisch begründet sein, d.h., sie ist eine Möglichkeit der Begründung. Gesucht wird nach allgemeinen Strukturen und Gesetzen, die mehreren Phänomen zugrunde liegen. Es geht nicht darum, den Einzelfall zu verstehen.

Bereits bei *Aristoteles* wurde die Angabe der Gründe oder Ursachen eines Phänomens (Tatsache, Ereignis) als Grundprinzip der wissenschaftlichen Erklärung aufgefaßt. *Berkley* und *Kant* sahen die Rückführung auf allgemeine Regeln, Gesetze bzw. Prinzipien als Grundschema des Erklärens an. In neuerer Zeit unternahmen *Popper* (1989, S. 31 ff.) und *Hempel* und *Oppenheim* (1948, S. 245 ff.)[37] einen Versuch, adäquate wissenschaftliche Erklärungen zu explizieren. *Popper* führte die Kausalerklärung als deduktive Ableitung eines Sachverhaltes aus mindestens je einer Gesetzeshypothese und einer singulären Randbedingung ein, wobei auch Koexistenzgesetze in Betracht gezogen wurden. In der Arbeit von *Hempel* und *Oppenheim* wurde dies systematisch aufbereitet und verfeinert, so daß die *deduktiv-nomologische Erklärung* (*D-N-Erklärung*) in ihrer formalen Struktur durch das *Hempel-Oppenheim*-Schema[38] dargestellt werden kann:

---

[36] Zur Abgrenzung der wissenschaftlichen Erklärung von der "umgangssprachlichen" Erklärung siehe *Chmielewicz* 1994, S. 151f. Unter letzterer wird auch das Erklären eines Begriffes oder das Abgeben einer Erklärung, z.B. vor Gericht, verstanden.

[37] Siehe auch *Hempel*, 1977.

[38] Der Trennstrich im Schema symbolisiert die logische Deduktion.

G1, G2,..., Gn	deterministische Gesetze	Explanans
$A_1, A_2,..., A_m$	Randbedingungen	Antecedens-Sätze
E(e)	zu erklärendes Phänomen	Explanandum

Der das zu erklärende Phänomen e beschreibende Satz E wird aus mindestens einem allgemeinen Gesetz[39] (deterministisch), dem nomologischen Wissen, und singulären Randbedingungen, die die Situation beschreiben, logisch deduziert. Mit Hilfe dieses Schemas präzisierte *Hempel* (1977, S. 20 ff.) auch die Kausalerklärung. Diese liegt vor, wenn die D-N-Erklärung auf einem Sukzessionsgesetz und nicht auf einem Koexistenzgesetz basiert.

Die logische Ableitbarkeit (G, A) → E genügt jedoch noch nicht zur Ausschaltung aller unerwünschter Pseudoerklärungen[40]. Deshalb präzisieren *Hempel/Oppenheim* (1948, S. 247 ff.) ihren Erklärungsbegriff, um "Adäquatheit" zu erreichen, sinngemäß durch folgende Definition[41]:

(1) Das Explanandum muß aus dem Explanans logisch korrekt deduziert werden.

(2) Das Explanans muß mindestens ein Gesetz enthalten.

(3) Das Explanans darf nicht analytisch sein, d.h. es muß empirischen Gehalt besitzen.

(4) Alle Explanans-Sätze müssen wahr sein.

Damit gelang es nicht, alle Arten von Pseudoerklärungen, wie totale oder partielle Selbsterklärungen, Teilerklärungen oder triviale Erklärungen, zu eliminieren. Dies gelang *Küttner* (1976, S. 286 ff.) mit einer Abrundung durch *Höll* (1978)[42]. Die Postulate von *Küttner* entnehmen wir auf Grund der besseren Vergleichbarkeit mit jenen von *Hempel/Oppenheim* aus *Czayka* (1991, S. 127):

(1) Das Explanandum muß aus dem Explanans logisch korrekt deduziert werden.

---

[39] In den Sozialwissenschaften sind alle Gesetze häufig nicht Raum-Zeit-invariant, sondern unterscheiden sich beispielsweise nach Kulturkreisen. Dann greift man auf Quasi-Gesetze zurück, die einer auf einem beschränkten, mehrelementigen Unterraum eingeschränkten Allaussage entsprechen.

[40] Darunter versteht man totale oder partielle Selbsterklärungen, Teilerklärungen und triviale Erklärungen.

[41] Vgl. *Brinkmann* 1991, S. 37 oder *Czayka* 1991, S. 126.

[42] Siehe zur Erläuterung dieser Vorschläge auch *Küttner* und *Lenk* 1989, S. 68-73.

(2) Das Explanans muß mindestens ein potentielles Gesetz sowie eine nicht-leere Menge quantorenfreier[43] Antecedens-Sätze enthalten.

(3) Das Explanans muß widerspruchsfrei und darf nicht analytisch sein.

(4) Die Konjunktion der Antecedens-Sätze muß wahr oder als wahr akzeptiert, aber sie darf nicht analytisch sein.

(5) Der Explanandum-Satz muß wahr oder als wahr akzeptiert, aber er darf nicht analytisch sein.

(6) Das Explanandum darf nicht schon allein aus den potentiellen Gesetzen logisch folgen[44].

(7) Das Explanandum muß von den Antecedens-Sätzen sowohl direkt als auch indirekt logisch unabhängig sein[45].

In diesen Adäquatheitsbedingungen von *Küttner* deuteten wir bereits an, daß der Wahrheitsbegriff sich auch hier wiederfindet. So führt ein als wahr akzeptierter Explanans (Gesetz[46] und Randbedingungen) zu einem pragmatischen Typ der wahren D-N-Erklärung. Fordert man weder Wahrheit noch Akzeptanz (in Form irgendeines Konsens), so erhält man nur potentielle bzw. bedingte D-N-Erklärungen[47,48]. Auf Grund der unmöglichen Letztbegründung spielen diese eine wichtigen Rolle in der Wissenschaftspraxis. Damit werden auch Gesetze zu universellen, nomologischen Hypothesen. Ist für diese die Raum-Zeit-Invarianz nicht gegeben, so führt dies zu Quasi-Gesetzen und damit auch zu

---

[43] Die Quantoren sind Elemente einer formalen Sprache und entstammen der Logik. Grundlegend sind die Quantoren $\forall$ (für alle) und $\exists$ (es gibt). Ein quantorenfreier Satz enthält keinen Quantor.

[44] Hierdurch werden "rein theoretische" Erklärungen vermieden.

[45] Damit werden totale und partielle Selbsterklärungen sowie Teil-Erklärungen vermieden.

[46] Der Gesetzesbegriff ist bis heute nicht einheitlich definiert. Zum einen liegt dies am verwendeten Wahrheitsbegriff, zum anderen an dem Gültigkeitsbereich. In der Wissenschaftspraxis wird das Gesetz als Hypothese mit vorläufiger Geltung verwendet. Auch der Begriff "Allaussage" wird hinreichend "flexibel" interpretiert.

[47] Zur weiteren Differenzierung der Erklärungsformen siehe z.B. *Wenturis* u.a. 1992, S. 384 ff.

[48] *Küttner* (1983, S. 359-362) versucht eine Versöhnung bezüglich des Erklärungsbegriffes zwischen dem Statement-View und dem Non-Statement-View, d.h. der strukturalistischen Sicht, deren Wegbereiter *Sneed* 1971 und *Stegmüller* 1985 (1. Auflage 1973), sind. *Küttner* versucht, die verschiedenen Theoriensichten zu verbinden. Eine Theorie besteht aus einer Hypothesenmenge und einem erfahrungswissenschaftlichen Modell, so daß jede Erklärung nur innerhalb dieses Modells gültig ist. Damit spricht er nur noch von Modellerklärungen, die wiederum auch nur potentielle sind.

Quasi-Erklärungen[49]. Die D-N-Erklärung reduziert sich auf eine bedingte Quasi-Erklärung, die jedoch in Verbindung mit der Kritik, z.B. des Falsifikationismus, keine gravierende Einschränkung - außer der Vorläufigkeit des Wissens - zur Folge hat.

Diese Struktur der Erklärung wollen wir in dieser Arbeit für die wissenschaftliche Begründung zugrunde legen. Zu jeder Aussage suchen wir eine Erklärung, die quasi in einem "deduktiven Baum"[50] weiter oben angesiedelt ist. Wir bewegen uns damit in Richtung des archimedischen Punkts, der sozialwissenschaftlichen Weltformel. Diese Suche nach Letztbegründungen ist jedoch nicht erfolgreich[51]. Gerade dieses Problem der Begründung bzw. des zureichenden Grundes hat *Albert* (1991, S. 15) mit dem *Münchhausen*-Trilemma am trefflichsten beschrieben. Danach gerät derjenige, der den Versuch unternimmt, für alles eine zureichende Begründung bis hin zu den letzten Fundamenten des Wissens zu finden, in eine problematische Situation, die drei Lösungsalternativen bietet, welche alle gleichermaßen inakzeptabel sind:

(1) Man gerät in einen infiniten Regreß, wenn man für eine Aussage eine Begründung sucht, die man ihrerseits, weil man ja dem Anspruch gerecht werden will, für alles eine Begründung zu finden, selbst begründen muß. Diese Begründung muß dann wieder begründet werden und so fort.

(2) Man gerät in einen logischen Zirkel, wenn man eine Aussage mit einer anderen Aussage begründet, die sich vorher schon als begründungsbedürftig erwiesen hat und durch die jetzt zu begründende Aussage selbst begründet wurde. Da dieses Verfahren logisch fehlerhaft ist, führt es auch zu keinen sicheren Grundlagen.

(3) Als letzte Möglichkeit kann man das Begründungsverfahren an irgendeinem Punkt abbrechen. Dieses Verfahren ist zwar prinzipiell durchführbar und logisch unbedenklich, aber, wenn man das Moment der Willkür im Entscheidungsprozeß ausschalten wollte, müßte man das Abbruchverfah-

---

49 Die Begriffe Quasi-Gesetz und Quasi-Invarianzen wurden von *Albert* eingeführt.

50 Nach den Prinzip der Deduktion wird der Wahrheitswert einer beliebigen Aussage aus den Wahrheitswerten allgemeinerer Aussagen abgeleitet. Diese Aussagen sind in diesem Sinne vorgelagert. Das Bild des deduktiven Baums soll sich dabei nur auf Allaussagen beziehen und wird in Abschnitt 6.4 auf S. 144ff und in Abbildung 6.4 auf S. 151 näher erläutert.

51 *Düsberg* (1990) setzte sich bei der Suche nach einem "fundamentum inconcussum" (*Descartes*), einem unumstößlichen Fundament, auch mit der hermeneutischen Richtung, insbesondere mit *Apel* und dessen Schüler *Kuhlmann*, auseinander und weist deren Anspruch auf Letztbegründung zurück, so daß er die Frage "Gibt es Letztbegründungen?" mit einem falsifizierbaren Nein beantwortet (S. 262).

ren seinerseits begründen und hätte wieder die Problematik der vorgenannten Möglichkeiten. Willkür ist also beim Abbruch des Begründungsverfahrens nicht zu vermeiden. Außerdem wird durch den Abbruch des Begründungsverfahrens das Prinzip der zureichenden Begründung durchbrochen.

Albert (1991, S. 36) faßt diese Problematik in den folgenden Sätzen zusammen:

> "Alle Sicherheiten in der Erkenntnis sind selbstfabriziert und damit für die Erfassung der Wirklichkeit wertlos. Das heißt: Wir können uns stets Gewißheit verschaffen, indem wir irgendwelche Bestandteile unserer Überzeugungen durch Dogmatisierung gegen jede möglich Kritik immunisieren und sie damit gegen das Risiko des Scheiterns absichern."

Man erlangt Gewißheit, indem man das Begründungsverfahren durch eine Entscheidung abschließt, nämlich der Entscheidung, eine "letzte Instanz" als selbstevident anzuerkennen. Dadurch verschließt man den Zugang zu jeder Alternative und immunisiert seine Aussagen gegen jegliches Scheitern. Erkenntnisfortschritt wird somit durch Theorienkonservatismus blockiert, und jede wissenschaftliche Entwicklungsmöglichkeit wird erstickt. Das ursprüngliche Streben nach Wahrheit wird also in Wirklichkeit ins Gegenteil verwandelt. Man erlangt Gewißheit, indem man das Begründungsverfahren für beendet erklärt, entfernt sich dabei aber im selben Maße von der Wahrheit, weil man im entscheidenden Moment, nämlich bei der Akzeptanz des allgemeinsten Satzes, also dessen, was man als Grundlage jeder weiteren Begründung heranzieht, der Wurzel des deduktiven Baums, willkürlich gehandelt hat.

Gerade hier setzt die Stärke der Begründung kritischer Verfahren an. Der Abbruch des Begründungsverfahrens, der Suche nach weiter vorgelagerten Erklärungen, erfolgt nicht durch Rückzug auf eine evidente, nicht mehr kritisierbare und deshalb dogmatische Begründungsbasis. Die kritischen Verfahren setzen auf bedingte Erklärungen, deren Gültigkeit nur vorläufig ist. Diese hängt von der Gültigkeit - an was auch immer diese festgemacht ist - des Explanans ab[52]. Damit ist das willkürliche Setzen einer Begründungsbasis (Axiome) auch nicht mehr als Problem anzusehen. Dadurch wird es möglich, der Wahrheit näher zu kommen, ohne dabei den Anspruch zu erheben, endgültige Wahrheit und Gewißheit zu erlangen. *Das Begründungspostulat wird durch das Prinzip der kritischen Prüfung ersetzt!* Dies ist auch eine zentrale, von uns unterstellte, wissenschaftstheoretische Grundposition. Daran wird auch die mögliche Ar-

---

[52] Bereits hier wird die Abgrenzung vom *Friedman*schen Instrumentalismus klar, auf den wir später noch eingehen werden.

beitsteilung in der Forschung deutlich, nämlich die Auswahl einer Begründungsbasis mit ihren logischen Ableitungen und die kritische Prüfung, d.h. eine Gegenüberstellung von Empirie und theoretischen Behauptungen.

Das eigentliche Ziel der Wissenschaft ist jedoch, die Bewältigung einer unsicheren Zukunft zu erleichtern[53]. Es steht damit nicht die Erklärung bereits eingetretener Phänomene, sondern die Prognose im Blickpunkt. Als wissenschaftliche Prognose gilt dabei eine Vorhersage singulärer Ereignisse - nur damit beschäftigen wir uns hier -, wenn sie analog den Erklärungen mit Hilfe von Gesetzen und Antecedensbedingungen gewonnen werden und damit nur bedingt sind.

Die Prognose will i.d.R. einen zukünftigen Sinneseindruck, d.h. eine singuläre empirische Aussage zu einem nach der Prognoseerstellung liegenden Zeitpunkt an einem bestimmten Ort, beschreiben. Bei einer exakten Beschreibung sind jedoch zwei Zeitbezüge zu beachten. Zum einen die zeitliche Datierung von Antecedens und Explanandum im Gesetz relativ zueinander. Einer Sukzessionsprognose liegt ein Sukzessionsgesetz zugrunde, bei dem das Phänomen zeitlich nach den Antecedensbedingungen auftritt. Beim Koexistenzgesetz treten beide gleichzeitig auf, bei einem Retrodiktionsgesetz muß das Explanandum vor den Antecedensbedingungen auftreten. Der zweite Zeitbezug untersucht die Prognoseerstellung (nicht die Prognoseäußerung) relativ zu den Ereignissen. Liegt die Prognoseerstellung zeitlich nach dem Eintritt des Ereignisses, so sprechen wir von einer Ex-post-Prognose, liegt sie zeitlich davor, handelt es sich um eine "echte Zukunftsvorhersage", eine Ex-ante-Prognose. Dabei ist das (zukünftige) Explanandum - auch Prädikandum genannt - die gesuchte Größe und soll aus dem (gegebenen oder vermuteten) Explanans gefolgert werden. Diese Ähnlichkeit der Struktur zur Erklärung läßt sich in folgender Tabelle zum Ausdruck bringen.

---

[53] Vgl. z.B. *Lorenzen* 1987, S. 9. Damit wird keinesfalls die Erforschung der Vergangenheit ausgeschlossen. Die Analyse empirischer und damit "vergangener" Daten zielt auf den Erwerb von "Strukturwissen", welches die Bewältigung der Zukunft erleichtert.

Tabelle 4.2

Strukturelle Darstellung von Erklärung und Prognose (eigene Darstellung)

		Erklärung	Prognose
Explanans	Antecedens-bedingung	gesucht	gegeben/vermutet/"prognostiziert"
	Gesetz	gegeben/gesucht	gegeben/vermutet
Explanandum	Ereignis	gegeben	gesucht

Die strukturelle Gleichartigkeit der Erklärung und Prognose, die vor allem von *Hempel* (1965) herausgearbeitet wurde, ist verschiedentlich angegriffen worden. Dabei wird auf die unterschiedliche Begründbarkeit abgehoben. Für eine Erklärung eines Ereignisses werden Ursachen bzw. Realgründe benötigt, eine Prognose hingegen kann auch "nur" auf Vernunftgründen beruhen. Da dies für unsere Arbeit nicht essentiell ist, möchten wir an dieser Stelle nur auf die entsprechende Literatur[54] verweisen.

Bisher gingen wir bei unseren Erklärungen oder Prognosen von singulären Ereignissen als Explanandum und einem deterministischen Gesetz aus. Eine Erweiterung geht dahin, daß man eine Allaussage erklären will. Ein Gesetz ist das Erklärungsziel und soll aus allgemeineren Gesetzen abgeleitet werden.

Eine andere, noch wichtigere Erweiterung besteht in der Zulassung von nicht deterministischen, d.h. stochastischen Gesetzen im Explanans. Ist die Ableitung einer stochastischen Gesetzesaussage aus einem Explanans das Ziel, so kann dies auf deduktivem Wege geschehen und wirft damit keine neuen Probleme auf. Zielt die Erklärung jedoch auf eine singuläre Aussage, so gelingt dies nicht auf deduktivem Wege. Der Schluß aus statistischen Gesetzen kann allenfalls induktiv vollzogen werden. Deshalb spricht man auch von *I-S-Erklärungen* (*induktiv-statistisch*), wobei damit noch nicht geklärt ist, ob es sich hierbei tatsächlich um Erklärungen handelt. Diese Problematik wollen wir an einem Beispiel beleuchten, zuvor jedoch die Terminologie einführen: Fa ist

---

[54] Eine sehr differenzierte Auseinandersetzung mit der Strukturgleichheitsthese liefert *Küttner* (1989) und faßt seine Überlegungen in der noch haltbaren, umgekehrten Teilthese der Strukturgleichheit zusammen: "*Jede adäquate D-N-Prognose mit Gesetzen, welche Realgründe in Koexistenz- oder Sukzessionsbeziehungen wiedergeben, ist auch eine D-N-Erklärung, wenn nach Eintritt des prognostizierten Ereignisses dieses als gegeben gewählt wird und das Explanans der Prognose hinzugezogen wird.*" (ebenda, S. 278). Siehe auch *Meier* (1979, S. 153ff), *Stegmüller* (1983, S. 191-237) und *Albert* (1964, S. 61).

die Abkürzung für ein Objekt a (z.B. Person), das die Eigenschaft F besitzt. p(H,F) = r stellt das statistische Gesetz dar, daß nämlich ein Objekt, das die Eigenschaft F hat, mit der Wahrscheinlichkeit r (per Annahme nahe bei eins) auch die Eigenschaft H hat. Unser Beispiel entstammt aus der Kreditvergabe. Wird die wirtschaftliche Situation für gut beurteilt (F), so wird mit einer Wahrscheinlichkeit von r der Person a der Kredit zugeteilt (H). Dieses Gesetz wird formuliert als p(H,F) = r. Erhält man eine negative Auskunft von der Schufa (S), so erhält die Person a mit einer nahe bei eins liegenden Wahrscheinlichkeit q keinen Kredit (¬H). Das entsprechende Gesetz lautet: p(¬H,S)=q Die Bank beurteilt nun von unserer Person a das wirtschaftliche Umfeld für gut (F) und erhält eine negative Schufa-Auskunft (S). Nun läßt sich sowohl für die Kreditvergabe (H) als auch für die Nichtvergabe (¬H) eine fast sichere "Erklärung" für das singuläre Ereignis erreichen, wie die nachfolgende Tabelle verdeutlicht.

Tabelle 4.3

Problem der induktiv-statistischen Erklärung bei Informationsgewinnung (eigene Darstellung)

Kreditzusage		**Kreditabsage**	
p(H,F) = r		p(¬H,S) = q	
Fa		Sa	
Ha	r	¬Ha	q

Durch die Erweiterung der Informationsmenge - das Einholen der Schufa-Auskunft - treffen zwei widersprüchliche Gesetze zu, so daß für den Einzelfall sowohl eine Aussage als auch deren Verneinung mit einer sehr hohen Wahrscheinlichkeit zutreffen. Ein Ausweg aus dieser Mehrdeutigkeit sollte den Umgang mit zusätzlichen Informationen genauer spezifizieren.

Bei der Berücksichtigung aller Informationen konvergiert auch das statistische Gesetz gegen ein deterministisches, so daß dann wieder Erklärungen möglich werden. Erst durch die fehlende Präzision in der Wissenschaft, die durch die Systemabgrenzung bzw. -ausgrenzung nicht vollständig erfolgte Analyse, treten die Probleme der induktiv-statistischen Erklärung auf. Das Verfahren der kritischen Prüfung geht mit der fehlenden Präzision anders um. Bei deterministischen Gesetzen wird die Vorläufigkeit des Wissens unterstellt. Tritt ein Gegenbeispiel auf, so wird zunächst versucht, die Antecedensbedingungen "anzupassen". Hat dies keinen Erfolg, so wird das Gesetz in veränderter Form postuliert.

Eine Alternative hierzu bietet vielleicht auch die *unvollständige Erklärung*, wie sie von *Gadenne* (1990) definiert wird. Danach sind die aufgeführten Bedingungen erklärungsrelevant, aber nicht hinreichend. Bei Erklärungen, vor allem in den Sozialwissenschaften, werden auch unvollständige Hypothesen[55] der folgenden Form benutzt: Eine Variable Y ist von einer Variablen X kausal abhängig, wobei Y auch noch durch weitere Faktoren beeinflußt wird. *Gadenne* (1990, S. 266ff) vertritt sogar die Position, daß unvollständige Hypothesen und Erklärungen gar nicht vermeidbar sind. Als empirische Evidenz führt er die Tendenz von Gesamttheorien zu Spezialisierungen am Beispiel des psychischen Gesamtgeschehens an. Diese Ausführungen zur unvollständigen Erklärung werden wir in dieser Arbeit nicht weiter verfolgen, sie sollen lediglich als ein noch verfolgenswerter Pfad angedeutet werden.

Das Problem der Übertragbarkeit des deterministischen Erklärungskonzeptes in eine stochastische Weltanschauung wollen wir im Hinterkopf behalten, konzentrieren uns in dieser Arbeit jedoch auf das deterministische System. Nach diesem Stellungsbezug bei der Erklärung wollen wir dies nun in kürzerer Form auch bei den großen wissenschaftstheoretischen Konflikten wie der "Wertfreiheit", "Erklären versus Verstehen" und der "Assumption Diskussion" tun.

4.6. Weitere wissenschaftstheoretische Kontroversen

Zum vollständigen Positionsbezug in der Wissenschaftstheorie darf natürlich ein Bekenntnis in den noch offenen großen Diskussionen der Geisteswissenschaften nicht fehlen. Eine Aufarbeitung dieser Diskussionen würde den Rahmen dieser Arbeit sicher sprengen. Dadurch erscheint der Positionsbezug vielleicht willkürlich, hat aber den Vorteil, daß eine implizite Meinung expliziert wird.

4.6.1. Der Werturteilsstreit

Im Werturteilsstreit geht es um die Frage, welchen Einfluß Wertehaltungen bzw. Werte oder Werturteile[56] auf die wissenschaftliche Arbeit haben. Zu Beginn des 20. Jahrhunderts entfachte M. *Weber* eine Kontroverse mit E. *Sprenger*, W. *Roscher* und G. *Schmoller*. Er vertrat dabei folgende Position:

- Die Auswahl der Fragestellung stellt eine Wertung dar; dies wird heute dem Entdeckungszusammenhang zugerechnet.

[55] Jede ceteris-paribus-Annahme stellt eine solche dar.

[56] Zur Definition von Werturteilen und ihrer Unterscheidung von beschreibenden Aussagen siehe z.B. *Chmielewicz* (1994, S. 209ff) oder *Radnitzky* (1989, S. 381-387).

- Die Beschreibung und die Erklärung von Sachverhalten soll objektiv sein; ein Anliegen, das heute im Rahmen des Begründungszusammenhangs diskutiert wird.

- Die Ergebnisse der Wissenschaft werden zur Erreichung von Zielen in der Praxis durch Technologien[57] verwertet; eine Frage die heute dem Verwendungszusammenhang zugeordnet wird. Aus den Seins-Aussagen folgen die Sollens-Aussagen allerdings niemals logisch.

Im Werturteilsstreit postulierte *Weber* die Wertfreiheit im Begründungszusammenhang. Diese Debatte um die Werturteilsfreiheit versus Parteilichkeit als methodologisches Prinzip wurde zu Beginn der 60er Jahre im Positivismusstreit[58] vor dem Hintergrund des Methodenmonismus bzw. -dualismus[59] in Natur- und Geisteswissenschaften neu belebt. Die Hauptvertreter der monistischen Position sind *Popper* und *Albert,* der dualen *Adorno* und *Habermas*.

Unsere Position deckt sich mit der von *Weber*. Im Entdeckungs- und Verwendungszusammenhang sind wertende Aussagen bzw. Urteile nötig, die zwecks einer erhöhten Transparenz jedoch durchweg expliziert werden sollten. Der Begründungszusammenhang soll objektiv bzw. intersubjektiv nachvollziehbar sein, d.h. aus Annahmen werden Aussagen logisch deduziert. Daß jedoch Werturteile bzw. Ziele einen Sollcharakter haben und nicht rational begründbar sind, geht auf *Weber* zurück und stellt heute die herrschende Meinung[60] dar (siehe hierzu z.B. *Chmielewicz* 1994, S. 216). Damit können Ziele oder Normen weder logisch noch faktisch wahr sein. Um deren Akzeptanz ausdrücken zu können, läßt sich eine normative Gültigkeit einführen, so daß sich zur logischen und faktischen noch die normative Akzeptanz von Aussagen hinzugesellt (siehe Tabelle).

---

[57] *Popper* versteht unter einer Technologie ganz allgemein Lehren vom zielerreichenden Gestalten. *Chmielewicz* (1994, S. 169ff) faßt die Technologie als Theorie der Politik auf.

[58] Zur Vertiefung siehe *Adorno*, T.; u.a. (1969).

[59] Darauf werden wir in dem Abschnitt 4.6.2 "Erklären und Verstehen" ab S. 78 noch näher eingehen.

[60] Vor allem in der analytischen Philosophie wird der Begründungsabbruch durch (willkürliche) Entscheidung propagiert. Damit sind Werturteile keine Erkenntnisakte, wie bei den Neomarxisten (kritische Theorie) oder Neohegelianer, sondern Wahlakte (vgl. *Brinkmann* 1991, S. 81ff). Diese Position wurde bereits von *Kant* (1786, S. 127f) vertreten.

Tabelle 4.4

Akzeptanzformen von Aussagen (Quelle: *Chmielewicz* 1994, S. 218)

Art der generellen Aussage / Akzeptanz der Aussage		1	2	3
		Aussagen mit Wahrheitswert (Seinsurteile, deskriptive Aussagen)		Normative Aussagen (Werturteile) als Aussagen ohne Wahrheitswert (N-determiniert)
		Logisch determinierte (L-determinierte) Aussagen	Faktisch determinierte (F-determinierte, L-indeterminierte, synthetische) Aussagen	
1	Akzeptierte Aussage	11. L-wahre (analytische) Aussage	12. F-wahre Aussage	13. N-gültige Aussage
2	Nicht akzeptierte Aussage	21. L-falsche (kontradiktorische) Aussage	22. F-falsche Aussage	23. N-ungültige Aussage
3	Feststellverfahren für Akzeptanz	31. Beweis	32. Verifikation oder Falsifikation	33. Willensentschluß

4.6.2. Erklären und Verstehen

Häufig wird die Abgrenzung der Geisteswissenschaften von den Naturwissenschaften durch das Begriffspaar "Verstehen - Erklären" erläutert. Die Hermeneutik[61], die diesen Unterschied betont, will einen Vorgang nicht aus Randbedingungen und Gesetzen ableiten und dadurch erklären, sondern sieht darin vielmehr eine individuelle Manifestation des menschlichen Geistes, die verstanden werden soll. Verstehen wird von *Gadamer* (1960, S. 289) als Horizontverschmelzung von fremdem und auslegendem Subjekt charakterisiert, so daß ein bestimmtes Vorverständnis der Situation und Ziele vorausgesetzt wird. *Dilthey* (1968, 5, S. 318) nennt Verstehen "*den Vorgang, in welchem wir aus Zeichen, die von außen sinnlich gegeben sind, ein Inneres erkennen*" und verbindet es mit Begriffen wie Hineinversetzen, Nachbilden und Nacherleben. Das Verstehen beinhaltet die Deutung von Handlungen als Mittel zu Zwecken. Das

[61] Hermeneutik ist die Lehre vom Verstehen und Interpretieren.

Handeln kann durch die Interpretation von Situation bzw. Rahmenbedingungen und bestehender individueller Intention verstanden werden.

Aus dieser Gedankenbasis wurde eine grundsätzlich unterschiedliche Methodik ("Methodendualismus") für die Geisteswissenschaften im Vergleich zu den Naturwissenschaften gefordert, da erstere sich hauptsächlich mit Handlungen von denkenden und reflektierenden Individuen beschäftigt. Dem "normativen Paradigma" der Naturwissenschaft wird das "interpretative Paradigma" entgegengesetzt. Es werden keine Gesetzmäßigkeiten des Handelns gesucht, sondern Handlungen nach ihren Intentionen rekonstruiert, um ihren Sinnzusammenhang aufzuzeigen und damit verstehbar zu machen. Das Vorgehen ist individualisierend im Gegensatz zur Generalisierung in den Naturwissenschaften. *Dilthey* (1968, 5, S. 144) brachte die Unterscheidung auf den Punkt: "*Die Natur erklären wir, das Seelenleben verstehen wir*".

Keineswegs bestreiten wir, daß die Geisteswissenschaften sich von den Naturwissenschaften dadurch unterscheiden, daß die Handlungen verstanden werden können. Dieser Teil ist jedoch dem teilweise genialen, nicht nachvollziehbaren Entdeckungszusammenhang zuzuordnen und es folgt nicht zwingend, daß Erklärungen, wie wir sie weiter oben definierten, in den Geisteswissenschaften abgelehnt werden müssen.

Am Beispiel des sozialen Handelns im Rahmen des symbolischen Interaktionismus wollen wir dies zeigen. Danach ist soziales Handeln symbolisch strukturiert, prozeßhaft und situativ bzw. individuell unterschiedlich. Intentionale Handlungen können und müssen verstehend rekonstruiert werden (vgl. *Schnell* u.a. 1992, S.87 oder *Wilson* 1973, S.61ff). *Schnell*, *Hill* und *Esser* (1992, S.84ff) argumentieren überzeugend, daß "*weder die unbestrittene symbolische Orientierung, noch die Prozeßhaftigkeit, noch die Individualität von sozialem Handeln eine Ablehnung des allgemeinen Erklärungsmodells bzw. einen Methodendualismus begründen*". Auch die Intentionalität sozialen Handelns ist einer Erklärung zugänglich.

Die Autoren gehen sogar noch einen Schritt weiter und behaupten, daß die nachvollziehende Situationsinterpretation nicht ohne die Verwendung allgemeiner Theorien auskommt:

> "Wenn man sich in die Lage eines Akteurs versetzt, seine Motive, Kognitionen und situativen Handlungsalternativen mental übernimmt, so besteht der Verstehensakt, das Evidenzerlebnis des Verstehenden, ja gerade in der Tatsache, daß jeder Akteur, der die gleichen psychischen Zustände in einer handlungsbezogenen Situation aufweist, auch genauso handeln würde. Und diese Annahme entspricht einer allgemeinen Theorie." *(*Schnell *u.a. 1992, S. 99)*

Sie stufen die Technik des "Verstehens" als eine äußerst wichtige heuristische Quelle für Hypothesen und Theorien ein (vgl. *Schnell* u.a. 1992, S. 100).

Ausgehend von der Antwortstruktur auf "Verstehens-Fragen" (Was ist der Fall?), kommt *Kulenkampff* zu einem ähnlichen Ergebnis. Der praktische Syllogismus von v. *Wright*, der eine Kombination von kausaler und teleologischer Erklärung darstellt (bzw. darstellen soll) und eine spezifisch geisteswissenschaftliche, auf Verstehen aufbauende Erklärung von Handlungen ermöglichen soll, bildet hierzu die Ausgangsbasis (vgl. *Zimmerli* 1989, S. 92)

(1) P beabsichtigt, Y herbeizuführen

(2) P ist überzeugt, Y nur dann herbeiführen zu können, indem er X tut

---

(3) P tut X

Dies ist jedoch nicht als Tatsachenerklärung zu sehen, sondern nur als normatives Rechtfertigungsschema mit der Schlußfolgerung “P muß X tun”. Von der Sinnadäquatheit läßt sich jedoch auf die Tatsache des Handlungsvollzugs nur durch die Hinzunahme einer weiteren allgemeinen Prämisse in Form einer empirischen Gesetzesaussage oder normativen Rationalitätsbedingung “*Personen, die y herbeizuführen beabsichtigen und überzeugt sind, y nur durch das Tun von x herbeiführen zu können, tun x!*” (*Kulenkampff* 1980, S. 279) schließen.

Da wir die Prognosefähigkeit bzw. die Verminderung der Unsicherheit oder Bekämpfung des Zufalls anstreben und die (logische) intersubjektive Nachvollziehbarkeit für die Wissenschaft voraussetzen, halten wir auch aufgrund der obigen Ausführungen im Begründungszusammenhang einen Methodendualismus, d.h. gesonderte Erklärungsmethoden für die Natur- und die Geisteswissenschaften, für überflüssig. Sobald jedoch die (philosophische) Hermeneutik auf den Wissenschaftsprozeß angewendet wird, erweist sich das Verstehen als ein wissenschaftsübergreifender und zugleich -fundierender Prozeß. Durch die dialektische Darstellung des Verstehensprozesses wird auch der häufig zitierte hermeneutische Zirkel zu einer gegen die Wahrheit konvergierenden Spirale[62].

In dieser Arbeit interessiert jedoch nur die Ebene der Tatsachen, worunter auch die Verhaltensweisen von Individuen fallen, die nicht nur zu verstehen, sondern auch zu erklären sind. In unserem Erklärungsmodell führten wir bereits an, daß hierzu Gesetze und Randbedingungen nötig sind und daß diese Annahmen willkürlich sein können und folglich nur bedingte Aussagen entstehen. Gerade diese Willkür bei der Auswahl der Annahmen führt uns zu der nächsten großen Diskussion - der Assumption-Diskussion - über die Anforderung an die Realitätsnähe der Annahmen.

---

[62] Zur Vertiefung dieser Gedanken siehe *Wuchterl* 1992, S. 100-108, *Zimmerli* 1989, S. 96-98 oder *Geldsetzer* 1989, S. 132-138.

4.6.3. Assumption-Diskussion

Für diese Arbeit ist die Assumption-Diskussion wichtig. Von verschiedenen Seiten wird beleuchtet, daß der Realitätsnähe der (ersten) Annahmen von Theorien eine große Bedeutung zugemessen wird. So entscheidet sich an der Wahrheit oder, etwas weicher formuliert, an der Wahrheitsnähe die Wissenschaftlichkeit von Aussagen (Erkenntnis) oder zumindest - unserer Auffassung nach - die Glaubwürdigkeit der Theorien.

Die Assumption-Kontroverse hat die Realitätsnähe von Annahmen (Axiomen) zum Inhalt. Ausgelöst wurde sie durch *Friedman* (1953). Er explizierte seine wissenschaftstheoretische Position[63] in dem Essay "On the Methodology of Positive Economics", teilweise jedoch mit unpräzisen Formulierungen, die diese Debatte[64] erst ermöglichten. Im Mittelpunkt standen seine Thesen über den Zusammenhang zwischen der Realitätsnähe von Annahmen einer Theorie und deren Prognoseleistung. Damit trifft *Friedman* einen neuralgischen Punkt ökonomischen Theoretisierens. Meist beziehen sich diese Theorien auf fiktive Modellwelten (-abstraktionen) mit in der Realität nicht vorliegenden Antecedensbedingungen oder Gesetzmäßigkeiten. Daran schließt sich sofort die Frage nach dem "Nutzen" solcher Untersuchungen an.

Als Vorläufer zu der Assumption-Kontroverse kann die Auseinandersetzung von *Machlup* (1955, 1956) und *Hutchinson* (1938, 1956) um die Testbarkeit und Testbedürftigkeit von einzelnen Annahmen angesehen werden. Dabei betont *Machlup* die Möglichkeit indirekter Testbarkeit bzw. von Verbundtests. Gerade fundamentale Hypothesen (Annahmen) lassen sich nicht unabhängig von konkreten Situationsbedingungen testen.

Friedman hingegen sieht eine Kluft zwischen den Aussagen der reinen Theorie und den empirischen Hypothesen, die nach seiner Auffassung nicht überwunden werden kann. Mit seiner "As-if"-Hypothesen-Konstruktion versucht er, dieses Problem zu überwinden. So kommt *Friedman* zu dem Schluß, daß es unnötig sei, nach Gründen einer Rechtfertigung unrealistischer Annahmen in einer Theorie zu suchen. Er begründet dies damit, daß besonders erfolgreiche Theorien im allgemeinen auf besonders unrealistischen Annahmen beruhen (vgl. *Friedman* 1953, S.14f). Aus diesen Ausführungen rekonstruiert *Arni*

[63] Eine etwas detailliertere Beschreibung dieser Position findet sich im Abschnitt 5.2.2 "Der Instrumentalismus" auf S. 102ff.

[64] Literatur zur Debatte: *Nagel* (1963), *Samuelson* (1963), *Fleischmann* (1966), *Meyer* (1978), *Boland* (1979), *Cadwell* (1980), *Musgrave* (1981), *Tietzel* (1981), *Cadwell* (1982) , *Frazer* und *Boland* (1983), *Gebauer* (1985), *Arni* (1989).

(1989, S.37) zwei Interpretationen, die er die schwache und die starke *Friedman*-These nennt:

> "Die **schwache These** lautet mithin: Es trifft nicht zu, dass die validen Ausgangs-Hypothesen von besonders (vergleichsweise) prognosetüchtigen Abkömmlings-Hypothesen im allgemeinen Situationsannahmen aufweisen, die sich gegenüber den Situationen, auf welche die Abkömmlings-Hypothesen bezogen sind, besonders (vergleichsweise) realistisch ausnehmen; und es trifft nicht zu, dass die Abkömmlings-Hypothesen von validen Ausgangs-Hypothesen, die besonders (vergleichsweise) realistische Annahmen aufweisen, im allgemeinen besonders (vergleichsweise) prognosetüchtig sind. Als Kurzform dieser These mag man die Formulierung "Auf die Realitätsnähe der Annahmen kommt es nicht an" betrachten. Die **starke Friedman-These** wäre wie folgt auszudrücken: Je prognosetüchtiger die Abkömmlinge einer validen Ausgangs-Hypothese sind, desto unrealistischer nehmen sich im allgemeinen die Situationsannahmen der Ausgangs-Hypothese gegenüber den Situationen aus, auf welche die Abkömmlinge bezogen sind." *(Arni 1989, S. 37)*

Diese Thesen forderten einen heftigen Widerspruch heraus. Für *Nagel* (1963, S. 214f) ist die schwache Friedman-These haltbar, wenn man den Begriff unrealistisch als deskriptiv unvollständig versteht. Sind die Annahmen jedoch unrealistisch im Sinne von falsch, so ist die Theorie nicht zufriedenstellend und abzulehnen. Nachdem *Nagel* solchen "unrealistischen Theoremen" die Anwendbarkeit versagt, gesteht er ihnen noch eine Hilfsfunktion mit der Aufgabe einer Systematisierungs- und Klassifizierungsleistung als "limiting case of a set of other laws" zu.

Für *Samuelson* (1963, S. 233) bedeutet jede Abweichung (der Annahmen) von der Realität einen Qualitätsverlust. Bei der Argumentation verwendet er allerdings eine sehr eigentümliche, unorthodoxe Theoriekonzeption, auf die sich einzugehen nicht lohnt. Dies führt zu einer Kontroverse mit *Machlup* über die Struktur wissenschaftlicher Theorien.

Aus einer logischen Position heraus muß aufgrund der Übertragung von Wahrheitswerten auch die Wahrheit der Annahmen gefordert werden, denn aus Falschem folgt Beliebiges[65], d.h. die gefolgerte empirische Hypothese kann wahr oder falsch sein. Würden auch falsche Annahmen zugelassen, so könnten ebenfalls widerspruchsvolle Theorien verwendet werden - was einer der wissenschaftstheoretischen Grundforderungen widerspricht. Die Frage, wie man Sicherheit über die Wahrheitswerte der Annahmen/Axiome erhält, bleibt freilich offen. In unserem kritischen Ansatz begnügen wir uns mit deren "Bewährung".

[65] Siehe hierzu den Modus ponens und den Modus tollens aus der Logik.

Die gesamte Diskussion war geprägt von der Interpretation zweier Begriffe, nämlich "unrealistisch" und "Annahme". Wird "unrealistisch" als interpretationsbedürftig (deskriptiv unvollständig) verstanden, so ist dies aufgrund der Möglichkeit einer späteren Präzisierung (Operationalisierung) zumindest unbedenklich, wenn nicht sogar wünschenswert. Sind die unrealistischen Annahmen hingegen falsch oder idealtypisch, so ist der von *Friedman* zur wichtigsten Eigenschaft von Theorien erklärte prognostische Erfolg dem Zufall zuzuschreiben.

Musgrave (1981, S. 378ff) unternahm den Versuch, die Aussagen nach unterschiedlichen Annahmetypen zu differenzieren. Er beginnt mit vernachlässigbaren Annahmen (negligibility assumptions), die allenfalls erläuternden Charakter haben, deren Realitätsnähe jedoch für die Theorie keine Rolle spielen. Stellt sich dieser Charakter als falsch heraus, so definieren die Annahmen die Anwendungssituation (domain assumption), d.h. sie müssen erfüllt sein, damit die Theorie angewendet werden darf. Was geschieht nun, wenn auch diese Annahmen falsch sind:

> "If a domain assumption is always false, then the theory containing it can be applied to no actual situation and is in fact untestable. ... The more unrealistic domain assumptions are, the less testable and hence less significant is the theory." (Musgrave *1981, S. 381f)*

Stellt sich nun heraus, daß die "domain assumption" nie erfüllt ist, so ist die betreffende Theorie nicht testbar. In einem heuristischen Schritt wird, ausgehend von der Prognose der alten Theorie, der Einfluß der nicht erfüllten Anwendungsbedingung als Korrekturfaktor der alten Theorie geschätzt. Dies führt zur "heuristic assumption" (*Musgrave* 1981, S. 383). Neben den Antecedensbedingungen, die *Musgrave* mit seinen Annahmetypen im Auge hat, werden noch die Gesetzesannahmen (z.B. Nutzenmaximierung, etc.) unterschieden. In der Regel sind diese nicht isoliert testbar.

ARNI (1989) weist auf die Abhängigkeit dieser Diskussion von der verwendeten Theoriekonzeption hin. In einer naturwissenschaftlichen Theorie mit der Möglichkeit kontrollierter Experimente besteht keine Kluft zwischen Theorie und empirischen Hypothesen. Die logische Durchgängigkeit ist herstellbar. Der in der Ökonomie praktizierte Theoriestil ist sehr viel lockerer[66]: Es werden ideale, als relevant erscheinende Modelle (Situationsannahmen) erstellt, aus denen man mit Hilfe von für brauchbar gehaltenen Gesetzesannahmen Theorien ableitet. Dabei ist man teilweise an einer Überprüfung oder Verbesserungen

[66] Vgl. *Arni* 1989, S. 133. Er beschreibt diesen Stil sehr viel lockerer mit einem sarkastischen Unterton.

der Annahmen nicht interessiert oder stört sich nicht daran, daß diese falsch sind. Die nicht auf die Realität anwendbaren Theoreme werden als Vorbild zur Erstellung von empirischen Hypothesen verwendet. Wenn diese dann erfolgreich sind oder auch nicht, so weiß man nicht recht warum.

In dieser Theoriesituation schlägt nun *Friedman* seine "As-if"-Hypothese zur Überwindung der Kluft von theoretischen Theoremen und empirische Hypothesen vor. ARNI (1989, S. 200f) vertritt die Meinung, daß diese Hypothesen nicht ohne weiteres eliminiert werden können.

Für die dynamische Weiterentwicklung einer Theorie sind die "As-if"-Klauseln nicht geeignet. Sie unterstützen die Stagnation, da man bei einem Scheitern der Prognosen nicht weiß, in welcher Richtung erweitert werden soll. Ist jedoch die Komplexität eines Tatbestandes so hoch, daß bisher noch kein Erklärungsmodell existiert, so kann eine Simulation dieses Bereiches durch "As-if"-Hypothese durchaus als sinnvolle Alternative gelten. Es kommt eben auf die relative Position zu den Alternativen an. Keine Prognose zu haben, ist sicher die schlechteste Alternative. "As-if"-Hypothesen mit unrealistischen Annahmen und nicht falsifizierten Prognosen sind besser und sicher nur etwas schlechter als ein ideales Erklärungsmodell, das mit unrealistischen (idealen) Annahmen operiert und eine Abweichungsanalyse[67] anschließt, so daß ebenfalls nicht falsifizierte Prognosen entstehen. Das anzustrebende Ideal wären dann nicht falsifizierte und bewährte Annahmen, aus denen die Prognosen deduziert werden. Damit ist die Glaubwürdigkeit der Theorie höher, da man an im deduktiven Baum näher (im Vergleich zum Prognoseergebnis) an der Wurzel gelegene, in unserer Terminologie willkürlich gesetzte Annahmen glauben muß. Bei dem "As-if"-Ansatz ist die Glaubwürdigkeit sicher stark an die sie vertretende Person gekoppelt.

Unser Ziel ist es, nur bzw. möglichst "realitätsnahe" Annahmen zu verwenden. Lediglich in den unpräzisen Annahmen, die erst durch die Operationalisierung präzisiert werden, sehen wir keine Probleme. Wir wollen die Diskussionsfähigkeit möglichst lang erhalten, um einen wissenschaftlichen Fortschritt zu ermöglichen.

Nach diesen eher grundlegenden Abschnitten wollen wir uns nun auf spezifische Forschungskonzeptionen konzentrieren. Diese werden wir jedoch verschiedenen Zielen der Wissenschaftstheorie zuordnen, nämlich dem Begründungs-, Entdeckungs- oder Verwendungszusammenhang.

---

[67] In einer Abweichungsanalyse werden die Auswirkungen von Abweichungen in den Annahmen eines Erklärungsmodells auf die empirische Hypothese untersucht.

5. Begründungs- und Entdeckungszusammenhang

5.1. Drei Aspekte wissenschaftlicher Forschung

Um die Eigenheiten von Theorien zu erkennen und um die Unzulänglichkeiten von Theorien zu beheben, haben sich in der Wissenschaftstheorie drei Forschungsrichtungen herausgebildet (siehe auch Tabelle 5.1). Die nachträglich - als klassifizierende Theorie - eingeführten Unterscheidungen sind sehr nützlich und werden - mit einigen Modifikationen - gemäß einer Darstellung von *Ulrich* und *Hill* (1979, S. 165ff) folgendermaßen formuliert[68]:

In der ersten Forschungsrichtung, Begründungszusammenhang genannt, geht es um die Frage, wie eine Theorie aussehen soll, damit sie wissenschaftlich brauchbare Ergebnisse und Aussagen liefern kann. Kernpunkt dieser Fragestellung ist es, eine Methode zu entwickeln, wie man zu begründbaren, allgemeingültigen Aussagen kommen kann. Dafür wird ein "Wahrheitskriterium" benötigt.

Die zweite Forschungsrichtung, der Entdeckungszusammenhang, will ermitteln, wie das tatsächliche Forschungsverhalten in der Realität aussieht, welche Eigenschaften und Grundmuster Theorien aufweisen, wenn sie in der Realität brauchbare, wissenschaftliche Ergebnisse liefern. Die zweite Fragestellung ist die explikative Umkehr der ersten, normativen Fragestellung. Während die erste Forschungsrichtung darauf abzielt, daß eine Theorie, wenn sie brauchbare Aussagen treffen soll, einer bestimmten wissenschaftstheoretischen Konzeption folgen soll bzw. Theorien brauchbare Aussagen treffen, wenn sie dieser Konzeption folgen, zielt die zweite Forschungsrichtung darauf ab, erfolgreiche Theorienentwicklungen auf ihre Eigenheiten hin zu überprüfen. Die Frage lautet: "Welche Methoden wenden Wissenschaftler an, um zu neuen Erkenntnissen zu gelangen?" Die Frage nach Theorieverbesserungen oder der Kreation neuer Theorien läßt sich soziologisch und historisch beantworten.

Die dritte Forschungsrichtung stellt die Frage nach dem Zweck und der Verwendbarkeit wissenschaftlicher Theorien. Sie läßt sich nach *Ulrich* und *Hill* (1979, S. 167) so formulieren: "*Welche gesellschaftlichen Funktionen können und sollen wissenschaftliche Aussagen haben?*"

---

[68] Wie bereits weiter oben erwähnt, geht die Unterscheidung in einen Rechtfertigungs- und Entdeckungszusammenhang auf *Reichenbach* (1938) zurück.

Tabelle 5.1

Wissenschaftstheoretische Forschungsrichtungen im Hinblick auf Theorien (eigene Darstellung)

Forschungsrichtung	**Fragestellung**
Begründungszusammenhang	Welche Konzeptionen führen zu brauchbaren Theorien? (normative Fragestellung)
Entdeckungszusammenhang	Wodurch zeichnen sich erfolgreiche Theorien aus? (explikative Fragestellung)
Verwendungszusammenhang	Welchen Zweck haben und wie verwendet man wissenschaftliche Theorien? (Nützlichkeit)

Zu den ersten beiden Forschungsrichtungen werden wir in den folgenden Abschnitten einige der zugehörigen Konzeptionen näher besprechen, den Verwendungszusammenhang jedoch nicht gesondert vertiefen, so daß wir an dieser Stelle noch einige Anmerkungen machen. Die zentrale Fragestellung der wissenschaftstheoretischen Konzeptionen im Verwendungszusammenhang ist die Zwecksetzung wissenschaftlicher Theorien und deren Folgen für die Theorienentwicklung. Zu unterscheiden sind die Finalisierungs- und die Technologisierungstheorie.

Die Kernaussage der Finalisierungstheorie, die auf die Wissenschaftstheoretiker *Böhme*, *van den Daele* und *Krohn* (1974) (Max-Planck-Institut zur Erforschung der Lebensbedingungen der wissenschaftlich-technischen Welt) zurückgeht, besagt, daß moderne Wissenschaften dadurch gekennzeichnet sind, daß ihre Theorien nicht mehr durch Fragestellungen, die aus der jeweiligen Wissenschaft selbst stammen, sondern durch externe Zwecksetzungen bestimmt werden. Diese Entwicklung wird als "Finalisierung der Wissenschaft" bezeichnet. Als Beispiel wird angeführt, daß die heutige Forschung *"durch einen engen Bezug auf soziale, militärische und ökonomische Zwecke gekennzeichnet ... [ist], ohne doch mit der überkommenen Kategorie der 'angewandten Forschung' adäquat beschreibbar zu sein"* (ebenda, S. 279).

Die Form, in der die Anwendung von Wissenschaft auf externe Zwecke realisiert wird, vollzieht sich immer mehr durch Bildung spezieller Theorien für bestimmte Gegenstandsbereiche. Diese Gegenstandsbereiche werden gleichermaßen "verwissenschaftlicht". Als Beispiel führen die Autoren die Entwicklung einer eigenen Strömungsforschung an, um den Gegenstandsbereich "Lärmschutz" oder "Brückenbau" zu erforschen oder die Entwicklung einer Plasmaphysik für die kontrollierte Kernfusion.

Die ursprüngliche Theorie wird in die Richtung der durch externe Zwecke definierten Gegenstandsbereiche ausdifferenziert und die "*Theorien der ausdifferenzierten Teilgebiete sind im allgemeinen aus der 'Mutterdisziplin' nicht logisch ableitbar*" (ebenda, S. 295). Nach Ansicht der Autoren läuft die Entwicklung einer ursprünglich "reinen" Wissenschaft geradezu darauf hinaus, für externe Zwecke anwendbar zu werden, wenn sie den dafür erforderlichen Entwicklungsstand erreicht hat: "*Wir vermuten, daß 'theoretische Reife' einer Wissenschaft eine Eigenschaft ist, die die Integration von Zwecken in das Forschungsprogramm der Theorie ermöglicht und fordert*" (ebenda, S. 289). Durch die Orientierung an den praktischen Fragestellungen werden Theorien in einer bestimmten Richtung ausdifferenziert und weiterentwickelt und somit der Inhalt und die Struktur einer Theorie festgelegt. Letztlich wird durch die Fragestellung die Systemabgrenzung - in Form der zu berücksichtigenden Elemente und der zu verwendenden Methoden - determiniert.

Von einem ähnlichen Ausgangspunkt wie die Urheber der Finalisierungstheorie entwickelt *Zimmerli* seine sogenannte Technologisierungstheorie, die eine Erweiterung des Gegenstandbereiches der Wissenschaftstheorie um ethische Fragestellungen reflektiert. Sie basiert - vereinfacht ausgedrückt - auf zwei Thesen:

1. Die neuzeitliche Wissenschaft ist dadurch gekennzeichnet, daß sie nicht mehr primär erkenntnis- sondern anwendungsbezogen ist. Als Folge ist ein Übergang von "reiner" Wissenschaft hin zu technologischer Wissenschaft zu erkennen.

2. Mit dem Wandel der Wissenschaft vollzieht sich auch eine Änderung des Gegenstandsbereiches der Wissenschaftstheorie. Es genügt nicht mehr, Wissenschaftstheorie nur als Wissenschaftslogik, die die Begründbarkeit wissenschaftlicher Aussagen zum Inhalt hat, zu betreiben. Wissenschaftstheorie muß sich in einem Zeitalter der vordergründig anwendungsbezogenen Wissenschaft über den Begründungs- und Erklärungszusammenhang hinaus auch damit beschäftigen, welche Folgen eine technologisierte Wissenschaft auf den Menschen und die Umwelt, in der er lebt, haben kann. Die Konsequenz ist die Formulierung einer Wissenschaftsethik, dic *Zimmerli* (1988, S. 391) als "*Ethik der Technologie*" bezeichnet.

Mit Beginn der Neuzeit änderte sich das Wissenschaftsverständnis dahingehend, daß "*die Produktion nützlichen Wissens - und das heißt eben: Technologie - ... gefördert werden [sollte]*" (ebenda, S. 403). Die gegenseitige Durchdringung von Wissenschaft und Technik schreitet fort, so "*daß die klassischen Abgrenzungen zwischen reiner Wissenschaft, angewandter Wissenschaft und Technik zu verschwimmen beginnen*" (ebenda, S. 399). Der Mensch wird dadurch zum "homo faber scientificus", der sich aber zunehmend als "homo faber ignorans" erweist, weil "*seine ursprüngliche Kompetenz, seine technische Welterfassung und -veränderung ihrerseits zu kontrollieren, zunehmend schwindet*" (*Zimmerli* 1987, S. 96). Der Wissenschaftler ist nicht mehr in der Lage, im konkreten Fall alle Folgen seines technologischen Handelns zu erfassen und vorauszusehen; er hat jedoch das grundsätzliche Wissen, daß sein Handeln unerwünschte Nebenfolgen haben kann.

Dies führt - was die Aufgabe der Wissenschaftstheorie (siehe hierzu die Ausführungen auf S. 46 sowie in der Fußnote 17 auf S. 46) betrifft - zu einer Beschäftigung mit Wissenschaft nicht mehr nur im Sinne einer Wissenschaftslogik, der es nur um die Begründbarkeit wissenschaftlicher Aussagen geht, oder einer Wissenschaftstheorie, die das Zustandekommen wissenschaftlichen Handelns und wissenschaftlicher Theoriebildung erklären will. Nein, die Wissenschaftstheorie muß auch die möglichen Folgen wissenschaftlichen Handelns reflektieren. Die Antwort besteht in der Formulierung einer Ethik der Wissenschaften bzw. Ethik der Technologie.

Unser Ziel ist es jedoch nicht, die Verantwortung wissenschaftlichen Handelns zu untersuchen, sondern vielmehr auf die Wissenschaftlichkeit und den Fortschritt von Theorien einzugehen. Dadurch wird dann auch die Beurteilung der Wissenschaftlichkeit dieser Theorien und die Einordnung des Theorienfortschrittes durch diese Arbeit möglich sein. Dazu werden wir Konzeptionen im normativen Begründungs- und deskriptiven Entdeckungszusammenhang näher untersuchen und als Ausgangsbasis für die Formulierung der eigenen Vorstellungen nehmen.

5.2. Konzeptionen im Begründungszusammenhang

Der Forschungsschwerpunkt liegt in einem rationalen, deduktiven und damit nachvollziehbaren Wissenschaftsverständnis, das sich auf die statisch-strukturellen Komponenten konzentriert. Es interessiert, wie ein Fortschritt (der Theorien) zwingend ablaufen kann bzw. sollte. Der englische Begriff "logic of discovery" trifft diese Einstellung sehr trefflich. Von der Struktur interessiert uns:

- Was ist eine Theorie?
- Was ist das Ziel einer Theorie?
- Wann und wie sollte eine Theorie weiterentwickelt werden?
- Wie läßt sich die Qualität einer Theorie beurteilen?

Im Mittelpunkt steht damit auch das Theorieverständnis. Hierzu werden wir einige Konzeptionen mit ihren Auffassungen anführen.

Der Falsifikationismus wird sehr ausführlich und hauptsächlich referierend, allerdings in einer von uns propagierten Struktur, dargestellt. Durch das dort hervorgehobene Prinzip der kritischen Prüfung kann eine Entwicklung von Theorien sowohl normativ als auch deskriptiv diskutiert werden. Zur Beurteilung des Fortschrittes ist ein Qualitätsmaßstab für Theorien sehr hilfreich, der von *Popper* durch den Informationsgehalt angeboten wird. Dieses zentrale Kriterium wird ausführlich besprochen und diskutiert, da es naheliegend wäre, daran den Theorienfortschritt in unserem Fall zu messen. Die Ausführungen werden zeigen, daß dieses Kriterium nicht ausreicht[69].

Der Instrumentalismus ist eine mögliche, weitere Alternative, die in den Wirtschaftswissenschaften nicht unbeliebt ist. Dieses ist Grund genug, diese Konzeption für die Beurteilung des Theorienfortschrittes in Betracht zu ziehen. Die kritische Beleuchtung läßt uns das Ziel einer weitestgehenden Zurückdrängung des Instrumentalismus, nämlich auf die ersten Annahmen, propagieren.

Eine weitere Alternative, die Qualität von Theorien und die Theorienentwicklung zu beurteilen, steht mit dem Konstruktivismus, der auch in den Sozialwissenschaften rezipiert wird, zur Verfügung. Da der Konstruktivismus grundlegend unterschiedlich zum Falsifikationismus ist, wird das Programm in einem längeren, referierenden Teil vorgestellt. Die Wahrheitsauffassung, die Anforderungen an den methodisch-rationalen Dialog und der fehlende, objektive Anreiz zur Theorienentwicklung lassen uns jedoch auch diese Konzeption - im Hinblick auf die Begründung unseres spezifischen Theorienfortschrittes - größtenteils verwerfen.

5.2.1. Der Falsifikationismus

5.2.1.1. Was ist eine Theorie?

Eine Theorie besteht aus kühnen, durch die Vernunft aufgestellten Hypothesen, mit denen die Realität zu erklären und prognostizieren versucht wird. Ein tieferes Verständnis entsteht aus der Betrachtung der Theorienentwicklung.

---

[69] Die Beurteilung der Brauchbarkeit erfolgt in Abschnitt 6.1 auf S. 131ff.

5.2.1.2. Was ist das Ziel einer Theorie?

Durch einen permanenten, kritischen Überprüfungsprozeß soll eine Annäherung an die Wahrheit gelingen. Obwohl wir niemals die Wahrheit erkennen, konvergiert dieser Prozeß gegen sie (Fallibismus). Keine Theorie kann als absolut wahr angesehen werden; sie kann jedoch durch ihr widersprechende Beobachtungen widerlegt (falsifiziert) werden.

5.2.1.3. Dogmatischer Falsifikationismus und Theorienentwicklung

Die dogmatische Falsifikationsmethode des Kritischen Rationalismus kann zusammengefaßt folgendermaßen formuliert werden: Man gelangt zu aussagekräftigen Theorien, wenn man möglichst kühne Hypothesen aufstellt, die möglichst viel von der Realität erklären können und deshalb auch auf verschiedenste Arten und anhand vieler Beobachtungen in der Realität überprüft werden können. Halten die Theorien einer solchen "harten Überprüfung" stand, so gelten sie als bewährt, scheitern sie an der Überprüfung, so müssen sie eliminiert werden. Der *Popper*-Schüler Imre *Lakatos* (1982, S. 12) - von ihm stammt im übrigen die Bezeichnung "dogmatischer Falsifikationismus" - faßt die Falsifikationsmethode in kritischer Absicht folgendermaßen zusammen: “*Nach der Logik des dogmatischen Falsifikationismus besteht der Wachstumsprozeß der Wissenschaft im wiederholten Verwerfen von Theorien auf Grund harter Tatsachen*”.

Das Aufstellen und Überprüfen einer solchen Theorie geht folgendermaßen vonstatten: “*Aus der vorläufig unbegründeten Antizipation, dem Einfall, der Hypothese, dem theoretischen System, werden auf logisch-deduktivem Weg Folgerungen abgeleitet; diese werden untereinander und mit anderen Sätzen verglichen, indem man feststellt, welche logischen Beziehungen (z.B. Äquivalenz, Ableitbarkeit, Vereinbarkeit, Widerspruch) zwischen ihnen bestehen*” (*Popper* 1989, S. 7).

Popper (1989, S. 7f) unterscheidet dabei folgende Prüfverfahren:

1. Konsistenz: Logischer Vergleich der Folgerungen untereinander, um das System auf seine innere Widerspruchsfreiheit hin zu untersuchen.

2. Empirische Theorie: Untersuchung der logischen Form der Theorie mit dem Ziel, festzustellen, ob sie den Charakter einer empirisch-wissenschaftlichen Theorie hat, also nicht tautologisch ist.

3. Falsifikation: Prüfung der Theorie durch "empirische Anwendung" der abgeleiteten Folgerungen. Diese Prüfung stellt den Versuch der Falsifizierung der Theorie dar.

4. Fortschritt: Im Vergleich zu anderen Theorien kann festgestellt werden, ob die neue Theorie, natürlich nur wenn sie sich bewährt hat, als wissenschaftlicher Fortschritt gelten kann.

Prüfung 1 ist eine rein logische, deren Lösung für die Wissenschaftstheorie kein eigentliches Problem darstellt, für das man ein eigenes Verfahren entwikkeln müßte. Der Lösungsweg kann nur über logische Regeln erfolgen. Zur Prüfung 2 werden verschiedene Methoden zum Testen einer Theorie auf ihren empirischen Gehalt hin entwickelt; auf sie wird weiter unten eingegangen. Auch die Prüfung 4 wird später im Zusammenhang mit *Popper*s Fortschrittskriterien kritisch untersucht. Zur Behandlung der Prüfung 3 entwickelt *Popper* (1989, S. 8) seine Falsifikationsmethode. Auch hier bedient er sich eines deduktiven Verfahrens:

> "Aus dem System werden (unter Verwendung bereits anerkannter Sätze) empirisch möglichst leicht nachprüfbare bzw. anwendbare singuläre Folgerungen ('Prognosen') deduziert und aus diesen insbesondere jene ausgewählt, die aus bekannten Systemen nicht ableitbar sind bzw. mit ihnen in Widerspruch stehen. Über diese - und andere - Folgerungen wird nun im Zusammenhang mit der praktischen Anwendung, den Experimenten usw., entschieden. Fällt die Entscheidung positiv aus, werden die singulären Folgerungen anerkannt, verifiziert, so hat das System die Prüfung vorläufig bestanden; wir haben keinen Anlaß, es zu verwerfen. Fällt eine Entscheidung negativ aus, werden Folgerungen falsifiziert, so trifft ihre Falsifikation auch das System, aus dem sie deduziert wurden".

5.2.1.4. Qualitätsmaßstab für Theorien

Die Qualität einer Theorie hängt bei *Popper* von der Bewährtheit und dem "Informationsgehalt" ab. Die Untersuchungen zum Informationsgehalt, der am Umfang der Menge der Falsifikatoren festgemacht wird, zielen auf den Vergleich von Theorien und finden erst ab S. 95ff statt. Doch zuvor gibt es eine 0,1-Entscheidung über die Qualität einer Theorie. *Popper* (vgl. 1972, S. 39 oder 1989, S. 8ff und S. 77ff) nannte dies das Demarkationsproblem und formulierte es in folgender Frage: "Was ist der Unterschied zwischen einer wissenschaftlichen Aussage bzw. Theorie und einer unwissenschaftlichen?" Damit kommen wir zur von *Popper* geforderten Prüfung 2 zurück. Bevor eine Theorie einem Falsifikationsversuch unterzogen wird, muß sichergestellt sein, daß sie prinzipiell auch falsifiziert werden kann. Da für *Popper* die Falsifikationsmethode die einzige rationale Methode ist, um wissenschaftliche von unwissenschaftlichen Theorien zu unterscheiden, ist das Kriterium für die Wissenschaftlichkeit einer Theorie deren Falsifizierbarkeit, also die Eigenschaft, an der Realität scheitern zu können. Deshalb muß eine Theorie Beobachtbares erklären können, also empirisch sein; nicht empirische Theorien sind nicht falsifizierbar, nicht - auch nicht approximativ - wahrheitsfähig und deshalb nach dem strengen Falsifikationismus zu verwerfen.

Eine wesentliche Frage ist demnach, wie man empirische Theorien von nicht-empirischen Theorien, vor allem von Theorien, die in Wirklichkeit nicht-empirisch sind, aber vorgeben, empirisch zu sein, unterscheiden kann. Letztere Gruppe gibt zwar vor, Beobachtbares zu erklären, ist aber durch bestimmte Eigenschaften davor geschützt, mit Beobachtungssätzen in Widerspruch geraten zu können. Diese Immunisierungsmöglichkeiten von Theorien sollen im folgenden beschrieben werden (vgl. *Brinkmann* 1991, S. 64ff):

- *Die vollständige Tautologisierung der Beobachtungsaussagen:* Theorien werden tautologisch, wenn in die Gesetzesaussagen Bedingungen aufgenommen werden, deren Vorliegen in der Realität nicht unabhängig von der Aussage selbst geprüft werden kann. *Popper* weist auf dieses Problem hin, indem er fordert, daß Basissätze[70] sich nicht als rein logische Konsequenz aus der Allaussage ergeben dürfen.
- *Die ausschließliche Ableitung von partikulären Sätzen oder von Sätzen mit gemischten Quantoren*[71]*:* Partikuläre Sätze - *Popper* nennt sie universelle Es-gibt-Sätze - sind nicht falsifizierbar, sondern verifizierbar und somit einer empirischen Überprüfung im Sinne des Falsifikationismus entzogen. Dies gilt auch für Sätze mit gemischten Quantoren, die Allaussagen mit partikulären Aussagen verknüpfen. Beispiele für Sätze dieser Art sind: "Es gibt für jedes Gut einen Preis, bei dem Angebot und Nachfrage gleich sind"; "Es gibt für alle Metalle eine ganz bestimmte Temperatur, bei der sie schmelzen". Sind solche Sätze in einer Theorie enthalten, so wird diese Theorie selbst unfalsifizierbar. Um *Popper*s Asymmetrie der Schlußfolgerungen aufrechtzuerhalten, könnte für partikuläre Sätze ein Verifikations- und für All-Sätze das Falsifikationsprinzip gelten. Damit könnte das Falsifikationsprinzip zur Abgrenzung von Wissenschaft und Nicht-Wissenschaft gerettet werden.
- *Das Fehlen einer Meß- und Beobachtungssprache:* Eine Theorie ist nach *Brinkmann* (1991, S. 46-53) auch dann nicht widerlegbar, wenn sie sogenannte T-theoretische Begriffe enthält. Dieses Urteil basiert jedoch auf einem unvollständigen Kenntnisstand der strukturalistischen Wissenschaftstheorie[72] (non-statement view). Doch zunächst der Reihe nach. Das Problem

---

[70] Unter einem Basissatz wird ein beobachteter Sachverhalt verstanden, der geeignet ist, eine Theorie zu falsifizieren. Siehe auch unter Basissatzproblem weiter unten.

[71] Die Quantoren sind Elemente einer formalen Sprache und entstammen der Logik. Grundlegend sind die Quantoren $\forall$ (für alle) und $\exists$ (es gibt).

[72] Siehe hierzu insbesondere den Kapitel 7 auf S. 165ff.

der "theoretischen" Begriffe wurde in der Dichotomie "beobachtbar" versus "nicht beobachtbar" von den Positivisten, Empiristen und den kritischen Rationalisten behandelt. So sollten alle Begriffe beobachtbar oder meßbar sein. *Carnap* (1959, S. 48) und *Hempel* (1965a, S. 29ff) kamen zu der Einsicht, daß in jeder entwickelten Wissenschaft Begriffe verwendet werden, die nicht auf Beobachtbares zurückzuführen sind.

Die Lösung dieses Problems sah *Carnap* in der Zwei-Ebenen-Sprache der Wissenschaft. Er gibt damit die Kontextunabhängigkeit der theoretischen Terme auf und relativiert sie in bezug auf die Sprache. Die Wissenschaftssprache L wird in die Beobachtungssprache L_B und die theoretische Sprache L_T zerlegt. Über Zuordnungsregeln muß nur das für die empirische Interpretation notwendige, theoretische Vokabular in empirisch meßbare (beobachtbare) Größen übersetzt werden.

Doch auch die Zwei-Sprachen-Vorstellung führte nicht weiter, da in (ein und derselben) Wissenschaftssprache verschiedene (kommensurable) Theorien ausgedrückt werden, und damit müßten die entsprechenden Terme entweder in beiden Theorien theoretisch oder nicht-theoretisch sein. Dies führte zur Aufgabe des linguistischen Ansatzes durch die Strukturalisten[73]. Diese wählten einen funktionalistischen Ansatz und relativierten die theoretischen Begriffe zu einer bestimmten Theorie. Die Grenze zwischen dem Beobachtbaren und dem Theoretischen existiert nicht bereits vor der Formulierung einer Theorie auf der Ebene der Wissenschaftssprache, sondern unabhängig davon erst, nachdem die Theorie präzisiert wurde. Zur Abgrenzung der *T-theoretischen Terme* wählte *Stegmüller* (1986, S. 33) eine griffige Formulierung: "*Eine Größe ist T-theoretisch, wenn ihre Messung stets die Gültigkeit eben dieser Theorie T voraussetzt*". Die Wahl einer positiven Formulierung fällt hierbei auf. In der klassischen Partikelmechanik nach *Newton* gelten die Masse und die Kraft als T-theoretisch.

Stegmüllers Formulierung, der sich hierfür auf *Sneed* (1971) stützt, läßt eine Zirkularität vermuten, die *Sneed* das Problem der theoretischen Terme nennt. Mit Hilfe einer Verallgemeinerung der *Ramsey*-Methode[74], die auch in der Aussagen-Konzeption das Problem der theoretischen Terme beseitigt, konnte *Sneed* den empirischen Charakter solcher Theorien bewahren. Die theoretischen Terme werden durch Variablen ersetzt und es wird angenom-

[73] Eine ausführlichere Darstellung der strukturalistischen Position findet sich in Kapitel 7 auf S. 165. An dieser Stelle basieren die Ausführungen auf einem Vorverständnis und dienen lediglich der Darstellung des Zusammenhangs von Meßvorschriften und empirisch gehaltvollen Theorien.

[74] Siehe zur Formulierung einer Lösung in *Ramsey* 1929.

men, daß Werte für die Variablen, sogenannte theoretische Ergänzungen, existieren, d.h. die theoretischen Größen werden "*existenziell wegquantifiziert*" (*Stegmüller* 1983, S. 1041) bzw. wegdefiniert.

Für den Wissenschaftler stellt sich dann die Frage, ob er eine Ergänzung finden kann. Scheitert er, so muß er die Möglichkeit erwägen, daß das Modell nicht mit der theoretischen Struktur erklärbar ist. Wurde ein Nichtexistenzbeweis erbracht, so kann die Theorie auf diesen Bereich nicht angewendet werden.

Mit den theoretischen Erweiterungen darf die in der Aussagenkonzeption (statement view) in dem begrenzten Gebiet der Ökonomie häufig verwendete Operationalisierung nicht verwechselt werden. Die Operationalisierung entstammt der Dichotomie "beobachtbar" und "nichtbeobachtbar" und entspricht der Wahl einer Zuordnungsregel, d.h. einer Meßvorschrift. Wenn nun T-theoretische Begriffe nicht aus dem Gebiet der Ökonomie stammen, sondern angrenzenden Wissenschaftsbereichen zuzuordnen sind, dann kann der Ökonom eine Operationalisierung ohne größere Einschränkungen vornehmen. So ist zum Beispiel der Nutzen in der Ökonomie auch nicht als T-theoretisch anzusehen, er kann durch Operationalisierungen empirisch gedeutet werden[75].

Können zu den T-theoretische Begriffen im strukturalistischen Sinne keine Erweiterungen (oder im statement view keine Operationalisierungen) gefunden werden, dann hat die Theorie keinen Bezug zur Wirklichkeit.

- *Beobachtungsaussagen über leere Mengen:* Gesetzesaussagen werden empirisch gehaltlos, wenn sie so formuliert sind, daß unter ihren Erklärungsbereich keine beobachtbaren Sätze mehr fallen, es also auch keine Beobachtungsaussagen mehr gibt, die sie falsifizieren können. Dabei genügt es jedoch, wenn zukünftige Beobachtungen darunter fallen (können).
- *Gesetzesaussagen als Leerformeln:* Das Gegenteil der zuletzt beschriebenen Eigenschaft ist gegeben, wenn Gesetzesaussagen so formuliert werden, daß sich innerhalb des Erklärungsbereiches alles aus ihnen ableiten läßt, sie also, um die Terminologie *Popper*s zu verwenden, "nichts mehr verbieten". Wenn kein realer Fall mehr ausgeschlossen wird, dann ist auch der Erklärungsgehalt einer Gesetzesaussage Null. Dies steht in einem engen Zusammenhang mit der dritten Eigenschaft, denn durch das Fehlen einer Meß- und Beob-

[75] *Brinkmann (*1991, S. 122ff) vertritt ein gegenteilige Meinung. Für *Starr* und *Zeleny* (1977, S. 25) hingegen ist die Angabe einer Meßvorschrift für den Nutzen ein wichtiger Aspekt der Handlungstheorie. Wir werden auf die Operationalisierung noch einmal in Kapitel 6 auf S. 131ff zu sprechen kommen.

achtungssprache kann der Wirkungsbereich von Begriffen frei definiert werden. Beispielsweise kann der Begriff "Nutzen" so weit definiert werden, daß praktisch alle wirtschaftlichen Aktivitäten als Streben nach maximalem Nutzen interpretiert werden können. Eine Nutzentheorie, die auf einem so definierten Nutzenbegriff basiert, liefert keine Informationen über empirisch Beobachtbares.

- *Die Verwendung unspezifizierter Ceteris-Paribus-Klauseln:* Diese Möglichkeit ergibt sich nur bei der Überprüfung von Theorien durch Experimente. Ein häufig angewandtes Verfahren bei Experimenten ist die Verwendung von Ceteris-Paribus-Klauseln. Es werden Aussagen über den Einfluß eines variierenden Faktors auf einen Sachverhalt getroffen, indem alle anderen Faktoren konstant gehalten werden. Dabei müssen die konstant gehaltenen und der variierende Faktor genau bekannt sein, um Rückschlüsse auf eventuelle Wirkungsweisen ermitteln zu können (spezifizierte Ceteris-Paribus-Klauseln). Wird dagegen, wenn die Wirkung eines Faktors gemessen wird, darauf verzichtet, das Konstanthalten aller anderen Faktoren nachzuweisen, kann keine präzise Aussage über die Wirklichkeit gemacht werden, denn die gemessene Wirkung könnte statt auf den variierenden Faktor auch auf eine unbekannte Größe zurückgeführt werden. In diesem Fall entfällt also das Vorhandensein einer abgrenzbaren singulären Randbedingung durch dessen Verbindung mit dem allgemeinen Gesetz eine deduktive Schlußfolgerung hätte getroffen werden können.

Solche immunisierten Theorien, die dem Anspruch der Falsifizierbarkeit nicht genügen, müssen beim strengen "dogmatischen" Falsifikationismus als unwissenschaftlich zurückgewiesen werden[76]. Diese Abgrenzung gehört unseres Erachtens in eine weiter gespannte Abgrenzung zwischen guten und schlechten Theorien. Neben der Unterscheidung von wissenschaftlichen und unwissenschaftlichen Theorien interessiert auch der Theorienvergleich, die komparative Theorienwertung, der zu der Frage führt: *Wann ist eine Theorie der Erfahrungswissenschaft die vergleichsweise bessere Theorie?*

---

[76] *Hempel* (1965, S. 101-122) hält die Falsifizierbarkeit (ebenso wie die Verifizierbarkeit) nicht für ein geeignetes Abgrenzungskriterium. Er fordert, daß, wenn ein Satz "unempirisch" ist, dann auch alle wahrheitsfunktional zusammengesetzten Sätze "unempirisch" sein müssen. Insbesondere gilt dies für die Negation, die Konjunktion mit empirischen Sätzen sowie die deduktiven Ableitungen. *Brinkmann* (vgl. 1991, S. 61) und mit ihm auch wir ziehen vor, nicht diese Konsequenz zu akzeptieren, sondern *Hempels* Forderung zu verwerfen. Äußerst interessant in diesem Zusammenhang ist die Auffassung von M. *Albert* (1996), nach der spezialisierte Theorien noch als bewährt angesehen werden können, auch wenn die allgemeine Theorie bereits widerlegt ist.

In der "Logik der Forschung" legt *Popper* seine Grundposition dar: Eine erfahrungswissenschaftliche Theorie ist durch ihre Falsifikationsmöglichkeiten ausgezeichnet, d.h. es existiert eine homotype Klasse von Basissätzen, die der Theorie widerspricht. Diese Erfahrungsbasis ist zumindest per conventionem eindeutig. Die Klasse aller überhaupt möglichen Basissätze wird in zwei nichtleere Teilklassen zerlegt. In der Klasse der Falsifikationsmöglichkeiten sind jene Sätze, die die Theorie verbietet, d.h. mit denen sie in Widerspruch steht. Daran macht *Popper* auch die Leistungsfähigkeit von Theorien fest. Die Theorie selbst behauptet die Falschheit ihrer Falsifikationsmöglichkeiten oder potentiellen Falsifikatoren. So können Naturgesetze, die ja die Form von Allsätzen haben, auch als Verbote aufgefaßt werden. Sieht man demnach ein Gesetz als um so aussagekräftiger an, je mehr es zu erklären imstande ist, so gilt also auch, daß es um so aussagekräftiger ist, je mehr es verbietet.

In seinen zahlreichen Veröffentlichungen schlägt *Popper* insgesamt drei Kriterien zur Qualitätsbeurteilung von Theorien vor[77]. Dabei wird unterstellt, daß die Theorie T_2 im Vergleich zu T_1 als besser gelten soll und beide prinzipiell falsifizierbar sind:

- das Teilklassenkriterium bzw. Informationskriterium: der Informationsgehalt einer Theorie wird ausschließlich durch das definiert, was die Theorie verbietet. Der Vergleich der Theorien wird an den Klassen der Falsifikatoren vorgenommen. Die T_1-Falsifikatoren sollen eine echte Teilklasse der T_2-Falsifikatoren bilden. Dies spiegelt die paradox klingende Behauptung von *Popper* wider, daß Theorien um so mehr aussagen, je mehr sie verbieten, d.h. mit dem Gehalt einer Theorie nehmen auch die Falsifikationsmöglichkeiten zu. Über eine Teilmengenbeziehung wird ein Vergleich möglich. *Popper* führt neben dem empirischen Gehalt (Informationsgehalt; IG(T)) noch den logischen Gehalt (LG(T)), auch "*Tarski*-Gehalt" genannt, ein. Dieser umfaßt die Menge aller nicht-tautologischer Folgerungen aus der Theorie T. Sofern T keine metaphysischen Bestandteile enthält, stimmen IG und LG überein und zwar in dem folgenden Sinn (vgl. *Ströker* 1989, S. 91f):

  (5.1) $$s \in LG(T) \Leftrightarrow \neg s \in IG(T),$$

  wobei s einem Satz aus der Theorie T entspricht.

- das Frage-Antwort-Kriterium präzisierte *Popper* (1994, S. 53) erst 1972 (S. 46ff und S. 52f) in der englischen Originalversion von 'Objective Knowledge'. Definitionsgemäß soll die bessere Theorie (T_2) diejenige sein, die (a)

[77] Diese Ausführungen orientieren sich an *Ströker* (1989, S. 87-109). Siehe auch *Popper* (1994, S. 47ff) und *Popper* (1989, S. 77ff).

mindestens alle Fragen von T_1 beantwortet und (b) diese Antworten mit mindestens gleicher Präzision zuläßt.

- das Problemgehaltskriterium formulierte *Popper* 1974 (1974, S. 20f). Durch Ja-Nein-Entscheidbarkeiten versucht *Popper* den Problemgehalt einer Theorie zu explizieren.

Für die Beurteilung der Kriterien müssen verschiedene Fälle eines progressiven Theoriewandels herangezogen werden[78]. *Ströker* (1989, S. 87ff) unterscheidet hierbei drei Fälle, die jeweils eine Art der Theorieverbesserung beschreiben:

- Modifizierung einer Theorie durch z.B. Zusatzhypothesen
- Fortgang einer Theorie: die Theorie T_1 läßt sich als Grenzfall der Theorie T_2 begreifen.
- Fundierung einer Theorie (z.B. Mikrofundierung): T_1 ist diejenige Theorie, die durch T_2, und zwar aufgrund von Prinzipien aus T_{hilf}, erklärbar wird. Hierunter könnte man sich die Mikrofundierung - mit gelöster Aggregation - einer Makrotheorie T_1 vorstellen.

*Ströker*s Schlußfolgerungen lauten:

- Das Teilklassenkriterium ist in den Fällen 1 - 3 kein geeignetes Kriterium, um den Theoriefortschritt zu messen[79].
- Das Frage-Antwort-Kriterium ist in den Fällen 1 - 3 kein geeignetes Kriterium, um den Theoriefortschritt zu messen, da Fragen , die in der Theorie T_1 gestellt werden können, in der Theorie T_2 entweder gegenstandslos, verboten oder sinnlos sind.

---

[78] Dabei gilt es jedoch zu berücksichtigen, daß *Popper* (vgl. 1989, S. 85f) nicht jeden möglichen Fortschritt mit seinen Kriterien messen wollte. Seine Art des Theorienvergleichs orientiert sich an der Gegenüberstellung von Theorie und Empirie und wird durch die Forderung nach möglichst großer Allgemeinheit und Präzision (Bestimmtheit) formuliert.

[79] Die Argumentation von *Ströker* (1989, S. 93-98) basiert für den ersten Theoriefall auf einem Beobachtungssatz e (z.B. über den Verlauf eines Planeten), der ein Falsifikator für T_1 nicht jedoch für T_2 ist, d.h. $e \in IG(T_1)$ und $e \notin IG(T_2)$. Die Theorie T_1 prognostiziert in diesem Anwendungsfall den Beobachtungssatz $\hat{e}$ (eine bestimmte andere Planetenbahn). Es gilt: $\hat{e} \notin IG(T_1)$ und $\hat{e} \in IG(T_2)$. Damit wird das Teilklassenargument ausgeschlossen. Im zweiten Fall gibt *Ströker* nur Beispiele. So muß die Theorie T_1 aus der Theorie T_2 logisch ableitbar sein, damit das Teilklassenkriterium erfüllt sein kann. Im dritten Fall läßt sich aufgrund der Verwendung einer dritten Theorie keine so einfache Relation wie die Teilklasse zwischen den beiden Theorien T_1 und T_2 ableiten.

- *Ströker* sieht das Problemgehaltskriterium als einen Spezialfall des Frage-Antwort-Kriteriums an - zugelassen sind nur Ja-Nein-Fragen - und lehnt aus diesem Grund auch dessen Wirksamkeit ab.

Das Informationsgehaltskriterium ist zu eng gefaßt, das Problemgehaltskriterium ein Spezialfall des Frage-Antwort-Kriterium, so daß nur letzteres kritisch hinterfragt werden muß. Dabei basiert *Ströker*s Ablehnung des letzteren nur auf der Unmöglichkeit bzw. Sinnlosigkeit von Fragen, die auf durch T_2 überholten Voraussetzungen von T_1 aufbauten. Hier könnte eine geringfügige Abänderung der Definition vielleicht Abhilfe schaffen.

Bei einer Weiterentwicklung sollte die höhere Leistungsfähigkeit einer Theorie zumindest auch an der Anzahl der Fragen, deren Verfolgung in dem neuen Rahmen sinnlos wurde, gemessen werden. In der Regel lassen sich Theorien nicht durch die Menge ihrer Falsifikatoren vergleichen, da die Theorienentwicklung sehr stark durch die anerkannte wissenschaftliche Bedeutung von Problemen und der Fruchtbarkeit der erwarteten Lösungen geprägt wird und somit nicht kontinuierlich verläuft. Damit kommen dann normative Fragestellungen auf, die dazu führen, daß der Theorienfortschritt ein für allemal und in abstrakter Allgemeinheit gar nicht zu entscheiden sein dürfte.

Als abschließende Bemerkung zur Theoriendynamik soll auf die interessante Untersuchung von *Hauffe* (1981) hingewiesen werden. Er unternimmt den Versuch, mit informationstheoretischen Mitteln den Gehalt von Theorien zu bestimmen. Der Informationsgehalt einer Theorie wird als Redundanz des Tatsachenmaterials im Lichte der jeweiligen Theorie definiert und ist identisch zu dem von *Popper* angegebenen Grad der Bewährung einer Theorie (vgl. *Hauffe* 1981, S. 6). Die Erklärungskraft wird allein durch die Anzahl der Entscheidungen bestimmt, die in einem System empirischer Sätze (Informationssystem) von einer Theorie gefällt werden.

Basissatzproblem und dogmatischer Falsifikationismus

Zur Beurteilung der Qualität von Theorien führten wir zunächst die Falsifikationsmöglichkeit ein, um anschließend weitere Kriterien zur komparativen Theorienwertung anzusprechen. Die Gegenüberstellung von theoretischen und empirischen (beobachtbaren) Aussagen steht im Mittelpunkt. Die Gültigkeit der Theorie wird an der Übereinstimmung mit den Beobachtungsdaten festgemacht, deren Wahrheit bisher nicht angezweifelt wurde. Gerade hier stellt sich das Basissatzproblem, nämlich die Frage der korrekten Erfassung des Beobachteten. Beim "naiven" oder dogmatischen Falsifikationismus ist die Basis der Theorienbeurteilung absolut sicher. Dies wird heute in der Wissenschaftstheorie aufgrund der starken Kritik jedoch nicht mehr vertreten.

Kritik am dogmatischen Falsifikationismus und die Erweiterungen durch den konventionalistischen und den raffinierten Falsifikationismus

Der Hauptkritikpunkt am dogmatischen Falsifikationismus ist der, daß er die Meinung vertritt, die Falschheit von Theorien mit Sicherheit beweisen zu können, wobei das Kriterium der Wissenschaftlichkeit einer Theorie in der Angabe einer Möglichkeit besteht, sie zu widerlegen. Die Problematik des dogmatischen Falsifikationismus besteht vor allem darin, daß man das Ergebnis des im voraus angegebenen Experiments als wahr betrachtet, und, als logische Konsequenz, jede so falsifizierte Theorie sofort verwirft. Nach *Lakatos* baut der dogmatische Falsifikationismus auf zwei falschen Annahmen auf, die seiner Meinung nach auf einem "*allzu engen Abgrenzungskriterium zwischen 'wissenschaftlich' und 'nicht-wissenschaftlich'*" beruhen:

> "Die erste Annahme besagt, daß es eine natürliche, psychologische Grenze gibt zwischen theoretischen, spekulativen Sätzen auf der einen Seite und empirischen oder Beobachtungssätzen (oder 'Basissätzen') auf der anderen. [...]
>
> Die zweite Annahme besagt, daß ein Satz, der das psychologische Kriterium der Faktizität oder des Beobachtungscharakters (Basischarakters) befriedigt, auch wahr ist; man kann sagen, daß er durch Tatsachen bewiesen wurde. (Ich werde dies die Doktrin des Beobachtungsbeweises oder des experimentellen Beweises nennen.)" (*Lakatos* 1982, S. 13)

Der ersten Annahme widerspricht die von *Popper* (1989, S. 72, Anmerkung *2) selbst aufgestellte These, daß jede Beobachtung theoriebeladen ist: "*Beobachtungen und erst recht Sätze über Beobachtungen und über Versuchsergebnisse* [sind] *immer ... Interpretationen im Lichte von Theorien*". Demnach gibt es also keine reinen Beobachtungen, wie es die klassischen Empiristen glauben, sondern Beobachtungen stehen immer unter dem Einfluß von impliziten Theorien über diese Beobachtungen bzw. über Zusammenhänge zwischen verschiedenen Beobachtungen. Objektive Beobachtung, die als Bedingung für sichere Falsifikation vorausgesetzt werden müßte, gibt es also nicht.

Auch die zweite Annahme ist falsch, denn, wie *Lakatos* (1982, S. 14f) schreibt, "*über den Wahrheitswert der 'Beobachtungssätze' kann nicht zweifelsfrei entschieden werden: Keine Tatsachenaussage kann jemals aufgrund eines Experiments bewiesen werden*". Die Urteile über Wahrheit und Falschheit von Basissätzen sind fehlbar und setzen außerdem die Anerkennung von bestimmten Theorien, insbesondere Meßtheorien, voraus. Die Basissätze, die zur Falsifikation herangezogen werden sollen, müssen aufgrund von Festsetzungen der Wissenschaftler ausgewählt werden. *Popper* (1989, S. 71) schreibt hierzu: "*Die Basissätze werden durch Beschluß, durch Konvention anerkannt, sie sind Festsetzungen. Die Beschlußfassung ist geregelt; vor allem dadurch, daß wir nicht einzelne Basissätze, voneinander logisch isoliert, anerkennen, sondern daß wir eine Theorie überprüfen und bei dieser Gelegenheit systematische*

Fragen aufwerfen, die wir dann durch Anerkennung von Basissätzen beantworten".

Hier wird allerdings eine Problematik der *Popper*schen Falsifikationslehre ersichtlich. Wenn die Basissätze durch Festsetzung anerkannt werden müssen, ist auch hier das Moment der Willkür nicht auszuschließen. Die Art der Festsetzung von Basissätzen kann und muß durch die Wissenschaftler, die diese Entscheidung treffen, sicherlich begründet werden, da aber der Kritische Rationalismus die Möglichkeit einer letztendlichen Begründung leugnet, ist also die Entscheidung, welche Basissätze geeignet sind, eine Theorie zu falsifizieren bzw. diese dann tatsächlich falsifizieren, selbst fallibel. Das Falsifikationsprinzip läßt sich also selbst nicht sicher begründen, sondern ist seinerseits fallibel, womit der Falsifikationismus in diesem Punkt, sofern er seine eigene Fallibilität anerkennt, logisch in sich geschlossen wäre. Eine kritischere Interpretation wäre, daß das Wissen wie beim Induktionsschluß nur vorläufig ist und damit die *Popper*sche Asymmetrie wieder in eine Symmetrie übergeht: Sowohl der gesicherte Wahrheitsnachweis als auch der gesicherte Falschheitsnachweis ist nicht möglich.

Die unabhängige Beobachtungsbasis wird aufgegeben, aber die Theorien, unter deren Einfluß man zu Beobachtungsaussagen kommt, werden per Konvention durch die Wissenschaftler anerkannt, daher auch der Name konventionalistischer Falsifikationismus. Das Rechtfertigungsdenken, welches den dogmatischen Falsifikationisten letztlich mit dem Empiristen und Intellektualisten verbindet, wird vom methodischen Falsifikationisten zugunsten eines Konventionalismus aufgegeben. Die empirische Basis wird nicht als endgültig wahr betrachtet, d.h. es besteht kein blindes Vertrauen auf die Sinne wie im Positivismus. Falsifizierte Theorien werden dennoch eliminiert, ihre Falschheit wird jedoch nicht als endgültig, sondern als revidierbar betrachtet, eine "falsifizierte" Theorie kann also trotzdem wahr sein (vgl. *Lakatos* 1982, S. 23). Diesen unsicheren Status von Theorien beschreibt *Popper* (1989, S. 75f) sehr plastisch:

> "...; die Wissenschaft baut nicht auf Felsengrund. Es ist eher ein Sumpfland, über dem sich die kühne Konstruktion ihrer Theorien erhebt; sie ist ein Pfeilerbau, dessen Pfeiler sich von oben her in den Sumpf senken - aber nicht bis zu einem natürlichen, 'gegebenen' Grund. Denn nicht deshalb hört man auf, die Pfeiler tiefer hineinzutreiben, weil man auf eine feste Schicht gestoßen ist: wenn man hofft, daß sie das Gebäude tragen werden, beschließt man, sich vorläufig mit der Festigkeit der Pfeiler zu begnügen".

Die Anerkennung seiner eigenen Fehlbarkeit stellt zwar einen bedeutenden erkenntnistheoretischen Fortschritt gegenüber dem dogmatischen Falsifikationismus dar, beseitigt aber keineswegs einige grundlegende Probleme, die den wissenschaftlichen Fortschritt behindern können. Trotz fehlbarer Falsifizierbarkeit fordert der konventionalistische Falsifikationismus, falsifizierte Theorien bedingungslos zu eliminieren, obwohl nicht geklärt ist, ob

(1) die Theorie selbst falsch ist,

(2) die falsifizierende Beobachtungsaussage falsch ist,

(3) die als bewährt eingestufte Hilfstheorie, auf die sich die Beobachtungsaussage stützt, falsch ist oder

(4) der Fehler in einer falschen Zuordnung von Theorie, Beobachtungsaussage und Hilfstheorie liegt.

Es ist damit sowohl möglich, daß eine "wahre" Theorie verworfen wird, und, daß eine "falsche" Theorie nicht eliminiert wird. Dies erinnert an einen Fehler 1. Art und 2. Art aus der schließenden Statistik.

Um die Gefahr, wahre Theorien zu verwerfen, noch weiter zu reduzieren, schlägt *Lakatos* (vgl. 1982, S. 31) vor, neben der Falsifikationsregel noch eine zweite Regel einzuführen, die sogenannte Regel des Akzeptierens. Erst wenn beide Regeln erfüllt sind, ist eine Theorie endgültig zu verwerfen. Diese Regel des Akzeptierens besagt, daß eine zweite Theorie vorhanden sein muß, die folgende Eigenschaften aufweist:

(1) Sie muß in Einklang mit dem Beobachtungssatz stehen, der zur Falsifizierung der alten Theorie geführt hatte.

(2) Sie muß einen höheren empirischen Gehalt haben als die alte Theorie.

(3) Sie muß selbst eine Reihe von Falsifikationsversuchen erfolgreich überstanden haben, um so als bewährt zu gelten.

Diese Modifikation des Falsifikationismus wird von *Lakatos* als "raffinierter Falsifikationismus" bezeichnet und ist konstruktiv im Sinne des wissenschaftlichen Fortschritts.

Weitere Kritik an diesen verbesserten Versionen des Falsifikationismus übt *Chalmers* (1982). So wird das Hauptaugenmerk auf die Beziehungen zwischen Theorien und individuellen Beobachtungsaussagen gelegt. Zu wenig beachtet werden die größeren Zusammenhänge und die Komplexität umfassender wissenschaftlicher Theorien und Theoriensysteme. Die Eignung für die Beschreibung des Entstehens und des Fortschritts wirklichkeitsnaher und komplexer Theorien ist somit nicht gegeben, da die dynamischen Mechanismen vernachlässigt werden[80]. Außerdem stürzt die Tatsache, daß jeder Bereich eines kom-

---

[80] Hierauf werden wir im Abschnitt zum Entdeckungszusammenhang näher eingehen.

plexen theoretischen Systems für eine mögliche Falsifikation verantwortlich sein kann, den Falsifikationisten in ein planloses Chaos.

Auch idealisierte Annahmen, die in der Wissenschaft häufig dem Ziel der Vereinfachung dienen, führen zu Problemen mit der Falsifikation. So stellt sich stets die Frage, ob eine Störung des idealisierten Systems vorliegt. Da alle möglichen Störungen nicht vollständig spezifizierbar sind, ist eine sichere Falsifikation dieser Theorie unmöglich. Der Widerspruch könnte auf eine Störung zurückzuführen sein.

Insgesamt könnte man zu der Auffassung kommen, daß das Falsifikations- ebenso wie das Verifikationskriterium kein geeignetes Kriterium zum Ziehen einer Trennlinie zwischen Wissenschaft und Nichtwissenschaft (Pseudowissenschaft, Metaphysik) darstellt. Damit wären dann auch normative Regeln für wissenschaftliche Verfahren verfehlt. Das Positive an der Falsifikationsidee liegt in der Konzentration auf die Vereinfachung der Komplexität durch die Generierung von (Quasi-) Gesetzen in der Form von Allaussagen. Dieses vorläufige Wissen wird nun der Bewährung ausgesetzt und kann von jedermann kritisiert werden. Die Kritik entstammt einer sehr konkreten Ebene, nämlich der Ebene von singulären Aussagen. Auf dieser ist das Konfliktpotential am größten und damit auch die Falsifikationsmöglichkeiten. Außerdem stimmt dieses Denken mit der alltäglichen Erfahrung überein, daß erst die Unzufriedenheit mit einer gegebenen Situation den nötigen Veränderungswillen erzeugt und damit die Veränderung auslöst. In der Wissenschaft entspricht der Konflikt einem Widerspruch in den Aussagen oder Empfehlungen, der dann aufgelöst werden muß. Diese Argumentation werden wir in Kapitel 6 auf S. 131ff noch vertiefen.

Nach diesen Erläuterungen zum Falsifikationismus des kritischen Rationalismus *Popper*scher Prägung werden wir zur Abgrenzung noch zwei weitere, verbreitete Konzeptionen, den Instrumentalismus und den Konstruktivismus, ansprechen. Es soll jedoch unsere grundlegende Übereinstimmung mit dem kritischen Gedankengut des Falsifikationismus und der Annäherung an die Wahrheit nicht verschwiegen werden.

5.2.2. Der Instrumentalismus

Zunächst soll das Verhältnis des Instrumentalismus zum Falsifikationismus durch die Abgrenzung zum Essentialismus beleuchtet werden. *Popper* (1972, S. 97-119) stellt in seinem Werk "Conjectures and Refutations" drei Thesen des

Essentialismus auf, die auf endgültige Erklärungen (Letztbegründungen) durch das Wesen zielen[81]:

- Forscher wollen eine wahre Theorie oder Beschreibung der Welt finden, insbesondere auch die Regelmäßigkeiten, die Gesetze, so daß eine Erklärung der beobachteten Tatsachen möglich wird.
- Wissenschaftler sind in der Lage, die Wahrheit solcher Theorien festzustellen.
- Das Ziel des Forschers liegt in der "ultimate explanation", die das Wesen der Dinge, die hinter den Erscheinungen liegende Realität, beschreibt.

Popper (1972, vgl. S. 105) kritisiert diesen Ansatz auch im Hinblick auf den Wissenszuwachs: Der Glaube an die Existenz eines Wesens - gleichgültig, ob dies wahr oder falsch ist - hilft der Wissenschaft nicht weiter, sondern hindert nur deren Fortschritt. Deshalb gibt es keinen Grund, warum Wissenschaftler an die Existenz des Wesens von Dingen glauben sollten.

Hier stimmt *Popper* mit dem Instrumentalismus überein, wie auch in These 2, die beide verneinen. Der Instrumentalismus geht sogar noch einen Schritt weiter und hält die dahinterliegende Realität für irrelevant. Es existiert nur der Bereich der symbolischen Repräsentation (Formalismus), von dem auf den zweiten Bereich der Beobachtungen geschlossen wird. Es wird jedoch eine scharfe Trennung bzw. Kluft zwischen Wahrnehmbarem (Empirie) und Nichtwahrnehmbarem (Theorie) unterstellt. Dies wird aus der nominalistischen Sprachphilosophie abgeleitet, derzufolge nur Gegenständen oder Beobachtbarem ein Name zugeordnet werden kann. Dispositionale Begriffe[82] können deshalb nicht deskriptiv, sondern nur instrumental sein. Dies gilt natürlich auch für Beziehungen zwischen Elementen, die die Grundlage für Gesetze bilden. Theorien werden nur aufgestellt, um die für die Verknüpfung einer Menge von beobachtbaren Situationen mit einer anderen geeigneten Hilfsmittel oder Instrumente zur Verfügung zu stellen. Beschreibungen der Welt, die sich auf beobachtbare Entitäten stützen, beschreiben, wie die Welt wirklich ist; Beschreibungen von Systemen, die theoretische Konzepte beinhalten, leisten dies nicht. Theorien werden auf von der Wahrheit unabhängige Prognoseinstrumente reduziert.

---

[81] Für *Popper* gibt es keine Letztbegründungen bei Warum-Fragen. Bei Was-ist-Fragen nach dem Wesen hält er es für möglich, eine essentialistische und damit letztbegründende Erklärung zu geben. Vgl. *Popper* und *Eccles* (1982, S. 216).

[82] Es handelt sich hier um Eigenschaften von Gegenständen, die in bestimmten Situationen eintreten wie z.B. analytische Lösbarkeit von Gleichungssystemen oder die Zerbrechlichkeit von Glas.

Chalmers (1982, S. 146-151) führt gegen die scharfe Trennung von Theorie und Empirie die Theoriegeleitetheit von Beobachtungen an. Auch den rein instrumentalen Charakter, die Wahrheitsunabhängigkeit, von Theorien widerlegt er durch Beispiele aus den Naturwissenschaften. So wurde die Beobachtung eines Phänomens, beispielsweise des Benzolrings, durch theoretische Konstrukte vorbereitet.

Popper argumentiert vom Standpunkt des Wissenszuwachses gegen den Instrumentalismus. Dabei differenziert er zwischen Rechenregel (Instrument) und einer Theorie im realistischen Sinne. So wird eine Theorie durch speziell (vor dem Hintergrund neuer, alternativer Theorien) ausgesuchte Gegenbeispiele zu widerlegen versucht. Dadurch wird ein Dazulernen möglich; es entsteht Fortschritt. Instrumente werden jedoch nicht diesen harten Tests ausgesetzt. Es lassen sich keine Gegenbeispiele konstruieren, lediglich ex-post läßt sich die Güte der Prognose und damit die Geeignetheit des Instrumentes feststellen. In der Konsequenz läßt sich damit das Instrument auch nicht gezielt verbessern, lediglich das Anwendungsgebiet wird eingeschränkt. Dadurch entsteht kein neues Wissen, keine Annäherung an die Realität bzw. Wahrheit.

Der Instrumentalismus selbst hat keine Möglichkeit, die Wahrheit oder Falschheit - im Sinne der oben eingeführten Korrespondenztheorie - einer Theorie zu konstatieren. Im Rahmen der pragmatischen Wahrheitstheorie steht die Nützlichkeit ganz oben. Erkennen ist kein Selbstzweck, sondern ein Instrument für erfolgreiches Handeln; Erkennen ist ein Werkzeug zur Wirklichkeitsbeherrschung (vgl. *Wenturis* u.a. 1992, S. 234f).

Dem stellt *Popper* die Korrespondenztheorie der Wahrheit gegenüber, die die Annäherung der theoretischen Konzepte an die Wirklichkeit propagiert und einen graduellen Fortschritt erlaubt. Daß Theorien in der Forschungspraxis scheitern wie auch verbessert werden, ist ein starker Hinweis dafür, daß sie in der Nichtübereinstimmung mit gewissen Ausschnitten der Realität stehen. Theorien sind somit mehr als nur Instrumente. Allerdings ist damit der Annäherung an die Wahrheit nicht automatisch zugestimmt, denn sonst müßte zu beobachten sein (vgl. *Chalmers* 1982, S. 156f):

- eine stetige Entwicklung der Theoriekonzepte; Gegenbeispiel Licht: Partikelstrom, elektromagnetische Welle, etc.
- daß verschiedene Formulierungen nicht dasselbe vorhersagen; Gegenbeispiel klassische Mechanik und Quantenmechanik.

In diesen Ausführungen erwähnt *Chalmers* (1982, S. 158) auch eine interessante Verbindung von *Popper* zum Instrumentalismus durch den instrumentalen Charakter seines Wahrheitsbegriffes. Bei *Popper* ist eine Theorie wahr, solange sie nicht falsifiziert wurde. Durch den Widerspruch zu einer neuen Theorie stellt sich die alte als falsch heraus, d.h. die alte Theorie war als Instrument geeignet, die Wahrheit zu beschreiben[83].

Nach dieser eher philosophischen Orientierung wenden wir uns nun den Auswirkungen auf den Fachbereich der Ökonomie zu. Dort wurde ebenfalls und zwar äußerst kontrovers diskutiert, ob der Instrumentalismus eine sinnvolle Alternative darstellt. Der Auslöser war M. *Friedmans* Aufsatz "The Methodology of Positive Economics" aus dem Jahre 1953. Er wurde zur Standardreferenz des Instrumentalismus[84] in der Ökonomie. Doch nun zur Position selbst.

Was ist das Ziel des Theoretisierens?

Das Ziel steht an der obersten Stelle und ist nicht an eine Theorie gebunden. Der Instrumentalismus ist an möglichst guten Prognosen der darauf aufbauenden technologisch unmittelbar verwertbaren Aussagen interessiert. Die Prognose dient dazu, Konsequenzen alternativer Politiken zu erarbeiten und zu bewerten.

Was ist eine Theorie?

Eine Theorie stellt lediglich ein Instrument zur Prognose dar. Es besteht eine scharfe Trennung von Theorie und Beobachtbarem. Beispielhaft wird das daran festgemacht, daß Planeten existieren, Elektronen nicht unbedingt. Als theoretisches Konstrukt ist letzteres sehr wertvoll, jedoch nicht als Aussage über die Wirklichkeit aufzufassen. Damit wird auch jede Kausalität in der Realität abgelehnt. Die theoretischen Konstrukte stellen Als-ob-Hypothesen dar. Dazu führt *Friedman* (1953) zwei einigermaßen berühmte Beispiele an: das Fallgesetz (1953, S. 16) und den Billardspieler (1953, S. 21). Das Fallgesetz gilt nur im Vakuum, welches jedoch niemals zu erreichen ist. Trotzdem ist der prognostische Erfolg von Anwendungen dieses Gesetzes gegeben. Den exzellenten Billardspieler simuliert *Friedman* durch einen Menschen, der in Windeseile die komplizierten mathematischen Formeln berechnen kann und somit den Weg der Kugeln prognostizieren kann. Diese Annahme ist falsifizierbar und falsifiziert[85]. Trotzdem ist der prognostische Erfolg gegeben.

---

[83] Der Wahrheitsgehalt bei falschen Theorien (*Newton*sche Mechanik) kann nur erhalten bleiben, wenn bestimmte Meßverfahren oder Beobachtungstheorien unterstellt werden, d.h. Theorie und Meßverfahren ergeben ein Instrument.

[84] Siehe hierzu auch den Abschnitt 4.6.3 "Assumption-Diskussion" auf S. 81ff, der verstärkt auf die Realitätsnähe der Annahmen eingeht.

[85] Man frage einen Billardspieler nach den Beschleunigungsgesetzen und den Auswirkungen der Reibungskraft und der Rotation einer Kugel auf deren Bahn. Um sich vor einer Falsifikation zu schützen, könnte der *Friedman*sche Billardspieler als analoger

Qualität einer Theorie

Die Qualität einer Theorie, ausgedrückt durch die Validität im Sinne von empirischer Bewährtheit, bemißt sich allein an ihrer Prognosefähigkeit. Als hierarchisch untergeordnete Auswahlkriterien kommen dann noch die Fruchtbarkeit und die Einfachheit hinzu, was *Friedman* (1953, S. 14f) durch "*A hypothesis is important if it 'explains' much by little, ...*" ausdrückt. *Arni* (1989, S. 34) faßt die Frage nach der Qualität noch präziser: "*Wie steht es mit der Prognosetüchtigkeit der Abkömmlinge von Ausgangs-Hypothesen, welche (im Hinblick auf die Anwendungsbedingungen der Abkömmlings-Hypothesen) unrealistische 'assumptions' besitzen?*" Auf die Realitätsnähe der Annahme, so *Friedman*, komme es nicht an, sie sind eben nur Teile eines Instruments. *Musgrave* (1981, S. 385) plädiert dafür, auf Als-ob-Hypothesen zu verzichten. Er hält die Deduzierbarkeit von Aussagen aus solchen Instrumenten für "*terribly unclear*".

Anwendungssituation einer Theorie in der Ökonomie

Eine Weiterentwicklung von Theorien aus instrumentalistischer Sicht zu untersuchen, macht aufgrund der fehlenden Annäherung an die Wahrheit als Bezugsgröße keinen Sinn. Deshalb konzentrieren wir uns auf die Anwendungssituationen oder anders formuliert: Wie sehen Theorien in der Ökonomie tatsächlich aus?

Zunächst werden ideale Modelle mit relevant erscheinenden strukturellen Merkmalen aufgestellt. Für diese Modelle werden dann Theoreme abgeleitet und zwar aus Theorien (Gesetzesannahmen), die der jeweilige Forscher für brauchbar hält. Diese Theoreme, die nicht auf eine reale Situation anwendbar sind, werden dann das Vorbild zum Aufstellen von empirischen Hypothesen. Da die Komplexität der Ökonomie jedoch keine andere Vorgehensweise zuläßt, muß von einem der Ökonomie inhärenten Instrumentalismus gesprochen werden.

Aus pragmatischer Sicht hat der Instrumentalismus noch einen interessanten Aspekt: er verinnerlicht das ökonomische Prinzip bei der Theorieaufstellung stärker als der Falsifikationismus. So interessiert nur das Ergebnis der Prognose, von der Komplexität der dazu führenden Kausalstruktur wird durch die "Als-ob"-Konstruktion abstrahiert. Mit wenig Aufwand lassen sich so sehr brauchbare Ergebnisse erzielen. Auch *Baumol* (1987) ist ein Vertreter dieser ökonomischen Denkweise. Eine falsche Annahme wird durch eine realistische-

---

Fuzzy-Bio-Rechner definiert werden, anstatt als Digitalrechner, der alle Lösungswege prozedural formulieren kann.

re nur dann ersetzt, wenn sich dadurch eine wichtige ökonomische Schlußfolgerung ändert. Außerdem darf die Veränderung die analytische Handhabbarkeit nicht (allzu sehr) verschlechtern.

Unseres Erachtens darf jedoch das ökonomische Prinzip nicht bei der Wahrheitssuche Anwendung finden. Wir müssen versuchen, "die Wahrheit" möglichst exakt zu ergründen. Deshalb verschließen wir uns dem häufig in der Ökonomie - meist nur implizit - verwendeten Instrumentalismus. Diese Argumentation steht und fällt jedoch mit dem Glauben an eine objektive Wahrheit in einer kausal ablaufenden Realität.

5.2.3. Der Konstruktivismus

Der Konstruktivismus kann, was die Frage angeht, wie wissenschaftliche Erkenntnis möglich ist, bzw. wie man zu wissenschaftlichen Aussagen gelangt, als die Gegenposition des Kritischen Rationalismus betrachtet werden, zumindest, was die Diskussion innerhalb der Sozial- und insbesondere der Wirtschaftswissenschaften betrifft. Die grundsätzlichen Unterschiede betreffen die Fragen nach einer vom Betrachter unabhängigen Wahrheit, der Begründbarkeit von Aussagen, der Methodologie in den Natur- und Kulturwissenschaften sowie der Behandlung von Werturteilen in der Wissenschaft.

Im Konstruktivismus wird alles Wissen als Funktion der sprachlichen Möglichkeiten angesehen, es wird durch die Sprache konstruiert. Erkenntnis beruht nicht auf der Prüfung von Hypothesen, sondern auf der Herstellung von Übereinstimmung zwischen Denken und Realität durch den methodisch-rationalen Dialog.

Die wissenschaftstheoretische Konzeption des Konstruktivismus basiert auf der Annahme - und hier unterscheidet sie sich fundamental von den Positionen des Kritischen Rationalismus und der klassischen Erkenntnistheorien -, daß es keine vom Betrachter unabhängige Wahrheit gibt, sondern daß der Betrachter durch den Prozeß des Erkennens die Realität selbst konstituiert und strukturiert. Das Wahrheitsbild des Konstruktivismus entspricht somit einer idealistischen Erkenntnislehre, während der Kritische Rationalismus mit seinem Wahrheitsbild dem Realismus zuzuordnen ist (vgl. *Brinkmann* 1991, S. 9). Übereinstimmend bei beiden wissenschaftstheoretischen Konzeptionen ist neben der Ablehnung der Induktion und Verifikation die Überzeugung, durch Anwendung geeigneter rationaler Methoden zu intersubjektiv nachprüfbarer Erkenntnis kommen zu können, die im Konstruktivismus jedoch methodologisch sicher ist, auch im Bereich wertender (normativer) Theorien.

Der Konstruktivismus lehnt also eine Wahrheitstheorie ab, "*in der die Wahrheit definiert wird als Übereinstimmung zwischen einer objektiven Realität und dem, was in den sprachlichen Aussagen gemeint ist, und davon ausgehend dann die Frage der Wahrheitsfeststellung problematisiert wird. Konstruktivisten ... gehen statt dessen von einem pragmatischen Wahrheitsmodell*[86] *aus, in dem Wahrheit durch einen qualifizierten Konsens sowohl definiert als auch entschieden werden soll*" (*Raffée* und *Abel* 1979a, S. 6).

Mit dem Begriff "qualifizierter Konsens" sind zwei Voraussetzungen verbunden, die das Finden einer intersubjektiv überprüfbaren Wahrheit - im Gegensatz zu subjektiven Meinungen - erst ermöglichen sollen:

(1) Eine konstruktivistisch verstandene Wahrheit kann nie vom wahrheitssuchenden Subjekt allein gefunden werden; um aus einer subjektiven Meinung eine "objektivierte" Wahrheit durch Konsens werden zu lassen, bedarf es der Beratung und Übereinstimmung in einer Gruppe.

(2) Aber auch das einfache Übereinstimmen mehrerer Individuen bezüglich eines Sachverhalts, Problems etc. konstituiert noch nicht die Wahrheit. Paul *Lorenzen*, einer der wichtigsten Vertreter des Konstruktivismus und Begründer der sogenannten "Erlanger Schule" formuliert es so: "*Die Subjektivität einer Meinung wird nicht dadurch aufgehoben, daß sie von vielen vertreten wird. Für die Wissenschaft ist es selbstverständlich, daß eine Aussage nicht dadurch wahr wird, daß sie von vielen vertreten wird*" (*Lorenzen* 1974, S. 35). Der Konsens der beratenden Gruppe muß also qualifiziert sein, und dies geschieht, indem die Teilnehmer der Gruppe sich bemühen, ihre Subjektivität zu überwinden. *Lorenzen* (1974, S. 35) sieht die Wahrheit von Aussagen als eine menschliche Leistung, "*eine Leistung, die von jedem einzelnen zu leisten ist*". Dieses Subjektivitätsüberwinden ist nur durch Befolgung eines methodischen Regelsystems möglich; es ist formuliert im sogenannten Transsubjektivitätsprinzip, auf das wir weiter unten zurückkommen werden.

Obwohl die Konstruktivisten einräumen, daß die Vernunft prinzipiell fehlbar ist, halten sie es im Gegensatz zu den Kritischen Rationalisten für möglich, auf "methodisch sicherem" Wege zu begründbaren Aussagen kommen zu können. Diese "sichere" Begründbarkeit fußt auf der Idee der oben beschriebenen Konsenstheorie der Wahrheit. Die prinzipielle Fehlbarkeit der Vernunft läßt sie

---

[86] In der oben eingeführten Terminologie handelt es sich nicht um die pragmatische Wahrheitstheorie, sondern um die Konsenstheorie der Wahrheit. Siehe hierzu Abschnitt 4.5.1 "Wahrheit" auf S. 60ff. Die Fußnote im Zitat ist eine Anmerkung des Verfassers.

zwar einen "eingeschränkten" Fallibilismus anerkennen; falsche Aussagen entstehen jedoch nur dann, wenn der Prozeß der Erkenntnisfindung methodisch nicht korrekt durchgeführt wurde - also die Regeln des "qualifizierten Konsenses" nicht befolgt wurden[87]. Ein Falsifikationsprinzip in Form eines begründungsfreien Kritizismus, wie er vom Kritischen Rationalismus vertreten wird, lehnen sie dagegen ab, da dieses nur aus der vermeintlichen Unlösbarkeit des Begründungsproblems heraus entstanden ist, welches sie selbst als gelöst betrachten.

Die Forderung nach Begründbarkeit aller wissenschaftlichen Aussagen allerdings führt - wie bereits weiter oben beschrieben - zum sogenannten Anfangsproblem. Die Konstruktivisten entwickeln einen Lösungsansatz für dieses Problem, indem sie auf wissenschaftliches Handeln als sprachliches Handeln rekurrieren. Für sie stellt sich zwar auch das *Münchhausen*-Trilemma, jedoch glauben sie, es sowohl auf logisch korrekte als auch auf undogmatische Weise gelöst zu haben.

Ihr Ansatz sieht folgendermaßen aus: Wissenschaft ist immer sprachliches Handeln; das gilt auch, wenn Wissenschaftler empirische Untersuchungen anstellen, um Behauptungen (so werden im Konstruktivismus Hypothesen genannt, die - aus kritisch-rationaler Sicht - noch keinem Falsifikationsversuch unterworfen wurden) mit der Wirklichkeit zu konfrontieren. Über die Richtigkeit dieser Behauptungen entscheidet jedoch nicht die Wirklichkeit, sondern der darüber redende Wissenschaftler, "*da die Wirklichkeit nicht redet, sondern schweigt*"[88]. Wenn die Wissenschaft also in der Sprache begründet ist, dann muß der Anfang des Begründens ebenfalls in der Sprache, also in "ersten sprachlichen Schritten", liegen, so daß ein von der methodischen Ordnung der sprachlichen Mittel abhängiges, gesichertes Gehen möglich wird. Nun aber ergibt sich folgendes Problem, das *Gerum* (1979, S. 206) so ausdrückt: "*Wie aber kann die methodische Ordnung sprachlicher Mittel von Anfang an gewährleistet werden, wenn keine Untersuchung von Sprache beginnen kann, ohne bereits sprachliche Mittel zu verwenden? ... Ein absoluter Anfang ist also nicht möglich*".

Der Konstruktivismus räumt zwar ein, daß es keinen "archimedischen" Punkt gibt, auf dem sich ein solch sprachliches Gebäude aufbauen ließe; durch eine methodische Rekonstruktion der Sprache jedoch könne dennoch eine si-

---

[87] Teilweise wird eine Nichtübereinstimmung von theoretischen und beobachtbaren Aussagen auf Störgrößen zurückgeführt (siehe *Esser* u.a. 1977, S. 228). Diese Auffassung des Konstruktivismus teilen wir jedoch nicht.

[88] *Kamlah/Lorenzen* 1973, S. 143, zitiert nach *Gerum* 1979, S. 205.

chere Begründungsbasis geschaffen werden. *Lorenzen* (1987, S. 18f) gesteht ein, daß in jedem Dialog ein Vorverständnis verwendet wird, aber nicht nötig sei. Würde nämlich ein Vorverständnis benötigt, so käme dies einem Dogmatismus gleich, den er ausdrücklich verneint. Den "Nachweis" führt er am Beispiel des voraussetzungslosen Vorgehens, bei dem die ersten Schritte verweigert oder durch Gegenvorschläge ersetzt werden können. Am Ende des Weges stehen dann die Argumentationsmittel bereit, deren Anwendung auf sich selbst den Dogmatismus verhindern. Allerdings könnten dadurch verschiedene inkommensurable, aber in sich konsistente Vorverständnisse (Argumentationsmittel) entstehen.

Lorenzen (1980, S. 28f) vergleicht den Aufbau der für den Dialog benötigten Sprache mit einem Schiff auf dem Ozean, das nicht in einem sicheren Hafen gebaut wurde, aber auch nicht schon immer dagewesen sei. Vielmehr habe man - gleichsam als Schiffbrüchige - sich zuerst auf einzelne Planken gerettet, von diesen aus dann andere Planken aufgefischt und so zuerst ein Floß gebaut, welches man dann in stetiger Weise zu einem komfortablen Schiff, auf dem man sich jetzt befände, ausgebaut habe.

Wieder auf die Sprache zurückkommend, heißt das, daß man eine Trennung vornehmen kann zwischen dem, "*was man immer schon so hinspricht, und dem, was man jetzt methodisch und kritisch zu reden beginnen wolle*" (*Lorenzen* 1980, S. 41). Verglichen mit dem Schiffsbeispiel stellen die Planken die Elemente einer Alltagssprache dar, die immer schon vorhanden waren und die der Mensch von Kindheit an anhand von Beispielen gelernt habe; das zu bauende Schiff aber ist die Wissenschaftssprache, die aus den Elementen der Alltagssprache planmäßig aufgebaut ist und deren Definitionen letztlich auf alltagssprachlichen Elementen fußen. Die heutige Wissenschaftssprache muß sich also aus der Alltagssprache methodisch rekonstruieren lassen; nur dann kann sie zu gesicherten Ergebnissen führen. Somit ist das Begründungsprinzip des Konstruktivismus gefunden; *Lorenzen* (1968, S. 41ff [89]) formuliert es so: "*Man kann nur (gesichert und begründet) verstehen, was man auch herstellen kann.*"

Sprachliche Handlungen aber sind sinnlos, wenn sie allein vorgenommen werden. Da zur Rede mindestens zwei Personen gehören und da, wie *Gerum* (1979, S. 206) es ausdrückt, Worte und Sätze sich mit endlich vielen Beispielen und Gegenbeispielen lehren und lernen lassen, die Verläßlichkeit sprachlicher Handlungen wiederum durch den Nachweis des Lehren- und Lernenkönnens von Worten und Sätzen verteidigt werden kann, dies aber nur im Dialog möglich ist, besteht die Lösung des Anfangsproblems darin, "*daß man den Anfang*

[89] Zitiert nach *Gerum* 1979, S. 206.

unseres Redens in einer dialogischen Situation der elementaren Lebenspraxis gemeinsam rekonstruiert. Die einzige 'Basis', von der dabei Gebrauch gemacht werden muß, ist die Absicht, in unvoreingenommener gemeinsamer Bemühung Einverständnisse (über Wörter und Sätze) zu erzielen".

Zusammengefaßt heißt dies, daß sowohl Wahrheitsfindung als auch letzte Begründung von Aussagen im Sinne des Konstruktivismus durch einen "qualifizierten" und vernünftigen Dialog (gehalten in einer Wissenschaftssprache, die sich methodisch aus der Alltagssprache rekonstruieren läßt) und anschließender Einigung innerhalb einer Gruppe von Wissenschaftlern erfolgen kann. Die Regeln für einen solchen methodisch-rationalen Dialog, auch konstruktive Logik genannt, liefert das nun zu behandelnde Transsubjektivitätsprinzip. Zuerst soll allerdings noch auf einige Regeln zur methodischen Rekonstruktion der Sprache eingegangen werden.

Um zu wissenschaftlichen Aussagen zu kommen, bzw. um wissenschaftlich handeln zu können, ist es erforderlich, einer Methodologie zu folgen, die sowohl die Rekonstruktion der Sprache als auch den wissenschaftlichen Diskurs, der zum qualifizierten Konsens führen soll, regelt.

Regelung des Einsatzes sprachlicher Mittel im Dialog

Der Dialog beginnt, indem sich die Dialogpartner einig werden über die gemeinsame Verwendung "erster Wörter"; anschließend hat eine methodologische Rekonstruktion sprachlicher Mittel zu erfolgen, in der schrittweise vorgegangen wird: Ein neuer Schritt darf nicht erfolgen, wenn nicht schon vorher alle verfügbaren bzw. erforderlichen Schritte getan wurden. Ein neuer Satz oder ein neues Wort darf also nur eingeführt werden, wenn bereits alle zur Erklärung dieses Wortes oder Satzes notwendigen Wörter oder Sätze eingeführt wurden, bis hin zu den elementaren, nicht mehr erklärungsbedürftigen Wörtern und Sätzen der Alltagssprache. Durch diese Forderung ist nach *Lorenzen* (1987, S. 11) das Programm der konstruktiven Methode formuliert. Weiterhin dürfen keine logischen Zirkel auftreten, d.h., kein Wort oder Satz darf zu seiner eigenen Begründung herangezogen werden (vgl. *Gerum* 1979, S. 206).

Regelung des Dialogs im Hinblick auf Vernünftigkeit und Qualifiziertheit - das Transsubjektivitätsprinzip

Aufgabe der Wissenschaft, so die konstruktivistische Auffassung, ist es, einen Beitrag zu leisten bei der Bewältigung praktischer Probleme. Eine vernünftige Problembewältigung kann aber nur dann erfolgen, wenn "gegeneinander" gehandelt wird, denn aus dem Denken bzw. Reden einzelner (das dem Handeln vorausgeht), kann nur die subjektive Wahrheit und noch nicht die zweifelsfreie Wahrheit folgen; diese kann nur im Dialog gefunden werden.

Deshalb ist es notwendig, daß die Probleme im Dialog innerhalb einer Gruppe beraten werden; um sie bewältigen zu können, muß abschließend eine Einigung erfolgen.

Alleiniges Beraten und Einigen allerdings reicht noch nicht aus; das Beraten muß Vernunftregeln unterworfen werden, die vor allem der Verobjektivierung der Argumente der Dialogteilnehmer dienen sollen. Die Dialogteilnehmer müssen also versuchen, subjektives Argumentieren dadurch zu vermeiden, daß die Begründung der Argumente verallgemeinerungsfähig ist und die Interessen aller Dialogteilnehmer berücksichtigt werden, so daß sie prinzipiell von jedem übernommen werden können. Jeder Teilnehmer muß bereit sein, seine Argumentation oder Teile seiner Argumentation zugunsten eines gemeinsamen Konsenses zurückzuziehen.

Die so beschriebene und für alle Teilnehmer eines wissenschaftlichen Diskurses geforderte Grundhaltung ist nach der Auffassung von *Lorenzen* (1974, S. 36) die natürliche Grundhaltung eines jeden, "*wenn er sich z.B. auf ernsthafte Gespräche eingelassen hat - ja sogar 'immer schon' dann, wenn er überhaupt zu reden begonnen hat*". *Lorenzen* (1974, S. 36) formuliert diese Norm mit dem Satz: "*Transzendiere Deine Subjektivität!*" und bezeichnet sie als das Grundgesetz der Transsubjektivität, das allem Bemühen um Wahrheit vorangestellt werden muß, da nur durch das Überwinden der individuellen Subjektivität - hin zu einer gemeinsamen Objektivität - die Wahrheit gefunden werden könne. Dieses Gesetz stellt ein sogenanntes "erstes Gesetz" dar, da es sich aus keinen allgemeineren Gesetzen ableiten läßt. Es ist aber dennoch nicht als Dogma einzustufen, da es, wie oben bereits genannt, von jedem ernsthaften Gesprächsteilnehmer automatisch befolgt werde und insofern auch jedem einsichtig gemacht werden kann. Das Gesetz der Transsubjektivität sei demnach die Bedingung der Möglichkeit vernünftiger Beratung zur Bewältigung praktischer Probleme und werde durch gemeinsames Handeln einsichtig "praktisch gerechtfertigt" (vgl. *Braun* 1979, S. 211). Mit diesem Prinzip können deshalb auch praktische Normen begründet werden - *Lorenzen* (1974, S. 36) bezeichnet das Transsubjektivitätsprinzip aus diesem Grund als "*moralisches Grundgesetz*".

Um einen vernünftigen Dialog im Sinne des Transsubjektivitätsgesetzes zu ermöglichen, muß die Dialogsituation unverzerrt sein, damit ein zwangfreies Argumentieren möglich wird. Das heißt, die Dialogsituation darf nicht durch Herrschafts- bzw. Machtverhältnisse gekennzeichnet sein. Nicht erlaubt ist es außerdem, daß Dialogteilnehmer sich in ihrer Argumentation auf bestimmte Autoritäten berufen bzw. allgemein auf Gründe, deren Nachprüfbarkeit für die anderen Teilnehmer nicht möglich ist (z.B. Traditionen).

Die konstruktivistische Methodologie hat einerseits das Anfangsproblem durch methodischen Rekurs auf die Sprache als gelöst betrachtet, sie hält also die Begründbarkeit aller Aussagen, zumindest derer, die das menschliche Handeln betrifft, für grundsätzlich möglich und hat darüber hinaus eine Methode an der Hand, die das Verstehen kultureller Vorgänge ermöglicht.

Die Methode des qualifizierten Dialogs ermöglicht es, mit Hilfe von Logik, Wissenschaftstheorie und Ethik sowohl Tatsachenaussagen als auch Werturteile auf ihren Wahrheitsgehalt zu überprüfen. Somit steht die konstruktivistische Wissenschaftskonzeption im Widerspruch zur Konzeption des kritischen Rationalismus, der leugnet, Werturteile auf ihren Wahrheitsgehalt überprüfen zu können. Die konstruktivistische Auffassung ergibt sich bereits daraus, daß generell Wahrheit durch Konsens begründet werden kann, also auch die "Wahrheit von Normen". Durch die Prozesse vernünftiger Diskussion wird die Einheit von Sein und Sollen hergestellt. Wenn aber Normen als wahr gelten können, dann ist das Akzeptieren von Wertmaßstäben bzw. Werturteilen ein Erkenntnisakt und kann Teil der Wissenschaft sein. Das Wertfreiheitsprinzip wird somit unnötig; gemäß der konstruktivistischen Wissenschaftsauffassung sogar methodisch irrelevant. Man kann sich glücklich schätzen, pragmatisch wahre, d.h. letztbegründete Werte zu haben. Das technologische Handeln kennt dadurch keine Zweifel.

Zusammenfassend kann über den Konstruktivismus gesagt werden, daß sich seine Aussagen ausschließlich auf die Wissenschaft als Prozeß beziehen, demgegenüber - zumindest explizit - nichts ausgesagt wird über wissenschaftliche Theorien als Ergebnis der Forschung. Der Konstruktivismus kann als normative Wissenschaftskonzeption aufgefaßt werden, die Handlungsanweisungen an den Forscher richtet, mit denen er zu begründbaren, wissenschaftlich korrekten Aussagen kommen soll. Anweisungen darüber, wie eine Theorie aussehen soll, damit sie im Sinne des Konstruktivismus als wissenschaftlich gelten kann, werden nicht gegeben. Für *Lorenzen* (1987, vgl. S. 18) sind Theorien ohnehin "nur" Redeinstrumente.

Nach dieser eigenständigen Abhandlung des Konstruktivismus wollen wir zum Zwecke der Vergleichbarkeit mit den bereits besprochenen wissenschaftstheoretischen Auffassungen noch ganz kurz die dort gestellten Fragen beantworten. Dies kommt allerdings einer gewalttätigen Unterwerfung gleich, da im Konstruktivismus teilweise gänzlich andere Fragen relevant sind.

Das *Ziel einer Theorie* ist eine endgültige Wahrheit, die das Handeln der Menschen erklärt und vor allem das Realisieren von gewünschten Zuständen ermöglicht. Die Theoriekonzeption ähnelt der des Falsifikationismus; die Annahmen, Normen und Gesetze sind allerdings methodisch sicher. Deshalb ergeben sich keine Falsifikationsmöglichkeiten, um die *Qualität einer Theorie* zu beurteilen[90]. Es existiert nur eine 0,1-Entscheidung bzgl. der Anwendung des methodisch-rationalen Dialogs, der konstruktiven Logik. Auch die *Weiterentwicklung einer Theorie* kann allenfalls als "Perfektionierung" des Dialogs aufgefaßt werden.

Die Wissenschaftlichkeit beruht auf der Einhaltung des Dialogs, dessen Operationalisierung nur schwer gelingen wird. Diesen jedoch konsensual wahr für alle Zeiten zu definieren, ist unmöglich[91]. Eine faktisch nicht zu bestreitende Veränderung der Sprache muß zu Neuinterpretationen von Wahrheit führen. Damit haben die Theorien nur temporäre Gültigkeit, allerdings ohne die Anreizstruktur des Falsifikationismus. Auch das sprachliche Vorverständnis entwickelt sich evolutionär, im Zeitquerschnitt läßt sich dies durch einen Kulturvergleich feststellen. Damit ändern sich auch die Argumentationsregeln und folglich auch als Ergebnis die Theorien.

Der Ökonom muß noch ein weiteres Argument anführen. Durch die Knappheit der Zeit - auch in der Forschung - wird der Verstehensprozeß, der qualifizierte Dialog, abgebrochen und führt damit zu Theorien, die der konstruktivistischen Wissenschaftsdefinition nicht genügen.

Aufgrund der angeführten Probleme, insbesondere der angedeuteten Vorläufigkeit, entscheiden wir uns gegen den Konstruktivismus und für den Falsifikationismus, der die Vorläufigkeit seiner Theorien zugibt. Damit wollen wir den

---

[90] *Holzkamp* (1968, 1972) vertritt eine davon abweichende Auffassung. Eine Theorie hat das Ziel, konkrete Zustände zu realisieren. Das Gelingen der Realisation ist jedoch von der Abwesenheit von Störvariablen abhängig. Bei Widersprüchen zwischen Theorie und Beobachtung - oder besser: zwischen gewünschten und tatsächlichen Realisationen - wird versucht, diesen Widerspruch mit störenden Bedingungen zu begründen (Exhaustion). Gelingt dies nicht, so gilt eine Theorie als belastet. Theorien werden im Konstruktivismus erst dann revidiert, wenn sie sich hartnäckigen Realisationsversuchen entziehen und dies nicht auf mangelnde Realisationsmöglichkeiten zurückgeführt werden kann.

[91] Das Problem der Vorläufigkeit des Wissens im Falsifikationismus wurde hier in die Definition des Dialogs gelegt, der praktisch nie eingehalten wird. Was heißt "Transzendiere Deine Subjektivität", wie sollen Menschen mit divergierenden Meinungen immer zu einem qualifizierten Konsens kommen? Hierzu ein kleines Beispiel: In einer ansonsten homogenen Ebene liegt ein mit Durchgangsverkehr stark belasteter Ort. Die Straße führt von Süden nach Norden, ein Gemeinderatsmitglied wohnt im eigenen Haus am westlichen Ortsrand, das andere im östlichen. Den Personen unterstellen wir identische Präferenzen. "Objektiv" betrachtet, d.h. aus der Sicht einer unbeteiligten Person, gibt es keinen Unterschied zwischen der östlichen und westlichen Ortsumgehung. Die beiden werden sich jedoch nicht einigen können, da einer immer an Wohnqualität und Wiederverkaufswert verliert, es sei denn, der "Dialog" beinhaltet auch Kompensationszahlungen. Diese widersprechen jedoch der Forderung nach einem herrschafts- und machtfreien Dialog.

Begründungszusammenhang beenden, zur Abrundung noch einen kleinen Exkurs zum radikalen Konstruktivismus unternehmen und uns anschließend dem Entdeckungszusammenhang zuwenden.

Exkurs: Radikaler Konstruktivismus

Insgesamt zeigt der Konstruktivismus eine konsistente Auffassung, wie dies auch der etwas weiter angelegte Exkurs zum radikalen Konstruktivismus zeigt. Für den radikalen Konstruktivisten ist die Wahrheit und Wirklichkeit eine "Erfahrungswirklichkeit" (vgl. *Schmidt* 1987a, S. 7), also eine subjektabhängige Konstruktion. Diese Konzeption hat kybernetische, sprach- und entwicklungspsychologische, evolutionstheoretische und biologische Wurzeln (vgl. *Schmidt* 1987, S. 13) und fußt nicht auf einem absoluten Wahrheits- und Wirklichkeitsbegriff. Dabei wird Objektivität in Intersubjektivität, unsere Minimalanforderung an Wissenschaftlichkeit, transformiert.

Die Wahrnehmung spielt hierbei eine außergewöhnliche Rolle. So wird Wahrnehmung und dessen Interpretation in der neurophysiologischen Hypothese gleichgesetzt, d.h., jeder Wahrnehmung oder Beobachtung mit Hilfe der Sinnesorgane wird vom Gehirn eine bestimmte Bedeutung zugewiesen. Das Gehirn konstruiert eine Abbildung. Die unterstellte Annahme besteht in einem selbstreferentiell und selbstexplikativ arbeitenden Gehirn, das rekursiv auf Erfahrungen eingeht. Die im Nervensystem verarbeiteten Impulse der Wahrnehmung sind bedeutungsneutral bzw. undifferenziert codiert, d.h., es werden keine Inhalte sondern nur Reizintensitäten übermittelt. Die Bedeutung wird in dem informational und operational geschlossenen System "Gehirn" ermittelt. Damit bleibt die Realität unserer Erkenntnis entzogen. Welterkenntnis ist lediglich das Produkt eines Konstruktionsprozesses, eine bewußtseinsunabhängige Realität existiert nicht.

In einer etwas populistischeren Formulierung eines kognitiven Menschenbildes der evolutorischen Ökonomik klingt das so: "..., *daß der Mensch durch die ihm innewohnenden kognitiven Strukturen die Wirklichkeit seiner Umwelt nur subjektiv wahrnehmen und interpretieren kann*" (*Meier* und *Durrer* 1992, S. 230). *Maturana* und *Varela* (z.B. 1987) leiten die konstruktive, subjektive Wirklichkeitssicht aus der kognitiven Biologie ab. Sie stellen in einer Theorie lebender Systeme die autopoietischen Systeme in den Mittelpunkt. Diese sind selbsterzeugend, selbstorganisierend, selbstreferentiell und selbsterhaltend (vgl. *Schmidt* 1987, S. 22).

Das Ziel ist somit durch die Erhaltung des Systems vorgegeben und zielt auf erfolgreiches Handeln. Von besonderem Interesse hierfür ist die Rolle der Realität bzw. die Erfahrung derselben und die Kommunikation. Die Realität wird in der Regel als unstrukturiert angenommen und bekommt ihre Konturen erst mit der Konstruktion einer Welt durch das Individuum selbst. Durch das Scheitern des Weltbildes im Handeln erfährt das Individuum eine Rückkopplung, die zur Korrektur der Weltsicht führt. *Meinefeld* (1994, S. 140) sieht darin einen Widerspruch. Entweder ist die Welt unstrukturiert, dann kann man daran nicht scheitern, oder sie hat eigene Strukturen, dann ist die kognitive Konstruktion nicht nur vom erkennenden Subjekt bzw. dessen Gehirn abhängig. Die interessante Frage für ihn ist, wie "*trotz der Selbstreferentialität des Gehirns eine realistische Rückkopplung erfolgen kann*" (*Meinefeld* 1994, S. 140).

Die für die Kommunikation benötigten Gemeinsamkeiten der konstruierten Weltbilder können die Individuen aufgrund von geschlossenen Nervensystemen nicht über einen Informationsaustausch erreichen, es wird eine "Parallelität der kognitiven Prozesse" unterstellt. Damit der sprachliche Austausch möglich wird, wird im radikalen Konstruktivismus das Konzept des Beobachters eingeführt. Das Gehirn ist zur Selbstreflexion fähig, was einen externen Standpunkt erfordert, und Probleme können nicht nur neuronal nacherlebt werden, sondern auch in Sprache gefaßt werden. Die Beobachterfähigkeit des Nervensystems ermöglicht die Kommunikation.

Auch hier taucht wieder das Problem auf, daß die rein idealistische Position der konstruierten Wirklichkeiten zu kurz greift. *Meinefeld* (1994) sieht eine Lösung in der Verbindung von Realismus und Konstruktivismus. Sein Ansatz baut auf *Piaget*s (1988) Assimilation und Akkomodation auf und betont den Einfluß einer strukturierten Realität auf den Erkenntnisprozeß. Damit soll die Realität aber nicht zweifelsfrei erkannt werden können, wie dies die realistischen Ansätze versuchen.

Das Ziel der konstruktiven Wissenschaft ist die Erhaltung der Autopoiese; es soll keine absolute Wirklichkeit erkannt werden. Der radikale Konstruktivismus liefert keine Möglichkeit, Wahrheit oder Falschheit von Aussagen über die "Wirklichkeit" zu unterscheiden. Vielmehr orientiert er sich an der Nützlichkeit (pragmatische Wahrheitstheorie) und fragt, was wir damit denken und tun können. "*An die Stelle der im Rahmen realistischer Konzeptionen üblichen Begriffe der Wahrheit, Adäquatheit, Korrespondenz, Wirklichkeit usf. treten hier Begriffe wie Glaubwürdigkeit, Verläßlichkeit, Interessantheit, Effektivität, Plausibilität, Kompatibilität, Lebbarkeit und Überlebbarkeit, Orientierungsvorteil, Möglichkeit, Vielfalt, Exploration, Verantwortung und Toleranz*" (*Rusch* 1985, S. 218, zitiert nach *Schmidt* 1987, S. 81, Fußnote 32). "*Gut und Böse, Wahr und Falsch sind nicht kontextfreie absolute Werte, sie sind aber auch nicht beliebig, sondern vielmehr absolut referenzabhängig im Sinne eines invarianten generativen Bezugs auf denjenigen Referenten, der die Art ihrer Konstitution determiniert*" (*Maturana* 1982, S. 29f, zitiert nach *Schmidt* 1987, S. 45).

Maturana (1987, S. 108) illustriert die Referenzabhängigkeit an folgendem Beispiel: Ein Lehrer trägt den Studenten auf, die Höhe eines Turms mit einem Höhenmesser zu messen. Ein Student berechnet diese nicht mittels des gemessenen Druckunterschieds, sondern über die Länge des Höhenmessers und trigonometrische Zusammenhänge. (Eine weitere Möglichkeit wäre auch die Messung der Fallzeit.) Vom Standpunkt des Lehrers hat der Student die Aufgabe nicht gelöst. Der Student hat nicht so gehandelt, wie der Lehrer es erwartet hatte, sondern hat ein anderes Problem definiert. Der Irrtum oder Fehler ist nur in dem Bereich, den der Lehrer (implizit) festgelegt hat. Das Verhalten des Studenten ist für sich gesehen einwandfrei. "*Wahrheit und Falschheit gibt es also nur im Referenzbereich, der von einem Beobachter festgelegt wird*" (*Maturana* 1987, S. 108).

Daraus ergeben sich auch die prinzipiellen Probleme des Radikalen Konstruktivismus mit Letztbegründungen. "*Wenn Wahrheit und Wirklichkeit als absolute und letztverbindliche Berufungsinstanzen ausscheiden, weil sie prinzipiell von keinem Menschen erkennbar oder besitzbar sind, dann müssen wir für unsere Handlungen und Kognitionen die Verantwortung übernehmen, müssen in eigener Person für unser Verhalten und unsere Wissenskonstruktionen einstehen. Wir können dann nur versuchen, andere durch Argumente zu überzeugen, wir müssen uns einem nutzenorientierten Ideenwettbewerb aussetzen*" (*Schmidt* 1987, S. 38).

Die Suche des Konstruktivismus "*gilt letzten Endes nicht der genauen Kenntnis des Universums, sondern der Kenntnis der Rolle, die wir in ihm spielen - dem Sinn unseres Lebens*" (*Jantsch* 1987, S. 190). Die Aufmerksamkeit wird auf Selbstorganisation und Eigentätigkeit gelenkt, die Dynamik von Systemen (Prozesse, ...) werden gegenüber Strukturen komplementär berücksichtigt.

Damit wollen wir unseren Exkurs beenden und uns dem Entdeckungszusammenhang zuwenden.

5.3. Konzeptionen des Entdeckungszusammenhangs

In diesem Abschnitt sollen die verschiedenen Ansätze zum Fortschreiten von Theorien aufgeführt werden, um anschließend ihren Beitrag zum theoretischen Fortschritt von Theorien kritisch (siehe hierzu den Abschnitt 6.1 auf S. 131ff) zu beurteilen. Aus der *Kuhn*schen Analyse werden wir die Befürwortung des Pluralismus und der Toleranz für die ersten, willkürlichen Annahmen übernehmen. Weiterhin zeigt sich, daß die Diskussion über den Theorienfortschritt hauptsächlich auf der Gegenüberstellung von theoretischen Aussagen und empirischen Behauptungen beruht, was wir in Kapitel 6 auf eine theoretische Ebene verlagern wollen. Doch zunächst wollen wir uns auf die bisher übliche Beschreibung der Theoriendynamik konzentrieren.

Ging es in den bisher besprochenen wissenschaftstheoretischen Konzeptionen darum, wie sich wissenschaftliche Aussagen begründen lassen müssen, um dem Anspruch, "wissenschaftlich" zu sein, gerecht zu werden, so wird diese Frage bei den nun zu besprechenden Konzeptionen dahingehend erweitert, wie komplexe wissenschaftliche Aussagensysteme, also wissenschaftliche Theoriensysteme, unter den Bedingungen einer realen wissenschaftlichen Praxis zustande kommen, wenn sie erfolgreich sein sollen. Von der normativ und damit rational geprägten Untersuchung wenden wir uns nun einer deskriptiven Sichtweise zu, die die Theorieentwicklung auch unter soziologischen und historischen Aspekten betrachtet. Die Kontroverse um die zugrunde liegenden Prinzipien der Theorieentwicklung wurde durch das Werk "Die Struktur wissenschaftlicher Revolutionen" von Thomas S. *Kuhn* (1962) ausgelöst und mit den Gegenpositionen von *Popper* und *Lakatos* geführt, die ihrerseits wiederum von *Feyerabend* kritisiert wurden. Der Konflikt entsteht durch eine diachronische versus synchronische sowie historische versus systematische Betrachtungsweise. Ist die Entwicklung der Wissenschaft irrational (*Kuhn*), d.h. von Zufälligkeiten geprägt, oder gibt es doch rationale, wissenschaftsimmanente Kriterien eines Wissenschaftsfortschrittes (*Lakatos*, *Popper*). Die Position *Feyerabend*s ergibt sich aus der Kritik der rationalen Linie von *Lakatos* und mündet im wissenschaftlichen Anarchismus.

5.3.1. *Kuhn*s Struktur wissenschaftlicher Revolutionen

Die wissenschaftstheoretische Konzeption von Thomas S. *Kuhn* stellt den Versuch dar, die Entstehung und die Struktur komplexer Theoriensysteme sowie die Praxis wissenschaftlichen Arbeitens modellhaft zu beschreiben und in ein allgemeines Erklärungsschema zu bringen. Seine Konzeption hat soziologischen Charakter, ihr Schwerpunkt liegt in der historischen Betrachtung von Wissenschaft und Theoriebildung. Damit lenkt er die Aufmerksamkeit auf den Fakt, daß Wissenschaft ein von Menschen betriebener Prozeß mit all seinen Stärken und Schwächen ist. Vor ihm hat bereits *Fleck* (1935) darauf hingewiesen, daß jede Erkenntnistheorie, die die soziale Bedingtheit allen Erkennens unberücksichtigt läßt, lediglich eine Spielerei sei. *Kuhn* ist es jedoch, der systematisch versucht, die Entstehungsgeschichte komplexer Theoriensysteme nach folgendem Ablaufschema wissenschaftlichen Fortschritts zu erklären:

- Vor-Wissenschaft (ohne Vorhandensein eines Paradigmas)
- normale Wissenschaft (vollzieht sich im Rahmen eines Paradigmas)
- Krise (Paradigma wird erschüttert)
- Revolution (Paradigma wird eliminiert und durch ein neues Paradigma ersetzt)
- normale Wissenschaft (vollzieht sich im Rahmen des neuen Paradigmas)

Damit nimmt *Kuhn* (z.B. 1976, S. 65, S. 98, S. 220) an, daß das Wissen generell nicht linear akkumuliert wird, wie *Popper* dies unterstellt. Dies gilt nur in der Phase der normalen Wissenschaft.

In einer Phase der "*Vor-Wissenschaft*" kennen die Wissenschaftler noch kein Paradigma. Ihr Arbeiten ist gekennzeichnet durch ständiges Verstricken in Widersprüchlichkeiten und einen andauernden Streit über Methoden und Grundlagen. Dies hat zur Folge, daß eine detaillierte, in die Tiefe gehende, als wirklich "wissenschaftlich" zu bezeichnende Arbeit so gut wie unmöglich ist. Diese Situation ändert sich erst, wenn ein Paradigma, das die Überzeugung einer Vielzahl von Wissenschaftlern findet, entdeckt wird. Ab diesem Moment fängt die Vor-Wissenschaft an, sich in normale Wissenschaft zu verwandeln.

Die von *Kuhn* (vgl. 1976, S. 38ff) als "*normal*" bezeichnete Wissenschaft - damit ist nicht die gesamte Wissenschaft, sondern ein Wissenschaftssektor, beispielsweise die Astronomie, zu verstehen - wird von einem einzigen Paradigma bestimmt. Der Begriff "*Paradigma*" ist von seiner Bedeutung her nicht klar zu fassen. In einer ersten Annäherung verstehen wir darunter die Gesamtheit dessen, was eine wissenschaftliche Gemeinschaft verbindet; es hat sowohl eine kognitive als auch soziale Dimension. Auf der Grundlage von Paradigmen bilden sich sogenannte "Scientific Communities", die gleichermaßen von der Gültigkeit des Paradigmas überzeugt sind und unter seinen Annahmen bzw. Vorgaben arbeiten. Die Mitglieder haben eine konforme Ausbildung in ihrem Fachbereich genossen, besitzen gemeinsame Wertvorstellungen und damit eine ganz bestimmte Wirklichkeitssicht. *Kuhn* (1976, S. 187f) definiert zunächst das Paradigma als die Gemeinsamkeiten einer "Scientific Community" und anschließend die "Scientific Community" als eine Gruppe von Personen, die einem Paradigma angehören. *Shapere* (1964, S. 383ff) erkannte darin zurecht eine zirkuläre Begriffsbestimmung. Daraufhin (und auf andere Kritik hin) präzisierte (korrigierte) *Kuhn* (1976, S. 186-221) in der 2. Auflage im Postskriptum seine Auffassung. Danach wird die Gemeinschaft ohne Rückgriff auf inhaltliche Gemeinsamkeiten, die dann das Paradigma ausmachen, identifiziert.

Wie unpräzise *Kuhn* mit dem Paradigma Begriff umgeht, zeigt *Mastermann* (1974). Eine von ihr durchgeführte Analyse fördert nicht weniger als 21 verschiedene Verwendungsweise von Paradigma zutage. *Bayertz* (1981, S. 25f) versucht den Begriff zu bestimmen und nennt als Hauptbestandteile eines Paradigmas symbolische Verallgemeinerungen, gemeinsame Modelle, gemeinsame Werte und Musterbeispiele. *Chalmers* (1982, S. 93) versteht unter dem Paradigma eine Art wissenschaftliches Leitbild, bestehend aus explizit formulierten Gesetzen und theoretischen Annahmen. Weiterhin umfaßt ein Paradigma aber auch Instrumente und Techniken, die die Gesetze des Paradigmas auf die Realität anwendbar machen, allgemeine metaphysische Prinzipien, aus denen sich sowohl die weiteren Annahmen des Paradigmas ableiten als auch allgemeine methodologische Vorschriften.

Definition 5.1: Paradigma

Ein Paradigma wird durch grundlegende, wissenschaftliche Systemelemente wie Theorien, Gesetze, Modelle, Musterbeispiele, etc. bestimmt, die zur Wahl bestimmter Fragestellungen und Problemlösestrategien führen. Identische Fragestellungen und identische Modellierungen der Lösungsansätze machen ein wissenschaftliches Leitbild aus.

Auch diese abstrakt gehaltene Definition ermöglicht in einige Richtungen eine nahezu beliebige Interpretation. Ob beispielsweise sich unterscheidende Lösungsansätze bereits verschiedene Paradigmen darstellen, ist auch eine Frage der gewählten Abstraktionsebene. Es müßte eine Metrik, die die Unterschiede in den einzelnen Positionen mißt, angegeben werden. Ab einem bestimmten, "willkürlich" zu wählenden Wert kann dann von einem neuen Paradigma gesprochen werden. Wir sehen nicht, daß eine solche Metrik von verschiedenen Forschungsrichtungen Zustimmung erfahren könnte. Damit wird die Abgrenzung von Paradigmen allerdings "willkürlich" und orientiert sich zweckmäßigerweise an der Auswahl grundlegender Fragestellung und der Verwendung grundlegender, bei den Analysemethoden unterstellten, Annahmen bzw. Gesetze. Durch das Paradigma wird bestimmt, welche Probleme als relevant gelten und damit bearbeitet werden. Sowohl die Denkansätze und Methoden zur Lösung als auch die Theorienwahl fallen darunter.

Der Bezug des *Kuhn*schen Paradigmabegriffs auf die "Scientific Community" könnte eine konstruktivistische Auffassung vermuten lassen. Die gemeinsamen Grundlagen sind jedoch nicht das Ergebnis eines herrschaftsfreien Diskurses und entsprechen damit nicht der konsensualen Wahrheit, sie sind lediglich das Ergebnis freiwilliger Zugehörigkeitsentscheidungen und damit willkürlich. Es handelt sich nur um die zuletzt zu hinterfragenden Grundannahmen. Für *Kuhn* stellt die Existenz eines alternativen Paradigmas - in diesem Sinne ist er Pluralist - kein Problem dar. Im Gegenteil, für die wissenschaftliche Revolution benötigt er es. Bevor es jedoch zu Revolutionen kommt, findet die Forschung "innerhalb" des Paradigmas statt.

Das wissenschaftliche Arbeiten in der normalen Wissenschaftsphase ist allerdings nicht gekennzeichnet durch ein ständiges kritisches Überprüfen, Falsifizieren und In-Frage-Stellen von Hypothesen, sondern durch eine Tätigkeit, die vielmehr als eine Art "Rätsellösen", ein stetes Füllen von Wissenslücken, anzusehen ist (vgl. *Kuhn* 1976, S. 49ff). Das Paradigma selbst steht nicht zur Disposition. Innerhalb seiner unumstößlichen Annahmen werden eine ganze Reihe offener Fragen und Probleme beantwortet. Die wissenschaftliche Arbeit vollzieht sich immer in dem Bewußtsein, daß die offenen Fragen eine Lösungsmöglichkeit innerhalb der Vorgaben des Paradigmas haben und das Paradigma die Mittel und Methoden bereitstellt, um die Probleme zu bewältigen. Scheitert ein Wissenschaftler bei dem Versuch, ein solches Problem zu lösen, wird dies nicht als Versagen des Paradigmas, sondern als Versagen des Wissenschaftlers angesehen. "*Die Unfähigkeit, eine Lösung zu finden, diskreditiert nur den Wissenschaftler und nicht die Theorie*" (*Kuhn* 1976, S. 93). Die Voraussetzung, um in einer solchen Scientific Community arbeiten zu können, ist eine unkritische Haltung dem Paradigma gegenüber. Nur so ist es möglich, konzentriert die Wirklichkeit zu erforschen. Dieses Verhalten ist dogmatischer Natur.

Meist ist sich der Wissenschaftler der Annahmen und Werkzeuge seines vom Paradigma geleiteten Arbeitens nicht bewußt; er ist nicht einmal in der Lage, das Paradigma zu beschreiben und seine Voraussetzungen anzugeben - zumindest solange er aufgrund der weitgehenden Reibungslosigkeit des Ablaufs seiner Arbeit dazu auch keine Veranlassung sieht. Dies ändert sich, wenn ein rivalisierendes Paradigma auftaucht; dann muß er sein Paradigma explizieren, um es verteidigen zu können. Treten dann noch regelmäßig auf Dauer nicht zu lösende Anomalien innerhalb seines Paradigmas auf, die entscheidende Bereiche des Paradigmas betreffen und mehren sich die Mißerfolge beim Versuch, Probleme zu lösen, dann beginnt die *wissenschaftliche Krise*. Sie ist dadurch gekennzeichnet, daß die Problemlösungsversuche immer radikaler werden und daß die Wissenschaftler beginnen, ihre Unsicherheit mit metaphysischen und philosophischen Argumenten zu überspielen. Dennoch ist nicht zu übersehen, daß sie beginnen, ihr Vertrauen in das Paradigma zu verlieren. Die wenig erfolgreiche Problemlösung als die normalwissenschaftliche Erwartung führt die Wissenschaftler in die fachwissenschaftliche Unsicherheit (vgl. *Kuhn* 1976, S. 80).

Die Krise wird jedoch erst dann zur *Revolution*, wenn ein rivalisierendes Paradigma auftaucht, das "völlig verschieden" und unvereinbar mit dem alten Paradigma ist. Der Paradigmenwechsel geschieht bei *Kuhn* (1976, z.B. S. 163ff) eher wie eine religiöse Konversion, die keinesfalls logisch zu erklären ist, da die völlige Verschiedenheit der Paradigmen einen Vergleich mit logischen Argumenten erst gar nicht zuläßt. Wissenschaftler, die verschiedenen Paradigmen anhängen, haben bezüglich der Anerkennung von Faktoren, die die Gültigkeit ihres Paradigmas bestimmen, völlig unterschiedliche Prioritätensetzungen, so daß sie gegenseitig eine Vielzahl von Argumenten nicht zulassen. Sie sprechen praktisch in verschiedenen Sprachen. Insofern gibt es keinen Beweis für die Falschheit des einen und die Richtigkeit eines anderen Paradigmas. *Kuhn* (1976, vgl. S. 161) führt als Bezeichnung für eine derartige Situation den Begriff der Inkommensurabilität ein. Der Wechsel der Wissenschaftler von einem alten zu einem neuen Paradigma ist demnach eher soziologisch und psychologisch zu erklären als aufgrund harter logischer Gründe. Dennoch bezeichnet *Kuhn* (1976, S. 158) den Vorgang des Paradigmenwechsels als eine Art Falsifikation: "*Falsifikation aber, die zweifellos vorkommt, findet nicht einfach beim Auftauchen oder als Folge einer Anomalie oder eines falsifizierenden Datums statt. Sie ist vielmehr ein späterer und gesonderter Vorgang, der ebensogut Verifikation genannt werden könnte, da er den Triumph eines neuen Paradigmas über das alte darstellt*". Nach dem Wechsel des Paradigmas treten die Wissenschaftler *wieder* in die Phase der *normalen Wissenschaft* ein und der oben beschriebene Kreislauf beginnt erneut.

Damit wird klar, daß bei *Kuhn* das Wissen in revolutionären Phasen nicht linear akkumulativ wächst. Die alte Theorie wird jedoch nicht wertlos, sondern behält zur Beschreibung der historischen Situation des Take-Offs (Anomalien, ...) ihren Platz. Der Wissenschaftsfortschritt verläuft nicht vollständig rational (irrational), so daß eine Annäherung an die Wahrheit durch den Paradigmenwechsel nicht sichergestellt ist. Die Aussage *Kuhns*, daß die Evolution (der Paradigmenwechsel) kein objektives Ziel hat, sondern nur die optimale Anpassung an die jeweilige (Umwelt-) Situation, begründet die Abneigung gegen eine objektive Wahrheit und deren Erreichung durch evolutorischen, wissenschaftlichen Fortschritt. Als Ausweg bleibt dann nur noch der Übergang zu einem anderen Wahrheitsbegriff, dem pragmatischen.

Kuhn vertritt damit eine relative methodologische Position. Für ihn gibt es keine objektive Erkenntnis, womit auch die Idee der Wahrheitsannäherung irrelevant wird. Zur Legitimation eines Paradigmas, einer Methodologie reicht der forschungslogische Standpunkt niemals aus, der übergeordnete Rahmen ist nicht zu diskutieren (vgl. *Kuhn* 1976, S. 221). Damit existiert Wahrheit und die damit verbundene Weltsicht nur innerhalb eines Paradigmas, d.h. im Rahmen der Normalwissenschaft[92].

---

[92] *Popper* vertritt hier die Meinung, daß die Relativierung nicht nur unnötig, sondern auch gefährlich ist. Da ein Forscher nicht gezwungen wird, einem Paradigma anzugehören, es zu akzeptieren, ist ein Vergleich doch möglich. Damit kann er seine absolut-rationale Position aufrecht erhalten.

Insgesamt hilft uns die Argumentation von *Kuhn* für die Bewältigung der Zukunft recht wenig. Sie öffnet den Horizont in Richtung Pluralismus und befürwortet mehr Toleranz für andere Forschungsrichtungen. Es werden jedoch keine Ratschläge - dies war auch nicht die Intention von *Kuhn* - an den Wissenschaftler für zu verfolgende Forschungsrichtungen oder –methodologien gegeben.

5.3.2. *Lakatos* Methodologie wissenschaftlicher Forschungsprogramme

Lakatos Ausgangspunkt war *Kuhn*s sehr ähnlich. Beide gingen davon aus, daß die Entwicklung von Theorien nicht dem Muster der (dogmatischen) Falsifikation folgt. Trotz bekannter Anomalien werden Theorien nicht sofort verworfen und dies teilweise zurecht. Es sei hier nur kurz an den oben eingeführten Fehler 1. und 2. Art erinnert. *Lakatos* versucht zum einen, die Gefahr zu reduzieren, daß wahre Theorien nach falsifikatorischen Regeln verworfen werden, und der Tatsache Rechnung zu tragen, daß eine Theorie nur durch eine "bessere" Theorie ersetzt wird. Dazu betrachtet er nicht mehr isolierte Theorien, sondern Theoriensysteme, die er Forschungsprogramme nennt, innerhalb derer die Falsifikationsregel in einer bestimmten Weise angewandt wird. Zum anderen muß er die Konkurrenz zwischen den Forschungsprogrammen entscheiden. Im Gegensatz zu *Kuhn* versucht *Lakatos* eine rationale Rekonstruktion der wissenschaftlichen Praxis.

Chalmers (1982, S. 82) bringt die Grundtendenz des *Lakatos*schen Forschungsprogramms unserer Meinung nach exzellent auf den Punkt und soll deshalb hier zitiert werden:

> "Ein Forschungsprogramm ist nach *Lakatos* eine Struktur, die sowohl auf positive als auch auf negative Art und Weise einen Leitfaden für zukünftige Forschung bietet. Die negative Heuristik eines Programms enthält die Bedingung, daß die Grundannahmen, die dem Programm zugrunde liegen, ihr harter Kern, weder verworfen noch verändert werden dürfen. Dieser harte Kern wird gegen die Falsifikation durch einen Schutzgürtel aus Hilfshypothesen, Anfangsbedingungen etc. geschützt. Die positive Heuristik enthält grobe Richtlinien, die angeben, wie das Forschungsprogramm entwickelt werden könnte. Eine derartige Entwicklung eines Forschungsprogramms bringt es mit sich, daß der harte Kern bei dem Versuch, Erklärungen für bereits bekannte Phänomene zu liefern und neue Phänomene vorherzusagen, durch weitere Annahmen ergänzt wird."

Doch nun zum Programm im einzelnen. *Lakatos* beginnt sein Programm mit der Kritik bisheriger Erkenntnistheorien, vor allem des dogmatischen Falsifikationismus. So argumentiert er, daß es keine von Erwartungen und damit theoretischen Überlegungen unabhängige Wahrnehmungen geben kann, und somit auch keine natürliche Grenze zwischen Beobachtungssätzen und theoretischen Sätzen existiert. Selbst wenn es diese Grenze gäbe, könnte der Wahrheitswert der Beobachtungssätze nicht zweifelsfrei entschieden werden. Eine Tatsachenaussage kann also nicht durch ein Experiment bewiesen werden. Danach sind sowohl die Theorie als auch die empirische Basis fehlbar und können somit nur in Widerspruch geraten, die Theorie kann nicht mehr falsifiziert werden. Diesem Dilemma entzieht sich *Popper* durch einen Rückzug auf einen konventionalistische Position, die die "Wahrheit" der Basis sichert. Danach ist die Welt der Falsifikation wieder in Ordnung.

Der methodologische Falsifikationist kommt um solche Konventionen auch nicht herum. Er ist sich dieser Setzungen jedoch bewußt und trifft die Entscheidungen bewußt, und "*er sieht in voller Klarheit die Fehlbarkeit seiner Entscheidungen und das Risiko, das er auf sich nimmt*" (*Lakatos* 1982, S. 21). Zwei Entscheidungen hat er zu treffen. Zum einen enthalten experimentelle Techniken der Wissenschaftler fehlbare Theorien. Diese werden in diesem Zusammenhang als unproblematische Hintergrundkenntnisse probeweise akzeptiert. "Erfolgreiche" Theorien werden dazu verwendet, unsere Sinneswahrnehmung zu erweitern. Per Entscheidung muß die Grenze zwischen zu prüfender Theorie und unproblematischer Beobachtungstheorie[93] gezogen werden. Zum anderen muß auch die Zuordnung von Wahrheitswerten zu den Basissätzen durch Entscheidung erfolgen. Damit wird gleichzeitig die Widerlegung und die Beseitigung von Theorien getrennt. So kann es passieren, daß eine wahre Theorie aufgrund einer falschen empirischen Basis beseitigt wird. Das Vorgehen wird dem Ziel untergeordnet, einige Theorien zu eliminieren, da ansonsten der Wissenszuwachs rein chaotisch wäre. Dazu werden fehlbare Sätze per Entscheidung, die gesonderten Gütekriterien unterliegt, zur Basis einer harten Politik gemacht. Eine Theorie gilt dann als wissenschaftlich, wenn sie eine so erreichte "empirische" Basis hat (vgl. *Lakatos* 1982, S. 24).

Lakatos (1982, vgl. S. 24) nächste Frage zielt auf die Widerlegung einer Theorie, welche aus Gesetzen, Anfangsbedingungen, Hilfshypothesen und Ceteris-Paribus-Klauseln besteht. Die Allsätze (Gesetze) stellen die spezifische Theorie dar, deren Falsifikation angestrebt wird. Durch wohlbegründete Entscheidungen können nun nacheinander die Anfangsbedingungen, die Hilfshypothesen oder die Ceteris-Paribus-Klauseln den unproblematischen Hintergrundkenntnissen zugeordnet werden. Erst dann ist die Falsifikation der spezifischen Theorie möglich.

---

[93] *Lakatos* (1982, S. 22) schlägt vor, Beobachtungstheorien in Prüfsteintheorien umzutaufen.

Diese Darstellung zeigt sehr deutlich die Komplexität der zu treffenden Entscheidungen. So muß geklärt werden, was Beobachtungstheorien sind, wie die Wahrheitswerte der empirischen Basis zugeordnet werden und aufgrund welchen Mangels eine bestimmte Anomalie entstanden ist. Bei all diesen Entscheidungen ist sich der methodologische Falsifikationist "*der Risiken voll bewußt, doch er besteht darauf, daß man zwischen einem methodologischen Falsifikationismus und dem Irrationalismus zu wählen hat. Er bietet uns ein Glücksspiel, in dem unsere Chancen sehr gering sind, und behauptet, es sei besser zu spielen als aufzugeben*" (*Lakatos* 1982, S. 28).

Der methodologische Falsifikationismus stellt sich somit als zweiseitiger Kampf zwischen Theorie und Empirie dar, mit dem Ziel, wissenschaftliche Hypothesen zu widerlegen. Die Wissenschaftsgeschichte legt jedoch nahe, auch den Kampf mit rivalisierenden Theorien und die Bemühungen der Bestätigung von Theorien zu berücksichtigen. Der Gedanke der Falsifikation muß deshalb noch raffinierter und weiterhin in rationaler Weise formuliert werden. *Lakatos* (1982, vgl. S. 31) führt hierzu veränderte Regeln des Akzeptierens (Abgrenzungskriterium) und des Falsifizierens (Eliminierung) ein. Der "raffinierte" Falsifikationismus besagt, daß Theorien, auch wenn sie mehrfach falsifiziert wurden, erst dann endgültig verworfen werden dürfen, wenn eine neue Theorie vorhanden ist, die einen teilweise bewährten Gehaltsüberschuß (größeres Erklärungsvermögen) im Vergleich zur alten Theorie hat und den früheren Erfolg der alten Theorie in den Grenzen des Beobachtungsirrtums erklärt. Die neue Theorie wird also einerseits durch die Beobachtungssätze, die zur Falsifikation der alten Theorie geführt haben, "bestätigt" und besitzt darüber hinaus ein größeres Erklärungsvermögen als die alte. Nun läßt es sich aber bei Betrachtung der Realität nicht erkennen, daß wissenschaftlicher Fortschritt durch Falsifikation von alten Theorien und deren Ersatz durch neue Theorien vonstatten geht. Folgende Gründe sind dafür verantwortlich: Der Falsifikationismus *Popper*s ist in erster Linie eine Methode, die darauf zielt, zu vorläufig gültigen, allgemeinen Aussagen zu kommen; diese Aussagen haben Erklärungscharakter und die axiomatische Methode kann sinnvoll angewandt werden. Wissenschaftliche Theorien aber, die in der Realität auftreten, haben eine wesentlich komplexere Struktur. Neben der Komplexität der Theoriesysteme selbst ist auch noch das Forschungsverhalten der Wissenschaftler bzw. der Gruppen von Wissenschaftlern ins Kalkül zu ziehen; und hier stellt es sich heraus, daß es einfach nicht der wissenschaftlichen Praxis entspricht, das Augenmerk darauf zu richten, wissenschaftlichen Fortschritt dadurch zu erreichen, daß man Theorien - zumindest Theorien als Ganzes betrachtet - ständigen Falsifikationsversuchen unterwirft. Das Gegenteil scheint der Fall zu sein. Die Forscher sind darum bemüht, ihre Theorien vor Falsifikationsversuchen zu schützen und, falls ihre Theorien im Begriff sind, tatsächlich falsifiziert zu werden, sie durch Hilfshypothesen und Modifikationen zu retten. *Lakatos*

(1982, S. 32) stellt die Frage in den Raum: "*Warum soll man nicht vielmehr den theoretischen Adjustierungen, mit denen man eine Theorie retten darf, gewisse Bedingungen auferlegen?*". Die erlaubten (wissenschaftlichen) Veränderungen an einer Theorie können natürlich nur mit der Ausgangstheorie verglichen werden, womit der absolut-rationale Forschungsstandpunkt zugunsten einer relativen Positionierung aufgegeben wird.

Lakatos konzentriert sich damit auf "Theoriensysteme"; er nennt sie nicht mehr Theorien, sondern "wissenschaftliche Forschungsprogramme". Dieses Modell soll ein möglichst realitätsnahes und zugleich rationales Abbild wissenschaftlicher Theorien bzw. Theoriensysteme und der wissenschaftlichen Praxis darstellen, welches, in weiterentwickelter, weniger konventionalistischer und daher rationalerer Form, das Prinzip eines "*raffinierten Falsifikationismus*" beibehält. Bei *Lakatos* (vgl. 1982, S. 46) verschmelzen diese Theorienreihen zu einem Kontinuum und werden so zu Forschungsprogrammen. Diese Forschungsprogramme enthalten methodische Regeln, die in zwei große Kategorien zu unterteilen sind. *Lakatos* (1982, S. 46f) umreißt sie so: "*Das Programm besteht aus methodologischen Regeln: Einige dieser Regeln beschreiben Forschungswege, die man vermeiden soll (negative Heuristik), andere geben Wege an, denen man folgen soll (positive Heuristik)*". Diese beiden Kategorien sollen im folgenden beschrieben werden:

negative Heuristik

Die wissenschaftlichen Forschungsprogramme zeichnen sich dadurch aus, daß sie einen "*harten Kern*"[94] besitzen, der durch methodologische Entscheidung der Verfechter des Forschungsprogramms unfalsifizierbar gemacht wurde. Wer diesen Kern nicht mehr akzeptiert und ihn durch andere Grundaussagen ersetzt, scheidet automatisch aus dem Forschungsprogramm aus und begründet ein anderes Forschungsprogramm. Das Forschungsprogramm besitzt nun eine sogenannte "negative Heuristik", die es verbietet, "*den Modus tollens gegen diesen 'harten Kern' zu richten*" (*Lakatos* 1982, S. 47). Die negative Heuristik bildet einen Schutzgürtel aus Hilfshypothesen um diesen Kern; nicht mehr auf den Kern, sondern auf die Hilfshypothesen sollen sich nun die Falsifikationsversuche beziehen. Werden sie falsifiziert, ist es nicht der "harte Kern", sondern es sind die Hilfshypothesen, die geändert, gegebenenfalls auch völlig ersetzt werden müssen. Die Veränderung und Erweiterung des Schutzgürtels durch neue Hypothesen ist nur insofern zulässig, als diese unabhängig

---

94 Dieser ist dem *Kuhn*schen Paradigma vergleichbar.

testbar sind. Damit scheiden ad-hoc-Hypothesen[95] aus. Dieses Verfahren hat folgenden Grund: Bei neuen Forschungsprogrammen zeigt es sich nämlich, daß diese aufgrund ihrer Unausgereiftheit anfangs in einem "Ozean von Anomalien", wie es *Lakatos* (vgl. 1982, S. 52) formuliert, versinken. Würde man, überzeugt von der sinnvollen Grundkonzeption eines Forschungsprogrammes, dieses beim Auftreten jener Anomalien sofort verwerfen, würden die meisten richtigen Theorien, noch bevor sie ausgereift sind, verworfen; dem wissenschaftlichen Fortschritt wäre damit nicht gedient. Man sollte ihnen eine Atempause gewähren. Sie hätten sonst von vornherein gegenüber älteren Theorien, die sie dann später ersetzen sollen, keine Chance, bzw. auch diese Theorien wären erst gar nicht entstanden und so fort.

Das Programm ist nur dann erfolgreich, wenn die Antworten auf Falsifikationsversuche an den Hilfshypothesen zumindest zu einer sogenannten "progressiven theoretischen Problemverschiebung" führen. Diese wird dadurch erreicht, daß sich die Qualität des Schutzgürtels durch ständiges Ersetzen alter falsifizierter Hilfshypothesen durch neue bewährte und empirisch gehaltvollere Hilfshypothesen verbessert. Die progressive Problemverschiebung fordert, daß die neue Theorie die Tatsachen der alten erklärt und darüber hinaus einen Gehaltsüberschuß hat, d.h. neue, bis dahin unerwartete Tatsachen vorausgesagt werden. Gefordert wird dabei allerdings auch, daß sich diese Gehaltsvermehrung auch im nachhinein - zumindest gelegentlich - bewährt. *Lakatos* (1982, vgl. S. 33) nennt dies dann progressive empirische Problemverschiebung.

positive Heuristik

Neben der negativen Heuristik, dem Schutzgürtel, der das Falsifizieren des harten Kerns untersagt, besitzt ein Forschungsprogramm eine positive Heuristik; sie stellt das Regelsystem dar, aufgrund dessen der Schutzgürtel im Sinne einer progressiven Problemverschiebung weiterentwickelt werden soll. *Lakatos* (1982, S. 49) beschreibt sie so: “*Die positive Heuristik besteht aus einer partiell artikulierten Reihe von Vorschlägen oder Hinweisen, wie man die ‘widerlegbaren Fassungen’ des Forschungsprogramms verändern und entwickeln soll und wie der ‘widerlegbare’ Schutzgürtel modifiziert und raffinierter gestaltet werden kann*”. Diese positive Heuristik eröffnet neben der Bildung von Hilfshypothesen auch die Möglichkeit der Einführung mathematischer und ex-

---

[95] Unter einer ad-hoc-Modifikation einer Theorie versteht man das Hinzufügen einer weiteren Annahme oder die Veränderung einer bestehenden, so daß die modifizierte Theorie im Vergleich zur nichtmodifizierten keine weiteren überprüfbaren Konsequenzen hat. Veränderungen oder Ergänzungen des Schutzgürtels müssen unabhängig überprüfbar sein (vgl. *Chalmers* 1982, S. 85 und S. 54).

perimenteller Techniken, um die negative Heuristik funktionsfähiger zu machen (vgl. *Chalmers* 1982, S. 82).

Durch die Untergliederung in "harten Kern" und Schutzgürtel gepaart mit den beiden Heuristiken entgeht *Lakatos* der Konsequenz eines Falsifikationisten, der durch die Unfähigkeit, den Ursprung seiner Schwierigkeiten aufzudecken, in einem planlosen Chaos endet. Ein Falsifikationist kann nämlich in einer realen Theorie die erfolgte Falsifikation nicht auf die betroffene Annahme (z.B. Allaussage) zurückführen.

Der Erfolg eines Forschungsprogrammes zeigt sich nun darin, ob die Problemverschiebung über einen längeren Zeitraum hinweg progressiv ist (im oben beschriebenen Sinne) oder ob sie degenerativ ist, also langfristig keine neuen Phänomene mehr vorauszusehen und zu erklären vermag. In diesem Fall kann ein Forschungsprogramm durch ein neues, progressiv voranschreitendes Forschungsprogramm ersetzt werden. In einigen Fällen ist es auch möglich, daß der "harte Kern" ganz aufgegeben werden muß. So zeigt sich, daß die Methodologie der wissenschaftlichen Forschungsprogramme letztlich keine dogmatische Konzeption ist, weil sie die Reversibilität eines Standpunktes generell zuläßt. Ein Forschungsprogramm kann - im Sinne *Popper*s - letztlich doch als Ganzes falsifiziert werden, ohne daß das Prinzip dabei realitätsfern oder sogar undurchführbar wird.

Die Kritik an *Lakatos* Forschungsprogrammen beruft sich darauf, daß die Komplexität der Forschungssituation ungenügend berücksichtigt wird. Faktische Forschungsprogramme sind nicht so eigenständig, sondern stehen in Wechselwirkung mit anderen. Was jedoch viel schwerer wiegt, sind die Schwierigkeiten beim Vergleich (der relativen Bewertung) von Forschungsprogrammen. So ist die Zurückweisung eng mit dem Zeitfaktor verbunden. *Chalmers* (1982, S. 87) formuliert die Frage: "*Wieviel Zeit muß verstreichen, bis man entscheiden kann, daß ein Programm wirklich degeneriert ist, daß es unfähig ist, zu der Entdeckung neuer Phänomene zu führen?*" Eine abschließende Beurteilung ist erst ex-post möglich. Dies läßt auf ein evolutionäres Verständnis schließen, so daß die Zukunft zeigen wird, welches der verschiedenen Programme sich durchsetzt. *Lakatos* selbst hat es versäumt, einen Maßstab für die Einengung des Theorienpluralismus zu geben. *Feyerabend* (1974, S. 208) bemerkt dazu, daß *Lakatos* Methodologie auf Maßstäben aufbaut, die "... *ein Andenken an glücklichere Zeiten [sind], als man noch glaubte, ein komplexes und oft katastrophales Unternehmen wie die Wissenschaft auf Grund einiger einfacher und rationaler Regeln lenken zu können*".

Trotz dieser Kritik, der wir uns nur anschließen können, ist das Denken in Forschungsprogrammen für diese Arbeit nützlich. In Teil III werden wir uns mit der Handlungsökonomik beschäftigen. Allerdings weichen wir stark von bereits bestehenden Forschungsprogrammen ab. Über den noch einzuführenden Ressourcenbilanzansatz, gepaart mit einem auf dem Füllstand basierenden Verhaltensmodell, das die Flexibilität in den Mittelpunkt rückt, wollen wir einen neuen Ansatz zur Erklärung des Handelns anbieten. Dabei wollen wir die von *Lakatos* gestatteten "Anomalien im Ozean" gerne in Anspruch nehmen.

5.3.3. *Feyerabends* anarchistische Erkenntnistheorie

Feyerabend argumentiert überzeugend, daß die bisher vorgeschlagenen Wissenschaftsmethodologien darin versagt haben, Richtlinien für wissenschaftliches Handeln zu liefern. Er führt hierzu Beispiele aus der Geschichte der Physik an. Aufgrund der Komplexität der Wissenschaft hält er es nicht für möglich[96], daß Wissenschaft auf der Grundlage von einigen wenigen Regeln zu erklären sein wird. Jede Methodologie, die als Regelwerk für Wissenschaftler aufgefaßt wird, hat ihre Grenzen, so daß die einzige (Pseudo-) Regel "anything goes"[97] übrigbleibt (vgl. z.B. *Feyerabend* 1983, S. 29-32, S. 37).

Gegen die allgemeine Gültigkeit einer Regel führt *Feyerabend* (1983, vgl. S. 356f) die Inkommensurabilität beim Theorienvergleich an. Diese geht davon aus, daß zwei rivalisierende Theorien keinen gemeinsamen Sprachschatz haben, so daß Phänomene der einen nicht durch die andere beschrieben werden können. Eine Grundvoraussetzung hierfür ist, daß es keine unabhängige Beobachtungssprache gibt, d.h. jede Beobachtung ist eine Beobachtung im Lichte der entsprechenden Theorie (vgl. *Feyerabend* 1983, S. 355). Durch das beim "Fortschritt" neu entstehende Begriffssystem werden die klassischen Sachverhalte nicht einmal geleugnet, denn das neue Begriffssystem gestattet nicht einmal die Formulierung von Aussagen, die solche Sachverhalte ausdrücken (vgl. *Feyerabend* 1983, S. 357). Jede Forschergemeinschaft hat ihr eigenes Weltbild. Damit versagt auch der empirische Vergleich als Fortschrittskriterium, es gibt keine objektive Wahrheit, der man sich nähern kann. Weiterhelfen könnte bei einer vorliegenden Inkommensurabilität ein Situationenvergleich. Durch die Qualität der Erklärung bzw. Vorhersage von bestimmten Situationen, die in der

---

[96] *Feyerabend* (1989, S. 59) begründet dies unter anderem damit, "*daß man die Sprache des menschlichen Organismus und den Idiolekt eines bestimmten Patienten nicht durch Theoretisieren lernen kann, sondern nur praktisch, das heißt: im engen Verkehr mit dem Patienten, wobei man intuitive Kenntnisse erwirbt, die sich nur zum Teil in Regeln und Gesetzen ausdrücken lassen*".

[97] Dieses "anything goes" sollte nicht in einem weiten Sinne interpretiert werden. Er bezieht dies nur auf methodologische Regeln, nicht jedoch auf das Fachgebiet (siehe hierzu *Feyerabend* 1978, S. 102f sowie *Chalmers* 1982, S. 136f).

jeweiligen Beobachtungssprache (im Lichte der entsprechenden Theorie) beschrieben werden, werden die Theorien - zumindest instrumental - wieder vergleichbar. Auf ein gemeinsames Weltbild kann verzichtet werden.

Weiterhin stellt *Feyerabend* fest, daß sich keine absolut-rationale Auffassung durchsetzen kann, da es keine objektive Rationalität gibt und damit auch keine objektive Erkenntnis möglich ist. Der Weg zur Wahrheit ist eine Illusion. Für die weitere Forschung wird der Wahrheitsbegriff irrelevant. Der Wissenschaftsbegriff ist stets nur ex-post, d.h. historisch, darzulegen. Dies führt direkt zum Methodenpluralismus, nachdem alle Methoden prinzipiell als gleich "wissenschaftlich" einzustufen sind. Der einzelne Wissenschaftler muß sich (bewußt) für eine entscheiden und sich ex-post rechtfertigen.

Ein weiterer wichtiger Aspekt und die konsequente Fortführung seiner Gedanken führte *Feyerabend* auf das Verhältnis von Wissenschaft und anderen Erkenntnisformen, z.B. Astrologie oder Voodoo-Zauber. Er beklagt, daß die Methodologen die Wissenschaft für überlegen halten, ohne jedoch nur einen Beweis dafür anzuführen. In bezug auf *Lakatos* meint *Feyerabend* (1983, S. 270f):

> "Nachdem er [*Lakatos*] seine 'Rekonstruktion' der modernen Wissenschaft abgeschlossen hat, wendet er sie gegen andere Gebiete, als wäre schon ausgemacht, daß die moderne Wissenschaft der Magie oder der Aristotelischen Wissenschaft überlegen ist und keine Scheinergebnisse enthält. Doch dafür gibt es nicht den Schatten eines Arguments. Die 'rationalen Rekonstruktionen' nehmen die 'allgemeine wissenschaftliche Weisheit' als selbstverständlich hin, sie zeigen nicht, daß diese besser ist als die 'allgemeine Weisheit' von Hexen und Zauberern."

Feyerabend findet keine bevorzugte Regel für eine Methodologie der Wissenschaft. Er kann noch nicht einmal ein rationales Argument finden, daß die Wissenschaft anderen Erkenntnisformen überlegen ist. Auch totalitäre Methodologien sind mit Hilfe rationaler Gründe nicht zurückzuweisen. So plädiert er für die Zerstörung der bestehenden Ordnung, damit die menschliche Spontaneität zum Vorschein kommen kann. Grundlage des Lernens und damit des Fortschritts muß die Neugierde sein und nicht der Zwang der Methoden (vgl. *Feyerabend* 1983, S. 246f). Was wir vor diesem Hintergrund tun müssen, ist "*die Gesellschaft aus dem Würgegriff einer ideologisch erstarrten Wissenschaft [zu befreien], genau wie unsere Vorfahren uns aus dem Würgegriff der "einen wahren Religion" befreit haben*" (*Feyerabend* 1983, S. 395). Eine die Gesellschaft "*beherrschende Rationalität (also Logik, Wissenschaftstheorie, Erkenntnistheorie, aber auch bestimmte Sozialtheorien wie etwa der Marxismus) wird ersetzt durch Bürgerinitiativen ... Nicht die Laboratoriumsforschung, nicht die Diskussionen auf wissenschaftlichen Konferenzen, sondern die Entschlüsse demokratischer Ausschüsse entscheiden über ihr Schicksal in der Gesellschaft*" (*Feyerabend* 1989, S. 60).

Das Vertrauen *Feyerabends* in die demokratischen Abstimmungsprozesse und deren Ergebnisse basiert auf dem Gedanken einer impliziten Norm. Zunächst stellt er fest, daß es keine absolute Rationalität gibt, es existiert kein forschungslogischer Beweis für eine rationalistische Methodologie. Forschung erfüllt eine raum- und zeitgebundene Funktionalität. Damit läßt sich noch die Nützlichkeit der Anwendung verschiedener Methodologien zu bestimmten Zeit- und Raumpunkten diskutieren und daraus eine Norm ableiten. Die Vernunft wird als regulative Idee zur pragmatischen Lösung von Problemen aufgefaßt. Sie dient nicht der abstrakten Konstruktion einer Realität, die dann als die Wahrheit angesehen werden könnte.

Feyerabend zerstört mit seinem anarchischen Ansatz jede einseitige Regelanwendung in der Wissenschaft. Noch nicht einmal einen Rahmen bezüglich der Erkenntnistheorie beläßt er, in dem sich der Fortschritt, die Wissenschaft bewegen müssen. Seine Alternative ist, keine Alternative zu haben (vgl. *Feyerabend* 1983, S. 37).

Seine Argumentation ist allerdings schlüssig und griffig und führt uns zurück zu den ersten Annahmen im Erklärungsmodell: *"Im Anfang ist der Glaube"*. Wir treffen eine freie, willkürliche Entscheidung nach unserem "Glauben", um Phänomene zu begründen. Für uns ist die Nachvollziehbarkeit ein wichtiges Argument, auch im Hinblick auf die Mehrheitssuche und damit die Meinungsführerschaft. Wir sind der Meinung, daß die Logik dort einen Vorteil bietet.

Nach dieser Einführung und Aufarbeitung der neueren Wissenschaftstheorie[98] wollen wir im folgenden Kapitel unsere Auffassung auf den Punkt bringen. An diesem von uns zugrunde gelegten Wissenschaftsverständnis sollte auch diese Arbeit bewertet werden.

6. Die eigene wissenschaftstheoretische Position – das Abstraktionsstufenmodell

6.1. Begründung für einen eigenen methodologischen Ansatz

Ziel dieser Arbeit ist, wie bereits früher angedeutet, die Abstraktion und Zusammenführung verschiedener Handlungstheorien. Dadurch wird die Einfüh-

[98] Die strukturalistische Sichtweise wurde bisher so gut wie nicht einbezogen. In Kapitel 7 auf S. 165ff erläutern wir, warum wir auf diesen neuen und durchaus interessanten Ansatz verzichten konnten.

rung alternativer Theorien, wie z.B. der im Ausblick angedeutete Flexibilitätsansatz, vorbereitet. Dort soll die in die Zielfunktion von Individuen integrierte Flexibilität alternative Handlungsmodellierungen erlauben. Die abstrakte Darstellung der Handlungsökonomie erinnert stark an einen kühnen Entwurf, bei dem sich sofort die Frage einstellt: "Warum sollte dieser Entwurf als wissenschaftlich gelten?". Damit sind wir bei der Suche nach einem Beurteilungskriterium gelandet. Das von uns vorgeschlagene Abstraktionsstufenmodell gibt uns die Möglichkeit zu neuen Wegen. In einer rein theoretischen Diskussion kann der Fortschritt festgestellt werden. Doch zuvor müssen wir begründen, warum die bereits diskutierten Ansätze dazu nicht in der Lage sind.

Die oben angeführten Auffassungen benötigen entweder die Gegenüberstellung von Theorie und Empirie auf der Ebene konkreter Aussagen oder einen Konsens über die Richtigkeit der Erweiterung. Beiden Möglichkeiten müssen oder wollen wir uns verschließen und begründen dies mit der Kritik der einzelnen Positionen.

Popper geht von einer absolut-rationalen, nicht relativistischen Methodologie aus, die zwangsläufig zu einer Annäherung an die Wahrheit (wahre Realität) führt. *Popper* definiert den Fortschritt einer Theorie über die Zunahme der Falsifikationsmöglichkeiten. Durch die von uns gewählte abstraktere Ebene der Theorienartikulation sinkt die Anzahl konkreter Aussagen, wohingegen die Anzahl potentieller Aussagen steigt. Die Falsifikationsmöglichkeiten, auf die *Popper* abhebt, sinken jedoch, so daß dieser Schritt nicht als Fortschritt gewertet werden kann.

Lakatos vertritt einen relativistischen methodologischen Standpunkt und interessiert sich für Regeln der Theorienadjustierung und -falsifikation. Leider wird das *Lakatos*sche Kriterium einer progressiven theoretischen oder empirischen Problemverschiebung durch diese Art der Abstraktion nicht erfüllt, da keine neuen, bis dahin unerwarteten Tatsachen vorausgesagt werden. Dies ist erst nach einer in dieser Arbeit nur angedeuteten Operationalisierung möglich.

Die *Kuhn*sche Vorgehensweise ist historisch-soziologisch. Er will den Ablauf des ex post feststellbaren Wissenschaftsfortschritt beschreiben, aber keine allgemeingültige Methodologie angeben. Es handelt sich um ein deskriptives und nicht um ein normatives Konzept. So bestimmen soziologische und psychologische Fakten den Wissenschaftsablauf und somit auch die Wahrscheinlichkeit, mit der neues Wissen entsteht. Da die Art des Denkens dadurch geformt wird, können sich auch Trajektorien - als die Beschränkung des Erreichens bestimmter Raumpunkte bis zu einem beliebigen, aber fest vorgegebenen Zeitpunkt - herauskristallisieren. Die grundsätzliche Möglichkeit des Denkens wird jedoch nicht beschränkt. Gerade diese Denkmöglichkeiten, gepaart mit der Umsetzung kreativer Ideen und Argumentationen, ist für normative Empfehlungen von herausragender Bedeutung. Im Abstraktionsstufenmodell soll dies umgesetzt werden. Damit wird klar, warum die *Kuhn*sche Analyse den wissenschaftlichen Fortschritt nicht angeben kann.

Die Konstruktivisten setzen einen herrschaftsfreien Diskurs voraus, dessen Voraussetzungen nicht nachweisbar oder überprüfbar sind. Dieser Diskurs führt dann zu einer konsensualen Wahrheit, die wir jedoch ablehnen, denn es ist nicht Wahrheit, was (Mehrheits-) Meinung ist. Wie bereits oben ausgeführt sind wir Anhänger einer Kohärenztheorie der Wahrheit und unterstellen damit zumindest eine hinter den Dingen existierende Realität, der wir uns durch unsere Theorien annähern können. In der neueren Diskussion[99] wird gar die Konsistenz der konstruktivistischen Position mit der Ablehnung eines Realismus in Frage gestellt. Dies bestärkt uns, eine realistische Sichtweise einzunehmen.

Instrumentalistische Methodologien haben einen relativ-rationalen Anspruch, sind zweckorientiert und erlauben einen Pluralismus. Jeder Objektivitäts- oder Wahrheitsanspruch wurde aufgegeben, für jede Argumentation werden stets transzendente Elemente benötigt. Deshalb gilt das Interesse, vor allem in der Ökonomie, der Prognosefähigkeit. Ist diese bei zwei Theorien identisch, so wird der einfacheren der Vorzug gegeben. Unsere Theorie jedoch wird abstrakter und erlaubt eine komplexere Darstellung von Sachverhalten. Weiterhin kann in dieser Phase nicht prognostiziert werden, so daß eine Qualitätsbeurteilung nicht möglich ist. Außerdem wäre eine Fortschrittsbeurteilung von dem Glauben an die Autorität oder die Macht des Autors, welche ohnehin (zu) gering ist, abhängig. Diese Glaubens- und Machtabhängigkeit der Theorienbewertung lehnen wir jedoch (nur) aus methodologischen Gründen ab und wollen sie möglichst weit zurückdrängen.

Nachdem wir nun wissen, warum wir einen eigenen Vorschlag unterbreiten müssen (dürfen), wollen wir kurz einen Ausblick auf das Abstraktionsstufenmodell geben und vor allem die Verzahnung zu den oben recht ausführlich dargestellten methodologischen Ansätzen hervorheben. Unsere Methodologie stellt einen Verschnitt aus *Popper* und seinen durchaus kritischen Schülern, dem Instrumentalismus - in der Ökonomie mit dem Namen *Friedman* verbunden - und der konstruktivistischen Position dar. Damit erreichen wir eine normative Konzeption, die sich auch in die Forschungspraxis umsetzen läßt. Ausgehend vom Forschungsprozeß der Konfliktauflösung wollen wir unser Modell vorschlagen, in dem eine rein theoretische Diskussion über den Fortschritt möglich wird. Dabei verwenden wir von allen Forschungskonzeptionen etwas.

---

[99] Siehe hierzu z.B. *Meinefeld* (1994) oder *Wendel* (1992) sowie die konträre Position von *Engels* (1989, 1990) und die jeweils dort angegebene Literatur.

So entspricht die Mehrheitssuche und die Auflösung von Konflikten konstruktivistischem Gedankengut. Das willkürliche Setzen erster Annahmen ist instrumentalistisch. Damit wird der Instrumentalismus aber weitestgehend zurückgedrängt, die Willkür außerdem durch die Mehrheit reguliert. Der Begründbarkeit von Aussagen werden Grenzen gesetzt. Zusammen mit dem Falsifikationsgedanken spielt die logische Begründung nach *Popper* und *Lakatos* bei der Mehrheitssuche die entscheidende Rolle. Nebenbei fallen noch neue Einsichten in Tautologien an, welche bisher als wertlos angesehen wurden.

Dieses Gerüst des Abstraktionsstufenmodells soll an dieser Stelle der Motivationsförderung dienen und die Spannung auf Nachfolgendes erhöhen. Es muß und kann nach diesen Ausführungen noch nicht vollständig erfaßt werden. Als Hinführung und zur Herleitung des Modells betrachten wir den Wissenschaftsprozeß, die Ziele, normative und zugleich plausible Anforderungen an die Wissenschaftlichkeit und illustrieren einen idealtypischen Ablauf einer wissenschaftlichen Konfliktlösung bei auftretenden Widersprüchen. Damit landen wir dann bei unserem Modell. Beginnen wollen wir aber mit den Zielen.

6.2. Das Ziel wissenschaftlicher Forschung

Wissenschaft soll zur Bewältigung einer unsicheren Zukunft beitragen[100]. Dies kann durch reine Wissenserweiterung im Sinne des Kennenlernens neuer Kausalbeziehungen geschehen, was zumindest die Erwartungsbildung erleichtert. Die praktische Umsetzung ist das Ziel. Dies bedeutet jedoch nicht, daß ein pragmatischer Wahrheitsbegriff[101] zugrunde gelegt werden muß. Ganz im Gegenteil. Wenn wir verläßliche Schlußfolgerungen für den Fortgang des "Lebens" erreichen wollen und sogar noch beeinflussen oder gestalten wollen, ist ein pragmatischer Wahrheitsbegriff nicht zulässig. Dadurch würde die Definition zirkulär werden: Wahr ist, was nützlich ist und deshalb wird alles nach diesem Maßstab gestaltet und ist wiederum per Definition nützlich, da die Menschen das Wissen anwenden. Dies erinnert stark an die erste - oben erwähnte - Paradigmadefinition von *Kuhn*. Der Wahrheitsbegriff muß unabhängig von seinen Auswirkungen auf die Umsetzung sein. Nur so kann die Wahrheit oder eine wahre Theorie Leitbildfunktion erhalten.

Doch Wahrheit allein macht auch nicht glücklich. Die Kenntnis der Wahrheit, die keinerlei Auswirkungen auf das reale Leben hat, ist nicht nützlich und

---

[100] Siehe hierzu auch Fußnote 53 auf S. 73.

[101] Siehe hierzu die Ausführungen in Abschnitt 4.5.1 auf S. 60.

hat damit auch keinen Wert. Der Umsetzung von Wahrheit kommt die entscheidende Bedeutung zu. Gäbe es nur eine zweifelsfrei erkennbare Wahrheit, dann wäre auch die Umsetzung garantiert. So aber müssen wir die Mehrheit der Entscheidungsträger von unserer zunächst *persönlichen Wahrheit* überzeugen[102]. Daraus leiten sich dann die *Anforderungen an die wissenschaftliche Forschung* ab:

- *Intersubjektive Nachvollziehbarkeit*; sie ist die Grundlage für die Diskussion in der Gemeinschaft.
- *Kritisierbarkeit*[103]; sie setzt die Explizierung aller für die Schlußfolgerung verwendeten Gedanken (Annahmen, Hypothesen, etc.) voraus und ist die Grundlage für die intersubjektive Nachvollziehbarkeit und die Diskussionsfähigkeit.
- *Diskussionsfähigkeit*; Widersprüchliche Meinungen müssen aufgelöst werden können, um einen Fortschritt in Richtung einer (mehrheitlich) akzeptierten und damit durchsetzbaren Wahrheit zu ermöglichen[104].

Diese Anforderungen sollen zur Akzeptanz einer Theorie oder deren Konsequenzen führen. Die Akzeptanz selbst findet im Kopf der Individuen statt, also auf einer theoretischen, nichtempirischen Ebene. Zunächst ist für die Empirie kein Platz vorhanden. Sie ist jedoch *das* Hilfsmittel bei der "objektiven" Akzeptanz, deren Bedeutung auch über den psychologischen Ansatz der kognitiven Dissonanz erläutert werden kann. Dort wird die (potentielle) Abweichung von Realität und wahrgenommenen Inhalten der Realität, d.h. dem konstruierten Abbild, untersucht. Wir gehen davon aus, daß in einer wissenschaftlichen Diskussion die kognitive Dissonanz zügig und (fast) vollständig aufgelöst wird.

Diese Art von wissenschaftlicher Forschung erfordert die Überzeugung Dritter durch die Verbreitung und Vermittlung von Kenntnissen. Wir stehen

---

[102] Dieser Sachverhalt besteht auch im Bereich der Justiz. Dort gilt die Gerechtigkeit als Leitbild, obwohl bis heute noch keine allgemein gültige oder akzeptierte Definition existiert. Damit kann man vor Gericht allenfalls ein Urteil, jedoch nicht Gerechtigkeit bekommen. Das Justizsystem verändert sich jedoch, zumindest in einer direkten Demokratie, ausgehend von einer persönlich nützlichen in Richtung der mehrheitlichen Vorstellung von Gerechtigkeit.

[103] Hierunter verstehen wir nicht die philosophische Kritik, die zu zeigen versucht, daß eine bestimmte Behauptung nicht wirklich (prinzipiell) belegbar ist. Unser Interesse gilt der wissenschaftlichen Kritik, nach der logische Konsequenzen aus Annahmen gezogen werden, um dann zu zeigen, daß diese Konsequenzen unannehmbar sind, z.B. in krassem Widerspruch zur Empirie stehen.

[104] Die Umsetzung der persönlichen Wahrheiten erfordert die Vermittlung und Verbreitung der Kenntnisse mit der anschließenden Überzeugung Dritter. Diese Wissenschaftsauffassung stimmt mit dem Konstruktivismus überein.

somit einem Teil des konstruktivistischen Gedankengutes sehr nahe. Allerdings unterstellen wir weiterhin die Korrespondenztheorie der Wahrheit und die Vorläufigkeit des Wissens, d.h. es gibt keine Letztbegründung.

Nachdem wir nun das Ziel kennen, wollen wir uns einem Modell für den Aufbau der wissenschaftlichen Forschung zuwenden.

6.3. Wissenschaft, Theorie, Sprache und Empirie

Unsere Überlegungen basieren auf einer grundlegenden Annahme bezüglich der Realitäts- und Wahrheitskonzeption. Wir gehen zwar von einer dem methodologischen Individualismus nahe stehenden Konzeption des Deutschen Idealismus (siehe S. 55) aus, unterstellen aber eine Konvergenz der individuellen Meinungen gegen die Welt an sich; d.h. wir legen die Korrespondenztheorie von *Tarski* (siehe S. 61) zugrunde. Wir postulieren, daß es keinen Pluralismus in der Weltsicht und damit dem Ziel der Wahrheitssuche gibt bzw. geben sollte. Der Pluralismus taucht an anderen Stellen auf.

Die Erkenntnisgewinnung und -rechtfertigung steht im Mittelpunkt, eine forschungstranszendente wissenschaftstheoretische Auffassung (siehe S. 48) wird angestrebt. In einem kritischen Ansatz verbinden wir Kritik und Ratio (vgl. S. 55), d.h. wir ersetzen das Begründungspostulat durch die kritische Prüfung (vgl. S. 72). Die Grundform wird durch eine undogmatische Variante des Falsifikationismus des kritischen Rationalismus *Popper*scher oder *Lakatos*scher Prägung beschrieben. Dort werden Empirie und Theorie als zwei Gegenpole, wenn auch nicht unabhängige Bereiche, aufgefaßt, so daß den theoretischen Aussagen empirische Beobachtungsaussagen gegenübergestellt werden (siehe Abbildung 6.1).

Definition 6.1: Theoretische Aussage

Unter einer *theoretischen Aussage* verstehen wir die aus allgemeinen Gesetzen, spezifizierten Anfangsbedingungen, Hilfshypothesen, etc. abgeleiteten Aussagen. Sie stellen Prognosen dar, sind in einer Beobachtungssprache formuliert und können an der Empirie scheitern.

Die theoretischen Aussagen werden nach dem durch die Falsifikation verkörperten Prinzip der Kritik überprüft. Sie werden (empirischen) Beobachtungsaussagen (Messungen) gegenübergestellt.

Definition 6.2: Empirische Beobachtungsaussage

Eine empirische Beobachtungsaussage (Messung) ist das Ergebnis einer unter Zuhilfenahme von Meßapparaturen, die mit Hilfe "erfolgreicher" und für unproblematisch erklärter Theorien konstruiert wurden, erweiterten Sinneswahrnehmung.

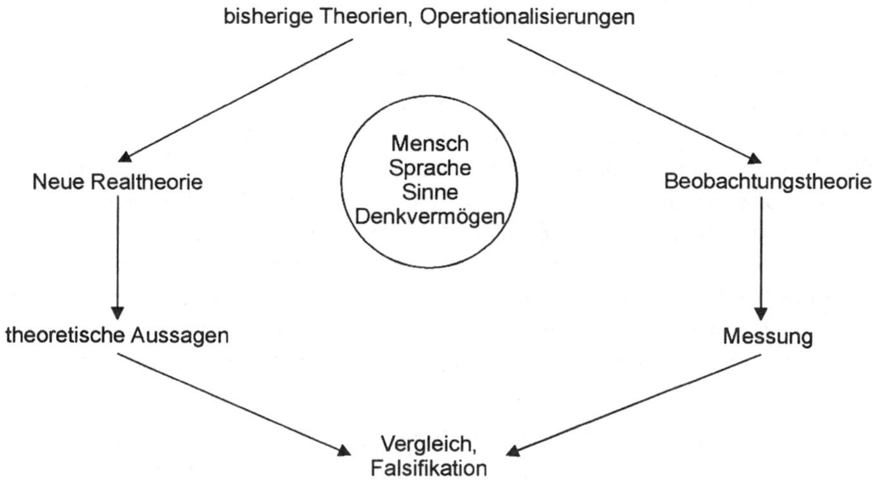

Abbildung 6.1: Methodologisches Konzept in einer Realwissenschaft
(eigene Darstellung)

Sehr deutlich wird, daß der Mensch mit seinem Denkvermögen, seiner Sprache und Sinneswahrnehmung im Mittelpunkt steht und die bisherigen Theorien und Operationalisierungen formuliert hat. Auch die neue Realtheorie, darunter verstehen wir eine Theorie aus dem Bereich der Realwissenschaften, z.B. der Ökonomie, wird von ihm entwickelt. Weiterhin trifft er die Entscheidung für die verwendeten Beobachtungstheorien, welche durch seine Sicht der Welt bestimmt sind. Die in der Abbildung 6.1 dargestellten Zweige, die Bereiche der Theorie und der Empirie, sind allerdings nicht unabhängig, was auch als Theoriebeladenheit der Beobachtung problematisiert wird[105]. *Popper* löst dieses

[105] *Popper* (1989, z.B. S. 31, S. 61 oder S. 374ff) weist häufig auf die Theoriebeladenheit bzw. die theoretische Fundierung von Tatsachen, d.h. Tatsachen im Lichte von Theorien, hin. Er wendet sich vor allem dem Universalienproblem zu und kommt zu der Überzeugung: "*Fast jede unserer Aussagen transzendiert die Erfahrung. Es gibt keine scharfe Trennungslinie zwischen 'empirischer Sprache' und 'theoretischer Sprache': wir bewegen uns immer in Theorien, sogar dann, wenn wir die trivialsten singulären Sätze aussprechen. ... Denn selbst gewöhnliche singuläre Sätze sind stets Interpretationen der 'Tatsachen' im Lichte von Theorien. (Und das gilt sogar für die jeweiligen 'Tatsachen'. Sie enthalten Universalien, und wo Universalien gelten, liegt immer ge-*

Problem, indem er die Gültigkeit der Basissätze durch Konvention festlegt. Der Theoretiker entwickelt demnach Hypothesen und deduziert theoretische Aussagen, der Empiriker beobachtet Phänomene und faßt sie in Aussagenform. Anschließend wird die Gültigkeit der Theorie durch den Vergleich, den Falsifikationsversuch geprüft.

Lakatos löst die Abhängigkeit beider Zweige durch Entscheidungen (methodologischer Falsifikationismus) auf. So enthalten die im empirischen Bereich verwendeten experimentellen Techniken der Wissenschaftler fehlbare Theorien. Diese werden in diesem Zusammenhang als unproblematische Hintergrundkenntnisse probeweise akzeptiert, d.h. "erfolgreiche" Theorien werden dazu verwendet, unsere Sinneswahrnehmung zu erweitern. Per Entscheidung wird die Grenze zwischen zu prüfender Theorie und unproblematischer Beobachtungstheorie[106] gezogen werden. Unter einer *Beobachtungstheorie* wollen wir im folgenden die "erfolgreichen" und für unproblematisch erklärten Theorien verstehen, mit deren Hilfe Meßapparaturen konstruiert werden, die ihrerseits die Sinneswahrnehmung erweitern.

Feyerabend (1983, S. 37) sieht in diesem Zirkel von Empirie und Theorie die Gefahr von tautologischen Schlüssen innerhalb dieses Systems. Die absolute Wahrheit kommt einer absoluten Konformität gleich (*Feyerabend* 1983, S. 53). Die Kritik kann nur extern mit Beobachtungen aus einer anderen "Traumwelt", die auf inkommensurablen Theorien - einer anderen Weltsicht - aufbaut, erfolgen. Diesem Weg werden wir uns nicht anschließen, sondern die zu treffenden Entscheidungen - ganz im Sinne von *Lakatos* - offenlegen. Das Problem der Abhängigkeit beider Bereiche werden wir freilich nicht lösen.

Den Aufbau und die unterschiedlichen Stufen einer Theorie wollen wir in Abbildung 6.2 noch detaillierter betrachten. Damit wird die Abhängigkeit von der Sprache überdeutlich, ganz nach dem Motto: “Die Wirklichkeit schweigt, lediglich der Wissenschaftler kann über sie reden”. Auch die verschiedenen Abstraktionsstufen, auf denen Theorieelemente entwickelt werden können, sind gut zu erkennen. Es wird deutlich, daß neue wissenschaftliche Erkenntnis fernab von empirischen Gegebenheiten beginnt und sich langsam diesen annähert.

---

setzmäßiges Verhalten vor.)" (*Popper* 1989, S. 377f). Er wählt als Beispiel ein Glas Wasser. Sowohl der Begriff "Glas" als auch "Wasser" ist durch sein gesetzmäßiges Verhalten (Dispositionen der Gegenstände, in einer gewissen Weise zu reagieren) definiert. Damit beinhaltet jede (ausgesprochene) Beobachtung bereits theoretische Elemente.

[106] *Lakatos* (1982, S. 22) schlägt vor, Beobachtungstheorien in Prüfsteintheorien umzutaufen.

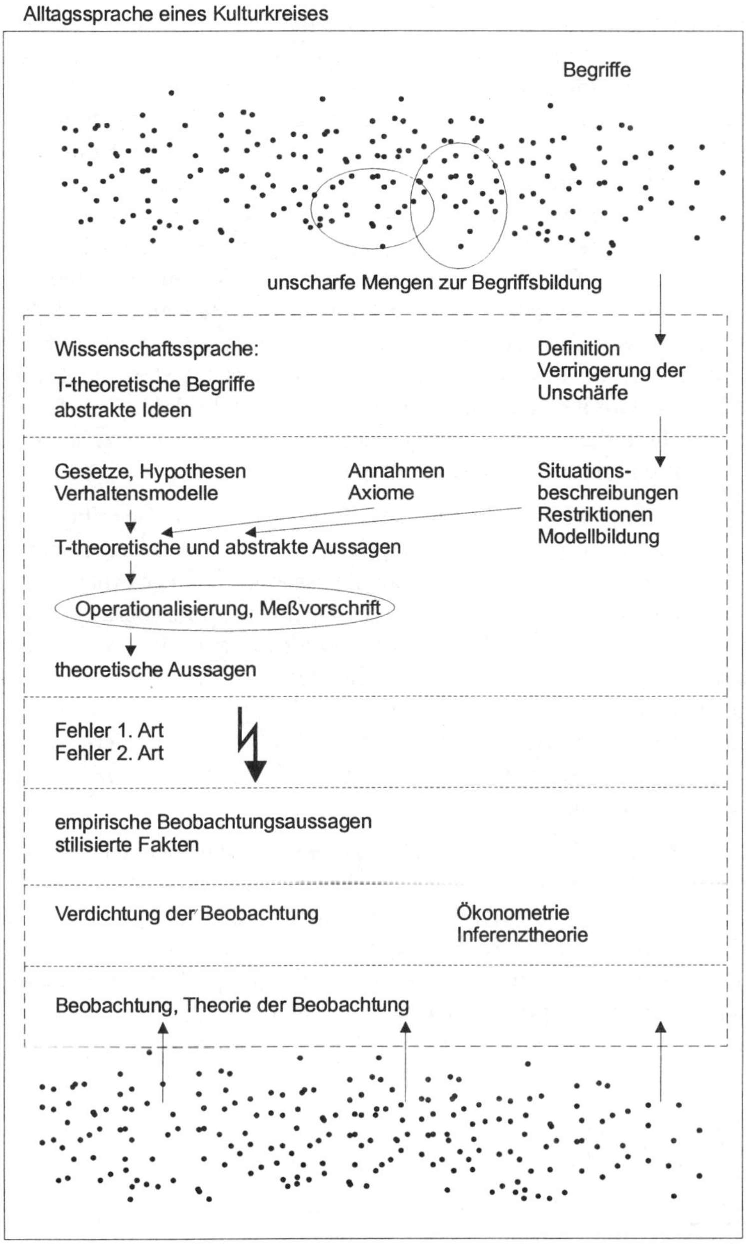

Abbildung 6.2: Wissenschaftstheoretische und sprachanalytische Theorieabgrenzung (eigene Darstellung)

Die Alltagssprache eines Kulturkreises bildet den Ausgangspunkt jeder Forschung. Die Begriffsbildung basiert auf einem unscharfen Mengenkonzept, das beim Übergang zu einer Wissenschaftssprache präzisiert wird. Es kommen jedoch auch noch neue, T-theoretische sowie abstrakte Begriffe hinzu, die abstrakte Ideen repräsentieren und damit die Beherrschung der Komplexität ermöglichen. Mit diesem Sprachschatz versucht der wissenschaftliche Theoretiker nun, die Ergebnisse des Handelns der Menschen zu beschreiben. Dazu grenzt er sein Untersuchungsgebiet ab, d.h. er legt fest, welche Wirkungsketten er analysieren will. Diese Systemabgrenzung führt ihn zu einer Situationsbeschreibung mit den bestehenden Restriktionen, zu unterstellten Verhaltensmodellen in Form von Gesetzen oder Hypothesen und zu Anwendungsbedingungen in Form von Annahmen oder Axiomen. Aus diesen ersten, nicht weiter begründeten und damit willkürlichen Grundlagen des Erklärungsmodells (siehe hierzu Abschnitt 4.5.3 auf S. 68ff) deduziert der Theoretiker nun die T-theoretischen und/oder abstrakten Aussagen.

In einer stufenweisen Verfeinerung erhält er über die Operationalisierung der T-theoretischen und abstrakten Begriffe und durch die Konkretisierung bestimmter Sachverhalte die theoretischen Aussagen, die einer Prognose für empirische Sachverhalte entsprechen. Diese schrittweise Präzisierung[107] stellt unterschiedliche Stufen einer Theorie dar. *Lindenberg* (1991, S. 51 und 55ff) führt dazu Brückenannahmen ein. Er unterstellt als Kerntheorie ein abstrakte Handlungstheorie, die durch Brücken in Richtung Praxis präzisiert werden. Ganz im *Lakatos*schen Sinne können die Aussagen von Theorien (Theoriekerne) durch die Brückenannahmen verändert und verbessert werden, ohne den Kern selbst zu ändern.

Auf der Ebene der theoretischen Aussagen ist nun eine Diskussion unter Theoretikern möglich. Dabei wollen wir die Möglichkeit der falschen Deduktion, also logische Schließfehler, ausschließen. Die Art und Weise wie - ausgehend von einem Konflikt bezüglich der theoretischen Aussagen - diskutiert werden kann, wird im nächsten Abschnitt dargestellt. Hier wollen wir jedoch bereits eine Definition für Konflikt anbieten.

---

[107] Man könnte hier noch mehr Stufen unterscheiden, die jeweils einer bestimmten Abstraktionsstufe zuzuordnen sind, entlang derer die (Handlungs-) Theorie immer genauer formuliert wird.

Definition 6.3: Konflikt

Unter einem (wissenschaftlichen) Konflikt verstehen wir den (teilweisen) Widerspruch von Aussagen, die aus unterschiedlichen Bereichen (Theorie vs. alternative Theorie oder Theorie vs. Empirie) stammen.

Bezeichnen wir die konfligierenden Bereiche, die beide über dieselben Grundelemente verfügen, mit A und Ã. Die Menge der (potentiellen) Aussagen wird durch die entsprechende Theorie dann in drei Bereiche zerlegt. Die Menge der "wahren" Aussagen W(A), die Menge der "falschen" Aussagen F(A), die Menge der unentscheidbaren Aussagen U(A). Der Wahrheitsbegriff bezieht sich auf bedingte Wahrheiten, d.h. in Abhängigkeit der Wahrheit der jeweils unterstellten (ersten) Annahmen der Theorie. Ein Konflikt besteht dann, wenn $W(A) \cap F(\tilde{A}) \neq \emptyset$ oder $F(A) \cap W(\tilde{A}) \neq \emptyset$ gilt.

Das Ziel des Theoretikers ist die Erklärung realer Phänomene. Er will die theoretischen Aussagen den empirischen gegenüberstellen. Da es keine unmittelbaren, intersubjektiv evidenten Beobachtungen gibt, werden diese von Empirikern aufbereitet, um sich mit den Theoretikern[108] auf "halbem Weg" zu treffen[109]. Auch der Empiriker hat eine Theorie für die Beobachtung bzw. Messung und deren Verdichtung, mit den normalen Stärken und Schwächen einer Theorie. Auch die sprachlichen Grundlagen der Alltagssprache unterscheiden sich nicht. Die Verdichtung der Beobachtungen führt zu sogenannten stilisierten Fakten (stylized facts), hier empirische (Beobachtungs-) Aussagen[110] genannt, und beinhaltet die Abstraktion von Merkmalsausprägungen. So werden konkrete Aussagen über Ort und Zeit weggelassen. Damit wird auch in der empirischen Verdichtung ein deduktives Element verwendet, mit dessen Hilfe entschieden werden kann, was weggelassen wird[111].

---

[108] Die Unterscheidung von Theoretikern und Empirikern ist freilich nur eine logische. So kann ein Forscher sowohl Theoretiker als auch Empiriker auf seinem Gebiet sein.

[109] Bei der Einordnung der modernen Ökonometrie, vor allem der Zeitreihenanalyse, treten Probleme auf. Dort verbleibt dem Theoretiker nur noch die Aufgabe, den zu verwendenden Informationsraum festzulegen und Annahmen über die Informationsverarbeitung zu treffen. Er soll damit Datenreihen aussuchen, die alle relevanten Informationen beinhalten. Die Aussagen über ökonomische Zusammenhänge werden den Daten entnommen. Solche "Theorien" können natürlich nicht an den verwendeten Daten scheitern, dafür kommen nur "zukünftige" Daten in Frage. Entscheidende Bedeutung kommt aber auch in dieser Sichtweise der Systemabgrenzung und deren Auswirkung auf die Stabilität (Robustheit) der Ergebnisse zu.

[110] Zumindest stellen sie eine Teilmenge dar.

[111] In der Ökonometrie - in *Bayes*ianischer Sicht - entspricht dies dem Prior, d.h. der Auswahl bestimmter Zeitreihen, die die relevanten Informationen tragen.

Anschließend werden die theoretischen und die empirischen Aussagen verglichen. Dabei kann die Gegenüberstellung sowohl auf der Ebene der Schlußfolgerungen als auch auf der Ebene der ersten Annahmen erfolgen. Dies kann als Dialog oder Disput von Theoretikern und Empirikern aufgefaßt werden. Im Konfliktfall muß nun entschieden werden, ob die Theorie oder die Empirie revidiert werden muß. Dabei ist sowohl möglich, daß eine "wahre" Theorie verworfen wird, oder, daß eine "falsche" Theorie nicht eliminiert wird. Dies bezeichnen wir in Anlehnung an die schließende Statistik als einen Fehler 1. Art oder 2. Art.

Der Vertreter einer Theorie kann somit in zwei Dispute verwickelt werden, mit einem anderen Theoretiker oder einem Empiriker. Der theoretische Disput kann auf unterschiedliche Annahmen zurückgeführt werden, die jedoch zunächst willkürlich gesetzt sind. Damit versteht ein Theoretiker den anderen, sie können den Gegenpart jedoch nicht von der Richtigkeit der willkürlichen ersten Annahmen überzeugen. Intersubjektivität kann nicht hergestellt werden. Sie können jedoch ein Experiment beschreiben, dessen Ergebnis einer der beiden Theorien widerspricht. Auch bei unterschiedlichen theoretischen Auffassungen ist es möglich, daß sich beide auf ein Experiment einigen, und damit die dann zu beobachtenden empirischen Ergebnisse als intersubjektiven Maßstab heranziehen[112].

Im Konflikt Empirie gegen Empirie kann zumeist Intersubjektivität hergestellt werden, was auch deren herausragende Stellung bei der Qualitätsbeurteilung von Theorien erklärt. *Popper* konzentriert sich mit seinem Falsifikationsprinzip nur auf den Konflikt Theorie versus Empirie. Für unsere beiden Theoretiker erscheint auch die Übereinkunft über die zu erklärenden Phänomene, d.h. die empirischen Aussagen, ein Nebengebiet ihrer Forschung, leichter zu sein als über die Annahmen einer Theorie. Unter Empirikern liegt hierin das hauptsächliche Konfliktpotential. Insgesamt läßt sich die "ultima ratio" der Intersubjektivität auf die Erfahrung, die Empirie zurückführen. Durch die prinzipiell mögliche, intersubjektive Nachvollziehbarkeit der empirischen Prüfung, insbesondere auch der Falsifikationsversuche, kann Wissenschaft ein selbstkorrigierendes System sein (vgl. *Radnitzky* 1988, S. 108).

Das Ziel des Theoretikers ist die Akzeptanz seiner Theorie und damit die Anwendung für Erklärungen und Prognosen. Die Akzeptanz wird durch die Konfliktlösung unterstützt, die Voraussetzung hierfür sind kritisierbare Aussa-

---

[112] Inkommensurabilitäten wollen wir bei dieser Aussage ausklammern. Unseres Erachtens stellen sie auch in der Forschungspraxis der Ökonomie nur ein untergeordnetes Problem dar.

gen. Da wir Letztbegründungen für unmöglich halten, basiert die Akzeptanz auf der Glaubwürdigkeit der Aussagen. Diese kann durch eine empirische Bestätigung der theoretischen Aussagen erfolgen, bezieht sich, logisch durchdacht, aber immer auf die Glaubwürdigkeit der - zumindest vorübergehend - ersten Annahmen. Diese soll durch die Andeutung einer Sinnhaftigkeit, eine Begründung ist wegen des freiwilligen und willkürlichen Begründungsabbruchs nicht möglich, erhöht werden. Wissenschaft wird somit zur Glaubensfrage, dem Glauben an die unterstellten ersten Annahmen, was uns zu dem Ausspruch verleitet hat: *Im Anfang ist der Glaube!* Die Stärke des Glaubens hängt von der "Sinnhaftigkeit" der ersten Annahmen, die teilweise auch einer isolierten empirischen Überprüfung unterzogen werden können, sowie der empirischen Gültigkeit (faktische Wahrheit) der aus den Annahmen abgeleiteten Aussagen[113].

Wir treffen eine freie, willkürliche Entscheidung nach unserem "Glauben" für einen Begründungsabbruch, um Phänomene zu begründen. Dadurch erhalten wir nur noch bedingte Aussagen. Die Nachvollziehbarkeit bleibt dennoch ein wichtiges Argument, auch im Hinblick auf die Mehrheitssuche und damit die Meinungsführerschaft. Hier bietet die Logik einen Vorteil.

Der Unterschied der Theorien reduziert sich damit auf willkürliche, erste Annahmen, so daß der Originalität der Annahmen (siehe hierzu *Richter* 1994, S. 594) neben der Erklärungs- und Prognosequalität eine entscheidende Bedeutung zukommt. Nur dadurch kann ein neues Erklärungspotential in die Theorie gelangen. Je näher diese Annahmen am harten Kern der Theorie sind, um so gravierender das Fortschrittspotential. Durch die nicht mögliche ex-ante Entscheidbarkeit über die Qualität einer Theorie muß ein Pluralismus der Annahmen präferiert werden[114]. Auch aus dem historischen Ablauf, wie ihn *Kuhn* darstellt, kann nur die Forderung nach einem Pluralismus in der Wissenschaft

---

[113] Hierin liegt auch ein entscheidender Unterschied zum Instrumentalismus. Dieser legt keinen Wert auf die Sinnhaftigkeit der ersten Annahmen, sondern bemißt die Qualität oder Glaubwürdigkeit einer Theorie ausschließlich an der pragmatischen Wahrheit der gefolgerten Aussagen. Die ersten Annahmen sollen sogar so einfach wie möglich sein, was einer exakten Abbildung einer komplexen Realität eher widerspricht.

[114] Ein interessantes Beispiel hierzu entstammt der statisch komparativen Analyse. Um zu den entsprechenden Ergebnissen zu gelangen, werden häufig Konvexitätsanforderungen an die eine Präferenzordnung repräsentierenden Nutzenfunktionen gestellt. Dadurch wird die Existenz einer eindeutigen Lösung sichergestellt, die dann auch berechnet werden kann (siehe *Hart* und *Moore* 1990). *Milgrom* - dies wurde in einer Vorlesung im Jahr 1994 vorgestellt - leitet die gleichen Resultate aus anderen Axiomen ab und zeigt, daß Konvexität nicht erfüllt sein muß. Er unterstellt in seinen Ansätzen Supermodularität und zeigt, daß alle statisch komparativen Ergebnisse darauf beruhen. Damit sehen wir, daß wir mit den verschiedensten Annahmen dasselbe Ergebnis begründen können.

gestellt werden[115], da sich die herrschenden Meinungen immer wieder als falsch herausgestellt haben. *Feyerabend* argumentiert in Übereinstimmung mit synergetischen Systemen, bei denen verschiedene Ordner konkurrieren, wobei sich einer auf bestimmte Zeit durchsetzen kann oder zumindest systembestimmend ist. Pluralistische Auffassungen führen jedoch fast zwangsläufig zu widersprüchlichen Aussagen, Konflikte müssen gelöst werden. Dies wollen wir im nächsten Abschnitt ansprechen.

6.4. Abstraktion und Diskussionsfähigkeit

In diesem Abschnitt interessieren wir uns für das Auflösen eines Widerspruchs zwischen zwei Wissenschaftlern in einer theoretischen Diskussion, d.h. beide können aus ihren Theorien theoretische Aussagen ableiten, die einander widersprechen. Hieraus ergeben sich Hinweise auf die Struktur einer Theorie. Zunächst interessiert die Fähigkeit zur und der Ablauf einer Diskussion, um anschließend bei bestehenden Meinungsverschiedenheiten auf die Konsens- und Vertrauensbildung einzugehen. Eng verknüpft mit der Art zu diskutieren ist der Aufbau einer Theorie und damit das Verfahren der Abstraktion.

Bei deduktiven Schließverfahren kann der Umfang des Schlußsatzes nicht größer sein als der Umfang der schwächsten (speziellsten) Prämisse. Aus sehr allgemeinen Annahmen werden konkretere Aussagen, die einen Spezialfall darstellen, abgeleitet. Dies führte uns bereits weiter oben zu dem Bild des "deduktiven Baums" mit unterschiedlichen Abstraktionsstufen. Was sich jedoch genau hinter diesem Baum verbirgt, wie die Abstraktion von der Verallgemeinerung abzugrenzen ist, wollen wir nun näher beleuchten.

Dazu werden wir in einem stark vereinfachten Rahmen das Zustandekommen von theoretischen Aussagen erläutern. Sie sind die logische Folgerung aus der Verknüpfung von Gesetzen (Allsätzen, Verhaltensmodellen) und Randbedingungen (Situationsbeschreibungen). Ein bei den Schlußfolgerungen auftretender Konflikt kann entweder auf eine differierende Sicht der unterstellten Situationen oder auf unterschiedliche Gesetze zurückgeführt werden. Der Fall unterschiedlicher bzw. unterschiedlich wahrgenommener Situationen (Randbedingungen) entspricht der Theorieanwendung auf nicht vergleichbare Fälle und ist in der theoretischen Diskussion uninteressant. Deshalb unterstellen wir, daß

---

[115] Die Auffassungen von *Kuhn* und *Feyerabend* wurden auf den Seiten 123 und 129ff ausgeführt. Beide kommen zur selben Schlußfolgerung: Wissenschaft muß pluralistisch sein.

ein Konflikt von differierenden Gesetzen (Allsätzen, Verhaltensmodellen), den zentralen Elementen von Theorien, herrührt.

Ein Gesetz bzw. eine Allaussage stellt eine Verbindung zwischen zwei Mengen her. In der Prädikatenlogik wird jedem Subjekt ein Prädikat zugeordnet, d.h. den Elementen der Menge der Subjekte wird ein Prädikat zugeordnet. Mengentheoretisch läßt sich dies wie folgt formulieren:

(6.1) $\forall x, x \in A \rightarrow x \in B$

oder prädikatenlogisch ausgedrückt

(6.2) $\forall x, A(x) \rightarrow B(x)$.

Die Subjekteigenschaft wird durch $x \in A$ ausgedrückt, die Prädikatseigenschaft definiert die Menge B. Aus der Zugehörigkeit zur einen Menge kann auf die Zugehörigkeit zur anderen geschlossen werden. Mengentheoretisch läßt sich das in der folgenden Zeichnung illustrieren.

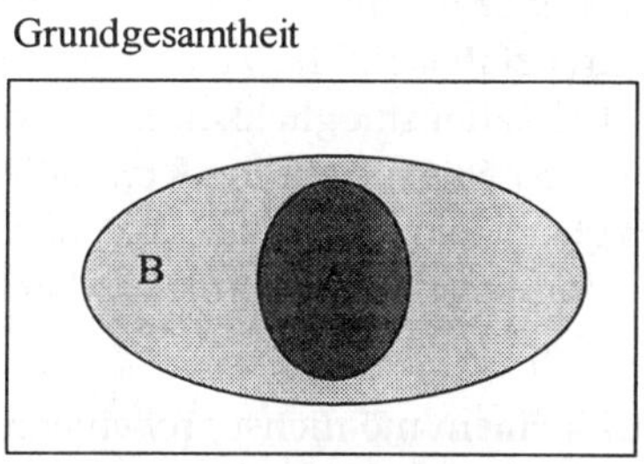

Abbildung 6.3: Mengentheoretische Interpretation einer (positiven) Allaussage (eigene Darstellung)

In den bisherigen Ausführungen ging es darum, dem Element x bestimmte Eigenschaften zuzuschreiben. Bei besonders einfachen "Theorien" bzw. Allsätzen ist das Element x sogar zu bestimmen. Bei komplexeren Theorien besteht ein Problem in der Identifikation des Grundelements, auf dem die Eigenschaftszuordnung bzw. Mengendefinition basiert. So wird bei den uns interessierenden Verhaltensmodellen - wir behandeln diese, wie bereits mehrfach angesprochen, wie Gesetze - einer bestimmten Situation S eine (präferierte) Handlung H zugeordnet. Das Verhaltensmodell verbindet damit auch zwei "Mengen", die Menge der Situationen mit einer Menge der theoretischen Aussagen über das Verhalten. Ein anderes Beispiel wird durch das folgende Gesetz ausgedrückt: "Immer, wenn chemisch reines Wasser Temperaturen von unter Null Grad Celsius ausgesetzt ist, gefriert es". Auch hier existieren Voraussetzungen und Folgerungen, die jeweils als Mengen aufgefaßt werden können. Damit verbindet ein Allsatz zwei Mengen (eine Menge vor und eine Menge nach dem Implikationszeichen) dergestalt, daß aus der Mengenzugehörigkeit zur ersten auch die Mengenzugehörigkeit zur zweiten folgt. Mit dieser etwas unpräzisen Analogie wollen wir uns an dieser Stelle zufrieden geben, da es ausreicht, die wichtigen Begriffe "Verallgemeinerung" und "Abstraktion" einzuführen.

Wenn wir nun zwei Gesetze miteinander vergleichen, so können wir das anhand des Umfanges der Menge der Voraussetzungen V und der Menge der Folgerungen F, d.h. wir fassen einen Allsatz als "V(T) → F(T)" auf. Dies wird speziell bei der Definition der Verallgemeinerung wieder verwendet, doch zunächst soll der von *Popper* zum Vergleich von Theorien eingeführte empirische Gehalt, nämlich "*daß ein Satz um so mehr ... über "unsere Welt" mitteilt, je ... mehr [er] verbiete[t]*" (*Popper* 1989, S. 15), als Referenzmaßstab angeführt werden. Darunter versteht er die Menge der Falsifikationsmöglichkeiten, d.h. den durch die Theorie aus allen möglichen Vorgängen verbotenen. Durch die Einführung einer Teilklassenbeziehung[116] gelingt es ihm, einige Theorien zu vergleichen. Den einen Grenzfall stellt die Tautologie dar, die aus jedem Basissatz folgt, aber keine Falsifikationsmöglichkeit hat. Ihr wird der Wert 0 zugeordnet. Am anderen Ende der Skala steht die Kontradiktion, aus der jeder Basissatz folgt. Damit sind gleichzeitig alle Basissätze auch Falsifikatoren, so daß die Kontradiktion alle Vorgänge auch verbietet. Dieser Situation wird der Wert 1 zugeordnet.

Aus der Forderung nach einem möglichst großen empirischen Gehalt folgert *Popper* nun auch die methodologische Forderung nach möglichst großer Allgemeinheit einer empirisch-wissenschaftlichen Theorie und nach größter Präzision oder Bestimmtheit. Zur Begriffsklärung verwendet *Popper* (vgl. 1989, S. 85f) folgende Gesetze, bei denen vor dem Hilfsverb "sind" die Voraussetzungen (in unserem Sinne) stehen, danach die Folgerungen:

P: Alle Weltkörperbahnen sind Kreise.

Q: Alle Planetenbahnen sind Kreise.

R: Alle Weltkörperbahnen sind Ellipsen.

S: Alle Planetenbahnen sind Ellipsen.

---

[116] Die Begriffe Falsifikationsklassen, Ereignisse, Vorgänge, homotype Sätze und Basissätze werden im Sinne *Popper*s verwendet.

Von P zu Q nimmt die Allgemeinheit des Satzes ab, denn Q besagt weniger als P, weil die Planetenbahnen eine echte Teilklasse der Weltkörperbahnen sind ($Falsi_Q \subseteq Falsi_P$). Bei den Voraussetzungen ist V_Q eine echte Teilmenge von V_P. Dadurch nimmt die Allgemeinheit des Satzes (Theorie) von Q nach P zu. Die zweite Möglichkeit ist eine Zunahme der Bestimmtheit der "Prädikation". Diese nimmt von P nach R ab. Die Menge der Folgerungen F_P (Kreise) ist eine echte Teilmenge der Folgerungen aus F_R (Ellipsen). Wird also R widerlegt, so auch P ($Falsi_R \subseteq Falsi_P$), aber nicht umgekehrt. Dabei gilt es zu bemerken, daß die Menge der Voraussetzungen und die Menge der Folgerungen nicht auf denselben Elementen definiert werden. Das Mengenkonzept wird unbestimmt verwendet.

Der Fortschritt bei *Popper* wird über die Zunahme der Allgemeinheit oder Präzision (Bestimmtheit) definiert; beide Möglichkeiten führen zu einer Erweiterung der Falsifikationsmöglichkeiten und zwar in der Form einer Teilmengen- bzw. Teilklassenbeziehung. Die bessere (fortschreitende) Theorie beinhaltet zu den Falsifikatoren der alten Theorie noch weitere, weshalb die Zunahme der Allgemeinheit und der Präzision auch als Verallgemeinerung interpretiert bzw. unter ihr subsumiert werden kann.

Definition 6.4: Verallgemeinerung

Wird bei gleichbleibenden Folgerungen die Menge der Voraussetzungen erweitert, d.h. aufgrund eines schwächer formulierten Abgrenzungskriteriums erfüllen mehr Situationen die Voraussetzungen, oder wird bei gleichbleibenden Voraussetzungen die Menge der potentiellen Falsifikatoren der Folgerungen größer, so liegt eine Verallgemeinerung des Allsatzes vor.

Ein einfaches Beispiel einer Verallgemeinerung zu dem Satz "Alle Raben sind schwarz" stellt "Alle Raben und alle Panther sind schwarz" dar. Die Menge der Subjekte wurde ausgedehnt, das Prädikat (Schlußfolgerung) blieb dasselbe, der Allsatz (die Theorie) wurde verallgemeinert. Damit steigt die Zahl der Falsifikationsmöglichkeiten. Als Verallgemeinerung bezüglich der Folgerung kann der Übergang von einer Theorie mit der Folgerung "Der Preis steigt (= Preis steigt um 1 GE, um 2 GE, ...)" zu einer mit "Der Preis steigt um 15 GE" interpretiert werden, da dadurch die Menge der potentiellen Falsifikatoren vergrößert wird.

Nach diesen Ausführungen ist unmittelbar klar, daß nicht alle Theorien miteinander vergleichbar sind. Ist eine Theorie allgemeiner, die andere jedoch bestimmter, so können diese mit dem Teilklassenkriterium nicht verglichen werden. Gerade darauf bezieht sich jedoch die Konfliktsituation, die mittels des Abstraktionsstufenverfahrens auflöst werden soll. Die Frage, ob sich ein Konflikt mit einer Theorienverallgemeinerung lösen läßt, kann mit einem klaren

"NEIN !" beantwortet werden. Dies wird besonders deutlich an einem Beispiel. Aus der Theorie T_1 soll folgen, daß der Preis des Gutes um 15 GE steigt, aus der Theorie T_2, daß er um 10 GE steigt. Ein Falsifikator für die Theorie T_1 ist "Der Preis des Gutes steigt um 10 GE", für T_2 "Der Preis des Gutes steigt um 15 GE". Um den Konflikt zu lösen, müssen zumindest diese beiden Falsifikatoren eliminiert werden.

Eine Theorie, die den Konflikt zweier Theoretiker lösen will[117], muß eine geringere Präzision haben, da die konfligierenden Aussagen der beiden Theoretiker nicht mehr in den Folgerungen enthalten sein dürfen. Nach *Popper*s Fortschrittskriterium können diese Theorien nun nicht miteinander verglichen werden, wenn gleichzeitig die Allgemeinheit zunimmt. Genau in diese Lücke stößt das Abstraktionsstufenverfahren, nach dem bestimmte Fälle von zunehmender Allgemeinheit und abnehmender Präzision bzgl. des Fortschrittes vergleichbar sind. Dies ist erfüllt, wenn beide Theoretiker *eine* abstrakte Theorie finden, aus der sie ihre eigene Theorie durch Konkretisierung (als das Gegenstück zur Abstraktion) erhalten.

Definition 6.5: Abstraktion

Wird die Menge der Folgerungen erweitert, d.h. aufgrund eines schwächer formulierten Abgrenzungskriteriums wird dieses von mehr Folgerungen (Aussagen) erfüllt, und in der Folge auch die Menge der Voraussetzungen, im Sinne eines minimalen Axiomensystems, so liegt eine echte Abstraktion zum ursprünglichen Allsatz vor.

Besondere Beachtung verdient der Fakt, daß die Menge der alten Folgerungen in der Menge der abstrakteren Folgerungen vollständig enthalten sein muß. Ein Beispiel einer Abstraktion wäre der Satz "Alle Raben sind entweder schwarz oder weiß". Es wird von der konkreten Farbausprägung "schwarz" abstrahiert. In der Regel sind die Theorien allerdings nicht so einfach formuliert und der Zusammenhang zwischen Voraussetzungen und Folgerungen ist schwieriger zu durchschauen. Werden beispielsweise in einer volkswirtschaftlichen Theorie die Wirkungen bestimmter Maßnahmen auf einen Güterpreis untersucht, so kann daraus eine Aussage wie "Der Güterpreis wird um 20 GE steigen" folgen. Eine andere Theorie kommt zu dem Schluß, daß der Preis nur um 15 GE steigt. Sie stimmen beide auf der abstrakteren Ebene überein, daß der Preis steigen wird. Für beide Theoretiker gilt es nun, die Voraussetzungen

[117] Damit wird deutlich, daß sich die Fortschrittsdefinition mittels Abstraktion in einem Dreiecksverhältnis bewegt, nämlich zwischen der fortschreitenden, abstrakten Theorie und den beiden konfligierenden Theorien.

so zu vereinfachen, daß sie aus ihrer Theorie "gerade noch" eine Preissteigerung folgern können. Die so entstandenen Theorien sind dann vielleicht identisch oder es bestehen noch weitere, eventuell noch nicht entdeckte Widersprüche bezüglich der Mengen der jeweiligen Folgerungen.

Umgangssprachlich entspricht Abstraktion dem Absehen von irgendwelchen Details. Für unseren Gebrauch haben wir die Zuordnung der Details, von denen abstrahiert wird, näher bestimmt und wollen jetzt den Zusammenhang zum deduktiven Baum herstellen, dessen unterschiedliche Niveauebenen mit den Abstraktionsebenen übereinstimmen sollen. In unserem deduktiven Baum (siehe Abbildung 6.4) sind abstraktere Aussagen höher gelegen. Dadurch sind einige konkrete Aussagen nicht mehr möglich, da diese einen Positionsbezug, eine Ausprägung bei tiefer gelegenen Fragen, erfordert. Die Abstraktion von der Verschiedenheit erfolgt durch Äquivalenzrelationen, die Aussage ist invariant bezüglich konkreter Ausprägungen[118]. Der deduktive Baum umfaßt die Gesetze und damit sowohl die Menge der Voraussetzungen, auf die sich die Berücksichtigung konkreter Merkmale bezieht, als auch die Menge der Folgerungen mit ihrem direkten Bezug zu den unterschiedlich abstrakten, gefolgerten Aussagen. Mit Hilfe der Abstraktion läßt sich nun die Auflösung eines Konflikts im Falle eines Disputes zeigen.

Den Anlaß zu einer Diskussion bietet in der Regel erst ein Widerspruch, der auf einer sehr konkreten Ebene bemerkt wird, d.h. der bestehende Konflikt muß erkannt werden. Die beiden Diskutanten suchen nun nach vorgelagerten Begründungen für die jeweiligen konfligierenden Aussagen. Die Struktur folgt dabei dem Erklärungsmodell, so daß alle Aussagen aus allgemeineren Gesetzen und einigen konkreteren Randbedingungen abgeleitet werden[119]. Es erfolgt eine rationale Rekonstruktion, bei der die Logik eine zentrale Rolle spielt, der jeweiligen Positionen. Im Konzept der stufenweisen Verfeinerung bedeutet dies den Abbau von Brücken. Die Konfliktauflösung erfolgt durch Abstraktion und ist spätestens erreicht, wenn alle Merkmale bis zu der entsprechenden Stufe identische Attribute aufweisen[120]. Dennoch muß keine Einigkeit in konkreten

---

[118] Diese Annahme klingt harmlos, ist allerdings äußerst gravierend. Dahinter verbirgt sich die Multi-Layer-Vorstellung der Realität, bei der sich die unterschiedlichen Ebenen ungestört überlagern.

[119] Eine Rückführung des Konfliktes auf unterschiedliche Wahrnehmungen der Randbedingungen ist möglich, aber wie bereits erwähnt für uns uninteressant und wird deshalb nicht weiter diskutiert. Somit gilt unser Interesse ausschließlich dem Konflikt, der durch unterschiedliche Gesetze hervorgerufen wird.

[120] Es besteht auch die Möglichkeit, daß zwischen den jeweiligen Mengen der Folgerungen kein Konflikt mehr existiert, und sie aus unterschiedlichen Axiomen gefolgert werden. Wird in der einen Theorie bezüglich eines Kriteriums eine konkrete Ausprä-

Aussagen bestehen, da die Entscheidung für die eine oder andere Konkretisierung bzw. Operationalisierung willkürlich und damit eine Glaubensfrage ist.

Definition 6.6: Konfliktauflösung

Ein Konflikt gilt als aufgelöst, wenn sich widersprechende Aussagen aus unterschiedlichen, nicht weiter diskutierbaren und per Entscheidung willkürlich festgesetzten ersten Annahmen logisch folgern lassen.

Eine wissenschaftliche Konfliktauflösung impliziert freilich keine Einstimmigkeit. Es genügt, den Konflikt auf die ersten Annahmen zurückzuführen. Da die Entscheidung für oder gegen diese beliebig ist und außerdem vom jeweiligen Wertesystem abhängt, können die Wissenschaftler die Entscheidung des anderen respektieren. Beide suchen nun nach Glaubwürdigkeit und Mehrheiten für ihre Theorie. Der Fortschritt liegt in der trennscharfen Unterscheidung beider Ansätze und der dadurch vereinfachten Entscheidung anderer Wissenschaftler oder Politiker für die eine oder andere Theorie[121].

Dieser Argumentation liegt zugrunde, daß alles aus einem Punkt, der sozialwissenschaftlichen Weltformel "$E = mc^2$", von uns als Ultra-Abstraktion bezeichnet (siehe Abschnitt 6.6 ab S. 161), gefolgert wird; d.h. spätestens auf der höchsten abstrakten Ebene gibt es keinen Widerspruch zwischen den Diskutanten[122]. Mit zunehmender Abstraktion wird die Menge der Falsifikationsmöglichkeiten aufgrund des Fehlens von Konkretisierungen kleiner, bis schließlich aus der abstraktesten Formulierung, der Weltformel, alles folgt[123]. Für *Popper* ist dies nicht erstrebenswert, da er die Qualität einer Theorie u.a. am Umfang der Menge der Falsifikationsmöglichkeiten festmacht, die bei der Weltformel der leeren Menge entspricht. Daran läßt sich auch unsere von *Popper* abweichende Auffassung von wissenschaftlichen Theorien bzw. Fortschritten festmachen. Wichtig an dieser Stelle ist, daß auf dem Weg von einer

---

gung zur Ableitung der Folgerungen verwendet, in der anderen sind die Ableitungen jedoch unabhängig von den verschiedenen Ausprägungen dieses Kriteriums, so kann trotz fehlender Identität der Konflikt aufgelöst sein.

121 Ein Fortschritt im Denken liegt dann vor, wenn neue Unterscheidungen möglich werden, d.h. neue Mengenzuordnungen auf den Grundelementen gemacht werden können.

122 Es besteht natürlich auch die Möglichkeit, daß die beiden konfligierenden Theorien nicht auf eine Ultra-Abstraktion zurückgeführt werden können. Wie häufig diese Art der Inkommensurabilität vorkommt, soll in dieser Arbeit nicht diskutiert werden.

123 Darin liegt auch die Abgrenzung zur Letztbegründung, die versucht, Aussagen auf immer weiter vorgelagerte (wahre) Annahmen zurückzuführen. Bei unserem Vorgehen verlieren wir letztlich die Möglichkeit zu (bedingt wahren) Aussagen.

Abstraktionsstufe auf die nächst tiefere neues Wissen entsteht[124]. Auf jeder Stufe des "deduktiven Baums" oder des Baumes der Abstraktion (siehe Abbildung 6.4) ergibt sich durch eine Frage mit mehreren Antworten (Merkmalsausprägungen) eine (Bi-) Furkation. Die unterschiedliche Beantwortung einer Frage führt zu einer anderen Theorie und damit auch zu neuem bedingten "Wissen". Jede Operationalisierung eines abstrakten Begriffes erweitert die Aussagenmenge und den vorläufigen Wissensstand.

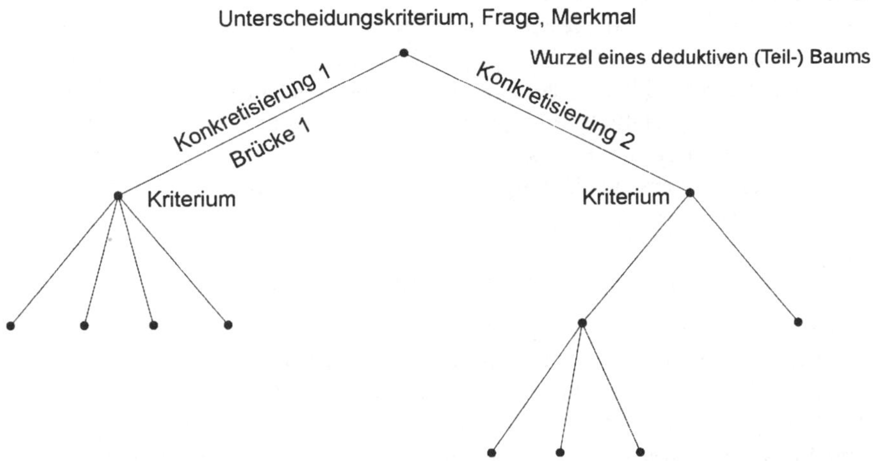

Abbildung 6.4: Deduktiver Baum mit Abstraktionsstufen (eigene Darstellung)

Nachdem wir den sich auf Allsatze beziehenden deduktiven Baum aus der Perspektive der Konfliktauflösung entwickelt haben, wollen wir nun einen in der Wissenschaft durchaus üblichen Perspektivenwechsel vollziehen, der zu einem besseren Verständnis führt. In der interessanten, umgedrehten Darstellung gehen wir nicht von unterschiedlichen Folgerungen aus, sondern benennen die Unterschiede der Theorien (in den Annahmen) vorab, zeigen die dadurch entstehenden Widersprüche und erläutern die durch eine Konfliktauflösung erzielbaren Resultate.

---

[124] Diese Bewegung nach unten im deduktiven Baum bezeichnet *Lindenberg* (1991, S. 49) als abnehmende Abstraktion. Diese "*ist also gleichbedeutend mit 'Problematisierung zu dem Zweck, die Theorie realistischer zu machen'. Problematisierung heißt soviel wie: die Bereitschaft eine Annahme zu machen, weil man von ihr größere Realitätsnähe der Theorie erwartet, auch wenn das insgesamt zu einer Erhöhung der für die Ableitbarkeit nötigen Zusatzannahmen führt*".

In unserem ersten Beispiel untersuchen wir zwei Verhaltensmodelle bzw. -theorien. Die beiden Theoretiker sind sich bezüglich der Charakteristika der Anwendungssituation einig und benutzen die gleichen Randbedingungen. Sie unterscheiden sich in den den Agenten unterstellten Zielen. Dadurch gelangt beispielsweise der erste zu dem Schluß, daß der Agent von einem Gut 10 Einheiten konsumiert, der andere schließt auf 20 Einheiten. Durch diese Aussagen wird der Widerspruch evident. Die Auflösung nach unserem Abstraktionsstufenmodell zielt auf eine gemeinsame, widerspruchsfreie Basis, die in der Aussage "Die Agenten maximieren ihren Nutzen" liegen könnte. Unsere Theoretiker kommen zu diesem Schluß, wenn sie von der unterschiedlichen Operationalisierung abstrahieren. Vielleicht sind die Operationalisierungen auch nicht so verschieden, beispielsweise unterscheiden sie sich nur in der funktionalen Ausgestaltung und einige Eigenschaften dieser Funktionen (Quasikonkavität, Monotonie, etc.) sind identisch, so daß die gemeinsame Basis bei einer der beiden Aussage "Der Agent konsumiert eine positive Menge von diesem Gut" oder "Der Agent konsumiert mindestens 10 Einheiten von diesem Gut" liegen könnte. Festzuhalten bleibt, daß aufgrund der unterschiedlichen Operationalisierung widersprüchliche Aussagen entstehen (können).

Beim zweiten Beispiel sollen sowohl die Anwendungssituation als auch die verwendeten Operationalisierungen für die Theoretiker identisch sein. Man könnte jetzt zu dem irrtümlichen Schluß kommen, daß dadurch widersprüchliche Aussagen ausgeschlossen sind. Es besteht noch die Möglichkeit, unterschiedliche Charakteristika der Situation in der Theorie zu verarbeiten. So besteht Einigkeit, daß die Informationsverteilung asymmetrisch ist. In der ersten Theorie wird die Informationsverteilung nicht berücksichtigt, in der anderen sogar differenziert nach Symmetrie und Vollständigkeit. Es sei unterstellt, daß es nur bei durch eine asymmetrische Informationsverteilung charakterisierten Anwendungssituationen stets zu Widersprüchen kommt[125]. Die Konsequenz, daß die erste Theorie nur bei symmetrischen Informationen verwendet werden soll, kann nicht aus der theoretischen Diskussion gezogen werden. Es wird nur herausgestellt, daß sich der Unterschied auf das Kriterium der Informationsasymmetrie bezieht und beide Theorien mit den Informationen bezüglich der Informationsverteilung unterschiedlich umgehen. In der Praxis wird die strukturelle Präzisierung zu einer Weiterentwicklung der ersten Theorie führen. Über die Geeignetheit der Theorien für die jeweiligen Anwendungssituationen

[125] Die unterschiedliche Berücksichtigung von Merkmalsausprägungen in Theorien muß nicht einmal zu widersprüchlichen Aussagen führen. Sehr deutlich zu sehen ist dies an den verschiedenen Axiomatisierungen der Erwartungs-Nutzen-Theorie.

kann auf der Ebene der theoretischen Diskussion allerdings nicht entschieden werden.

Als weitere Unterfütterung mit "Beispielen", um damit die Wirkungsweise und die Dimension des Abstraktionsstufenmodells klar zu machen, soll *Krajewski*s (1977) Vorschlag der Approximationsbeziehung angeführt werden. Er beschäftigt sich mit einem theoretischen Vergleich zweier Theorien (beispielsweise: T approximiert T'), so daß der Fortschritt durch eine Theorienrelation dargestellt wird. Zur Sicherstellung der Kommensurabilität der Theorien werden Teilmengenbeziehungen bei den Gegenstandsbereichen ($G \subseteq G'$) und Zuordnungsregeln beim verwendeten Vokabular ($V \rightarrow V'$) als Annahmen festgelegt. Eine Theorie T steht in einer Approximationsrelation mit einer Theorie T', wenn beide Theorien unter der Annahme eines spezifischen Grenzwertes (meist 0 oder ∞) eines existierenden Parameters p zu identischen theoretischen Aussagen führen. Der Parameter p entstammt der Differenzmenge T'-T und aus T' soll folgen, daß p tatsächlich diesen Grenzwert nicht annimmt. Diese letzte Forderung ist in unserem Diskussionszusammenhang nicht nützlich und wird deshalb vernachlässigt[126]. Damit kann ein allgemeines Gesetz (Theorie) als Approximation eines spezielleren aufgefaßt werden, das bei der Konkretisierung bestimmter Parameter der Anwendungssituation gilt. Ideale Theorien bzw. Modelle sind Beispiele hierfür. Der Unterschied zu obigem zweiten Beispiel liegt darin, daß T und T' identisch sind, wenn der Parameter p den Extremwert annimmt. In dem angeführten Beispiel wurden jedoch nicht ineinander überführbare Annahmen verwendet.

Als Beispiel einer Approximationsbeziehung wird von *Schmidt* (1993) die Erwartungsnutzentheorie (ENT) und die behavioristische Verhaltenstheorie (VT) *Homans* gewählt. *Schmidt* zeigt, daß in der ENT die in der VT das Verhalten erklärenden Elemente "Belohnungsstärke", "Belohnungshäufigkeit" und "Situationsähnlichkeit" zur Erwartungsbildung herangezogen werden (können), die ENT jedoch weitere Elemente heranzieht. Die erwartete Handlungskonsequenz ist in letzterer nicht nur durch die Lern- und Belohnungsbiographie des betreffenden Akteurs festgelegt; es sind auch Entscheidungen möglich, die in der Vergangenheit nicht verstärkt wurden.

Im historischen Ablauf stellt sich der Theorienfortschritt in der Regel anders dar. Zunächst wird die Gültigkeit der Theorie T ohne die Berücksichtigung des Parameters p postuliert, d.h. er wird aus dem System ausgegrenzt. Die Theorie

---

126 Eine allgemeine Diskussion, ob diese Forderung jemals nützlich sein kann, wollen wir an dieser Stelle - der Unterfütterung mit einem "Beispiel" - nicht führen, unseren Zweifel daran aber nicht verhehlen.

T wird dann in Situationen, in denen der Parameter p den Grenzwert nicht annimmt, falsifiziert und durch eine verbesserte Theorie T' ersetzt. Letztere entpuppt sich später als Verallgemeinerung. Die falsifizierte Theorie T ist durch die bekannte Approximationsbeziehung weiter anwendbar, da ihr Gültigkeitsbereich durch die Theorie T' festgelegt wurde. Es handelt sich um eine unproblematische Form des Instrumentalismus[127].

Sowohl bei den Beispielen als auch bei der Approximationsrelation tritt das in der Praxis der Theorienbildung häufige Problem implizit verwendeter Annahmen auf. Ein nicht expliziertes Merkmal bedeutet nicht, daß das Kriterium in allgemeiner Form, d.h. unabhängig von der Merkmalsausprägung, verwendet wird. Es kann auch einfach aus dem System ausgegrenzt sein und deshalb unberücksichtigt bleiben[128]. Darauf und auf die dadurch entstehenden Probleme werden wir im Abschnitt 6.5 "Systemabgrenzung" auf S. 157ff eingehen.

Nachdem der Informationsstand bereits als potentielles Unterscheidungskriterium in den Beispielen eingeführt wurde, soll noch auf die Überlagerung verschiedener Kriterien eingegangen werden. Ein Kriterium oder ein Kriterienkomplex, der auf jeder Abstraktionsstufe existiert, führt durch die unterschiedliche Konkretisierung zu verschiedenen Teilbäumen. Nach diesem Modell beeinflussen die Ausprägungen bzw. Eigenschaften einer Stufe nicht die Zusammenhänge auf einer höheren, d.h. bei synergetischen oder gekoppelten Wirkungen muß die Unterscheidung durch ein Kriterientupel auf einer Stufe erfolgen. Die Gesamtwirkung eines Impulses - hier verstanden als Festlegung verschiedener Merkmalsausprägungen - ergibt sich aus der (additiven) Überlagerung der Auswirkungen auf den einzelnen Ebenen[129,130], deren Rangfolge damit

---

[127] Die Erweiterung des Anwendungsbereiches von idealisierten Theorien auf Situationen, in denen die Idealisierungen fast erfüllt sind, wird von *Kuokkanen* und *Tuomivaara* (1994) mit dem "Threshold Model" angesprochen.

[128] Die unterschiedlichen Konsequenzen implizit verwendeter Annahmen ist ein äußerst wichtiger Schritt in dieser Arbeit. Bei nicht berücksichtigten Kriterien, die aber explizit im System enthalten sind, d.h. es wurde von diesen Kriterien abstrahiert, muß die Folgerung für alle denkbaren Belegungen (Merkmalsausprägungen) identisch sein. Ist das Systemelement ausgegrenzt, so sind die Folgerungen theoretisch unabhängig davon und können nur noch an der Empirie scheitern. Je nach dem, ob das entsprechende Element aus dem System ausgegrenzt ist, muß die Untersuchung dem Abstraktionsstufenmodell oder der Systemabgrenzung zugerechnet werden.

[129] Bei einer tieferen Betrachtung kann die Additivität der Wirkungen aufgegeben werden. Danach erhält eine Abstraktionsstufe irgendeinen Eingangsimpuls, der dann in verschiedene Impulse auf andere Module umgewandelt wird. Durch direkte und indirekte Impulse lassen sich auch synergetische Wirkungen beschreiben.

[130] Das Abstraktionsstufenmodell eignet sich auch zur Darstellung des Aggregationsproblems. Dieses entsteht erst dadurch, daß von individuellen Details abgesehen werden soll, d.h. auf einem abstrakteren Niveau (mit möglichst wenig detaillierten Ent-

beliebig wird. Auf einer bestimmten Abstraktionsstufe sind bestimmte konkrete Aussagen nicht möglich. Ganz im Sinne der Evolutionsökonomie sind vielleicht Aussagen über Trajektorientrichter oder -korridore möglich.

In einer Diskussion werden die betroffenen Abstraktionsstufen gesucht und damit das zur Diskussion stehende Wissen eingegrenzt. Durch das Finden einer gemeinsamen Ebene - spätestens bei der bzw. einer Weltformel - und den dazugehörigen, unterschiedlichen Spezialisierungen werden wissenschaftliche Konflikte gelöst, degenerieren zu unterschiedlichen, aber jetzt bekannten Standpunkten und gehen in Glaubensfragen über.

Daraus kann gefolgert werden, daß die Entscheidung über die Wahrheitsnähe bereits bei den Annahmen ansetzen muß und nicht erst die Prognoseergebnisse evaluiert werden dürfen, wie dies der Instrumentalismus vorschlägt. Bei einer Unentscheidbarkeit der Realitätsnähe auf der Annahmenstufe empfiehlt sich zunächst eine pluralistische Auffassung, d.h. die Zulassung verschiedener Erklärungsvarianten (Annahmesysteme), so daß die Selektion über die Prognosetüchtigkeit erfolgen kann. Allerdings sollte versucht werden, Experimente bzw. (Umwelt-) Konstellationen zu formulieren, die genau eine der beiden Theorien falsifiziert. Der Unterschied zur instrumentalistischen Position von *Friedman* liegt in der weitestgehenden Zurückdrängung der Glaubensfragen. Nur die ersten Annahmen haben instrumentalen Charakter.

Damit kommen wir von der Konfliktauflösung eines Widerspruchs durch theoretische Diskussion, die im einzelnen auf der präzisen Erarbeitung des Zusammenwirkens der getroffenen Annahmen beruht, zur Wahlentscheidung für oder gegen eine Theorie. Wie bereits oben angesprochen hat für die Glaubwürdigkeit einer Theorie die Empirie eine herausragende Bedeutung. Der Konflikt mit der Empirie, der jetzt angesprochen werden soll, kann an zwei Stellen auftreten, nämlich sowohl bei einem Widerspruch der gefolgerten Aussage zur Empirie als auch bei einem Widerspruch aufgrund realitätsferner Annahmen[131]. Dabei interessiert in der "Praxis der Theoretiker" natürlich die Frage, wie weit die theoretischen Aussagen durch die in der Systemabgrenzung bewußt gewählten Idealisierung von den empirischen abweichen oder anders formuliert: Liegt der Konflikt zur Empirie nur an der Idealisierung? Interessant wäre nun, den Grad der Theorieabweichung durch eine Maßzahl zu belegen. Dieses Problem fällt jedoch in den Abschnitt der Systemabgrenzung. Es handelt sich da-

---

scheidungen - z.B. der Makroebene) soll eine Aussage über die Auswirkungen der individuellen Handlungen getroffen werden, die nicht zum Detaillierungsgrad auf individueller Ebene paßt. Dadurch wird die triviale Aggregation unmöglich.

[131] Letzterer Widerspruch existiert im Instrumentalismus nicht.

bei um einen äußerst wichtigen Punkt im Spannungsgefüge zwischen Komplexitätsreduktion und Realitätsnähe.

Wir kehren nun zum Konflikt der Theoretiker zurück und konzentrieren uns auf die sich an die Konfliktauflösung anschließende Konsenssuche. Durch das bisher vorgestellte Abstraktionsstufenmodell wird ersichtlich, daß zu (fast) jeder beliebigen Aussage und damit auch deren Kontradiktion ein theoretisches Erklärungsmodell gefunden werden kann. Es kann dann ein Widerspruch auf einer relativ konkreten Aussagenebene auftreten, der auf einer höheren Abstraktionsstufe aufgelöst werden kann. Auf dieser Stufe werden die Theoretiker zunächst versuchen, einen Konsens herzustellen. So will man das Gegenüber überreden oder - besser noch - überzeugen in dem Sinne, daß der Gesprächspartner durch die intersubjektive Nachvollziehbarkeit zur selben subjektiven Wahrheit gelangt. Wird kein Konsens gefunden, so gilt der Konflikt trotzdem als aufgelöst, da beide Parteien wissen, warum sie unterschiedlicher Meinung sind. Dennoch wird eine Entscheidung bei fehlendem Konsens an den Bifurkationspunkten benötigt. Diese kann dann wenn schon nicht auf Wahrheit so doch auf Vertrauen basieren.

Zur Vertrauensbildung kann ein ergebnisorientierter pragmatischer Test herangezogen werden. Bei einer Übereinstimmung mit der Empirie auf Annahmenebene kann im Vergleich zu einer Übereinstimmung mit der Empirie auf Aussagenebene (Folgerungen) ein erhöhtes Vertrauen gewonnen werden[132]. So wird versucht, die Wissenschaftsgemeinde oder auch die Herausgeber wichtiger Journale zu überzeugen, deren Vertrauen zu gewinnen. Die Übereinstimmung mit den sogenannten stilisierten Fakten spielt dabei eine außerordentlich große Rolle. So stellen die stilisierten Fakten nahezu unumstößliche empirische Zusammenhänge dar. Gerade weil sie einem intersubjektiven Test zugänglich sind, dominieren sie die Betrachtung von Konflikten mit der Empirie. Anhand dieser kaum noch hinterfragten Fakten kann eine Entscheidung zwischen alternativen Theorien getroffen werden. Die Stärke der theoretischen Diskussion liegt darin, daß eine Verlagerung des empirischen Vergleichs hin zu den Annahmen möglich wird.

Mit diesen Ausführungen nähern wir uns der wissenschaftstheoretischen Position, die *McCloskey* (z.B. 1983 oder 1988) den Ökonomen unterstellt, nämlich, daß Wissenschaft nur ein disziplinierter Dialog sei[133]. Die Rhetorik der

---

[132] Hierin liegt auch ein entscheidender Unterschied zum Instrumentalismus. Siehe Fußnote 113 auf S. 142.

[133] Hierin kann eine Annäherung an die konstruktivistische Position gesehen werden, die den qualifizierten Dialog in den Mittelpunkt stellt.

Ökonomen im Sinne von *McCloskey* zielt auf die Überzeugung des (ökonomischen) Publikums und der Politik und somit vermutlich auch auf eine Verringerung von Widersprüchen auf der Aussagenebene.

6.5. Systemabgrenzung

Nachdem nun ein Modell, das Abstraktionsstufenmodell in der Darstellung durch einen deduktiven Baum, zur Konfliktlösung mit anschließender Konsenssuche vorgestellt wurde, wollen wir nun auf eine weitere Dimension des deduktiven Baumes eingehen. Bisher interessierten die verschiedenen Abstraktionsstufen und die ihnen zugeordneten Aussagen. In dieser vertikalen Richtung wurden Konflikte durch theoretische Diskussionen, die das Herzstück darstellen, aufgelöst. So wurde davon ausgegangen, daß sich jeder Widerspruch auf einer bestimmten Abstraktionsstufe, also in vertikaler Richtung, auflösen läßt. Unberücksichtigt blieb dabei die pragmatische Entscheidung des Forschers, nämlich die Festlegung der ihn interessierenden Systemelemente und deren Beziehungen untereinander. Es handelt sich dabei um die Systemabgrenzung, einen äußerst wichtigen Punkt im Spannungsgefüge zwischen Komplexitätsreduktion und Realitätsnähe. Sie kann als horizontale Analyse des deduktiven Baums aufgefaßt werden. So werden bestimmte Gegenstandsbereiche einfach ausgeschlossen bzw. durch einen zusätzlichen Attributwert "nicht berücksichtigt" modelliert. Doch zunächst wollen wir uns dem Begriff der Systemabgrenzung zuwenden.

Bei der Systemabgrenzung werden die in die Theoriebildung einzubeziehenden Elemente und deren Beziehungen untereinander festgelegt. Es handelt sich dabei um ein Problem der theoretischen Ebene, das allenfalls noch bei kontrollierten Experimenten[134] auftauchen kann, nicht jedoch in der "ökonomischen Empirie". Die Empirie zeichnet sich nicht durch eine bewußte Abgrenzung aus; es treten verschiedene Ereignisse ein, die sich dann in ihren Wirkungen überlagern oder auch gegenseitig beeinflussen. Nur im theoretischen Bereich werden die zu betrachtenden Systemelemente und deren Beziehungen bzw. Relationen bewußt ausgewählt, d.h. alle anderen Elemente und von ihnen ausgehende Wirkungen werden ausgegrenzt. Der Elementbegriff darf hierbei nicht zu eng interpretiert werden. So werden in einer Ökonomie mit rational

[134] Ein Beispiel hierzu wäre die Ausschaltung der Wirkungen von nicht kontrollierten elektromagnetischen Feldern auf ein Experiment durch die Benutzung eines *Faraday*schen Käfigs.

handelnden Individuen "lediglich" die irrationalen Komponenten des Handelns ausgeschlossen, nicht jedoch die Individuen selbst.

Die Systemab- bzw. -ausgrenzung spielt eine wichtige Rolle für die Transparenz der Argumentation. Die Auswirkungen auf die Diskutierbarkeit und letztendlich auf die Wissenschaftlichkeit sind evident. So kann eine Abweichung von theoretischer und empirischer Aussage entweder auf ein falsches oder auf ein unvollständiges Annahmensystem zurückgeführt werden.

Die Systemabgrenzung von Theorien sieht sich im Spannungsfeld von Komplexitätsreduktion und der Möglichkeit der kausalen Erklärung aller Einzelfälle. Zur Vereinfachung wird von der Realität mittels einer isomorphen Abbildung f ein Modell der Realität bzw. die idealisierten Annahmen einer Theorie erstellt[135] (siehe Abbildung 6.5). Mit theoretischen Schlußfolgerungen (deduktive Schließverfahren) gelangt man dann zur theoretischen Aussage gof. Die vielfältigen Überlagerungen in der Realität führen zu dem Ergebnis h. Durch den Vergleich der Ergebnisse kann dann überprüft werden, inwieweit die Komplexitätsreduktion zu gravierenden Fehlern führte.

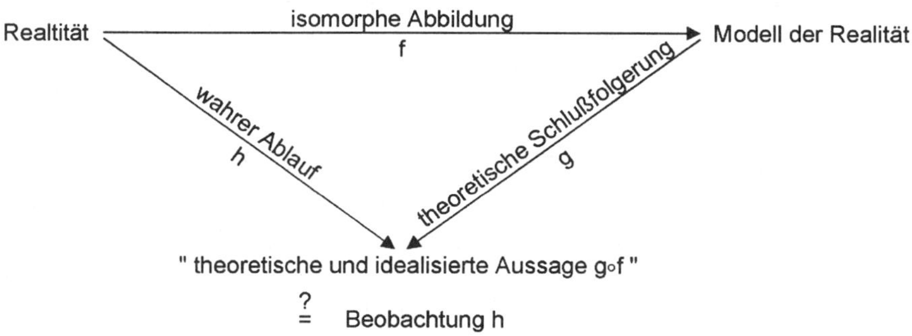

Abbildung 6.5: Systemabgrenzung (eigene Darstellung)

[135] *Schneeweiß* (1992) nennt diesen Schritt Abstraktion, bei dem nur die inhaltliche Bedeutung (Semantik) im Blickpunkt steht. Anschließend führt ihn die Relaxation (Vereinfachung) zu einem Formalmodell, einem Entscheidungsgenerator. Bei der Relaxation steht die sprachliche (syntaktische) Vereinfachung aus formalen (Lösbarkeits-) Gründen im Mittelpunkt. Syntaktische Vereinfachungen schränken in der Regel jedoch auch die semantische Bedeutung ein. Die Unterscheidungsfähigkeit von semantisch verschiedenen Situationen wächst mit dem Umfang der syntaktischen (sprachlichen) Möglichkeiten.

In einem Aufsatz zur General Systems Theorie geht *Boulding* (1956, S. 197f) davon aus, daß es für jeden Untersuchungszweck einen optimalen Grad an Allgemeinheit und damit auch an Informationsverzicht gibt: "*Somewhere however between the specific that has no meaning and the general that has no content there must be, for each purpose and at each level of abstraction, an optimum degree of generality*". Ein Kriterium für die Optimalität gibt er nicht an. Außerdem gibt er zwei Richtungen vor, mit denen verschiedene Untersuchungen unterschiedlicher Abstraktionsniveaus und Systemabgrenzungen integriert werden. Der erste Weg sucht die Gemeinsamkeiten aller Ansätze, der zweite und für uns interessante Ansatz "*is to arrange the empirical fields in a hierarchy of complexity of organization of their basic 'individual' or unit of behavior, and to try to develop a level of abstraction appropriate to each*" (*Boulding* 1956, S. 200). Anschließend schlägt er verschiedene hierarchische Stufen vor[136].

Je nach Ebene müssen nicht alle Systemelemente in die Analyse einbezogen werden, d.h. allein durch die Formulierung der Forschungsfrage und Ebenenzuordnung findet eine Systemausgrenzung statt. Aus einer Systemabgrenzung ergeben sich damit folgende relevante Fragen:

- *Ist das System gegenüber einer Veränderung der Annahmen stabil?* Es interessiert die Robustheit der theoretischen Aussagen bei einer Verbesserung der Realitätsnähe von Annahmen. Ein Beispiel für fehlende Robustheit geben *Akerlof* und *Yellen* (1985) mit ihrem Near-Rationality-Ansatz. Sie beschreiben nahezu rational handelnde Individuen, kommen aber durch deren Handlungen zu einem veränderten Gleichgewicht, d.h. die theoretischen Ergebnisse sind nicht robust. Diese theoretische Diskussion der Auswirkungen von Idealisierungen ist äußerst wichtig, um gute Gründe für oder gegen eine bestimmte Systemabgrenzung zu finden - hängt die Glaubwürdigkeit einer Theorie davon doch entscheidend ab.
- *Sind alle "crucial assumptions" berücksichtigt?* "Crucial assumptions"[137] sind solche Annahmen, auf deren Weglassen, d.h. Ausgrenzung, die Schlußfolgerungen sensitiv reagieren. Die Messung der Sensitivität ist jedoch nur in formalen Modellen möglich und impliziert, daß bei den Abweichungsmessungen der ausschließliche Bezug auf wahre oder falsche Aussagen im

---

[136] Diese sind im einzelnen: die statische Struktur, das einfache dynamische Verhalten, Kontrollsysteme (Kybernetik), offene Systeme (z.B. Synergetik), die Organismenfunktionen auf der Pflanzen-Ebene, der Tier-Ebene, der Mensch-Ebene, soziale Organisationen auf gesellschaftlicher Ebene und schlußendlich ein transzendentes System.

[137] Vgl. hierzu die Auffassungen von *Solow* (1956, S. 65) und *Richter* (1994, S. 598).

*Popper*schen falsifikationistischen Sinne aufgegeben wird. Es wird eine brauchbare Theorie durch eine Metrik über die Abstände zu den "wahren", aber unbekannten Aussagen definiert. Damit bekommt die Vorgehensweise der Ausgrenzung von wenig relevanten Größen in einem Modell einen instrumentalistischen Charakter[138].

Diesen beiden Fragen muß in der theoretischen Diskussion eine große Bedeutung beigemessen werden. Sie gehören ebenso wie die Übereinstimmung mit empirischen Aussagen zu den wichtigen Qualitätsparametern einer Theorie.

Besonders deutlich werden die Wirkungen von Systemausgrenzungen von Elementen oder auch Merkmalsausprägungen, wenn sich die von ihnen ausgehenden Konsequenzen mit den bereits berücksichtigten überlagern oder gar wechselseitig interagieren. Bestimmte Aussagen werden durch den Ausschluß erst möglich. So hängt beispielsweise die Wertveränderung einer Immobilie von der Qualität der Verkehrsanbindung und auch von der Umweltqualität ab. Betrachtet man jeweils nur einen Faktor, so ist eine klare Aussage möglich: eine Qualitätsverbesserung führt zu höheren Immobilienwerten. Betrachtet man beide Faktoren gemeinsam, d.h. die Systemausgrenzung des jeweils anderen Faktors wird aufgehoben, so ist eine Aussage zur Wertveränderung nicht mehr möglich, da durch eine verbesserte Verkehrsanbindung (Autobahn mit Auffahrt direkt vor der Haustüre) die Umweltqualität der Wohngegend sinken kann. Damit wird deutlich, daß durch die Hinzunahme eines vorher ausgegrenzten Faktors die Menge der Aussagen sowohl steigen als auch sinken kann. Gleiches gilt auch für die Menge der Falsifikatoren.

Gerade bei sich gegenseitig beeinflussenden Variablen kann die Komplexität nicht vollständig erfaßt werden, so daß (in der ökonomischen Theorie) dieses Problem der Vernetzung durch die ceteris-paribus Klausel "gelöst" wird. So wird manchen Variablen ein fester Wert zugewiesen (oder die Merkmalsausprägung bestimmter Merkmale wird festgeschrieben) und die weiteren theoretischen Aussagen gelten unter der Annahme der Konstanz. Die ceteris-paribus Klausel stellt damit eine spezielle Art der Abstraktion - und nicht der Systemabgrenzung - dar, bei der bestimmte Entscheidungen im deduktiven Baum in vertikaler Richtung fixiert werden.

Zur weiteren Differenzierung bietet sich noch die Gegenüberstellung von Systemabgrenzung und Abstraktion an. So ist die Systemabgrenzung, d.h. die

[138] In der Ökonometrie würde dieser Zielkonflikt von Komplexität eines Modells - und damit dem Verlust von Freiheitsgraden - und Wahrheitsannäherung (dort die Minimierung der "Restvarianz") auf eine Zielfunktion abgebildet werden, die asymptotisch, d.h. mit zunehmender Forschung (Daten), konsistent ist.

horizontale Betrachtung des deduktiven Baumes, von der Konfliktlösung durch Abstraktion in der vertikalen Dimension zu unterscheiden. Die Wirkungen eines (in der Systemabgrenzung) ausgegrenzten Merkmals bleiben unberücksichtigt, wohingegen bei einer Abstraktion nur Aussagen zulässig sind, die unabhängig von allen möglichen Merkmalsausprägungen dieses Merkmals sind, d.h. bei der Abstraktion muß das Merkmal in der Systemabgrenzung berücksichtigt werden. Aus dieser Gegenüberstellung folgt eine zentrale Aussage für die wissenschaftstheoretische Auffassung: *Ohne Systembegriff und ohne Systemabgrenzung kann keine Wissenschaftstheorie* in unserem Sinne *betrieben werden*[139].

Für die realwissenschaftliche Forschung ergibt sich auch eine weitreichende Forderung aus unseren Überlegungen: Bei einer durch den Forscher gewählten Systemabgrenzung ist immer zu zeigen, daß die Ergebnisse robust sind; entweder theoretisch, was weitaus schwieriger sein dürfte, oder empirisch, nämlich, daß die theoretisch denkbaren Alternativen "empirisch nicht relevant" sind. Dieser Aspekt wird bisher in der Forschung nicht adäquat berücksichtigt. Auch für den Theorienvergleich spielt die Systemabgrenzung eine wichtige Rolle. Sie ist nur in einem Rahmen möglich, der alle Systemelemente und –beziehungen enthält, also sehr weit ist.

6.6. Exkurs: Tautologie versus Abstraktion

Die Unterscheidung einer Tautologie von einer *Ultra-Abstraktion* fällt als Nebenprodukt des Abstraktionsstufenmodells an und läßt sich an einem Beispiel aus der Handlungsökonomie einführen. *Becker* (1982, S. 6) will mit seiner Theorie individuelles Verhalten erklären. Er ist der Meinung, daß sich über Geschmack nicht streiten läßt (vgl. *Stigler* und *Becker* 1977) und führt unterschiedliches Verhalten stets auf unterschiedliche Preise oder Kosten zurück. Um jedes Verhalten erklären zu können, schließt *Becker* seine Theorie, indem er individuelle Preise und Kosten einführt, nämlich Schattenpreise und Opportunitätskosten. Dieses zunächst "tautologisch" geschlossene System kann den-

---

[139] An dieser Stelle soll noch einmal die Interdependenz von Systemabgrenzung und Abstraktionsstufenmodell expliziert werden. Durch die Systemabgrenzung wird der potentielle deduktive Baum begrenzt, d.h. die möglichen Allaussagen werden eingeschränkt. Keinesfalls darf der deduktive Baum jedoch als Beschreibung des Systems durch verschiedene Zustände verstanden werden. Die Systemabgrenzung legt die Elemente und Beziehungen fest, die in den Allaussagen der Theorie berücksichtigt werden können.

noch getestet werden. Jeder gescheiterte Operationalisierungsversuch der Opportunitätskosten läßt die Zweifel an der Gültigkeit wachsen.

Blum und *Leibbrand* (1995) erklären die räumliche Interaktion auf ähnliche Weise. Die Skalen- und Verbundökonomie als Anreize zur Veränderung einer homogenen Ausgangssituation führen zu einer bestimmten Ressourcenausstattung als Ausgangspunkt der räumlichen Interaktion, deren Höhe von den Raumüberwindungskosten abhängt. Letztere stellen ein Distanzmaß zwischen zwei Punkten im geographischen Raum dar, welches allgemein als Metrik bezeichnet wird. Die Metrik schließt nun die Theorie der Interaktion in gleicher Weise wie die Opportunitätskosten das *Becker*sche System. Durch die freie Wahl einer Metrik ist es möglich, jede vorgegebenen Höhe der Interaktion zu erklären. In der empirischen Anwendung führt dies jedoch zu keinerlei Problemen, da man dort die Metrik stets operationalisieren muß. Da jede Interaktion vollständig erklärbar sein müßte, liegt jede Abweichung der theoretischen Aussage von der empirischen Beobachtung an der ungenügenden Beschreibung der Metrik (oder der Potentiale der untersuchten Punkte).

An diese beiden Beispiele schließt sich nun die Frage an, ob es sich jeweils um eine Tautologie oder um eine Abstraktion handelt, die keine Falsifikatoren besitzt. Dazu sollen verschiedene Definitionen von Tautologie betrachtet werden.

Czayka (1991, S. 14) formuliert eine Tautologie in einem logischen Kontext: "*Eine j.l.* [logische] *Formel heißt 'allgemeingültig' (oder: 'tautologisch') genau dann, wenn es für sie keine falsifizierende Interpretation gibt*". Für *Brinkmann* (1991, S. 13) heißt eine Aussage analytisch, "*wenn die Merkmale des Begriffes, der das Subjekt bildet, ausdrücklich zu den Merkmalen des Begriffes gehören, der das Prädikat bildet ... Beispiel: 'Das Dreieck ist dreieckig'. Solche Aussagen bieten keine Informationen, die nicht bereits im Begriff des Subjekts enthalten sind. Analytische Aussagen werden deshalb auch 'tautologisch' genannt*". Für *Esser*, u.a. (1977, S. 33) sind "*immer wahre ... Aussagen ... logische Gesetze oder Tautologien bzw. allgemeingültige Aussagen*".

Aus diesen verschiedenen Definitionen ist ersichtlich, daß sich bei den "*immer wahren Aussagen*" der *Wahrheitsbegriff nur* auf die *logische Wahrheit* bezieht, *nicht jedoch* auf die *faktische*. Dies kommt in unserer Definition zum Ausdruck.

Definition 6.7: Tautologie

Eine Formel heißt eine Tautologie genau dann, wenn sie unabhängig von den Wahrheitswerten der Aussagenvariablen stets logisch wahr ist.

Davon abzugrenzen ist die Weltformel, die eine Ultra-Abstraktion wie die oben in den Beispielen eingeführten geschlossenen Systeme darstellt. Zu ihr gibt es keine Falsifikatoren, sie ist unempirisch. Dies ist jedoch weder gleichbedeutend mit der logischen, noch mit der faktischen Wahrheit. Es ist nur die etwas eingeschränkte Aussage zulässig, daß die Weltformel oder unseren geschlossenen Systeme *faktisch nie falsch* sind. Mit Hilfe der Operationalisierungen gelangt man - im deduktiven Baum ist das der Weg von oben nach unten - zu empirischen Aussagen. Sowohl die Tautologie als auch die Ultra-Abstraktion haben keinen Informationsgehalt, was jedoch die einzige Gemeinsamkeit ist.

Die Identifikation von *Becker*s Tautologie mit einer (wissenschaftstheoretisch) unbedenklichen Abstraktion führt paradoxerweise an anderer Stelle dazu, daß *Becker*s Einstellung zur Darstellung der Präferenzen lediglich als Spezialfall gelten kann. Eine theoretische Abstraktion ermöglicht nun, auch Präferenzänderungen darzustellen, womit dann der Horizont so erweitert wird, daß auch die Modellierung der Flexibilität von der untergeordneten Bedeutung der Handlungsraumstrukturierung in der Nebenbedingung in die Zielfunktion wandern kann. Diese Übertragung gelingt mit Hilfe des Haushaltsproduktionsfunktionenansatzes. Neben dieser Paradoxie wirft die Abgrenzung aber auch weitere Fragen auf, die im Rahmen dieser Arbeit nicht untersucht werden.

So deutet das Auftauchen mehrerer geschlossener System ein noch offenes Problem des Abstraktionsstufenmodells an. Es sei angenommen, daß verschiedene geschlossene Verhaltensmodelle existieren, die alle vorgeben, das individuelle Verhalten zu erklären. Als Beispiele sollen die oben erwähnte Nutzenmaximierung im *Stigler-Becker*-Modell und die von *Lewin* bereits 1926 eingeführte Feldtheorie, nach der der Handlungsraum eines Individuums durch die Plazierung verschiedener Ziele ähnlich zu elektromagnetischen Feldern strukturiert wird, woraus sich dann die Handlungen ableiten lassen. An diesen Sachverhalt schließt sich unmittelbar die Frage an, ob diese beiden geschlossenen Systeme vergleichbar sind oder ob dazu sogar noch eine (orthogonal) abstraktere Stufe existiert. Mit dieser offenen Frage wollen wir diesen Exkurs beenden und die Auswirkungen unseres neuen und oben detailliert ausgeführten wissenschaftstheoretischen Standpunktes auf die Analyse der Handlungsökonomie erläutern.

6.7. Auswirkungen auf die weitere Forschung

Aus dem Abstraktionsstufenmodell folgern wir, daß es zwei Forschungsrichtungen gibt, nämlich eine in die Tiefe und eine nach oben "in die Breite".

Der größte Teil der Forschung bewegt sich in die Tiefe, d.h. im deduktiven Baum nach unten. Innerhalb eines Paradigmas[140] (Teilbaum) werden verschiedene, zumeist bekannte Merkmalsausprägungen kombiniert und immer weiter operationalisiert, so daß konkrete Aussagen möglich werden. Ein diese Forschungsrichtung typisierender Titel wäre: "Das Liebesleben der Ameisen unter senkrechter Sonneneinstrahlung", wobei unterschiedliche Winkel der Sonneneinstrahlung auch verschiedene Schlußfolgerungen/Forschungsergebnisse nach sich ziehen.

Die zweite Art der Forschung bewegt sich im deduktiven Baum nach oben. Das bisherige "Paradigma" wird als Spezialfall eines anderen, höher gelegenen formuliert. Zunächst wird die allgemeine Merkmalsausprägung entdeckt und artikuliert und dann die alternative Ausprägung des betreffenden Kriteriums spezifiziert. Anschließend kann dann dieser Teilbaum erforscht werden. Unmittelbar klar ist, daß dieser Schritt in die Breite - das Auffinden eines parallelen Teilbaums mit gemeinsamem Vorgängerknoten - zunächst abstrakt und damit ohne oder mit nur wenig empirischem Bezug bleiben muß. Die so entstehenden Entwürfe sind einer *Popper*schen Falsifikation nicht direkt zugänglich.

In der vorliegenden Arbeit wird der dissertationsuntypische Weg in die Breite beschritten und ein neuer Entwurf gewagt, der zu bekannten, aber bisher unvereinbaren Handlungsmodellen (-theorien) eine gemeinsame Abstraktionsstufe vorschlägt, von der aus neue Wege beschritten werden können. Dabei ist es hilfreich[141], die Grundlagen der Ökonomie bei der Suche nach einem gemeinsamen Vorfahren heranzuziehen. Der Weg führt zumeist über die Kritik an den bisher gemachten Einschränkungen oder über die Suche nach den übergeordneten Kriterien alternativer Handlungstheorien zur Meta-Theorie. So beginnen wir mit der Knappheit, kommen zu den Restriktionen und den Präferenzen von Individuen und enden in einem Füllstandsverhaltensmodell (siehe Kapitel 12 auf S. 281ff), bei dem eine Vorstellung der Präferenzen artikuliert wird. In diesem Modell läßt sich der homo oeconomicus - auch unter Unsicherheit - modellieren und dem ökonomisch denkenden *homo flexibilis* gegenüberstellen. Es wird die Basis für einen Vergleich der *von Neumann* und *Morgenstern*schen Erwartungs-Nutzen-Theorie mit dem Flexibilitätsansatz geschaffen.

---

[140] Durch eine entsprechende Anordnung der Abstraktionsstufen kann erreicht werden, daß die paradigmatischen Annahmen im deduktiven Baum ganz oben stehen und damit der verbleibende Teilbaum die Forschung im Paradigma darstellt.

[141] Außerdem ist es die natürliche, aber willkürliche Entscheidung eines Ökonomen.

Die zweite Wirkung des diskutierten Abstraktionsstufenmodells kann von der horizontalen Betrachtungsweise, der Systemabgrenzung, herrühren. In wissenschaftstheoretischem Sinne zielt sie auf die Robustheit der Ergebnisse bei der Hinzunahme, des Weglassens oder des Veränderns von Annahmen. Darauf liegt jedoch nicht der Schwerpunkt unserer Analyse. Allerdings nehmen wir mit dem Flexibilitätsansatz eine Zwitterposition ein. So läßt sich die Flexibilität in einem rationalen System nur auf systemexogene Impulse (Schocks) bezogen definieren. Wir erhalten eine Systemabgrenzung durch das gewählte Handlungsmodell. Systemintern und damit endogen werden alle als stark vermuteten, wechselseitigen Beziehungen des Individuums dargestellt, die für ihn auch beherrschbar sind. Die flexible Reaktion auf die äußere Struktur und deren Impulse kann dann als Versuch der Rationalisierung der externen Systemelemente interpretiert werden. Die Systemdarstellung in interne und externe Bestandteile ist selbst wiederum ein Überprüfungstatbestand in der wissenschaftstheoretischen Systemabgrenzung.

7. Strukturalistische Theorieauffassung von *Sneed* und *Stegmüller*

Dem aufmerksamen Leser ist sicher nicht entgangen, daß ein wichtiger Teil der neueren Wissenschaftstheorie, der Strukturalismus oder "non-statement view", bisher ausgespart wurde. Er stellt sich zu Recht die Frage, warum ein eigener Entwurf präsentiert wird, wenn noch nicht einmal alle vorhandenen Konzeptionen auf ihre Tauglichkeit hin überprüft wurden. Dies wollen wir nun nachholen. Die Reihenfolge wurde bewußt so gewählt, da unser Abstraktionsstufenmodell auch in der Tradition des "statement view" wie die bisher besprochenen Konzeptionen steht und wir diesbezüglich keinen Bruch in die Arbeit bringen wollten. Zunächst soll die strukturalistische Sichtweise von Theorien dargestellt werden, um anschließend ihren Beitrag zur Wissenschaftstheorie einordnen zu können, d.h. welche Frage können besonders gut durch diese Sichtweise angegangen werden. Nach einer Abgrenzung zur Aussagenkonzeption werden wir gute Gründe für die Wahl des eigenen Modells liefern.

Die strukturalistische Version nach *Sneed* und *Stegmüller*[142] will sich von der Aussagenkonzeption der traditionellen Wissenschaftstheorie absetzen. Dies

---

[142] Wegbereiter dieser Konzeption waren *Suppes* (1954, 1957, 1967) und *Adams* (1959). Als Zwischenbericht über den Forschungsstand in der strukturalistischen Wissenschaftstheorie kann *Balzer*, *Moulines* und *Sneed* (1987) und *Stegmüller* (1986) gelten.

kommt auch in den englischsprachigen Bezeichnungen "statement view" versus "non-statement view" zum Ausdruck. Beide Ansätze fassen Wissenschaft als menschliche Aktivität auf, die Resultate in Form von kognitiven Strukturen (z.B. Theorien) erzeugt. Allerdings legen sie unterschiedliche Schwerpunkte. Die Aussagenkonzeption betont den prozessualen Charakter und sucht ein Abgrenzungskriterium zur Unterscheidung von guten (besseren) und schlechten (schlechteren) bzw. wissenschaftlichen und unwissenschaftlichen Theorien[143]. Aus dieser Kriteriendefinition, verbunden mit einer realistischen Weltsicht, folgt dann implizit die Theoriendefinition. Es kann entweder das Abgrenzungskriterium frei definiert werden oder der Begriff einer wissenschaftlichen Theorie. Der Strukturalismus wählt den entgegengesetzten Weg und beginnt mit der Definition des Begriffs Theorie. Der Schwerpunkt der Analyse liegt in der Erarbeitung der strukturellen Komponenten einer Theorie, so daß rationale Rekonstruktionen ex-post möglich werden. Bevor wir die Theoriekonzeption untersuchen können, muß noch der Begriff der Theoretizität bzw. des theoretischen Terms eingeführt werden. So versuchte *Sneed* (1971) die Frage zu beantworten, in welchem Sinne ein theoretischer Term von einer wissenschaftlichen Theorie kommt.

Das Problem mit den "theoretischen" Begriffen wurde zunächst in der Dichotomie "beobachtbar" versus "nicht beobachtbar" von den Positivisten, Empiristen und den kritischen Rationalisten behandelt. So sollten alle Begriffe beobachtbar oder meßbar sein. *Carnap* (1959, S. 48) und *Hempel* (1965a, S. 29ff) kamen zu der Einsicht, daß in jeder entwickelten Wissenschaft Begriffe verwendet werden, die nicht auf Beobachtbares zurückzuführen sind.

Die Lösung dieses Problems sah *Carnap* in der Zwei-Ebenen-Sprache der Wissenschaft[144]. Er gibt damit die Kontextunabhängigkeit der theoretischen

---

[143] Dies ist verbunden mit einer absolut- oder relativ-rationalen Weltsicht, die sehr stark an dem "Erkennen" der Wahrheit hängt.

[144] Die rein sprachanalytische Betrachtung in der Philosophie trifft noch auf andere Probleme. Sie wird sowohl von *Popper* als auch von *Stegmüller* abgelehnt. *Popper* (1989, S. XVIff) geht davon aus, daß das Wachstum des Wissens nicht mit sprachanalytischen Methoden - weder durch die Alltagssprache noch durch eine künstliche (formalisierte) Modellsprache - erfaßt werden kann. So können mit den bekannten Modellsprachen nur winzige Ausschnitte aus realen Theorien konsistent beschrieben werden. Damit lehren diese Ansätze "*weder etwas über das Wachstum der Wissenschaft noch etwas über das Wachstum des gesunden Menschenverstandes*" (*Popper* 1989, S. XX). Für das Studium der wissenschaftlichen Erkenntnis, die maßgeblich für den Erkenntniszuwachs ist, ist somit eine anders geartete Untersuchung nötig. *Popper* schlägt hierzu eine "Logik der Forschung" vor. *Stegmüller* (1979, vgl. S. 5) sieht das Problem in der fehlenden Fähigkeit der Individuen, logische Konstruktionen von Erfahrungswissenschaften in ihrer Komplexität zu durchdringen, d.h. die Wissenschaftler sind nicht in der

Terme auf und relativiert sie in bezug auf die Sprache. Die Wissenschaftssprache L wird in die Beobachtungssprache L_B und die theoretische Sprache L_T zerlegt. Über Zuordnungsregeln muß nur das für die empirische Interpretation notwendige, theoretische Vokabular in empirisch meßbare (beobachtbare) Größen übersetzt werden. Außerdem wurde eine theorieneutrale Beobachtungssprache vorausgesetzt, was natürlich gesondert hinterfragt werden kann.

Auch die Zwei-Sprachen-Vorstellung führte nicht weiter, da in ein und derselben Wissenschaftssprache verschiedene (kommensurable) Theorien ausgedrückt werden, und damit müßten die entsprechenden Terme entweder in beiden Theorien theoretisch oder nicht-theoretisch sein. *Stegmüller* (1985, vgl. S. 32f) geht deshalb von der Relativierung theoretischer Begriffe auf bestimmte Theorien aus und verwirft folglich den Zwei-Sprachen-Ansatz. Dies führte zur Aufgabe des linguistischen Ansatzes durch die Strukturalisten. Sie wählten einen funktionalistischen Ansatz und relativierten die theoretischen Begriffe ausschließlich auf bestimmte Theorie. Die Grenze zwischen Beobachtbarem und Theoretischem existiert nicht bereits vor der Formulierung einer Theorie auf der Ebene der Wissenschaftssprache, sondern unabhängig davon erst, nachdem die Theorie präzisiert wurde. Doch zunächst wollen wir das Theorieverständnis des Strukturalismus untersuchen.

Sneed (1971) identifiziert eine Theorie mit einer mathematischen Struktur[145]. Ähnlich zu den Definitionen von Vektorräumen geht er von Axiomen (Eigenschaften) aus, die die Struktur beschreiben. Ein bestimmtes Element kann dann diese Eigenschaften besitzen, z.B. X sei ein Vektorraum. *Stegmüller* (1983, vgl. S. 1036f) erläutert diese Idee an Beispielen und wählt hierzu die Balkenwaage, die Wippschaukel, die Laufgewichtswaage, etc. Ihnen gemeinsam ist die archimedische Statik bzw. Gleichgewichtstheorie, die sich abstrakt über Gegenstände sowie deren Gewichte und Abstände von einem Drehpunkt und einer Gleichgewichtsregel formulieren läßt. Damit existiert eine axiomatische Formulierung.

Dabei wird kein formales *Hilbert*sches Axiomensystem gewählt, welches sich aus einer als syntaktisches System aufgebauten formalen Sprache S, einer Teilklasse K von S und rein syntaktisch formulierten Ableitungsregeln R zusammensetzt. In dem Tripel <S, K, R> bildet K das Axiomensystem, welches nicht umgangssprachlich formuliert ist. Diese Konzeption wird der Aussagenkonzeption zugrundegelegt. Allerdings gibt es aufgrund ihrer Komplexität

---

Lage, komplexe Theorien der Erfahrungswissenschaft in einer formallogischen Sprache zu formulieren, um dann den Theorienfortschritt zu diskutieren.

[145] Daher auch der Name Strukturalismus, der von *Bar-Hillel* eingeführt wurde.

kaum erfahrungswissenschaftliche Theorien, die auf diese Art formalisiert vorliegen. Der Strukturalismus wählt unter anderem deshalb eine andere Art der Axiomatisierung, nämlich die informell mengentheoretische durch die Definition eines mengentheoretischen Prädikats wie z.B. "ist eine archimedische Statik". Bei dieser Art der Formulierung liegt es nahe, nach der Extension dieser Menge zu fragen. Die Theorie ist damit doppelt definiert: zum einen durch das Prädikat und zum anderen durch die Extension. Die Elemente erfüllen alle Axiome, welche zum Zwecke der besseren Übersicht nach ihrem Bezug auf die Systemelemente, auf die Struktur der Beziehungen unter den Elementen sowie auf zu erfüllende (Gleichheits-) Bedingungen unterschieden werden können, und werden Modelle genannt.

Definition 7.1: Modell

M ist ein Modell einer informell mengentheoretisch axiomatisierten Theorie T genau dann, wenn M alle Axiome von T erfüllt.

Die Wippschaukel beispielsweise ist dann ein Modell der archimedischen Statik oder allgemeiner: e ist ein Modell von T. Ein Modell hat in der Regel einen empirischen Bezug, muß ihn jedoch nicht haben. So sind auch rein formale Modelle, die als Systemelemente Zahlen enthalten, Bestandteil der Theorie. In der Regel werden empirische Anwendungen gesucht, d.h. es werden empirische Strukturen untersucht, ob sie ein mögliches Modell der Theorie sind. Bevor wir uns den intendierten Anwendungen einer Theorie zuwenden können, müssen wir noch die Begriffe der potentiellen und der partiellen potentiellen Modelle einführen.

Bei einer neuen Anwendung läßt sich zunächst relativ leicht feststellen, ob die Struktur der wirklichkeitsabbildenden Elemente der theoretischen entspricht. Es werden nur die Axiome der Systemelemente und die Strukturen ihrer Beziehungen geprüft. Diese Axiome nennen wir das mengentheoretische Grundprädikat. Damit ist es prinzipiell möglich, daß es sich um ein Modell der Theorie handelt.

Definition 7.2: Potentielles Modell

M_{pot} ist ein potentielles Modell von einer Theorie T genau dann, wenn M_{pot} das mengentheoretische Grundprädikat von T erfüllt.

Auch ein potentielles Modell ist nur durch mengentheoretische Entitäten charakterisiert und damit hinreichend abstrakt. Weiterhin gilt, daß die Menge der Modelle eine Teilmenge der Menge der potentiellen Modelle ist. Denn die Menge (oder Klasse) der Modelle entspricht der Extension des eine Theorie kennzeichnenden informellen mengentheoretischen Prädikates, wohingegen die potentiellen Modelle nur ein Teilprädikat erfüllen müssen.

Die bisherige Charakterisierung einer Theorie durch die mengentheoretische Axiomatisierung führte zu einer rein syntaktischen Bedeutung. Die Einführung der Semantik ermöglicht die Formulierung von empirischen Theorien und führt uns zu den intendierten Anwendungen. Es handelt sich um eine Anwendung der Theorie auf einen bestimmten Wirklichkeitsausschnitt. Bereits *Adams* (1959, S. 260) verband die Menge der Modelle M mit der Menge der intendierten Anwendungen I, um eine empirische Theorie zu definieren: "*The theory is true if and only if all of its intended models satisfy its axioms, otherwise it is false. If T = <M,I>, then T is true if and only if I is a subset of M*". Damit ist allerdings ein Scheitern von intendierten Anwendungen nicht mehr möglich, da sie ein Modell der Theorie darstellen und damit definitionsgemäß wahr sind. Ein Unterscheidung von nur intendierten und gelungenen intendierten Anwendungen wäre nicht möglich, wird aber für die Rekonstruktion der Theoriendynamik benötigt. Ein Ausweg aus diesem Problem liegt darin, die intendierten Anwendungen nur noch als potentielle Modelle aufzufassen. Dies setzt allerdings voraus, daß die Erfüllung des Grundprädikats wesentlich leichter vom Forscher überprüft werden kann. Ansonsten tritt das identische Problem nur auf einer späteren Stufe auf.

Der Ableitung empirischer Tatbestände aus einer empirischen Theorie stehen jetzt nur noch die theoretischen Terme entgegen. Sind in den Schlußfolgerungen theoretische Begriffe enthalten, so ist ein Vergleich mit der Empirie nicht möglich. Für *Sneed* kann zwischen theoretischen und nichttheoretischen Begriffen erst nach der Formulierung einer Theorie T unterschieden werden. Dabei stellt er diese Größen nicht den beobachtbaren gegenüber, sondern sie werden positiv als diejenigen Größen ausgezeichnet, welche die Gültigkeit der Theorie voraussetzen, in der sie vorkommen. *Stegmüller* (1986, S. 33) wählt hierfür eine griffige Formulierung: "*Eine Größe ist T-theoretisch, wenn ihre Messung stets die Gültigkeit eben dieser Theorie T voraussetzt*". Beispielsweise gelten in der klassischen Partikelmechanik nach *Newton* die Masse und die Kraft als T-theoretisch. Die Definition in bezug auf eine Theorie führt zu dem Problem der Zirkularität. So kann keine Anwendung der Theorie gefunden werden, ohne die theoretischen Terme zu kennen und vorher sind diese Terme nicht bestimmt. Dies muß für alle möglichen Anwendungen gelten.

Um diese Zirkularität, *Sneed* nennt sie das Problem der theoretischen Terme, mit Hilfe einer verallgemeinerten *Ramsey*-Methode[146] zu eliminieren, wird ein partielles Modell einer Theorie eingeführt.

---

[146] Siehe zur Formulierung einer Lösung in *Ramsey* 1929.

Definition 7.3: Partielles Modell

M_{par} ist ein partielles Modell von einer Theorie T genau dann, wenn M_{par} durch die Elimination der T-theoretischen Komponenten aus einem Modell M als Redukt hervorgeht und auch eine theoretische Ergänzung existiert, die M_{par} in M überführt.

Ein partielles Modell kann als die Übereinstimmung der empirischen Struktur mit den nichttheoretischen Größen der betrachteten Theorie interpretiert werden. Durch die Überlagerung der zugehörigen Definitionen wird auch klar, was unter einem partiellen potentiellen Modell zu verstehen ist.

Im Strukturalismus ist das Ziel des Wissenschaftlers das Aufspüren aller Modelle einer Theorie, insbesondere natürlich die Ausweitung der intendierten Anwendungen, was in der Aussage "e ist ein Modell von T" gipfelt. Die *Ramsey*-Elimination führt dann zu der Abschwächung "Das partielle Modell a besitzt eine theoretische Erweiterung e, die ein Modell von T ist". Diese Formulierung ist insofern schwächer, als die explizite Bezugnahme auf die theoretischen Terme vermieden werden und deren Bestimmbarkeit damit nicht vorausgesetzt werden muß. Es handelt sich um eine empirische Aussage.

Bei der *Ramsey*-Methode werden die theoretischen Terme durch Variablen ersetzt und es wird angenommen, daß Werte für die Variablen, sogenannte theoretische Ergänzungen, existieren, d.h. die theoretischen Größen werden "*existenziell wegquantifiziert*" (*Stegmüller* 1983, S. 1041) bzw. wegdefiniert. Dabei will der dadurch entstandene *Ramsey*-Satz für die praktische Forschung gar nicht fruchtbar sein, sondern lediglich durch das Aufzeigen der "funktionellen Äquivalenz" oder "Strukturgleichheit" von *Ramsey*-Satz und Ausgangstheorie[147] wissenschaftstheoretische Untersuchungen erleichtern. Können Werte für die theoretischen Begriffe gefunden werden, so erfüllt die empirische Struktur die Prinzipien der Theorie. Die Aussage "Das partielle Modell a besitzt eine theoretische Erweiterung e, die ein Modell von T ist" ist dann empirisch verifiziert.

Für den Wissenschaftler stellt sich somit die Frage, ob er eine solche Ergänzung finden kann. Scheitert er, so muß er die Möglichkeit erwägen, daß das Modell nicht mit der theoretischen Struktur erklärbar ist. Eine Widerlegung durch Beispiele ist aufgrund der Formulierung mit Hilfe von Existenzquantoren nicht möglich. Wird ein Nichtexistenzbeweis erbracht, so kann die Theorie auf diesen Bereich nicht angewendet werden.

---

[147] Jede von theoretischen Termen freie Aussage, die aus der Originaltheorie gefolgert werden kann, kann auch aus dem *Ramsey*-Satz der Theorie abgeleitet werden (vgl. *Stegmüller* 1970, S. 409ff).

Damit die Abhängigkeit verschiedener Anwendungen in ein und derselben Theorie berücksichtigt werden können, werden Nebenbedingungen, sogenannte Constraints[148], eingeführt. So sollte in allen Anwendungen der klassischen Partikelmechanik nach *Newton* beispielsweise die Masse der Erde identisch sein.

Formal läßt sich im Strukturalismus eine Theorie durch ein Quintupel beschreiben: $T = \langle M_{pot}, M, M_{par}, C, I \rangle = \langle K, I \rangle$. Dabei wird die Menge der potentiellen Modelle, der Modelle, der partiellen Modelle und der Nebenbedingungen als Kern einer Theorie bezeichnet. I bezeichnet weiterhin die Menge der intendierten Anwendungen, die damit auch zu potentiellen Modellen erweiterbar sein müssen. Die empirische Überprüfung beantwortet dann die Frage, ob es sich auch um ein Modell der Theorie handelt. Die empirische Behauptung einer Theorie besteht damit aus der Menge der durch alle intendierten Anwendungen ableitbaren Aussagen und kann als Rekonstruktionsresultat mit Hilfe von formalen Strukturen aufgefaßt werden.

Das Ziel des Strukturalismus ist es, zum Verständnis wissenschaftlichen Verhaltens (Forschen und Wissenserweiterung) unter Heranziehung von logischen, erkenntnistheoretischen und pragmatischen Gesichtspunkten beizutragen. Ansatzpunkt hierzu sind logische Strukturen, mit denen die Realität rekonstruiert wird. Dadurch können rationale Problemlösungen entstehen. Mit diesem neuen und durch die informelle mengentheoretische Axiomatisierung auch leichten Zugang zur wissenschaftstheoretischen Diskussion konnte die Frage nach der Bedeutung der theoretischen Terme beantwortet werden. Außerdem ist eine klare Unterscheidung von Theorie und Modell möglich geworden. Charakteristisch ist die - zumindest aus volkswirtschaftlichem Blickwinkel - Verdrehung der Sichtweise von Modell und Theorie. So gilt bei der Darstellung des Gütermarktes durch ein Gleichungssystem der Gütermarkt als ein Modell der Theorie der Gleichungssysteme, d.h. er entspricht einer Belegung der theoretischen Aussagen mit realer Bedeutung. Mit dieser Art der Strukturierung wird dann eine rationale Rekonstruktion von Theorien im Nachhinein möglich. Der Fortschritt von Theorien wird ex-post diskutierbar.

Der Theorienfortschritt wird in dem mengentheoretischen Verständnis im Rahmen von intertheoretischen Relationen, nämlich der Spezialisierung, der Theoretisierung und der Reduktion, diskutiert. Durch diese Beziehungen zwischen den Theorien entstehen dann Theoriennetze. Bei der Spezialisierung werden einer "Grundtheorie" weitere, speziellere Axiome hinzugefügt. Die Theoretisierung hebt auf das hierarchische Zusammenspiel verschiedener Theorien ab. Bei der Reduktion muß sich eine Theorie T_1 auf eine fortge-

---

[148] Siehe zur Vertiefung beispielsweise *Stegmüller* 1983, S. 1047ff.

schrittene Theorie T_2 reduzieren lassen. Dies kann dadurch erfolgen, daß sämtliche Axiome von T_1 aus denen von T_2 abgeleitet werden können. Eine andere Möglichkeit, die weniger fordert, drückt *Stegmüller* (1983, S. 1069) wie folgt aus: *"... daß dasjenige, was die reduzierte Theorie über eine ihrer Anwendungen sagt, ... 'dasselbe' ist wie dasjenige, was die reduzierende Theorie über jede der jener Anwendung der ersten Theorie entsprechende Anwendung aussagt*". In den entstehenden Theorienetzen existieren damit Beziehungen zwischen den Theorien, die den Fortschritt ausdrücken können. Hierfür werden jedoch Anwendungen vorausgesetzt, d.h. es muß "entschieden" worden sein, ob eine intendierte Anwendung ein Modell der Theorie ist und damit als gültig angenommen wird.

Zur Entscheidung der Korrektheit einer Anwendung wird jedoch kein (objektives) Kriterium gegeben. Da eine objektive oder absolute Wahrheit für den Strukturalismus nicht existiert, muß hier pragmatisch entschieden werden. Eine Erklärung für die Wahl der Zugehörigkeit einer Theorie muß sozialpsychologisch sein und die Werturteile der Individuen berücksichtigen. Die Entscheidung kann nicht irrational sein[149], da es kein rational-analytisches Verfahren zur Theorienbewertung und -wahl gibt. Objektive Rationalitätskriterien existieren hierfür niemals. Somit ist nur eine deskriptive Forschungsrichtung möglich, wohingegen (vor allem) der (junge) anwendungsorientierte Forscher mit aus einem normativen Ansatz abgeleiteten Anhaltspunkten "besser" bedient wäre. Die Frage "Wie und wann ist eine Theorie zu erweitern?" bleibt unbeantwortet.

Die Aussagenkonzeption kann unseres Erachtens hier mehr Führung bieten. Nach der Abgrenzung beider Ansätze wollen wir dies begründen. Ein wichtiger Unterschied liegt in der Art der Axiomatisierung: Auf der einen Seite ein informelles mengentheoretisches Axiomensystem, auf der anderen Seite ein formales *Hilbert*sches Axiomensystem, welches eine formale Sprache voraussetzt. Letztere Art der Axiomatisierung ist schwieriger und ist bisher für eine komplexere erfahrungswissenschaftliche Theorie noch nicht gelungen. Durch den Bezug von Theorien auf eine formale Sprache und die fehlende klare Unterscheidung von Theorie und Modell haben Theorien der Aussagenkonzeption einen universellen Anwendungsbereich. Ein Versagen einer Theorie kann nicht einfach dadurch beseitigt werden, daß eine Anwendung nicht mehr intendiert wird. In der Aussagenkonzeption werden Syntax und Semantik zu Aussagen verbunden und somit Struktur und Anwendungsbereich vermischt, wobei daraus nicht automatisch eine Qualitätseinstufung folgen kann.

---

[149] Dies ist als Anspielung auf den an *Kuhn* gerichteten Vorwurf der Irrationalität in der Wissenschaft von *Popper* und *Lakatos* zu verstehen.

Die Überlegenheit des Strukturalismus kann auch nicht aus den mit der auf *Carnap* zurückgehenden Zwei-Ebenen-Sprache, die die Grundlage der Aussagenkonzeption darstellt, verbundenen Schwierigkeiten abgeleitet werden. Die auf die theoretische Sprache rückführbaren Inkommensurabilitäten in der Aussagenkonzeption sind mit Hilfe der *Ramsey*-Elimination auflösbar[150]. Das Auftreten von Widersprüchen scheitert damit nicht an der unterschiedlichen Belegung von theoretischen Sprachelementen, womit die wichtigste Voraussetzung des Abstraktionsstufenmodells erhalten bleibt. Der Ausgangspunkt ist ein Konflikt (Widerspruch), der sowohl logischer als auch semantischer Natur sein kann. Logische Konflikte sind für uns jedoch uninteressant, da diese beim Entdecken auch automatisch beseitigt werden, d.h. danach gibt es keine zwei Meinungen mehr. Die meisten und für uns interessanten Widersprüche entstehen bei der Gegenüberstellung zweier Aussagen, in denen Syntax (Struktur) und Semantik vermischt sind. Diese Vermischung ist unseres Erachtens gerade charakteristisch für den Konflikt, aus dem dann der Antrieb zu neuem Wissen entsteht und macht gleichzeitig unseren Ansatz intuitiv zugänglich.

Unser Ziel war es, normativ eine Hilfestellung für die Weiterentwicklung von Theorien zu geben und nicht nur im Nachhinein das Verhalten der Wissenschaftler zu rationalisieren. Unser Motto zur dynamischen Verbesserung der Erklärungen an den Wissenschaftler lautet: *Entdecke Konflikte und löse sie (auf)!* Dadurch werden die verschiedenen Welten (Kosmologien, Sichtweisen) deutlich. Unseres Erachtens ist dies nur mit der Aussagenkonzeption möglich. Konfligierende Aussagen bedingen eine Unterscheidbarkeit, die in einem mengentheoretischen Kontext stets durch die Zugehörigkeit zu disjunkten Mengen (Satzklassen) ausgedrückt werden kann. Substantiell wird diese Unterscheidung jedoch erst in Verbindung mit der Semantik, also der Bedeutung von Aussagen. Erst dann entsteht der für uns interessante Fall eines Konfliktes.

Der wissenschaftliche Konflikt ist unseres Erachtens auch eine wichtige Antriebsfeder zur Verbesserung von Theorien. Diese Motivation tritt im Strukturalismus weit weniger auf, da dort eine Anwendung einfach zu einer nicht intendierten erklärt werden kann. Die Konfrontation mit und die Rechtfertigung vor Dritten ist damit schwächer als in der Aussagenkonzeption. Damit wird noch einmal ersichtlich, warum wir die Voraussetzungen für die Konfliktfähigkeit - Nachvollziehbarkeit, Kritikfähigkeit und Diskussionsfähigkeit -

---

[150] Gerade die im Abstraktionsstufenmodell benötigten Operationalisierungen entsprechen einer intern konsistenten Belegung der "theoretischen Sprachelemente", deren "Bewährung" noch aussteht. Verschiedene Operationalisierungen können dann in Wettbewerb zueinander treten. Damit wird auch unterstellt, daß verschiedene formale Sprachen existieren können, die sich im theoretischen Teil unterscheiden können.

und die Auflösung von Konflikten mit Hilfe des Abstraktionsstufenmodells, symbolisiert durch den deduktiven Baum, in den Vordergrund unserer eigenen Überlegungen gestellt haben. Wir vertreten die Meinung, daß der Theorienfortschritt in einer ex-ante Betrachtung eher ein Problem der Konfliktentdeckung und -auflösung und weniger ein Problem der aufgrund der theoretischen Terme entstehenden Schwierigkeiten ist. Insofern bietet der Strukturalismus für unser Vorhaben, zumindest momentan, nur Scheinlösungen. Für die ex-post Analyse des Theorienfortschrittes ist der Strukturalismus allerdings sehr geeignet.

Mit diesem kurzen Plädoyer für das Abstraktionsstufenmodell soll nun der wissenschaftstheoretische Teil beendet und auf die Handlungsökonomie angewandt werden. Auf einer abstrakten Stufe sollen ihre Grundlagen und Modelle untersucht werden, um sie anschließend auf einer höheren Abstraktionsstufe zu vereinen. Zum Abschluß soll noch ein dadurch klar zu charakterisierender Teilbaum angedeutet werden, der die Einordnung des Flexibilitätsbegriffs in individuelle Handlungsmodelle zuläßt.

It is by failure that we learn, and perhaps the greatest service is to point out where the failures lie.

Kenneth E. Boulding

Teil III: Handlungsökonomik

Beginnen wollen wir mit einer kleinen Vorschau auf den Fortgang der Untersuchung. Dadurch soll ein erster Eindruck entstehen, der die Einordnung der weiteren Resultate erleichtert. In diesem Teil wird ein neuer Entwurf gewagt, der zu bekannten, aber bisher unvereinbaren Handlungsmodellen (-theorien) eine gemeinsame Abstraktionsstufe vorschlägt, von der aus neue Wege beschritten werden können. Dabei ist es hilfreich, die Grundlagen der Ökonomie bei der Suche nach einem gemeinsamen Vorfahren heranzuziehen[151]. Die nachfolgenden Ausführungen führen zumeist über die Kritik an den bisher gemachten Einschränkungen oder über die Suche nach den übergeordneten Kriterien alternativer Handlungstheorien zur Meta-Theorie. So beginnen wir mit der Knappheit, kommen zu den Restriktionen und den Präferenzen von Individuen und enden in einem Füllstandsverhaltensmodell (siehe Kapitel 12 auf S. 281ff), durch das ein Vorschlag zur Darstellung von Präferenzen artikuliert wird. In diesem Modell läßt sich der homo oeconomicus, auch unter Unsicherheit, modellieren und dem ökonomisch denkenden *homo flexibilis* gegenüberstellen. Es wird ein Vergleich der *von Neumann* und *Morgenstern*schen Erwartungsnutzentheorie mit dem Flexibilitätsansatz vorbereitet und diskutiert.

Ausgangspunkt der Überlegungen in dieser Arbeit war die Diskussion und Verwendung des Flexibilitätsbegriffs in der Ökonomie. Bisher wurde er hauptsächlich dem mikroökonomisch eingeordneten Produktionsbereich zugeordnet. Flexibilität wurde in den Handlungsmodellen der (gewinnmaximierenden) Unternehmer zumeist indirekt über die Nebenbedingungen, z.B. in Form von

---

[151] Mit unserem neuen Entwurf wollen wir das Terrain der Ökonomie nicht verlassen. Aus der Grundlagendiskussion erhalten wir Hinweise auf die zu berücksichtigenden Systemelemente, die bei der Abgrenzung berücksichtigt werden müssen, und auf die prinzipiellen Eigenschaften, die alle Modelle bzw. Theorien erfüllen müssen.

Anpassungskosten, eingeführt (siehe Teil I auf S. 22). Bei der Verhaltensbeschreibung der Konsumenten wurde dieser Aspekt vernachlässigt. Mit Hilfe des Haushaltsproduktionsfunktionenansatzes von *Stigler* und *Becker* lassen sich die Haushalte auch als produzierende Einheiten auffassen, womit sich die Flexibilität übertragen und sich in ein allgemeines Handlungsmodell integrieren läßt.

Die zweite Wirkung[152] des in Teil II diskutierten Abstraktionsstufenmodells kann von der horizontalen Betrachtungsweise, der Systemabgrenzung, herrühren. In wissenschaftstheoretischem Sinne zielt sie auf die Robustheit der Ergebnisse bei der Hinzunahme, dem Weglassen oder dem Verändern von Annahmen. Darauf liegt jedoch nicht der Schwerpunkt unserer Analyse. Allerdings nehmen wir mit dem Flexibilitätsansatz eine Zwitterposition ein, bei der sowohl die Abstraktion als auch die Systemabgrenzung berücksichtigt werden muß. So läßt sich die Flexibilität in einem rationalen System nur auf systemexogene Impulse (Schocks) bezogen definieren. Wir erhalten eine Systemabgrenzung durch das gewählte Handlungsmodell. Systemintern und damit endogen werden alle als stark vermuteten, wechselseitigen Beziehungen des Individuums dargestellt, die für ihn auch beherrschbar sind. Die flexible Reaktion auf die äußere Struktur und deren Impulse kann dann als Versuch der Rationalisierung der externen Systemelemente interpretiert werden. Die Systemdarstellung in interne und externe Bestandteile ist selbst wiederum ein Überprüfungstatbestand in der wissenschaftstheoretischen Systemabgrenzung.

Wir benötigen auf jeden Fall ein abgegrenztes System, da sich Flexibilität nur auf (unvorhergesehene) Impulse (Schocks) von außerhalb definieren läßt, womit deutlich wird, daß die Flexibilitätsbeurteilung zielgerichtete Reaktionen einbeziehen muß. Aus diesem Grund werden wir ein verallgemeinertes Handlungsmodell vorstellen, in dem die Präferenzen explizit als Füllstandsbehälter dargestellt werden. Durch die von uns so bezeichnete "Präferenzdurchschleifung" - immerhin beeinflussen heutige Handlungen die Präferenzen für zukünftige Handlungen - können sowohl die Veränderung von Präferenzen als auch deren Konstanz als Spezialfälle modelliert werden. Daran kann dann die Frage angeschlossen werden, ob die Flexibilität eher den Restriktionen (Nebenbedingungen) oder den Präferenzen zugeordnet werden soll. Die angeführten Beispiele werden zeigen, daß der Mensch ein Grundbedürfnis nach Sicherheit (Überleben) hat, welches er durch das Vorhalten von Reaktionspotentialen steigern kann. Das angedeutete Modell legt auch nahe, daß sich die Menschen

---

[152] Die erste Wirkung bezieht sich auf die Möglichkeit zur theoretischen Diskussion, in der Konflikte mittels Abstraktion aufgelöst werden. Damit werden abstrakte Handlungstheorien ein anzustrebendes Forschungsziel.

nicht am Erwartungswert von Maßnahmen orientieren, sondern sich nur gegen bestimmte Schocks durch das Vorhalten von Flexibilitätspotentialen "versichern", bei anderen Schocks jedoch mit wehenden Fahnen untergehen. Unser Modell soll dazu beitragen, diese Sichtweise zu stärken.

Nachdem nun der Zusammenhang von Flexibilität und Systemabgrenzung beleuchtet wurde, soll nun die Art des Systems genauer spezifiziert werden. Es kann sowohl als einfaches kausales, dynamisches System als auch als ein reflexives Handlungssystem dargestellt werden. Kausale Systeme sind durch eine fest vorgegebene Dynamik (Veränderung), die nur von aktuellen Daten abhängt, charakterisiert und eignen sich zur Beschreibung des Ablaufes von technischen Prozessen. Handlungssysteme sind diesbezüglich allgemeiner; sie sind Kontrollsysteme, so daß der Ablauf des Prozesses reflektiert und beeinflußt, d.h. bewußt von innen heraus gesteuert werden kann. Bei der Wahl der bezüglich eines Gütemaßes optimalen Beeinflussung (Steuerung) werden Daten und Prognosen aus Vergangenheit, Gegenwart und über die Zukunft berücksichtigt. Von der gewählten Handlung bzw. getroffenen Entscheidung hängt dann die Dynamik ab. Zur Reduzierung der Komplexität bildet man die Vergangenheit als Erfahrung, die Zukunft als Erwartung ab, so daß ein sich selbst steuerndes Handlungssystem entsteht, welches nur von zu einem Zeitpunkt verfügbaren Daten, den Gegenwartsdaten, der Erfahrung sowie der Erwartung, abhängt. Läßt sich neben der Datenentwicklung noch die Dynamik der Handlung durch feste und konkrete Verhaltensregeln[153] beschreiben, so reduziert sich das betrachtete Handlungssystem auf ein einfaches kausales System. Die bewußte Reflexion, die zu Veränderungen der Bewertung von Handlungen führen kann, ist aus solchen Systemen verdrängt.

Zunächst werden wir unsere Betrachtungsweise nicht einschränken und Handlungssysteme untersuchen. Diese sind durch einen allgemeinen, kausalen Teil (Zustandsbewegungsgleichung), der die Auswirkungen aller möglichen Handlungen beschreibt, und einer speziellen, von Individuen abhängigen Dynamik der Handlungsauswahl (Wahl der Steuerfunktion) gekennzeichnet.

Auf abstraktem Niveau ist Ökonomie eine Handlungswissenschaft, welche die Handlungsauswahl und -durchführung von mehreren Individuen mit ihren Interaktionen und Konsequenzen betrachtet. Zunächst werden wir ein weites Spektrum der Handlungsökonomie untersuchen und dieses später auf die öko-

---

[153] Diese Verhaltensregeln zu finden, ist das erklärte Ziel in der Handlungsökonomie. Dazu ist es jedoch unerläßlich, wie wir noch ausführlich begründen werden, die Wirkung von Handlungen auf die Präferenzen zu untersuchen.

nomische Analyse menschlichen Handelns, d.h. das Konzept der Ökonomik[154], einschränken.

8. Grundlagen der Handlungsökonomik

In diesem Kapitel wird eine der zentralen Grundlagen der Ökonomie, die Knappheit, genauer beleuchtet. Dabei lernen wir den für spätere Diskussionen wichtigen Ressourcenbilanzansatz für Güter und den Ressourcenbilanzveränderungsansatz für Handlungen und Aktionen kennen. Gerade beim Übergang von einer statischen zu einer dynamischen Sichtweise sind diese hilfreich. Weiterhin wird die Trennung von Werte- und Mengensphäre betont. Neben dem trennenden Aspekt soll aber auch die Interdependenz beider Sphären betrachtet werden. In der "Präferenzendurchschleifung" in unserem Füllstandsmodell, d.h. der Einbindung der Präferenzen über eine Schleife in das Verhaltensmodell, werden die Wechselwirkungen dargestellt.

Weitere Grundlagen betreffen den Handlungsbegriff. In der Gegenüberstellung der intentionalistischen und der kausalistischen Position nehmen wir den Konflikt der Geisteswissenschaft über die Unterscheidung von Erklären und Verstehen wieder auf. In der *Dichotomie deskriptiv versus normativ* erfolgt eine begriffliche Klärung mit dem Resultat, daß hauptsächlich die *präskriptive* Form weiter verfolgt wird. Die Vertretung einer rein formalen Position wird abgelehnt.

8.1. Knappheit und Ressourcenbilanzansatz

Die Beschäftigung mit menschlichen Handlungen oder Entscheidungen wird erst dann aus ökonomischer Sicht sinnvoll, wenn nicht alle Wünsche erfüllbar sind, d.h. wir uns nicht im Schlaraffenland befinden. Hierzu müssen sowohl die benötigten Ressourcen nicht in ausreichendem Maße zur Verfügung stehen als auch die gewünschten Handlungen bzw. Aktionen der Individuen diese Res-

---

[154] Das Konzept der Ökonomik versucht, menschliches Handeln bzw. Verhalten dadurch zu erklären, daß Individuen aus ihnen (scheinbar) zur Verfügung stehenden Möglichkeiten eine rationale Auswahl treffen. Im Angelsächsischen wird dieser Ansatz häufig als Rational Choice Approach bezeichnet. Die Unterscheidung von Ökonomie als Gegenstandsbereich und Ökonomik als Methode der Sozialwissenschaften wird somit unmittelbar klar. Vgl. hierzu *Gäfgen* (1963, S. 43ff) und *Kirchgässner* (1991, S. 10f).

sourcen verbrauchen. Die potentiell möglichen Handlungen konkurrieren um die Verwendung dieser knappen Ressourcen. Gründe für deren Knappheit in materieller Hinsicht liegen in dem begrenzten physischen Vorrat sowie in immaterieller Hinsicht in der beschränkten Informationsaufnahme- oder -verarbeitungskapazität von Menschen und Informationstechnologien. Dies führt dann zu Begrenzungen in den Koordinationsmöglichkeiten. Was aber ist genau unter der Knappheit zu verstehen?

Die Knappheit von Gütern ist unter anderem von der räumlichen Abgrenzung abhängig. So ist die uns umgebende Atmosphäre mit der für die Atmung benötigten Luft an der Erdoberfläche ein klassisch freies, d.h. nicht knappes Gut (vgl. *Blum* 1992, S. 3, *Lancaster* 1981, S. 47). Im Untertagebau hingegen wird dasselbe Gut knapp. Durch die Nachfrage an einem anderen Ort kann ein Gut seinen Knappheitsgrad ändern. Dieses kurze Beispiel sollte zeigen, daß die Definition und Beschreibung knapper Güter ein schwieriges Unterfangen ist. Außerdem besteht daran ein großes Interesse, stehen die knappen Güter doch im Mittelpunkt einer Handlungsökonomie[155].

Bei *Walras* bestimmen knappe Güter den gesellschaftlichen Reichtum:

> "By social wealth I mean all things, material or immaterial (it does not matter which in this context), that are scarce, that is to say, on the one hand, useful to us and, on the other hand, only available to us in limited quantity." (Walras *1954, S. 65)*

Diese nützlichen Dinge, materielle oder immaterielle Güter, die nur in begrenztem Maße vorhanden sind, lassen sich - bei einer geeigneten Definition von Eigentumsrechten - aneignen und dann auch tauschen, was ein Tauschverhältnis bzw. einen Preis zur Folge hat.

> "Once all things that can be appropriated (that is, all scarce things and nothing else) have been appropriated, they stand in a certain relationship to each other, ... that of being exchangeable against any other scarce thing in such and such a determinate ratio." (Walras *1954, S. 67)*

Im weiteren Verlauf zeigt *Walras* (1954, S. 83ff) noch die Umkehrung: Nur tauschbare Güter mit einem positiven Preis sind nützlich und gleichzeitig endlich im Bestand.

> "Starting with a definition of social wealth as the sum total of all things, material or immaterial, which are valuable and exchangeable, we shall prove that all valuable and exchangeable things, to the exclusion of everything else, are useful and at the same time limited in quantity." (Walras *1954, S. 83)*

---

[155] Auf die Abgrenzung von Gütern durch homogene Klassen, was z.B. über die Einführung eines Qualitätsmerkmales (Luft: gute und schlechte Luft) erfolgen kann, wollen wir hier nicht eingehen.

Ein *knappes Gut* wird bei *Walras* durch die *Nützlichkeit* - hieraus läßt sich auf einen Bedarf schließen - *und* einen *endlichen Bestand oder* die *Tauschbarkeit zu einem (positiven) Preis* ausgezeichnet. Weiterhin setzt er es mit Dingen gleich, an denen Eigentumsrechte bestehen können.

Marshall versteht unter Gütern alle wünschenswerten Dinge, die menschliche Bedürfnisse direkt oder indirekt befriedigen können, und klassifiziert sie in materiell, immateriell extern (z.B. Geschäftsverbindungen) und immateriell intern (z.B. Talent). Die beiden ersten werden den ökonomischen Gütern zugerechnet.

> "For it includes all those things, external to a man, which (i) belong to him, and do not belong equally to his neighbours, and therefore are distinctly his; and which (ii) are directly capable of a money measure, - a measure that represents on the one side the efforts and sacrifices by which they have been called into existence, and, on the other, the wants which they satisfy." (Marshall *1920, S. 47)*

Ökonomische Güter sind durch den Individuen persönlich zugeordnete Eigentumsrechte und die Möglichkeit zur Preisbildung charakterisiert, die einerseits die Anstrengungen und Opfer ihrer Herstellung, d.h. Produktionskosten in einem weiten Sinn, und andererseits die zu befriedigenden Bedürfnisse, d.h. subjektive Gebrauchswerte, repräsentieren. Freie Güter sind solche,

> "which are not appropriated and are afforded by Nature without requiring the effort of man." (Marshall *1920, S. 46)*

Knappheit existiert bei *Marshall* nur im Zusammenhang mit nicht vermehrbaren Gütern, wie zum Beispiel dem klassischen Produktionsfaktor Boden, was auf eine langfristige Betrachtungsweise schließen läßt. Sie wird somit nicht auf einen Zeitpunkt bezogen. *Walras* und *Marshall* betrachten bei ihren Definitionen der Knappheit - über die Eigentumsrechte - hauptsächlich die Ebene der Individuen.

In den neueren Lehrbüchern zur Volkswirtschaftslehre werden alle Güter in freie und knappe, d.h. nicht freie Güter unterschieden. Bei v. *Böventer* muß ein freies Gut den Haushalten "*frei zur Verfügung gestellt werden, ohne daß diese irgendeinen Preis zu zahlen oder irgendeine Mühe auf sich zu nehmen haben*" (*Böventer* 1980, S. 25f) und die "*gewünschte Menge kleiner* [oder gleich] *als die vorhandene Menge*" (*Böventer* 1980, S. 26) sein.

Sehr ähnlich sieht dies auch *Lancaster*, der seinen Blickwinkel jedoch nur auf den Markt lenkt. Er versteht unter einem freien Gut eines, "*dessen Marktbedingungen zu einem Randgleichgewicht bei einem Preis von Null*" für die Gesellschaft führen (*Lancaster* 1981, S. 46).

Blum hingegen unterteilt die Güter entsprechend ihrer Verfügbarkeit[156] in freie und knappe. Demzufolge sind freie Güter (scheinbar) unbegrenzt vorhanden, knappe hingegen nur begrenzt (vgl. *Blum* 1992, S. 3). Der Knappheitsgrad wird als Differenz zwischen dem verfügbaren Güteraufkommen und den in der Bedarfsmenge konkretisierten Bedürfnissen definiert. Hier dominiert eine zeitpunktbezogene Sichtweise.

Bevor wir eine eigene Definition versuchen, wollen wir einige Schwächen an den bisherigen Definitionen anführen. Als Gegenbeispiel zu *Marshall* wählen wir ein vermehrbares und zumindest auf endliche Zeit knappes Gut, bei dem die Bedarfsmenge stärker wächst als die Vermehrung. *Blum* würde bei einer Produktion von Gütern auf Halde bzw. Lager (z.B. Autos) einem bisher knappen Gut einen Knappheitsgrad von Null (oder auch kleiner) zuordnen[157]. Desweiteren sind unbegrenzt vorhandene Güter mit hohen Abbaukosten auch als knapp zu bezeichnen. Bei *Lancaster* und auch bei v. *Böventer* (vgl. 1980, S.27) läßt sich die Frage stellen, ob Güter, für die aufgrund von die Erträge übersteigenden Transaktionskosten für Tausch und -vorbereitung kein Markt zustande kommt, nicht bereits als knapp bezeichnet werden müssen. Generell kann - und wird insbesondere durch die Transaktionskostentheorie - die Existenz der so definierten freien Güter angezweifelt werden. Kann es Güter geben, deren Gewinnung bzw. Produktion und Konsum - selbst in einem "*Wunderland ohne räumliche Dimension*" (*Isard* 1956, S. 25f) - keine "Mühe" bereitet?

Die Definition von knappen bzw. freien Gütern soll bei uns später in einen dynamischen Zusammenhang eingebettet werden. Dabei betrachten wir Zustände bzw. Bestände und deren zeitlichen Verlauf entweder kontinuierlich oder in kleinsten betrachtbaren diskreten Schritten. In der Periodenabgrenzung bewegen wir uns somit über die kleinsten betrachteten, relevanten Zeitperioden auf eine Zeitpunktbetrachtung zu. Freie Güter müssen während des gesamten Betrachtungszeitraumes stets frei sein.

Aus dieser kurzen Diskussion verschiedener Knappheitsdefinitionen lernen wir, daß die Länge des betrachteten Zeitraumes ein Rolle spielt. In dieser Arbeit wird die Auffassung vertreten, daß die Zeitpunktbetrachtung dominieren sollte. Auch die Verengung auf am Markt gehandelte Güter wurde abgelehnt,

---

[156] Genau genommen müßte zunächst der Begriff "Verfügbarkeit" spezifiziert werden, damit die Kritik richtig ansetzen kann.

[157] Vielleicht sollte der Knappheitsgrad nicht als die Differenz (von verfügbarem Güteraufkommen und nachgefragter Bedarfsmenge), sondern als eine nicht negative, monoton wachsende Funktion der Differenz interpretiert werden, so daß in diesem Fall von einem Sinken der Knappheit gesprochen werden kann.

die Definition muß sich auf alle Güter beziehen. Im folgenden soll nun die Veränderung der Knappheit von Gütern durch den Bezug auf die betrachtete Gruppe von Individuen untersucht werden. Daran schließt sich ein Definitionsversuch an, der für alle möglichen Gruppenabgrenzungen gilt, d.h. sowohl für ein Individuum als auch für eine Gesellschaft. Dafür wird der Ressourcenbilanzansatz eingeführt, der auch geeignet ist, eine Handlung zu beschreiben.

Die Gruppenabgrenzung, d.h., für wen die entsprechenden Güter knapp bzw. frei sind[158], hängt unter anderem vom Untersuchungsansatz und -ziel ab. So nimmt die Zahl der freien Güter mit der Aggregation der Individuen zu Gruppen nicht zu, d.h., Güter, die für ein Individuum aufgrund der "free-rider-Nutzung" nicht knapp und damit nicht Teil seines Handlungskalküls sind, müssen evtl. bei einer Gruppen-/Gesellschaftsentscheidung berücksichtigt werden[159]. Selbstverständlich können durch die Gruppierung neue, manchen Individuen verwehrte (Club-) Güter erschlossen oder kreiert werden, die jedoch für das Individuum unabhängig von einem Ausschluß in ihrer Knappheit beurteilt werden.

Viel interessanter scheint der Zusammenschluß von Individuen (z.B. durch die Ehe) mit unterschiedlichen Defiziten. Dabei können sich beispielsweise theoretische und praktische Vernunft - der fehlende Teil wurde als äußerst knappes Gut schmerzlich vermißt - wunderbar ergänzen, bleiben aber aufgrund der Koordination auch in der Gruppe knapp, obwohl der Knappheitsgrad reduziert wurde.

Im folgenden werden wir versuchen, sowohl freie als auch knappe Güter zu definieren. Dies soll die Möglichkeit der Kontrolle eröffnen, da die Güter auch über die Negativdefinition, daß nicht knappe Güter frei sind, beschrieben werden. Wir haben drei Mengenabgrenzungen im "Güterraum" für eine Dichotomie, die damit überbestimmt ist.

Die Güter sollen zunächst durch ihre Ressourcenbilanz[160] beschrieben werden. Die Aktionen an bzw. mit den Gütern, wie die Gewinnung oder Produktion, die Auslieferung, Verteilung oder Koordination, die Investition oder der

---

[158] Reichlich vorhandene Güter, wie z.B. ungewollte Umweltgüter (Umweltungüter), die auch Gegenstand des ökonomischen Kalküls sind, lassen sich auch über die negative Formulierung als knappe Güter betrachten.

[159] Hieran wird deutlich, daß die übliche Definition von Knappheit die Gesellschaft oder zumindest eine größere Gruppe als Gruppenabgrenzung unterstellt. Normalerweise werden "free-rider-Güter" als knapp angesehen.

[160] Unter Ressourcen verstehen wir alle materiellen und immateriellen Gütern, u.a. auch Zeit. Streng genommen, handelt es sich auch nicht um eine Bilanz, sondern um eine Unterbilanz.

Konsum, können durch Ressourcenveränderungsbilanzen zu verschiedenen Zeitpunkten dargestellt werden. Betrachten wir in einem vereinfachten Beispiel den Konsum eines Eisbechers in der Eisdiele. Die Konsumhandlung kann dann durch einen dreidimensionalen Vektor (Nutzen, Zeit, Geld) = (+5, -1h, -8 DM) ausgedrückt werden. Normalerweise wird dieser Vektor nicht nur dreidimensional sein. So kann der Nutzen durch einzelne Elemente (z.B. die elementaren Freuden von *Bentham, 1789*) verfeinert werden, was wir auch in den Kapiteln 11 und 12 mit unserem Füllstandsmodell unternehmen werden. Die Konsumhandlung gibt nur die Ressourenbilanzveränderung an, die mit den Anfangsbeständen zu einer Bilanz zusammengefaßt werden kann. Reale Beschränkungen können sowohl für den Bestand als auch für dessen Veränderung gelten[161]. In der Regel genügt zu jedem Zeitpunkt eine Nettobetrachtung pro Ressource.

Dies gilt jedoch nur, wenn alle Ressourcen direkt berücksichtigt werden. So ist der Kauf von 100 ME und der gleichzeitige (in der selben Periode) Verkauf von 90 ME nicht mit dem reinen Kauf von 10 ME identisch, da sie sich in der Nettobetrachtung hinsichtlich der für die Transaktionen aufgebrachten Zeit unterscheiden (können). Bei einer indirekten Berücksichtigung der Zeit (z.B. als funktional abhängig von der Nettoveränderung der Güter) würde ein Fehler gemacht werden.

Aus der Nützlichkeit, die die individuelle Bewertung der Konsumaktionen darstellt, kann der "unrestringierte" Bedarf[162] an Gütern abgeleitet werden. Zumeist wird in der Ökonomie nur von Budgetbegrenzungen abgesehen, so daß sich die Frage stellt, was die Individuen bei einem Preis von Null nachfragen würden. In unserem allgemeineren Ansatz können wir uns mehrere Restriktionen vorstellen, von denen bei der Festlegung der "Schlaraffenland-Nachfrage" abgesehen werden muß. Generell schließt sich dort die Frage an, ob so eine Welt ohne Beschränkungen überhaupt vorstellbar ist. Restriktionen bezüglich der für den Konsum aufgewendeten Zeit lassen sich z.B. durch das von den

[161] Zu Beschränkungen für Bestandsveränderungen können Naturkonstanten (-gesetze), biologische Gegebenheiten oder auch auf einen endlichen Horizont beschränktes Wissen führen. Das Informationsbestandswachstum über einen Himmelskörper erfährt seine Begrenzung durch die endliche Ausbreitungsgeschwindigkeit für Licht; der Populationsbestand der Spezies Mensch erfährt eine Einschränkung im Wachstum durch die Eireifungszeit; der Bestand an Gütern - molekulare Aggregate - unterliegt einer endlichen Vermehrung, da die Verbindung von verschiedenen Teilen (z.B. das Kleben von zwei Teilen mit Trockenzeit) stets Zeit benötigt, selbst wenn es sich um Bindungen auf "molekularer" Ebene handelt.

[162] Der Bedarf an Gütern (Dingen) ergibt sich aus den Bedürfnissen und den bestehenden Restriktionen (z.B. eine begrenzte Kaufkraft), so daß ein "unrestringierter" Bedarf der "Nachfrage im Schlaraffenland" entspricht.

Menschen und/oder der Natur definierte Zeitregime niemals aufheben. Auch die Naturgesetze können nicht außer Kraft gesetzt werden, was allerdings in dem Handlungsmodell in den Beschränkungen für die Bestände und dessen Veränderungen integrierbar ist. Es stellt sich also nur noch die Frage, ob das Individuum die fiktive Bewertung in dieser Traumwelt vornimmt. Vermutlich gelingt es nur den wenigsten Wirtschaftssubjekten[163].

Bis hierher haben wir die übliche Trennung der Ökonomie in zwei Sphären unterstellt. Zum einen betrachten wir die Mengensphäre der Güter, in der nur zahlenmäßige Vergleiche einzelner Aktionen anhand der Ressourcenanfangs- und -endbestände möglich sind. Es werden zu den verschiedenen Zeitpunkten bzw. über die verschiedenen Zeitpfade die Nettoveränderungen der Mengen verglichen. Zum anderen untersuchen wir die (Be-)Wert(ungs)sphäre[164]. Lediglich die Konsumaktion, d.h. der Endverbrauch von Gütern durch private Haushalte, führt zu einem Nutzenzuwachs - es handelt sich hierbei um eine definitorische Äquivalenz -, der die Bewertung der dadurch im individuellen Körper veränderten Zustände - dargestellt durch eine Präferenzordnung[165] - repräsentiert[166]. Die zeitpunktbezogene Bewertung der Konsumaktion ist voll-

---

[163] Dieser Sachverhalt läßt sich im alltäglichen Leben einfach beobachten. Die Antwort eines im (Freizeit-) Streß (akute Zeitknappheit) befindlichen Menschen auf die Frage "Hast Du (heute) Lust, Klettern (oder an den Baggersee) zu gehen?" lautet sehr häufig "Nein". Erst nach der Präzisierung der Frage durch "Ich habe nicht danach gefragt, ob Du Zeit hast." ändert sich die Antwort in "Lust hätte ich schon, aber keine Zeit". Die mit der ökonomischen Theorie verträgliche Antwort müßte lauten: "Das Klettern würde meinen Nutzen steigern, eine alternative Verwendung der dafür benötigten Ressource Zeit bringt mir eine höhere Nutzensteigerung". An diesem einfachen Beispiel sehen wir, daß vermutlich nur wenige Menschen die Trennung von Werte- und Mengensphäre vornehmen können. Die Bewertungen finden stets vor dem Hintergrund der geltenden Beschränkungen statt.

[164] Wir meinen damit nicht die Unterscheidung in ein Mengen- und ein Wertgerüst, wie dies in der Betriebswirtschaftslehre oft erfolgt. Wir unterstellen jeweils reale Preise bzw. Preisverhältnisse, so daß wir unabhängig von nominalen Änderungen argumentieren können. In dem Spezialfall der "Übereinstimmung" von Preisen (durch Geldpreise repräsentierte Nutzeneinheiten) und "restringierter Konsumwertschätzungen" fallen diese Konzepte, nämlich die Nutzenmaximierung unter Budgetrestriktionen und die Maximierung des (durch alle nur denkbaren (Mengen-) Restriktionen) restringierten Nutzens, zusammen.

[165] Ein einfaches Konzept der Bewertung liefert das *Pareto*-Kriterium. Es unterstellt lediglich eine Nichtsättigung und führt zu einer unvollständigen Präferenzordnung.

[166] Die Arbeit des Menschen verändert sicherlich auch die Zustände im eigenen Körper. Teilweise ergibt sich z.B. durch die soziale Anerkennung ein Nutzenzuwachs, teilweise durch körperliche und geistige Belastungen eine Nutzenminderung, so daß die Arbeit sowohl ein Konsum- als auch ein Investitionsgut darstellt, welches das "Konsumgut" Geld - ein "Investitionsgut" im Sinne der Haushaltsproduktionsfunktionentheorie nach *Becker* (1982, S. 97ff) - produziert.

kommen unabhängig von irgendwelchen Restriktionen zu sehen. Später werden wir Interdependenzen zwischen Bewertung und Restriktionen[167] einführen, so daß Beispiele wie der Konsum einer Einheit eines Gutes, welches gestohlen, lang erspart bzw. durch eine sehr reiche Person erworben wurde, problemlos unterschieden werden können. Der Genuß eines gestohlenen Gutes, abgesehen von "Nachbars Kirschen", wird aufgrund des schlechten Gewissens vermutlich gemindert. Der Konsum eines lang ersparten Gutes wird i.d.R. intensiver und bewußter erlebt, als ihn eine "reiche Person", die sich "alles" leisten kann, erlebt.

Diese Sphärentrennung ist nicht mit der Unterscheidung in die Kategorien Aufwands- und Ertragsseite identisch. So können bei einer Produktion (Ressourcenaufwand) Erträge in Form von Konsum- als auch Investitionsgütern entstehen. Die Investitionsgüter gehen jedoch nicht in die direkte Bewertung, das Nutzenkalkül des Endverbrauchers, ein.

Durch die Einführung von Beschränkungen in der Mengensphäre (Budget, Zeit, ...) entsteht der Bedarf zur Auswahl von Handlungen. Es gelten nur solche beschränkten Mengen, auch von den Individuen freiwillig selbst gesetzte[168], als relevant, die vollständig aufgebraucht werden. Die Nutzenmaximierung erfolgt dann unter Ausschöpfung aller Restriktionen.

Nach dieser Einführung in die Denkweise der Ressourcenbilanzen und deren Veränderungen sind wir nun in der Lage, sowohl freie als auch knappe Güter zu definieren.

Definition 8.1: Freies Gut

Ein freies Gut zeichnet sich dadurch aus, daß die Produktion, die Verteilung, der Konsum, etc. des Gutes zu allen Zeitpunkten zu einer nicht *Pareto*-schlechteren Situation bezüglich des von der betrachteten Gruppe als relevant

[167] Die Aufweichung der strikten Sphärentrennung in der ökonomischen Theorie ist sicher nicht ganz neu. Selbst *Becker* (1965) oder *Stigler* und *Becker* (1977), die die Konstanz der Präferenzen über den Zeitverlauf unterstellen, führen eine Bestandsvariable ein, um die Abhängigkeit heutigen Konsums von früherem modellieren zu können. Ein Beispiel zur Anwendung finden sie in der Suchttheorie. Auch *Tversky* und *Kahneman* gehen in ihrer Prospect-Theorie (siehe hierzu die Ausführungen auf S. 213) nicht von einer völligen Trennung beider Sphären aus. Die dort diskutierte Gewinn- und Verlustasymmetrie deutet auf Interdependenzen hin. Allerdings wird der direkte Zusammenhang zwischen Bewertung und Restriktionen nicht thematisiert.

[168] Über die Selbstbeschränkung wird eine Steuerung zur Ressourcensicherung in einem Mehrperiodenmodell möglich.

erachteten Ressourcenbestandes führt und der Bedarf nicht größer als der Vorrat ist.

In einer Definitionserweiterung könnte man statt der *Pareto*-Optimalität auch eine abgewandelte Form der *Kaldor-Hicks*-Optimalität, die *transaktionale Kaldor-Hicks-Optimalität* (TKHO), verwenden, *die neben der potentiellen Umverteilung auch deren Ressourcenverbrauch berücksichtigt.*

Definition 8.2: Knappes Gut

Ein Gut ist knapp, wenn dessen Bedarf unter den gegebenen Umständen nicht gedeckt werden kann oder dessen Produktion, Investition bzw. Konsum zur Konkurrenz um eine ausgeschöpfte Ressource führt. Eine Ressource ist auch dann bereits ausgeschöpft, wenn die Aufbewahrung bzw. Lagerhaltung eine mögliche (bessere) Verwendung darstellt.

Ein Gut aus einer Kuppelproduktion kann als frei betrachtet werden, wenn eine Gruppe diesem Kuppelprodukt keinen Ressourcenverbrauch zurechnen will. Neben der Kuppelproduktion für materielle Güter stellt das Multitasking für das immaterielle Gut Zeit eine Möglichkeit der Nichtberücksichtigung dar. So könnte die Luft zum Atmen, für deren Konsum wir die knappe Ressource Zeit verwenden, aufgrund des Multitaskings trotzdem als frei bezüglich der Ressource Zeit bezeichnet werden. Betrachten wir das Ganze jedoch auf der Ebene des Energieverbrauchs (des Körpers), so wird bei der Atmung eine beschränkte Ressource verbraucht, vorausgesetzt, der Körper besitzt nicht zuviel Energiereserven, weil das Essen einer Nutzwertsteigerung entspricht.

Deutlich wurde in den vorangegangenen Absätzen die Abhängigkeit von Knappheiten der dem Handeln zugrunde gelegten Ressourcen von der Modell- bzw. Systemdefinition respektive -abgrenzung. So sind die räumliche Abgrenzung (Beispiel Luft), die Individuenaggregation zu relevanten Gruppen, die Festlegung der Länge betrachteter Perioden und die untersuchten Tatbestände zu berücksichtigen. Alle ausgegrenzten Güter oder Ressourcen sind für dieses System als frei zu betrachten.

Beschäftigt sich die Handlungsökonomie mit der isolierten Konsumentscheidung von Haushalten, wie dies in der Mikroökonomie geschieht, so stellt das Budget die einzige knappe Ressource dar[169]. Bei der statischen Produk-

---

[169] *Becker* (1982, S. 97ff) führt in seinem Haushaltsproduktionsfunktionenansatz die Zeit als weitere Restriktion ein und stellt damit eine Erweiterung des mikroökonomischen Ansatzes dar. Allerdings faßt er die Zeit und die monetären Größen zu einer Restriktion zusammen. Der Ressourcenbilanzveränderungsansatz (siehe Ausführungen auf

tionsentscheidung ist dies neben dem Budget auch die restringierte Nachfrage. In der dynamischen, evolutionären Betrachtung kommen noch Ideen, Wissen oder Innovationen als beschränkte Ressourcen hinzu.

Die Trennung der Handlungsbeschreibung in eine Mengensphäre mit Beschränkungen und eine (Nutz-) Wertesphäre[170] ist sehr zweckmäßig, muß aber hinterfragt werden. So wurde bisher bejaht, daß ein Mensch den Nutzen einer Konsumaktion unabhängig von seinen Beschränkungen (unrestringierte Nutzenbewertung) bewerten kann. In einer statischen Betrachtung ist diese Frage hinfällig, da die restringierte Nutzenentscheidung zu einer Entscheidung (in einem Zeitpunkt) über Güterbündelpakete, die die Ressourcen voll ausschöpfen, konvergiert. Dynamisch betrachtet kann man durch die zwei Konzepte - der restringierten (beispielsweise Nutzen pro Zeit) und der unrestringierten Nutzenbewertung (beispielsweise der Nutzen, wobei die Zeit später bei der Maximierung durch eine Nebenbedingung berücksichtigt wird) - verschiedene Allokationen erhalten.

Diese Bewertung der Ressourcenverwendung - hier dargestellt am Zeiteinsatz für Aktivitäten - drückt sich auch aus in den umgangssprachlichen Formulierungen wie "es ist es mir wert, hierfür zwei Stunden einzusetzen". Die Formulierung "ich habe keine (nächst-) bessere Verwendung für diese zwei Stunden" wird dagegen nur sehr selten verwendet. Die erste Formulierung würde bedeuten, daß die Konsumaktion stets zusammen mit dem Ressourcenverbrauch bzw. einem Teil davon bewertet wird. In letzter Konsequenz wird dann der Ressourceneinsatz für jede Verwendung bewertet. Damit tritt dann z.B. die Ressource Zeit in der Zielfunktion auf, und Handeln wird wie folgt modelliert: Es wird unter Berücksichtigung der Ressource Budget (als Nebenbedingung) eine Aktion, hier die Zeitverwendung in den Konsum (Konsum inkl. Zeitverbrauch), bewertet, aus einer beschränkten und endlichen Menge von Alternativen ausgewählt und durchgeführt. Diese Wahl oder auch die zur Verfügung stehenden Alternativen können situationsabhängig sein, womit sich die unterschiedliche Bewertung von Zeitkosten im privaten und geschäftlichen Bereich erklären ließe. Durch eine dynamische Betrachtung mit kurzen, beschränkten, fließenden Zeithorizonten kann man somit Verhaltensweisen kreieren, die andere Ergebnisse produzieren als man durch eine statische, die Ressourcen - also auch die Zeit - ausschöpfende Betrachtung erhalten würde.

S. 182) ist allgemeiner und kann durch das Setzen von bestimmten Annahmen den *Bekker*schen Ansatz darstellen.

[170] Wert wird hier nicht als eine mit Preisen bewertete Menge, sondern als Bewertung, z.B. des Konsums eines Gutes in Nutzeneinheiten, verstanden.

Bei dieser Diskussion von knappen und freien Gütern haben wir andeutungsweise bereits Konzepte einer dynamischen Betrachtung kennengelernt, die wir später noch vertiefen werden. Dieser Abschnitt soll jedoch mit einer offenen akademischen Fragestellung schließen: "Ist eine Zeitmaschine, welche die Zeit dehnt - nur die Zeit läuft langsamer alles andere in der alten Geschwindigkeit - oder Zeit spendet, ein freies Gut?" Als solch einen Zeitdehner bzw. -spender kann man sich eine Organisationsverbesserungsmaßnahme vorstellen, d.h., man investiert x Stunden und bekommt x + y Stunden (x, y > 0) zurück. Unmittelbar klar ist, daß die Antwort von der Periodenabgrenzung und dem Zeithorizont abhängt.

Nach dieser Einführung in die notwendigen Voraussetzungen einer Handlungsökonomie wollen wir nun das Handeln genauer betrachten.

8.2. Das Handeln

Als Individuen, Gruppen, Organisationen, Institutionen oder Gesellschaft handeln wir täglich. In der Regel können wir in verschiedener Weise handeln, so daß wir stets eine Handlung - oder dynamisch betrachtet eine Handlungssequenz - auswählen müssen. So beschäftigen wir uns als Individuen mit der Wahl eines Lebenspartners, der Ernährung, als Unternehmer mit der Wahl eines Standortes, einer Produktlinie oder eines Produktionsprozesses. Obwohl die jeweilige Wahl langfristige Konsequenzen haben kann, bedeutet dies nicht, daß jede Handlung wohl überlegt ist.

Die Verstehende Soziologie, stark von *Weber* geformt, hat sich als Wissenschaft das Ziel gesetzt, das soziale Handeln deutend zu verstehen und dadurch in seinem Ablauf und seinen Wirkungen ursächlich zu erklären (siehe *Weber* 1922, S. 542). Handeln wird dabei als eine zielgerichtete Art des (Sich-)Verhaltens verstanden:

> "»Handeln« aber (mit Einschluß des gewollten Unterlassens und Duldens) heißt uns stets ein verständliches, und das heißt durch irgendeinen, sei es auch mehr oder minder unbemerkt, »gehabten« oder »gemeinten« (subjektiven) Sinn spezifiziertes Sichverhalten zu »Objekten«." (Weber *1922, S. 429)*

> "»Handeln« soll dabei ein menschliches Verhalten (einerlei ob äußeres oder innerliches Tun, Unterlassen oder Dulden) heißen, wenn und insofern als der oder die Handelnden mit ihm einen subjektiven Sinn verbinden. »Soziales« Handeln aber soll ein solches Handeln heißen, welches seinem von dem oder den Handelnden gemeinten Sinn nach auf das Verhalten anderer bezogen wird und daran in seinem Ablauf orientiert ist." (Weber *1922, S. 542)*

Weiterhin sagt *Weber* (vgl. 1922, S. 543), daß das Verstehen des Handelns je nach Bestimmungsgründen rational durch den Verstand erfolgen oder auf emotionaler Basis "nacherlebt" werden kann[171]. *Weber* vertritt damit auch die Ansicht, daß Handeln nicht stets rational ist, sondern sich auf bestimmte Situationen beschränkt. Er unterscheidet vier Handlungstypen, nämlich zweckrationales, wertrationales, affektuelles und traditionelles Handeln (siehe WEBER 1922, S. 565). Bei zweckrationalem Handeln dient die Ziel-Mittel-Beziehung, bei wertrationalem der Glaube an den Eigenwert von bestimmtem Verhalten, bei affektuellem die Gefühlslage und bei traditionellem Handeln dienen die eingelebten Gewohnheiten als Erklärungsmuster für die Motivation.

Auch *Esser*[172] bestätigt die uneinheitliche Auffassung zur Rationalität von Handeln in der Soziologie. So behauptet die interaktionistische bzw. ethnomethodologische Seite[173], daß das Alltagshandeln nicht nach rationalen Gesichtspunkten verläuft, sondern allenfalls im Nachhinein "rationalisiert" wird[174]. Das Alltagshandeln folge hauptsächlich Routinen und Daumenregeln, die innerhalb eines bestimmten Rahmens angewendet werden können und nicht ständig hinterfragt werden. Nicht die "nutzenmaximierende" Kalkulation begründet die Handlung, sondern das "fraglose", aber keinesfalls objektiv rationale Wissen, das vor dem Hintergrund weiter Bereiche der Ignoranz oder der nur groben Typisierung entsteht (siehe hierzu und zur Vertiefung *Esser* 1991, S. 236)[175].

Nach *Faulbaum* (1991) darf dies jedoch nicht so weit führen, daß jeder Versuch, Verhalten zu erklären, auf eine reine Musterinstantiierung zurückgeführt

---

[171] Nach *Weber* strebt alle Deutung nach Evidenz, nach Evidenz des Verstehens. Geschieht dies auf rationalem Wege, so besteht Übereinstimmung mit der *Popper*schen Vorgehensweise. Erfolgt das Verstehen auf der Basis eines emotionalen Nachfühlen oder fiktiven Nacherlebens, so befindet man sich allenfalls auf einer Vorstufe der intersubjektiven Nachvollziehbarkeit.

[172] *Esser* selbst ist Anhänger eines Rational Choice Ansatzes.

[173] Sie wird z.B. durch *Garfinkel* (1967) vertreten und beruft sich häufig auf die Argumentation von Alfred *Schütz*.

[174] Das nachträgliche "Rationalisieren" ermöglicht, Phänomene der kognitiven Dissonanz zu erkennen und zu diskutieren. Bereits *Pareto* (1916, in der Interpretation von *Blum* 1992, S. 57) deutete an, daß Menschen versuchen, im objektiven Sinne nichtlogischen Handlungen einen logischen Anstrich zu geben. Die Erklärung des Verhaltens aus dem Streben der Menschen nach kognitiver Konsistenz wurde von *Festinger* (1957) mit der Theorie der kognitiven Dissonanz eingeführt.

[175] In der ökonomischen Theorie, insbesondere der Theorie der Unternehmung, werden ähnliche Verhaltensweisen in den evolutorischen Ansätzen - z.B. von *Nelson* und *Winter* (1982) - unterstellt. Auch *Withehead* (zitiert nach *Hayek* 1945, S. 528) sieht den Fortschritt der Zivilisation nicht ausschließlich in rationalem Handeln: "*Civilization advances by extending the number of important operations which we can perform without thinking about them*".

wird. Statt des Stimulus-Response-Erklärungsmodells sollten vielmehr "*Verknüpfungen zwischen dem beobachteten Verhalten und vorangehenden Entschlüssen, Zielen, Wünschen sowie anderen situativen Bedingungen entweder des betrachteten Individuums selbst oder anderen im Rahmen von Handlungs- und Prozeßparadigmen*" (*Faulbaum* 1991, S. 123) hergestellt werden.

Oben haben wir angedeutet, daß verschiedene alternative Konzepte praktischer Vernunft zur Erklärung des Handelns herangezogen werden. Hierunter fällt auch das regelgebundene, teilweise auf Traditionen beruhende Handeln, welches sicherlich aus einem Kalkül der Vernunft abgeleitet wird oder zumindest werden kann. So könnte die Übernahme von bewährten, eingefahrenen Routinen mit einer risikoaversen Einstellung oder auch der Überforderung des Individuums bei der Entscheidung in Situationen mit komplexen Sachverhalten begründet werden.

Auch in der psychologischen Theorie ist die Berücksichtigung von Zielen wie schon bei *Weber* ein Kernpunkt zur Definition von Handeln. *Schaub* (1993, S. 17) faßt verschiedene "psychologische Definitionen" zum Handlungsbegriff wie folgt zusammen[176]:

> "Kernpunkt der ... Definitionen ist das bewußte Ausrichten des Verhaltens auf ein Ziel. Versucht eine Person, bewußt ein Ziel zu erreichen, handelt sie. Verfolgt man kein Ziel, oder hat man zwar ein Ziel, agiert aber nicht, handelt man nicht. *[...]* Ob etwas zu einer Handlung gehört oder nicht ist davon abhängig, ob es in funktionaler Beziehung zum angestrebten Ziel steht."

Auch *Schaub* (1993, vgl. S. 17) erkennt das Operationalisierungsproblem dieser Definition, daß zwar die Aktionen selbst beobachtbar sind, die Zielgerichtetheit von Aktionen hingegen nicht.

Um den bisher eher implizit beschriebenen Handlungsbegriff abzurunden, wollen wir noch einige in der Literatur hervorgehobene, konstituierende Merkmale aufführen: die Absichtlichkeit (*Anscombe* 1957, v. *Wright* 1974), der Zielbezug (*Schaub* 1993, v. *Cranach*; *u.a.* 1980), der Mittel- und Situationsbezug, der Akt willentlicher Festlegung (*Schaffitzel* 1982), die Planung, die Wahl zwischen verschiedenen Alternativen (*Schneeweiß* 1991), die Selbstaufforderung (*Werbik* 1978) sowie das konstante "selfmonitoring" (*Harré* 1979). Diese Punkte sollten in der von uns vorgeschlagenen Beschreibung von Handeln auch enthalten sein.

Zusammenfassend läßt sich das Handeln als eine Relation zwischen - in der Regel äußeren - Verhaltensweisen (z.B. körperliche Bewegungen) und der (in-

[176] *Schaub* bezieht sich hierbei explizit auf die Arbeiten von *Oesterreich* (1981), *Dorsch* (1982) und *Hacker* (1986).

neren) Intention verstehen. Beim Intentionalismus (z.B. *Anscombe*, *Dray*, v. *Wright*) wird diese Relation als reine Sinnbeziehung gedeutet, beim Kausalismus (z.B. *Hempel*, *Goldman*) ursächlich, d.h. das Verhalten rekurriert auf motivierenden Gründen. Diese gegensätzlichen Auffassungen haben philosophischen Tiefgang und sind vor dem Hintergrund der Debatte "Erklären versus Verstehen" zu interpretieren. So stellt sich die Frage, ob sich Handlungen nomologisch-naturalistisch (kausal) - in einem weiten Sinne probabilistischer Quasi-Gesetze - erklären lassen oder ob ein besonderes Rationalitätsprinzip erforderlich ist.

Nach *Dray* (1957) ist bei diesen "normenkonformen Erklärungen" die Einschätzung der Handlungssituation durch den Handelnden zu berücksichtigen. Die Handlung, die Situationswahrnehmung und die Motivation sind logisch, aber nicht kausal, miteinander verbunden. Über die besondere Form des praktischen Schließens wird versucht, der nicht kausalen Verknüpfung von Handlung und Absicht gerecht zu werden. V. *Wright* (1974) entwickelte den sogenannten praktischen Syllogismus[177], der das auf Verstehen basierende Erklären von Handlungen zum Ziel hat. Er stellt eine Kombination von kausaler und teleologischer Erklärung dar. Wie wir bereits in Abschnitt 4.6.2 festgehalten haben, setzt auch der praktische Syllogismus ein übergeordnetes Rationalitätsverhalten, das als Gesetz interpretiert werden müßte, voraus, so daß auch dieser Ansatz nicht geeignet ist, eine methodische Demarkationslinie zwischen Geistes- und Naturwissenschaften zu ziehen (vgl. *Zimmerli* 1989 oder *Kulenkampff* 1980, S. 277f). Nur mit diesem zusätzlichen Gesetz über den Handlungsvollzug kann sichergestellt werden, daß die Handlung auch tatsächlich eintritt. Das ist jedoch gar nicht das Ziel der Intentionalisten. Zu einem nachträglichen Verstehen von Handlungen genügt die Verbindung einer Absicht mit der Handlung.

An einem kleinen Beispiel wollen wir uns das praktische Schließen klar machen. *Anscombe* (1957, vgl. S. XIX) unterstellt hierzu zwei Prämissen. Die erste bezieht sich auf die "Soll-Formulierung" einer Absicht: “Von allem Süßen soll man nicht kosten”. Die zweiten Prämisse stellt einen Fakt fest und lautet: “Dies hier ist süß”. Auf diesen praktischen Syllogismus hin wird nun jeder, der sich dem "soll" der ersten Prämisse beugen will, nicht von dem Süßen kosten. Irrtümer sind aber, und dies war ein *Anscombe* zuzuschreibender Fortschritt, durch das "Nichtbeugen der Soll-Prämisse" darstellbar; der praktische Schluß ist keine notwendige Konklusion.

---

[177] Bereits *Aristoteles* beschäftigte sich mit dem praktischen Syllogismus, der dann von *Anscombe* mit Bezug auf die Absichtlichkeit in dem philosophischen Kontext der analytischen Handlungstheorie diskutiert wurde.

Da unser Interesse aber, wie in Teil II deutlich gemacht wurde, nicht dem nachträglichen Verstehen gilt, sondern dem Prognostizieren, werden wir uns wieder auf die Suche nach Erklärungen begeben. Dazu konzentrieren wir uns nach dieser allgemeinen Einführung in den Begriff des Handelns nun auf Unterscheidungsmerkmale und Untersuchungsschwerpunkte, die einen entscheidenden Einfluß auf die bestehenden Theorien haben.

8.3. Erkenntnisziele

Traditionellerweise beschäftigte sich die Naturwissenschaft mit der Erklärung von beliebigen Phänomenen durch kausale Beziehungen. Astronomen suchten Regeln für die Bewegung der Planeten, die Physiker und Chemiker nach Geheimnissen der Materie und Biologen nach den Wurzeln des Lebens. Die Erklärung des Ablaufs der Natur wurde als das Erkenntnisziel der "exakten" Wissenschaft betrachtet.

Mit der philosophischen Betrachtung des menschlichen Lebens, dem ein freier Wille oder zumindest ein Gestaltungsspielraum zugestanden wird, kommen die Fragen nach dem Sinn der und der Wertschätzung von Handlungen auf, was dann zu bewußtem Handeln führt. Sobald wir also die reine Phänomenerklärung in der Natur auf den Menschen mit Gestaltungsspielraum erweitern, erhalten wir neben dem Beschreiben eine weitere Dimension in der Wissenschaft. Diese existiert in der Handlungswissenschaft, so daß eine Zweiteilung in einen normativen und einen deskriptiven Teil vollzogen wurde. Diese sehr allgemeine Abgrenzung, die ihren Ausdruck in den Dichotomien normativ versus positiv, dezisiv versus explikativ und präskriptiv versus deskriptiv findet, wollen wir im folgenden näher präzisieren.

Der positive Ansatz hat sein Ziel in der Beschreibung des tatsächlichen Verhaltens und klärt die Frage, wie die Akteure handeln. Handeln als Phänomen soll erklärt werden. In der uns interessierenden "deduktiven Welt" hat eine Erklärung[178] die Ermittlung eines unbekannten Explanans zu einem bekannten, beobachteten bzw. beobachtbaren Explanandum zum Ziel. Das Explanans zur Erklärung von Handlungen besteht aus zwei Klassen von Aussagen:

(1) Antecedensbedingungen, auch Anfangs- oder Randbedingungen genannt, spezifizieren den konkreten Fall, d.h. die Handlungssituation, genauer.

[178] Siehe hierzu Teil II, insbesondere Abschnitt 4.5.

(2) Die in den Sozialwissenschaften üblichen Quasigesetze sind Allaussagen, die nur in einem beschränkten, mehrelementigen, durchaus auch pathologischen Unterraum gelten. Nach *Kacprzyk* (1983, S. 2) kann sogar ein Modell die Rolle eines Gesetzes übernehmen. Es sei zwar methodisch etwas anderes, entspreche jedoch auch der Hypothesenbildung über empirische Zusammenhänge. Wir werden in unserer Arbeit auch abstrakt formulierte Verhaltensmodelle als eine Hypothese im Sinne eines Quasigesetzes verstehen.

Aus dem Explanans soll nun das beobachtete Verhalten logisch aus einer Theorie des Verhaltens und den herrschenden Situationsbedingungen, die beispielsweise durch eine Präferenzordnung und die bekannten Alternativen sowie das soziale Umfeld konkretisiert werden, abgeleitet werden.

Die Literatur ist sich nicht einig, ob bei einer Erklärung zu einem Explanandum das gesamte Explanans, d.h. Gesetze und Antecedensbedingungen, oder nur Teile davon gesucht werden[179]. Bei genauerer Betrachtung zeigt sich, daß der Unterschied akademischer Natur ist. So strebt man bei der Suche nach einer Erklärung zunächst nicht an, ein neues Gesetz zu finden, sondern vielmehr die entsprechenden, relevanten Antecedensbedingungen. Dies entspricht im *Lakatos*schen (1982, S. 46f) Sinne einer "*negativen Heuristik*", die es verbietet, "*den Modus tollens gegen diesen harten Kern zu richten*". Wir werden in der Regel bei der Suche nach Erklärungen die Hypothesen (Gesetze), die zum Teil aus anderen Wissenschaftsbereichen stammen, als zunächst gegeben betrachten. Sollten jedoch keine Antecedensbedingungen gefunden werden, so werden auch die Hypothesen hinterfragt.

Nachdem nun der Weg der deskriptiven Handlungstheorie zu Erklärungen erläutert wurde, soll nun auf den Gegenpart der oben angekündigten, ersten Dichotomien eingegangen werden. Dieser Bereich der Handlungswissenschaft, der stärker auf den Gestaltungsspielraum der Menschen eingeht, wird allgemein als normativer Ansatz bezeichnet und beschäftigt sich mit der Frage, wie die Akteure handeln sollen.

Grundlage ist hier wiederum das mit einer Intention verbundene Handeln. Im Vordergrund steht diesmal jedoch der Sinn einer Handlung, der zuerst erarbeitet oder als gegeben bzw. bekannt vorausgesetzt wird. Dies unterstellt implizit eine Separierbarkeit von Handlung und Intention, so daß im Gegensatz zur intentionalen nur eine kausalistische Position vertreten werden kann. Die normative Handlungstheorie geht von verschiedenen Handlungsmöglichkeiten

---

[179] Die unterschiedlichen Auffassungen sind beispielsweise in *Kacprzyk* (1983, S. 2), *Meier* 1979, (S. 153f) oder *Bamberg* und *Coenenberg* (1981, S. 4f) nachzulesen.

(intendierten Verhaltensweisen) mit entsprechenden Konsequenzen aus. Hieraus soll nun die "Beste" ausgewählt werden.

Verschiedene Autoren setzen beim Ausnutzen des Gestaltungsspielraumes unterschiedliche Schwerpunkte, welche teilweise in der Zielfindung - präziser formuliert, in der Angabe einer Meßvorschrift für den Nutzen (siehe z.B. *Starr* und *Zeleny* 1977, S. 25) - liegen. Sie können auch in der Vereinfachung der Auswahl einer optimalen Alternative, d.h. dem Auffinden von Entscheidungsregeln liegen. Alle normativen Ansätze erlauben jedoch das Herausfiltern einer optimalen Handlungsalternative.

Im deskriptiven Teil der Handlungsökonomie wird versucht, aus einem Verhaltensmodell und der gegebenen Entscheidungssituation die Handlung abzuleiten, aus der dann mit den Handlungen Dritter die Konsequenzen auf die Gütersphäre deduziert werden. Im normativen Teil wird dieser zweistufige Prozeß zusammengefaßt. Anhand der Bewertung der möglichen Konsequenzen in der Gütersphäre wird zielgerichtet eine Handlung ausgewählt. Die Handlung wandert im oben eingeführten Erklärungsmodell vom Explanandum in die Antecedensbedingungen, wie dies auch die nachfolgende Tabelle deutlich macht.

Tabelle 8.1

Unterscheidung von normativer und deskriptiver Handlungstheorie (eigene Darstellung)

	deskriptiv	"normativ1"	"normativ2"
Antecedensbedingung			
Intention	gesucht	gegeben/gesucht	gegeben / gesucht
Umfeld, Restriktionen	gesucht	gegeben	gegeben
Handlung	-	gesucht	gesucht
Gesetz/Hypothese			
Verhaltensmodell	gegeben/gesucht[180]	gegeben (z.B. empirisch "bestätigtes" aus deskriptiven Untersuchungen)	gewünscht (z.B. perfekt rational)
Explanandum	Handlungen	Konsequenzen in der Gütersphäre	Konsequenzen in der Gütersphäre
	gegeben/ beobachtet	gewünscht/ vorgegeben	gewünscht/ vorgegeben

Die Unterscheidung zwischen "normativ1" und "normativ2" erfolgt anhand der Ausdehnung der normativen Festlegung (Wunsch) auch auf das Verhaltensmodell und orientiert sich an der individualistischen Frage: "Soll ich weiterhin emotional agieren oder will ich versuchen, rational zu handeln". Sicherlich würde sich dies auch als zweistufiger Handlungsprozeß auffassen lassen, wobei auf der ersten Stufe über das Verhaltensmodell entschieden wird. Schwierigkeiten bereitet lediglich die Wahl eines Verhaltensmodells zur Auswahl des Verhaltensmodells für alle weiteren Entscheidungen[181].

Während die deskriptiv ausgerichtete Handlungsökonomie in der Literatur ein einheitliches Erkenntnisziel hat, wird im normativen Teil unterschiedliches Gewicht auf die einzelnen, im folgenden anzusprechenden Schwerpunkte gelegt.

---

[180] Sollten keine Antecedensbedingungen zur Erklärung der Handlungen gefunden werden, so wird auch der "harte Kern" (*Lakatos* 1982, S. 46f) hinterfragt, d.h. ein Verhaltensmodell gesucht.

[181] Diese Problematik ist in der deduktiven Wissenschaft wohl bekannt. Die Suche nach (Letzt-) Begründungen für die auf einer bestimmten Stufe "willkürlich" gesetzten und akzeptierten Annahmen (Axiome) ist als das *Münchhausen*-Trilemma (*Albert* 1991, S. 15) bekannt. Auch die Suche nach einem Verhaltensmodell auf einer höheren Stufe hat dieselbe Struktur.

Bamberg und *Coenenberg* (1981, S. 2-4) vertreten eine sehr formale Position. Im Mittelpunkt steht die Entscheidungslogik, d.h. das Herausfiltern der besten Handlungsalternativen aus einer bekannten Menge bei vorgegebener Bewertungssphäre. Es werden vereinfachte Bewertungsregeln für die Alternativen gesucht, die nicht im Widerspruch zu Ergebnissen stehen, die direkt der Bewertungssphäre entstammen. Die Bewertungsregeln sollen die Bewertungssphäre repräsentieren und dem Postulat rationalen Verhaltens gehorchen. Diese formale Position ist mathematisch stark durchdrungen, da der Filterungsprozeß in der Regel nicht trivial lösbar ist.

Kacprzyk (1983) stellt dem deskriptiven Ansatz - ein passiver Beobachter erklärt das Verhalten - einen präskriptiven gegenüber, bei dem der aktive Beobachter die Welt verändern bzw. verbessern will. Diesen Aktivismus setzt er formal in ein Steuerungsproblem um und sucht dann eine optimale Strategie. Neben dem als bekannt vorausgesetzten Zielsystem und einer erweiterbaren Menge an Handlungsalternativen ist für ihn der Abgleich von Zielen und Alternativen über ein Modell des "rationalen Verhaltens" das zentrale Anliegen. Das rationale Verhaltensmodell soll aus "vernünftigen" Axiomen abgeleitet werden und dann in bestimmten Entscheidungssituationen zu vorgegebenen, festen Entscheidungsregeln führen.

Schaffitzel (1982) verbindet mit dem Handeln den Akt willentlicher Festlegung, die rationale Entscheidung. Er sieht im Bereich der normativen und präskriptiven Theorieansätze[182] den Verlauf zukünftigen Geschehens als entscheidungsoffen an. Die Entscheidungstheorie dient als "*begrifflicher Ausgangspunkt für Ableitungen praktisch-instrumenteller Entscheidungsregeln*" (*Schaffitzel* 1982, S. 13).

Schneeweiß (1991) wählt die Planung als Zugang zur Handlungsökonomie. Ausgehend von der "*Planung als Gestaltung künftiger Ereignisse, d.h. als gedankliche Vorwegnahme künftigen Handelns*" (*Schneeweiß* 1991, S. 1f) betrachtet er hauptsächlich den Entscheidungsaspekt und unterscheidet dabei nach den Erkenntniszielen vier Gebiete:

(1) Die *formale Entscheidungstheorie* untersucht die formalen Bestandteile einer Handlungssituation - den Informationsbestand über Präferenzordnung und Restriktionen - und die logischen Abhängigkeiten zwischen ih-

[182] Aufgrund der Tatsache, daß die Entscheidungstheorie keine normativen Aussagen über Zwecke, Ziele und Werte macht, sondern diese als gegeben betrachtet und sich auf die praktisch-instrumentelle Dimension der Normativität, d.h. die Anleitung zu optimalem Entscheiden unter der Vorgabe des Ziels der Nutzenmaximierung, beschränkt, schlägt *Teichmann* (1971, S. 128) vor, nicht von normativer, sondern von präskriptiver Entscheidungstheorie zu sprechen.

nen. Dieser formal-logische Teil ist Grundlage einer jeden Theorie. Erst die Belegung der Begriffe mit Bedeutung führt dann zu den deskriptiven und normativen Ausprägungen.

(2) Die *deskriptive Entscheidungstheorie* versucht, so wie wir es oben schon beschrieben haben, das tatsächliche, vermeintlich auch "nicht-rationale" Entscheidungsverhalten zu beschreiben.

(3) Die *normative Entscheidungstheorie* versucht, Aussagen über das gewollte (rationale) Verhalten zu treffen. Ein Schwerpunkt liegt in der Ableitung eines Axiomensystems für rationales Verhalten aus plausiblen, nicht weiter hinterfragten Rationalitätsanforderungen. Insbesondere werden Möglichkeiten der Auflösung von Zielkonflikten diskutiert, damit dann rationales Verhalten bei einem multikriteriellen Zielsystem definiert werden kann.

(4) Die *präskriptive Entscheidungstheorie* stellt die Synthese der zwei zuvor genannten Richtungen dar. Im Rahmen normativer Vorgaben soll eine situationsbezogene Analyse zu einer Handlung/Entscheidung führen. Dieser Prozeß kann mehrstufig angelegt sein und der evolutionären Erforschung von Objekt- und Wertesystemen[183] dienen.

Nach der Darstellung einer weitgefächerten und durchaus unterschiedlichen Abgrenzung der oben angeführten "Dichotomien" wollen wir nun die im folgenden vertretene Position darlegen. Die von *Bamberg* und *Coenenberg*, *Kacprzyk* sowie *Schaffitzel* vorgeschlagene Einteilung kann allenfalls als Schwerpunktsetzung verstanden werden. Sehr schön ließ sich daran die Interpretationsbreite des Begriffs Handlungs- bzw. Entscheidungstheorie erkennen. Die verschiedenen Schwerpunkte sollen nun zu einer Struktur zusammengefaßt werden, so daß anschließend die vertretene Position expliziert werden kann. Strukturell erscheint der Aufbau von *Schneeweiß* sehr geeignet, so daß wir uns davon nur inhaltlich unterscheiden. Insbesondere werden die Begriffe für die Bedürfnisse der Handlungsökonomie, die ja Teile der Entscheidungstheorie umfaßt, angepaßt.

(1) Die formale Handlungsökonomie beschäftigt sich mit der Darstellung von Handlungssituationen, d.h. den formalen Bestandteilen (Intentionen, Möglichkeiten) und deren formal-logischen Abhängigkeiten sowie mit methodischen Lösungsvorschlägen und aussagenlogischen Umformulierungen der Problemstellung. Die formalen Elemente entsprechen Abstrak-

---

[183] Diese Begriffe entsprechen den oben bei der Vorstellung des Ressourcenbilanzansatzes eingeführten Begriffen von Mengen- und Wertesphäre. Wichtig ist wiederum die Trennung von Bewertungen und Restriktionen.

tionen und ermöglichen das Aufstellen von Rechenregeln für den Entscheidungsprozeß. Untersuchungen des Kalküls sollen dann zu Verbesserungen führen. Solange die formalen Elemente ohne substantiellen Sinn behandelt werden, zählen sie zum formalen Gebiet der Handlungsökonomie.

(2) Der deskriptive Ansatz beschäftigt sich mit der Erklärung und Prognose des tatsächlichen Verhaltens und versucht damit, die formalen Bestandteile zu identifizieren.

(3) Im normativen Ansatz werden (philosophische bzw. ethische) Empfehlungen über zu verfolgende Ziele und Begründungen für die verschiedenen Verhaltensmodelle gesucht. Es wird die Ergänzung des Satzes "Ich soll mich prinzipiell so verhalten, weil ..." erforscht.

(4) Die präskriptive Handlungsökonomie kann als ein Zusammenspiel von normativen und deskriptiven Elementen auffaßt werden. Aus dem normativen Teil werden die dort begründeten Zielvorstellungen (z.B. Präferenzen oder ein rationales Verhaltensmodell) übernommen, aus dem deskriptiven Teil werden die situationsabhängigen Randbedingungen erschlossen. Die normativen Vorgaben, wie z.B. das rationale Entscheiden, unterstützen den Handlungsprozeß in einem evolutorischen, rückgekoppelten Umfeld. Im Mittelpunkt steht die Anwendung eines vorgegebenen, evtl. auch normativ begründeten Verhaltensmodells.

Die häufig formulierte Meinung, daß normative und deskriptive Theorie in dem Fall, daß die Menschen so handeln, wie die Norm es vorschreibt, konvergieren (z.B. *Taylor* 1984, S. 6), orientiert sich hauptsächlich an der empirischen Überprüfbarkeit und trifft für unsere Abgrenzung von normativ im Sinne einer ethischen Begründung nicht zu. Den präskriptiven Ansatz kann man jedoch leicht abwandeln und damit nicht mehr das Ziel der Handlungsunterstützung, sondern das Ziel der Erklärung oder Prognose von Handlungen verfolgen.

In unserer Untersuchung liegt der Schwerpunkt auf der Handlungsunterstützung durch die präskriptive Handlungsökonomie, wobei die anderen Gebiete bei einer ganzheitlichen Betrachtung niemals völlig vernachlässigt werden können.

Neben der Unterscheidung der verschiedenen Wissenschaftsgebiete der Handlungsökonomie anhand der untersuchten Fragestellungen kann man natürlich auch eine dazu orthogonale, an den gewachsenen, traditionellen Wissenschaftsgebieten orientierte Trennung vornehmen. So zählen unter anderem zu den Verhaltenswissenschaften die Anthropologie, Ökonomie, Politologie, Biologie, Soziologie, Psychologie, Linguistik oder die Pädagogik.

Nach *Berelson* und *Steiner* (1964) bilden die Soziologie, Psychologie und die Anthropologie den Kern der Verhaltenswissenschaften. Der Untersuchungsgegenstand und die -methoden differieren jedoch beträchtlich, so daß nicht von einer einheitlichen Verhaltenswissenschaft gesprochen werden kann.

Die kausalistische Psychologie legt ihr Hauptaugenmerk auf die kognitiven Strukturen und die daraus folgenden Möglichkeiten und Begrenzungen des Menschen in Handlungssituationen. Der Übergang zur Soziologie ist fließend, jedoch interessiert dort vor allem der politische, soziale und organisationale Einfluß verschiedener Gruppen. In der Trias zwischen Individuen, Gesellschaft und Geist/Kultur wird das Handeln der Individuen in der Regel mit Hilfe einer Prägung durch Geist/Kultur und Gesellschaft erklärt. Das Handeln beeinflußt dann durchaus die Entwicklung von Kultur und Gesellschaft und erfährt damit eine Rückkopplung auf künftiges Handeln.

Aus der Beantwortung der Frage nach einem freien Willen, nach von der Gesellschaft unabhängigen Intentionen folgt die Schwerpunktsetzung bei der Untersuchung. Der Funktionalismus bzw. die Systemtheorie betrachtet das soziale System als Organismus, innerhalb dessen die Strukturelemente (z.B. Individuen) einen Beitrag zur Systemerhaltung und -evolution leisten. Die Systemtheorie, die in der Soziologie auf *Luhmann* (1984) fußt, wird als eigenständiges Gebilde betrachtet, welches sich nicht auf biologische oder physische Grundsysteme zurückführen läßt. Von Interesse ist die Steuerung von (Sozial-) Systemen, nicht die von Einzelhandlungen (vgl. *Willke* 1987, S. 120)[184]. Nicht den Individuen gilt das Hauptinteresse, sondern deren Handlungen, die als Kommunikationsprozesse aufgefaßt werden (vgl. *Kasper* 1991, S. 5). Das Individuum ist nur durch seine Funktion in dem System gekennzeichnet und erfüllt diese perfekt.

Der Behaviorismus geht vom Individuum und seinem äußerlich sichtbaren Verhalten aus. Ihm wird ein Handlungsspielraum eingeräumt, so daß auch soziale Entwicklungsprozesse auf "*positiv oder negativ gratifizierenden Faktoren*" (*Bayer* und *Stölting* 1989, S. 306) beruhen. Das (soziale) System und die notwendige Koordination lassen sich stets aus den Intentionen und den Handlungsmöglichkeiten der Individuen - unabhängig von der Komplexität - ableiten. Dieser auf den handelnden Individuen basierende Ansatz wird auch methodologischer Individualismus genannt.

---

[184] Dieser Ansatz geht auf die chilenischen Kognitionsbiologen *Maturana* und *Varela* zurück, die diese "Theorie der lebendigen Organisationen" als die "Biologie der Kognition" vorstellen (siehe insbesondere *Maturana* 1982). Die autopoietischen Organisationen sind organisationell als geschlossen zu betrachten bei gleichzeitiger materiell-energetischer Offenheit (vgl. z.B. *Schmidt* 1987, S. 22).

In der Ökonomie spiegelt sich auch die gespaltene Auffassung bezüglich der Berücksichtigung der Individuen aus den Sozialwissenschaften wider, jedoch mit einer anderen Gewichtung. Hinzu kommt noch der Gegensatz von präskriptiv und deskriptiv, der sich insbesondere auf die jeweils unterstellte Rationalität auswirkt. In der Regel steht in der ökonomischen Theorie das Handeln als rationale Entscheidung stark im Vordergrund. Diese Entwicklung vor dem Hintergrund der naturrechtlichen Sozialphilosophie gründet auf dem utilitaristischen Denken, als dessen Vater J. *Bentham* bezeichnet werden kann, und führt zu der Verhaltensmaxime des "homo oeconomicus" (vgl. *Schaffitzel* 1982, S. 22ff). Das Individuum steht im Mittelpunkt und handelt nach dem Prinzip der "Nutzenmaximierung". In einem weiteren Schritt kann darauf aufbauend die Konstituierung von Institutionen, Organisationen und ähnlichem erklärt werden. *Olson* (1968) hat diesen, mit rationalen Entscheidungen konsistenten Individualbezug der Gruppenbildung - inklusive der Aufteilung von Rechten und Pflichten - in der sozialwissenschaftlichen Literatur entscheidend geprägt[185].

Auf der anderen Seite, hauptsächlich mit deskriptiver Blickrichtung, stehen sogenannte "Nichtentscheidungsmodelle", bei denen die Ereignisse nicht kausalistisch, d.h. nicht auf Motivationen beruhend, interpretiert werden. So treten im "enacted"-Modell von organisationalen Entscheidungen (siehe *Weick* 1977) Ereignisse ein, die im Nachhinein mit Entscheidungen und Intentionen assoziiert werden.

Durch diese sehr grobe Typisierung des Erkenntnisinteresses der verschiedenen Wissenschaftsgebiete mit ihren unterschiedlichen Zugängen zur Beschreibung bzw. Erklärung des Handelns von Individuen und Gruppen können Beispiele gefunden werden, welche die jeweilige Vorgehensweise vernünftig erscheinen läßt. Hieraus ergeben sich dann zwei Möglichkeiten: Entweder spezifiziert man die Anwendungssituation der Ansätze exakt und wendet diesen dann entsprechend an, oder man versucht, die wichtigen theoretischen Erkenntnisse in einem Ansatz zu integrieren. Der integrative Ansatz erscheint fruchtbarer und wird in dieser Arbeit verfolgt. Außerdem erlaubt es der Metho-

---

[185] Im Unterschied zur "traditionellen" Theorie von Gruppen (siehe *Olson* 1968, S. 15ff) hielt er es für nicht richtig, "*daß die Folgerung, Gruppen würden in ihrem Eigeninteresse handeln, sich logisch aus der Annahme rationalen Verhaltens im Eigeninteresse ergibt*" (*Olson* 1968, S. 2). Er lehnt die an den oben erwähnten soziologischen Funktionalismus angelehnte Auffassung, nach der Gruppen durch ihre Ziele beschrieben werden und diese auch zielstrebig verfolgen, ab und begründet dies mit der beobachtbaren Free-Rider-Problematik in großen Gruppen. Auch die Principal-Agent-Theorie sowie Ansätze der Spieltheorie, die kooperatives und vor allem nichtkooperatives Verhalten simulieren, sind hier einzuordnen.

denkasten der Ökonomie, die sich aus den Traditionen, Sichtweisen und Methoden der einzelnen Wissenschaftsgebiete ergebenden Ansätze zu integrieren.

So können neue Erkenntnisse aus der Psychologie über Kognition, Perzeption und Motivation, aus der Soziologie über die situative Beeinflussung (z.B. Lobby, "sozialer Druck", ...) und aus der Ökonomie, zumindest in präskriptiven Ansätzen, beispielsweise über das rationale Verhalten in fruchtbarer Weise, in ein Verhaltensmodell eingebracht werden. Diese Zusammenführung der verschiedenen Ansätze bedingt eine abstrakte Sichtweise, da diese weniger Operationalisierungen voraussetzt, d.h. in dem "deduktiven Baum" näher an der Wurzel liegt. Dadurch wollen wir die Konflikte zwischen diesen Sichtweisen auflösen (siehe insbesondere Abschnitt 6 auf S. 131ff).

8.4. Zusammenfassung

In diesem Kapitel haben wir das Konzept von Ressourcenveränderungsbilanzen zur Darstellung von Zuständen und deren Veränderungen in einer Welt eingeführt. Es stellt die Grundlagen zur Beschreibung von Untersuchungsgegenständen, Realitäten, Phänomenen, etc. dar und kann als Sprachschatz aufgefaßt werden. Wir erfahren damit eine Einschränkung, insofern wir uns nur noch mit Phänomenen beschäftigen können, die wir mit Hilfe von Ressourcenbeständen[186] und deren Veränderungen erfassen können. Eingeführt wurde dies bei dem Definitionsversuch von Knappheit, welche eine Grundvoraussetzung einer Handlungsökonomie darstellt.

Die eingeführte Trennung von Mengensphäre (mit Beschränkungen) und (Nutz-) Wertesphäre, in der eine individuelle ("innere", d.h. nichtbeobachtbare) Bewertung der Konsumaktion erfolgt, orientiert sich zunächst an der Beobachtbarkeit. Die Frage nach einer von den Mengenbeschränkungen unabhängigen Nutzenbewertung bleibt jedoch offen.

Die Präzisierung des Begriffes "Handeln" erfolgte vor dem Hintergrund der verstehenden Soziologie. Neben der grundlegenden Unterscheidung in Intentionalismus und Kausalismus - wir werden die kausalistische Position einnehmen - haben wir verschiedene Handlungstypen kennengelernt, die wir im folgenden innerhalb eines Verhaltensmodells darstellen wollen. Um die Bandbreite von affektuellem über traditionelles zu rationalem ("ertrags-optimalem"

[186] In einer ersten Definition von Ressourcen können darunter alle materiellen und immateriellen Gütern, u.a. auch Zeit verstehen.

bzw. "ertrags-aufwand-optimalem") Handeln bearbeiten zu können, müssen wir einen Grad der Verwendung der reinen Vernunft einschließlich des Zu- und Abschaltens des Verstandes einführen.

Das Verstehen der Handlung (in einem deskriptiven Sinne) kann durch ein "emotionales Nacherleben" oder aber durch ein rationales Nachvollziehen einer kausalen Argumentationslinie erfolgen. Speziell in präskriptiven Theorien und bei der Aggregation von Handlungen ist letzterer Ansatz sinnvoll. Ersterer hat sicherlich seine volle Berechtigung in der (psychologischen) Einzelfallanalyse, die verstärkt den situativen Kontext berücksichtigt. Den Fokus legen wir jedoch auf rationales Handeln mit Blickrichtung auf die Entscheidungstheorie.

Durch die Beschreibung des Handelns aus der Sicht verschiedener Wissenschaftsgebiete (Psychologie, Soziologie, Ökonomie) wurde die Vielfalt der existierenden (Teil-) Theorien deutlich. Eine Integration auf der individuellen Ebene wird angestrebt, welche dann das Fundament für das Handeln von Organisationen im Rahmen einer ökonomischen Verhaltensforschung bildet. So soll ein im präskriptiven Sinne zu verwendendes Verhaltensmodell vorgeschlagen werden. Die Integration folgt dem weiter oben beschriebenen Abstraktionsstufenmodell. Wir suchen danach eine abstrakte Formulierung eines Verhaltensmodells, aus dem durch weitere Operationalisierungen die verschiedenen Ansätze abgeleitet werden können. Durch bisher noch nicht vorgeschlagene Operationalisierungen kann daraus sogar - methodisch gestützt - neues Wissen abgeleitet werden. Durch die explizite Darstellung der Präferenzen in dem Füllstandsmodell kann auch die Flexibilität als Bestandteil eines Handlungsmodells dargestellt werden. Dies werden wir jedoch erst im Laufe dieser Arbeit kennenlernen.

9. Ansätze zur Darstellung von Verhalten in der Literatur

In diesem Kapitel wird nicht der Versuch unternommen, die gesamte Bandbreite des in verschiedenen Wissenschaftsbereichen beschriebenen Verhaltens darzustellen. Vielmehr soll ein Einblick in verschiedene Anwendungen gewährt werden, um die Breite und gleichzeitig auch die Abgrenzung des zu entwickelnden Verhaltensmodells zu erleichtern. Im Anschluß an die Darstellungen wollen wir die unterstellten Strukturen des Handlungsprozesses mit einem besonderen Interesse für rationales Verhalten genauer betrachten.

9.1. Vorstellung und Diskussion verschiedener Konzepte

Geprägt durch die Klassiker und Neoklassiker in der Volkswirtschaftslehre kristallisierte sich zunächst als präskriptive Variante eines Verhaltensmodells der "homo oeconomicus" in einer sehr engen Definition heraus. In der Haushaltstheorie erfährt er eine individualistische Sichtweise und wird durch die Nutzenmaximierung - was immer darunter zu verstehen ist - unter gegebenen Restriktionen beschrieben. Die Produktionstheorie beschäftigt sich mit Allokationsentscheidungen von Unternehmen, wobei dieses Konglomerat von Individuen sich wie ein in sich konsistentes Metaindividuum, welches wiederum der Definition des "homo oeconomicus" genügt, verhält. Das Unternehmen versucht sich als Gewinnmaximierer unter gewissen Nebenbedingungen.

Der "homo oeconomicus", auch als "economic man" (z.B. *Marshall* 1920, S. 22) oder "rational man" bezeichnet, beherzigt das ökonomische Prinzip, welches als Minimum- oder Maximumprinzip formuliert werden kann. Das Minimumprinzip besagt, daß ein vorgegebenes Ziel (-niveau) mit einem möglichst geringen Mitteleinsatz erreicht werden soll, das Maximumprinzip besagt, daß bei einem gegebenen Mitteleinsatz ein möglichst "gutes" Zielniveau erreicht werden soll.

Es wird dabei eine strikte Trennung von Präferenzen und Alternativen bzw. Restriktionen unterstellt[187]. Es erfolgt eine Nettobewertung der Alternativen bzw. Alternativenkombinationen anhand der unabhängigen Wertesphäre der Präferenzen und anschließend die Auswahl gemäß des relativen Vorteils. Damit ist eine Beeinflußbarkeit des Verhaltens durch Anreize in Form von veränderten Umweltbedingungen möglich (vgl. *Kirchgässner* 1991, S. 32). In der engen Definition ist unser handelnder Mensch stets voll informiert[188], es bestehen keinerlei Friktionen, so daß er stets Nutzen und Kosten abwägen kann.

---

[187] Wir sind uns hier durchaus der Diskussionen über das Zweck-Mittel-Denken, ausgelöst durch *Myrdal* (1933), bewußt. So führt die konkrete Formulierung von Zielen, die das persönliche ökonomische Denken (z.B. in Nutzen-Kosten-Relationen) repräsentiert, letztendlich zu anwendbaren Alternativen (Mitteln), die damit ebenfalls wertbehaftet sind. Letztlich ist nur das oberste Ziel - die Maximierung des Nutzens - nicht selbst ein Mittel (vgl. *Kirchgässner* 1991, S. 14ff). Damit bietet sich eine Aufhebung der (Unter-) Ziel-Mittel Unterscheidung an und ein Übergang zum Prinzip der unabhängigen Bewertung von Alternativen (vgl. *Kirchgässner* 1991, S. 15 oder *Gäfgen* 1963, S. 102ff).

[188] Dadurch wird von der Existenz von Unsicherheit oder Informationskosten abstrahiert.

Dieses kritisierte Abbild einer seltsamen, in der Realität nicht vorkommenden Kreatur wurde in verschiedener Hinsicht erweitert[189]. So kann das Präferenzenkonzept nun auch nicht egoistisches, z.B. altruistisches Verhalten repräsentieren. Außerdem eröffnet *Becker* (1982, S. 97ff) die Möglichkeit, die Bewertung nicht direkt auf Konsumaktionen von marktfähigen Gütern anzuwenden, sondern diese nur als Inputs für die Produktion von nicht marktfähigen Gütern durch den Haushalt zu betrachten. Dadurch wird die Einbeziehung der Zeit (als Produktionsfaktor) in das Kalkül möglich. Bewertet werden schließlich nur die nicht marktfähigen Güter.

Der zweite Ansatzpunkt liegt an der Menge der Alternativen und deren Konsequenzen für das Individuum. Zunächst können Informationskosten entstehen, die bei der Ermittlung der zur Verfügung stehenden Alternativen und deren Konsequenzen anfallen. Außerdem kann man Kosten der Aktionenumsetzung (Transaktionskosten), den Einfluß von Dritten (einschließlich deren Beeinflußbarkeit) auf die eigenen Konsequenzen - hier wird die sich u.a. in der Spieltheorie manifestierende Koalitionen- und Wettbewerbstheorie angesprochen - bei gleichzeitiger Einführung einer unsicheren Zukunft[190] berücksichtigen.

Gerade die Erweiterung des Handlungskalküls auf Gruppen wird für uns eine wichtige Rolle spielen. In Lehrbüchern zur mikroökonomischen Produktionstheorie wird das Unternehmen noch häufig mit einem gewinnmaximierenden Individuum gleichgesetzt. Mit diesen Erweiterungen beschäftigen sich mehrere Theorien wie die Property-Rights-Theorie, die Transaktionskostentheorie[191],

---

[189] Sehr ausführlich werden die Erweiterungen in *Kirchgässner* (1991) diskutiert. Auch *Becker*s (1982) Ausführungen sind hilfreich, das Bild abzurunden.

[190] Die Einführung von Unsicherheit bringt einige Probleme für den Maximierungsansatz. So können nicht mehr bestimmte Konsequenzen verglichen werden, sondern nur noch Verteilungsfunktionen über die möglichen Konsequenzen. Eine Antwort darauf gibt die Erwartungs-Nutzen-Theorie mit der Reduktion der Verteilungsfunktion auf eine reelle Zahl.

[191] In dem Werk von *Albach* (1989) als Herausgeber wird gezeigt, daß das Verhalten betrieblicher Organisationen durchaus als rational aufgefaßt werden kann. Dazu müssen jedoch die Kosten der Koordination oder weiter gefaßt, die Transaktionskosten, berücksichtigt werden. Damit das rationale, diese Kosten berücksichtigende Verhalten Erklärungscharakter hat, müssen die Transaktionskosten explizit definiert, d.h. operationalisiert werden. Sie dürfen in empirischen Untersuchungen nicht das fehlende Glied darstellen, welches die Varianz des unterschiedlichen Verhaltens (verschiedener Koordinationsformen oder Organisationen) vollständig erklärt. In einem theoretischen Kontext kann dadurch jedes Verhalten erklärt werden, das Handlungsmodell ist vollständig spezifiziert. *Albach*s Vorwurf läßt sich direkt an G. *Becker* sowie an *Blum* und *Leibbrand* richten, die ihre jeweils betrachteten System gerade in dieser Weise schließen. In Abschnitt 6.6 haben wir gezeigt, daß diese Vorgehensweise keinesfalls bedenklich ist, sondern als Ultra-Abstraktion aufzufassen ist.

die Institutionenökonomie oder die Bürokratietheorie, um nur einige aufzuzählen. Auch der aus der politischen Ökonomie stammende rent-seeking-Ansatz erläutert die Koalitionenbildung rationaler Akteure.

Nach diesen kurzen Ausführungen zum Stand der rationalen Verhaltensmodelle, die schon einiges des von uns verwendeten Ansatzes andeuten, wollen wir noch einige andere Möglichkeiten, Verhalten - auch präskriptiv - zu beschreiben, kurz aufzeigen. Diese wurden vor dem Hintergrund einer (zu) engen Auslegung des Rationalitätskonzeptes entwickelt.

Als grundlegendes Versäumnis der volkswirtschaftlichen Analyse wurde Anfang des 20. Jahrhunderts die fehlende Betrachtung der Prozesse innerhalb eines Unternehmens angesehen. Das Unternehmen stellte eine Input zu Output verarbeitende Black box dar, ohne auf die interne Koordination der Faktoren näher einzugehen. Dieses Manko galt es auszugleichen. So beschäftigte sich *Taylor* (1914) aus der handlungs- und umsetzungsorientierten Sichtweise der Betriebswirtschaftslehre mit dem Ablauf innerhalb eines Unternehmens durch eine rationale Organisation. Er stellte die funktionale Arbeitsteilung, die den unterschiedlichen Fähigkeiten der Mitarbeiter gerecht werden soll, als Organisationsprinzip heraus und wollte die Mitarbeiter über finanzielle Anreize motivieren. Tiefere Fragen zur effizienten Koordination wollte oder mußte er nicht beantworten. *Fayol* (1929) sah eine zentralistische Lösung dieses Koordinationsproblems - die effiziente Ausrichtung aller Mitarbeiter auf das "Unternehmensziel" - in der Einführung einer Einlinien-Aufseher-Hierarchie, die klare Verantwortungsbereiche kennt, jedoch die funktionale Arbeitsteilung bei der Kontrolle außer acht läßt (siehe auch *Albach* 1989).

Auch *Marschak* (1955) sowie *Marschak* und *Radner* (1972) sahen das Unternehmen als eine Gruppe von nicht opportunistischen Individuen, die sich stets im Sinne des Unternehmensziels (z.B. Gewinnmaximierung) verhalten. Mit ihrer Team-Theorie versuchten sie Verhaltensnormen bzw. -regeln aufzustellen, die eine Koordination dezentraler Entscheidungen über einen genormten Informationsfluß ermöglicht. Das daraus folgende, "neoklassisch nicht optimale" Verhalten soll zu einer Gewinnerhöhung durch eine Verringerung der Koordination und auch deren Kosten bei einer (hoffentlich) geringeren Einbuße des Gewinnes vor Berücksichtigung der Koordinationskosten führen.

Die gegenläufigen Tendenzen der Volkswirtschaftslehre - die Übernahme des rationalen Verhaltens der Individuen für ganze Gruppen, zunächst allerdings nicht auf individueller Basis fundiert - und der Betriebswirtschaftslehre

- die Erklärung einer effizienten Koordination der Arbeitsteilung[192] unter der Vernachlässigung individueller Verhaltensweisen - wurden von *Cyert* und *March* (1963) in ihrer Koalitionentheorie von opponierenden Gruppen innerhalb einer Organisation zusammengeführt. Dieser Ansatz basiert jedoch auch noch auf einem zunächst als nicht rational geltenden, individuellen Verhaltensmodell der beschränkten Rationalität, die ihren Ursprung bei *Simon* (z.B. 1957a, 1957b, 1960, 1972) und *March* und *Simon* (1958) haben.

Simon beobachtete, daß in vielen praktischen Situationen die Entscheidungsträger nicht nach dem klassischen Maximierungsprinzip operieren. Sie suchen eher nach zufriedenstellenden als nach optimalen Alternativen. Erklärt wird dieses Verhalten sowohl durch die begrenzte Informationsverarbeitungskapazität der Menschen als auch durch die sehr komplexen Handlungssituationen und die Unsicherheit der Konsequenzen von Handlungen. Sein Konzept der "bounded rationality" (z.B. *Simon* 1972) in Organisationen ist neben dem Erreichen eines "satisficing"-Anspruchsniveaus anstelle der Nutzenmaximierung zusätzlich durch eine beschränkte Menge von Handlungsalternativen sowie durch unterschiedliche Motivationsstrukturen bei den Mitgliedern einer Organisation gekennzeichnet.

Das Erreichen eines Anspruchsniveaus kann jedoch auch als maximierendes Verhalten bei bestehender Unsicherheit interpretiert werden. So zeigte *Cooper* (1963) die Äquivalenz von "satisficing" zu dem Rationalprinzip der Maximierung der Wahrscheinlichkeit, mindestens einen Nutzen in Höhe des Anspruchsniveaus zu erreichen[193]. Damit maximiert der Agent wieder, es handelt sich lediglich um eine andere Abbildung (im Vergleich zur Erwartungsnutzentheorie) der Verteilungsfunktion über den Konsequenzen auf die reellen Zahlen. Statt des Erwartungswertes interessiert der Funktionswert der Verteilungsfunktion an der Stelle des Anspruchsniveaus.

Die Menge der zu berücksichtigenden Alternativen erklärt sich aus den Erfahrungen und wird erst erweitert, wenn das Überleben bzw. das Erreichen des Anspruchsniveaus gefährdet ist[194]. Außerdem unterstellt *Simon* bei der Koordi-

---

[192] Dies ist auch heute noch ein gewichtiger Forschungsbereich der Organisations- und Managementtheorie. In das Bewußtsein tritt dies durch das häufige Wechseln von Managementmethoden wie z.B. Management by Delegation, by Walking around, ... oder *McGregor*s Theorie Y oder *Ouchy*s Theorie Z (siehe zur Vertiefung *Walter-Busch* 1991).

[193] Diese Auffassungen von *Cooper* wurden *Albach* (1989) entnommen. Dort wird die Originalliteratur nicht ausgewiesen und ließ sich auch durch umfangreiche Recherchen nicht auffinden.

[194] Hierauf gründet sich auch die Kontingenztheorie der Organisation, die eine Anpassung des Unternehmens an geänderte Umweltkonstellationen zum Zwecke des

nation der unterschiedlichen Motivationen, daß ein Individuum mit anderen nur dann eine Koalition bildet, wenn die Vorteile die Nachteile daraus überwiegen.

Darauf aufbauend haben *Cyert* und *March* (1963) ihr Verhaltensmodell[195] für die Organisation eines Unternehmens durchgängig formuliert. In ihrer Koalitionentheorie von opponierenden Gruppen innerhalb einer Organisation schlagen sie zur Konfliktlösung Geldzahlungen, Verbesserungen des Arbeitsumfeldes oder das Zugestehen eines Überschusses an Ressourcen - auch slack genannt - vor. Bei unterstellter, begrenzter Rationalität versucht die Gemeinschaft, ein Anspruchsniveau zu erreichen. Dazu müssen der Prozeß der Zielfindung bzw. -niveauvorgabe sowie die Handlungsweisen bei Nichterreichen der Vorgaben beschrieben werden. Im Mittelpunkt stehen jedoch Routinen zur Entscheidungsfindung bei konfligierenden Einzelzielen.

Der Ansatz von *Simon* bzw. *Cyert* und *March* stellt nicht nur einen Übergang in den Variablen des Maximierungskalküls von reinen Ergebnissen (z.B. Erwartungsnutzen der Konsequenzen) zu der Wahrscheinlichkeit für ein "positives" Ergebnis[196] dar, sondern bietet auch Routinen bzw. Heuristiken für den Fall einer Nichterfüllung des Anspruchsniveaus an. Hierbei spielt das Fallenlassen der Annahme der vollständigen Informiertheit, die eine bereits vor dem Handeln vollständig bekannte Alternativenmenge fordert, eine zentrale Rolle, denn *Cooper* hat mit seiner Aussage, daß "satisficing" gleichbedeutend mit dem Maximieren der Wahrscheinlichkeit für ein Erreichen des Anspruchsniveaus ist, nur für den Fall einer vollständig bekannten Alternativenmenge - was z.B. von *Simon* verneint wird - recht.

Das zentrale Anliegen von *Simon*, daß die Individuen Beschränkungen unterliegen, wurde von mehreren Autoren aufgenommen und weiterentwickelt. So führt dies *Lindblom* (1959, 1965) zu den Ideen des "muddling through (Durchwurstelns)" und des "Inkrementalismus". Er unterstellt, daß Unternehmen weit entfernt von rationalem, auch beschränkt rationalem Verhalten sind, infolge der beschränkten Zeit nie alle möglichen Alternativen bestimmen und

Überlebens zur Grundlage ihrer Untersuchungen macht (vgl. *Albach* 1989, S. 21). Einen anderen Ansatz stellen Konzepte des rationalen Suchens bzw. Erweiterns der Alternativenmenge in der neueren Mikroökonomie dar, die nach einem Maximierungskalkül die Suche einstellen, wobei dies nicht mit einem vorher festgelegten Anspruchsniveau in Verbindung gebracht wird.

[195] Einen kurzen, strukturierten Überblick über das Modell findet man bei *Koutsoyiannis* (1979, S. 386-401). Dort sind auch die den behavioristischen Modellen verwandten Modelle der Managementtheorie, welche die Nutzenmaximierung des Managements unter der Berücksichtigung von Informationsasymmetrien zwischen Principal und Agent in den Vordergrund stellen, von *Baumol*, *Marris* und *Williamson* angeführt.

[196] Dies soll der Erfüllung des Anspruchsniveaus gleichgesetzt werden.

evaluieren, sondern nur die inkrementellen Veränderungen der bisher eingesetzten Politiken (Alternativen) überprüfen. Man versucht, mit ähnlichen Methoden wie bisher auf geänderte Umfeldbedingungen zu reagieren, d.h. sich durchzuwursteln. Das Verhalten soll sich nach der folgenden Norm richten: Nehme nur kleine, reversible Änderungen an der Aktion vor und überprüfe das Ergebnis. So läßt sich dann jederzeit ein falsch eingeschlagener Weg korrigieren, ein richtiger weiterverfolgen. Das Konzept hat seine Stärke sicherlich im deskriptiven Bereich; die präskriptiven Anwendungsbereiche scheinen jedoch eingeschränkt[197].

Eine sehr konsequente Umsetzung der Idee der individuellen Limitationen (begrenzte Rationalität) führt zur Evolutionsökonomie. Sie stellt jedoch nicht nur die Fähigkeit, sondern auch die Notwendigkeit zum Optimieren (z.B. Gewinnmaximierung) in Frage. So bemerkte *Alchian* (1950), daß die Gewinnmaximierung nicht der Schlüssel zur Handlungswahl ist. Das Realisieren von Gewinnen ist das eine relative Bewertung der Konsequenzen zu den Mitbewerbern vornehmende Selektionsprinzip des ökonomischen Systems in einer evolutorischen Sichtweise. Damit liegt das Ziel im Gewinnemachen bzw. im Erreichen eines (Wettbewerbs-) Vorteils gegenüber Konkurrenten, nicht in der Maximierung von Gewinnen. Dies kann adäquat durch das Erreichen eines Anspruchsniveaus beschrieben werden.

Nelson und *Winter* (1982) vertreten in ihrem Standardwerk zur ökonomischen Evolutionstheorie denselben Standpunkt und versuchen ihn zu formalisieren. Sie sehen sich in Übereinstimmung mit den Erklärungszielen der klassischen Theorie von A. *Smith* bis A. *Marshall* und wollen die *Schumpeter*schen Ansätze weiterentwickeln. Daher auch die alternative Bezeichnung "*neo-Schumpeterian*" (NELSON und *Winter* 1982, S. 39). Ihre Wurzeln liegen auch teilweise im "*Managerialism and Behavioralism*" (*Nelson* und *Winter* 1982, S. 33ff). Die neoklassische Entwicklungslinie halten sie für eine zu enge Interpretation.

So setzt die Kritik an den zwei Säulen der orthodoxen Theorie an: dem Maximierungsverhalten und dem Gleichgewichtskonzept. Ersteres beruht auf einer klaren Mengenbeschreibung für das, was und wie ein Unternehmen etwas zu tun weiß. Es wird dann die bezüglich einer bekannten Zielfunktion optimale Alternative unter der Berücksichtigung gegebener Restriktionen gewählt. Das Konzept des Gleichgewichtes sucht nach der Erkenntnis über das Ergebnis der

---

[197] Die in der Empirie zu beobachtenden Reorganisationen in Unternehmen sind teilweise so radikal, daß es kein Zurück mehr gibt. Dies kann als ein Indiz für die Verwendung von präskriptiven Modellen in der Organisationsplanung gesehen werden.

Verhaltensregeln und legt somit das tatsächliche Verhalten fest. So führt das Maximierungskalkül bei variablen Preisen zu einer Nachfrage- bzw. Angebotsfunktion als Entscheidungsregel. Die Einführung einer zusätzlichen, vielleicht auch plausiblen Gleichgewichtsbedingung - hier die Markträumung - legt die Werte von anderen Variablen, dem tatsächlichen Verhalten, fest. Auf dem Markt ist es der Preis und damit die angebotene und nachgefragte Menge der einzelnen Organisationen. Durch die Markträumungsbedingung wird das "optimale" Verhalten festgelegt.

Nelson und *Winter* kritisieren dieses Konzept unter anderem dadurch, daß die für das Optimierungskalkül benötigten Informationen nie vorliegen und auch nie verarbeitet werden könnten. Eine realistischere Informationsbetrachtung (z.B. asymmetrische Informationen) oder die Erweiterungen der statischen Gleichgewichtstheorie (z.B. Wettbewerb) führen zu einer immer verfeinerten Sichtweise des Rationalitätskonzeptes (*Nelson* und *Winter* 1982, S. 8f). Trotz des Zuwachses in der Komplexität wird der Entscheider, so die orthodoxe Theorie, nie überfordert sein.

Empirische Beobachtungen legen ihrer Meinung nach eine identische Betrachtung von Produktionsprozessen und solchen der Auswahl nahe. Hierzu werden "Routines" und "Skills" eingeführt. Fertigkeiten bei den Individuen und Routinen bei Organisationen verkörpern ein durch ständige Übung automatisiertes, zielgerichtetes Verhalten. Es beinhaltet sehr viele unbewußt getroffene Entscheidungen. Die Anwendung orientiert sich an einem komplexen Informationsmuster, welches festlegt, wann, welche Routine ausgeführt wird. Dem steht die bewußte Entscheidung gegenüber, bei der jede Bewegung, Aktion steuerbar ist. Dies wird in Situationen, die nur selten vorkommen und geübt werden, angewandt.

So existiert ein Tradeoff zwischen routiniertem und auf bewußten Entscheidungen basierendem Verhalten (siehe *Nelson* und *Winter* 1982, S. 82ff). Ersteres ist effektiv und kontinuierlich, es besteht aber die Gefahr, daß durch Veränderungen des Umfeldes das Falsche gemacht wird oder das Richtige ineffizient. Letzteres führt in der Regel zu Zeitverzögerung und schlechter Koordination, da die Ausführung ungeübt ist. Sie ist jedoch unerläßlich zur Veränderung von Fertigkeiten und Routinen. Je komplexer und damit weniger steuerbar/kontrollierbar eine Situation wird, um so stärker wird auf Routinen zurückgegriffen. Speziell in großen Organisationen ist die gesamte Information nicht zentral koordinierbar, so daß der Ablauf dezentral, auf Routinen beruhend, organisiert wird.

Dies geschieht mit Hilfe von Kontrollroutinen, die auf der Regeldurchsetzung, der Outputmessung oder Anreizen beruhen. Wenn die Arbeit wie gewöhnlich in Routinen abläuft, so entsteht eine Art Waffenstillstand (vgl. *Nelson* und *Winter* 1982, S. 107ff), der das Handeln nach eigenen Motiven einschränkt und in eine friedliche Koexistenz überführt. Es entsteht keine Konkurrenz um Sachgebiete oder Routinen Dritter.

Das gesamte Wissen der Unternehmung ist in den Angestellten, deren Beziehungen und in der Ausübung ihrer Funktion gespeichert. Explizit ist es jedoch nicht zugänglich, sondern existiert teilweise als "*tacit knowledge*" (*Nelson* und *Winter* 1982, S. 76ff). Dieses Problem ist aus den Anwendungen der künstlichen Intelligenz in Expertensystemen wohlbekannt. Das Wissen eines Experten läßt sich niemals vollständig abbilden, weil er zwar etwas tun kann, aber noch lange nicht beschreiben kann, wie er es tut. Dieses unvermittelbare, unzugängliche Wissen verhindert infolge von Informationsdefiziten das Optimierungskalkül und damit die schnelle Anpassung an neue Situationen.

Die Darstellung des Verhaltens in geordneten Bahnen bzw. Routinen hat Folgen für die Entwicklungsmöglichkeit. So können für den Außenstehenden dem Unternehmen Alternativen zur Verfügung stehen, die es aufgrund seiner bisherigen Organisation des Ablaufes nicht realisieren kann, da die Umstiegskosten zu hoch sind. Unternehmen verhalten sich in der Regel so, wie sie es in der Vergangenheit getan haben. Die Entwicklungsmöglichkeiten sind durch die eingefahrenen Routinen stark eingeschränkt. Sie zu ändern, bedeutet gleichzeitig eine Aufhebung des Waffenstillstandes, so daß das alte Konfliktpotential zur Geltung kommt[198]. Diese Widerstände bestimmen damit den evolutorischen Wandel.

Auch kann ein starker Wandel nicht routinemäßig vor sich gehen. Aufgrund der beschränkten Rationalität sind diese seltenen Anpassungen an die veränderte Umwelt nicht eingeübt[199] und fallen in den Bereich der bewußten Wahl. Dieses nicht unbewußte Handeln ist in der Regel sehr zeitaufwendig und teuer und hat die Folgen von Routinenveränderungen bei anderen zu berücksichtigen.

Die Hauptaufgabe des strategischen Managements bzw. des Top-Managements besteht nun darin, in erstmaligen Situationen "gute" Entscheidungen zu treffen. Der rationale Ansatz ist aufgrund der situativen Komplexität, der Erstmaligkeit und der Unmöglichkeit bzw. hohen Kosten für die Bereitstellung der Information nicht immer anwendbar. Als Alternative bieten sich

---

[198] Häufig sieht man das in Form von Grabenkriegen bei Reorganisationen in großen Unternehmen.

[199] Diese potentiellen Veränderungen können durch bewußtes Überlegen antizipiert werden und dann über die Einübung bzw. den Drill entsprechender Maßnahmen gemeistert werden. Ein Beispiel wäre eine Gebäuderäumung bei einem falschen Feueralarm.

heuristische Verfahren an, die durch ihren geregelten Verlauf den Routinen sehr nahe kommen.

Heuristik stammt von dem griechischen Wort "heuriskein" und bedeutet finden bzw. erfinden (siehe *Hoffmeister* 1955, S. 300). Sie gilt als die methodische "*Kunst der Wahrheitsfindung*" (*Bertelsmann* 1992, Bd. 6, S. 161) bzw. die "*Theorie der Methoden des Aufgabenlösens*" (*Braun* und *Radermacher* 1978, S. 242), wobei ein Einzelproblem oder der Erkenntnisfortschritt als Aufgabe aufgefaßt werden kann. "*Heuristische Prinzipien oder Hypothesen sind Hilfsmittel der Forschung, vorläufige, versuchsweise Annahmen zum Zwecke des leichteren Verständnisses von Sachverhalten und Vorgängen*" (*Hoffmeister* 1955, S. 300). Im Sinne der Erkenntnisfortschrittsaufgabe sind alle Theorien - mit *Popper*s Falsifikationismus sind sie nur vorläufig - Heuristiken auf dem Wege der "Annäherung an die Wahrheit". Die Richtigkeit der heuristischen Hypothesen ist nicht beweisbar, weshalb sie dem induktiven Bereich der Wissenschaft zuzuordnen sind.

Bei der Lösung von Einzelproblemen, d.h. dem Finden einer Lösung, werden heuristische Verfahren angewendet, wenn für das Problem keine optimale Lösung explizit bestimmt werden kann[200]. Dies kann von einer diffusen Problembeschreibung einer komplexen Situation oder der Lösbarkeit einer Optimierungsaufgabe in unvertretbarer Zeit herrühren. Heuristiken sind Problemlöse- bzw. Entscheidungsverfahren, die nicht das Erreichen einer optimalen Lösung garantieren, und beruhen auf einer "*Suchraumeinengung*" (*Dörner* 1992, S. 239).

Streim (1975, S. 151) versuchte, dies in eine Definition zu fassen:

"Ein Lösungsverfahren wird dann als heuristisch bezeichnet, wenn es

(1) nichtwillkürliche Entscheidungsoperatoren verwendet, die

---

[200] Es gibt Optimierungsprobleme, deren Lösung existiert und die in endlicher, jedoch unvertretbar langer Zeit bestimmt werden kann. Hier sind beispielsweise Lösungsverfahren diskreter Entscheidungsprobleme über die vollständige Enumeration oder mit Hilfe von Branch-and-Bound-Verfahren anzuführen. Das übergeordnete (eigentliche) Optimierungsproblem liegt nun im Auffinden der Lösung innerhalb einer bestimmten Zeit, d.h. das Zeitbudget wird zur Nebenbedingung, oder es besteht ein Tradeoff zwischen der Qualität der Lösung und der Zeit zum Finden im Sinne einer Kosten-Nutzen-Relation, die Zeit wandert in die Zielfunktion. Da die Zeit zum Auffinden einer Lösung nicht ex ante bekannt ist, handelt es sich um ein "diffuses" Optimierungsproblem, welches nicht explizit zu beschreiben ist und damit auch keine Lösung besitzt. Allenfalls kann nachträglich eine Klassifizierung bezüglich der Güte stattfinden, das heuristische Verfahren nicht allgemein, sondern nur für diesen Einzelfall bewertet werden.

(2) bewirken, daß potentielle Lösungen vom Suchprozeß ausgeschlossen werden, und wenn

(3) aufgrund des fehlenden Konvergenzbeweises keine Lösungsgarantie gegeben werden kann."

Hierbei kommt den nichtwillkürlichen Entscheidungsoperatoren besondere Bedeutung zu. Sie sollen die Informationen der Problemstellung zielgerichtet in eine "akzeptable" Lösungsmenge transformieren (vgl. *Streim* 1975, S. 145f). Der große Nachteil dieser Verfahren besteht darin, daß sie eine Glaubensfrage darstellen; sie können intersubjektiv nicht - im Sinne von deduktiven Schlußfolgerungen - nachvollzogen werden. Allerdings können empirische Maßzahlen den Glauben an den Erfolg bei einem anderen Problem stützen[201].

Die Komplexität der ökonomischen Tatbestände legt nahe, daß ein vollständiges Optimierungskalkül nicht angewandt werden kann. Trotzdem ist es möglich, daß sich die Individuen vor einem subjektiven Informationsstand nach den Regeln des Kalküls verhalten und auf brauchbare Ergebnisse hoffen. Dies könnte durchaus als Routine und Heuristik bezeichnet werden. Die hier erarbeitete Auffassung von Heuristik unterscheidet sich kaum hinsichtlich des Verhaltens von den Routinen in der Definition von *Nelson* und *Winter*. Es werden stets Entscheidungsoperatoren auf Problemsituationen angewandt, um diese zu bewältigen.

Zum Schluß wollen wir noch einige Anmerkungen der Psychologie zur Verhaltensforschung einarbeiten. In der Regel fühlen sich die Psychologen nicht dem "Rational-Choice-Paradigma" verpflichtet und interessieren sich besonders für die Verhaltensunterschiede von verschiedenen Individuen (vgl. *Hogarth* und REDER 1987, S. 7). In diesem Kontext lassen sich die Einflußfaktoren besser herausstellen. Außerdem müssen sich die Individuen in gleichen Situationen nicht ähnlich verhalten.

Eine gute Auseinandersetzung mit der ökonomischen und der psychologischen Entscheidungstheorie bieten *Tversky* und *Kahneman* (1987), so daß wir uns auf sie beziehen[202]. Der normative Rational-Choice-Ansatz hat folgende

---

[201] Damit wird deutlich, daß Näherungsverfahren der Mathematik, wie z.B. die regula falsi zur Nullstellenbestimmung, nicht unbedingt eine Heuristik darstellen, nämlich genau dann nicht, wenn ein Konvergenzbeweis gegeben werden kann.

[202] *Tversky* und *Kahneman* zielen hauptsächlich auf die Wahrnehmungs- und Kognitionspsychologie, nicht auf die Motivationspsychologie. Sie arbeiten in ihre Verhaltenstheorie kognitive und damit psychologische Elemente ein.

Basisaxiome[203], die je nach Modellerweiterung auch nur in einer schwächeren Variante gelten müssen:

- Elimination bzw. Nichtbeachtung von Umweltzuständen. Umweltzustände, die unabhängig von der Auswahl der Alternativen immer zum gleichen Output führen, werden eliminiert.
- Transitivität der Präferenzen. Dadurch wird in der Regel eine ordinale Darstellung möglich. Außerdem wird eine "Geldpumpe" aufgrund zyklischer Präferenzen (vgl. *Tversky* und *Kahneman* 1987, S. 69) ausgeschlossen.
- Dominanz. (Stochastisch) Dominierte Alternativen werden aus der Lösungsmenge ausgeschlossen.
- Invarianz. Die unterschiedliche Repräsentation einer Alternative führt trotzdem zu einer identischen Bewertung, sie ist somit von der Problemdarstellung unabhängig.

Tversky und *Kahneman* überprüfen nun die Realitätsnähe der Axiome und stellen sie beobachtetem Verhalten gegenüber. Sie wollen den Nutzen von normativen Theorien für das tatsächliche Verhalten, also deskriptive Ansätze, überprüfen. Im Rahmen der "Prospect-Theorie" wird die Problemdarstellung (Framing) und die Bewertung, welche dem Output einen Wert zuweist und eine Gewichtungsfunktion über die Wahrscheinlichkeiten beinhaltet, unterschieden. Die vorläufige Gültigkeit dieser Darstellung wird durch die Resultate vieler Versuche bestätigt:

- Es werden keine Zustände, sondern die Veränderungen bewertet, also keine Wohlfahrtszustände, sondern Gewinne und Verluste, wobei Gewinnsituationen in der Regel risikoavers, Verlustsituationen hingegen risikoreich begegnet wird. Damit rückt der Referenzpunkt und die Blickrichtung in den Vordergrund des Framings und hat einen erheblichen Einfluß auf das Ergebnis der Wahl. Daraus kann eine Verletzung des Invarianzaxiomes abgeleitet werden.
- Die unterschiedliche Risikobereitschaft für Gewinn und Verlust beeinflußt das Verhaltensergebnis, so daß das Erreichen eines *Pareto*-Optimums bzgl. von Wohlfahrtszuständen nicht gewährleistet ist (vgl. *Tversky* und *Kahneman* 1987, S. 78).
- Eine nichtlineare Entscheidungsgewichtungsfunktion, die den *Allais*schen Sicherheitseffekt (siehe *Allais* 1979), d.h. die Übergewichtung von relativ

---

[203] Siehe hierzu beispielsweise auch die Beschreibung der Erwartungsnutzentheorie bei *Fishburn* (1988).

sicheren Ereignissen im Vergleich zu wahrscheinlichen, und die Übergewichtung von sehr unwahrscheinlichen Ergebnissen berücksichtigt, kann z.B. in Kombination mit nicht offensichtlichen, unbeeinflußbaren Größen zu einer Entscheidungsumkehr (preference reversal) führen. So werden die Axiome der Elimination und Dominanz in transparenten Entscheidungssituationen angewandt, in unüberschaubaren häufig verletzt. Die Präferenzformulierung muß somit die Transparenz und die Bedeutung des Framing berücksichtigen (siehe *Tversky* und *Kahneman* 1987, S. 89). Die Problemerfassung und -darstellung einer Person wird durch Gewohnheiten, Normen und Erwartungen geprägt.

- Die der Prospect-Theorie zugrunde gelegten Versuche zeigen, daß die Wahrnehmung und das Urteilsvermögen die rationale Entscheidung limitieren. Dies steht somit im Einklang mit einer beschränkten Rationalität, wie sie von *Simon* und *March* oder *Nelson* und *Winter* unterstellt wird.
- Die Verletzung der Axiome beim Handeln der Individuen wird vielfach beobachtet, ist normativ aber nicht tolerierbar. *Tversky* und *Kahneman* kommen somit zum Schluß, daß deskriptive und normative (präskriptiv in unserem Sinne) Theorien der Entscheidung unvereinbar bleiben müssen[204].

Wie setzt sich nun die rationale Entscheidungstheorie mit diesen Beobachtungen auseinander? Häufig geschieht dies durch die Immunisierung mit ad hoc Annahmen, d.h. es wird angenommen, daß die Verletzungen des rationalen Standardmodells

(1) auf unwichtige Entscheidungsituationen beschränkt sind,

(2) durch das Lernen der Individuen schnell korrigiert werden und

(3) aufgrund der Korrekturfunktion von Marktkräften (Konkurrenz, Arbitrage, ...) irrelevant im Bereich der Ökonomie sind (siehe *Tversky* und *Kahneman* 1987, S. 89).

Entscheidend sind nicht die Beispiele für eine Verletzung der Axiome, sondern vielmehr die Reaktionen der Individuen nach einer Aufklärung bzw. Belehrung, die durch Dritte oder Marktkräfte erfolgen kann. Inwieweit diese Korrektur ausfällt, kann nicht durch bloße Annahmen erfolgen, sondern muß einer empirischen Überprüfung standhalten.

---

[204] Dieser Schluß ist nicht logischer Natur, sondern entspricht einer willkürlichen Entscheidung. Es könnte auch sein, daß die normativen Theorien durch ihre Eindimensionalität nur im Moment zu schlecht sind. Auch das tatsächliche Entscheidungsverhalten könnte sich durch die Entscheidungsunterstützung durch den Computer dem präskriptiven annähern.

Hier wollen wir die größten Schwierigkeiten an zwei Punkten andeuten. Zum einen sollen bestehende Anreize, zum anderen das Lernen der Individuen zur Korrektur irrationaler Entscheidungen führen. Anreize zielen dabei auf eine verstärkte Aufmerksamkeit und Anstrengung. Keine Wirkung können sie bei einem subjektiv sicheren Wissen falscher Tatsachen, wie es beispielsweise durch eine falsche Wahrnehmung oder Intuition (vgl. *Tversky* und *Kahneman* 1987, S. 90) entstehen kann, entfalten. Dies wird besonders deutlich und auch für den Leser nachvollziehbar an dem Beispiel der optischen *Müller-Lyer*-Illusion[205], und gleichzeitig wird die Abhängigkeit von der Transparenz der Darstellung einer Entscheidungssituation betont. Bei der Illusion, dargestellt in der Abbildung 9.1, erscheint die obere Linie länger als die untere, obwohl sie tatsächlich kürzer ist.

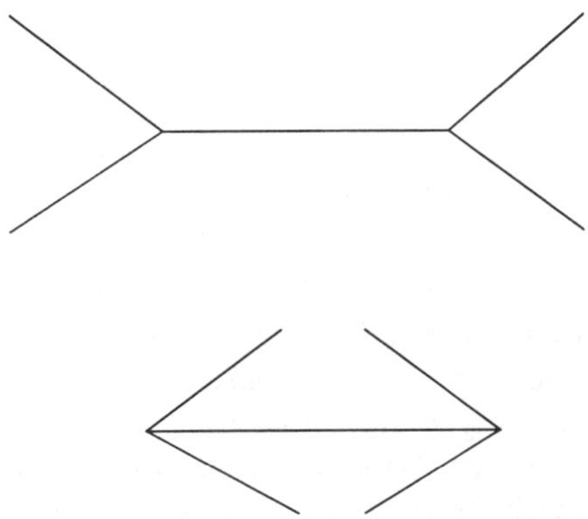

Abbildung 9.1: Die *Müller-Lyer*-Illusion (Quelle: *Tversky* und *Kahneman* 1987, S. 82)

Wie soll ein Individuum nun, bei allen noch so starken Anreizen, sich gegen diese Illusion wehren? Es ist ja gerade das Wesen einer Illusion, daß man ihr unterliegt. Vermeintlich sicheres Wissen kann nicht ständig angezweifelt und hinterfragt werden. In einer transparenteren Formulierung, die man durch das Hinzufügen eines Rechteckes erreicht, hätte man diese Illusion vermeiden können (siehe Abbildung 9.2). Leider gibt es jedoch keine algorithmische Formulierung, die zu einer transparenten Problemdarstellung führt.

[205] Dieses Beispiel ist aus *Tversky* und *Kahneman* (1987) entnommen.

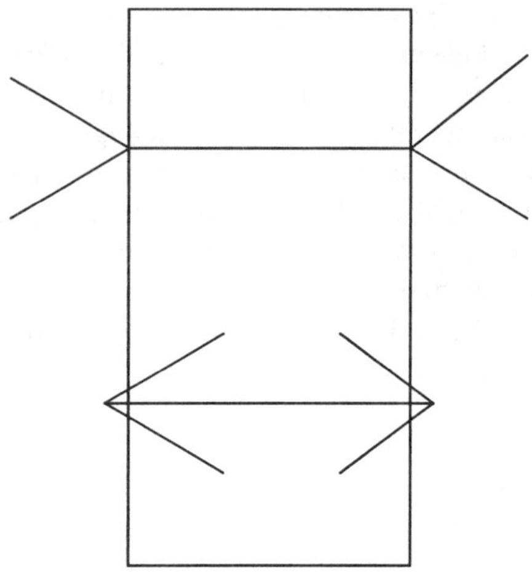

Abbildung 9.2: Eine transparente Formulierung der *Müller-Lyer*-Illusion
(Quelle: *Tversky* und *Kahneman* 1987, S. 83)

Auch die Annäherung an rationale Entscheidungen durch das Lernen - im Normalfall führt Lernen und der Selektionsdruck zu einer Effizienzverbesserung - hängt von Bedingungen ab. So ist eine präzise und wenig verzögerte Rückkopplung nötig, um den Zusammenhang zwischen der Situation und der richtigen Alternativenwahl festzustellen. Dies kann jedoch durch viele Fakten beeinträchtigt werden, wie z.B. die Einmaligkeit von Entscheidungen, oder die Beeinflussung des Ergebnisses auch durch andere (Umwelt-) Faktoren und damit die unmögliche Zuordnung zu gewählten Alternativen. Eine Reihe weiterer Beispiele ist in *Tversky* und *Kahneman* (1987, S. 90f) angeführt.

In der Regel wird man von einer zumindest partiellen, leichten Verletzung der Axiome rationalen Entscheidens ausgehen können. Die Aussagekraft hängt dann von der Stabilität der Theorie - wie bereits oben angesprochen - ab. Welche Auswirkungen hat eine kleine Abweichung in den Ausgangsbedingungen, hier die leichte Verletzung der Axiome, auf die Gültigkeit der theoretischen Schlußfolgerungen? Sind letztere dann auch in einer δ-Umgebung gültig? Eine Antwort geben *Akerlof* und *Yellen* (1985) mit ihrer "near rationality theory".

Sie untersuchen die Robustheit von Gleichgewichtslösungen, wenn sich ein Teil der Individuen nahezu, der Rest vollkommen rational verhält. Beinahe rationales Verhalten liegt vor, wenn ein Nichtmaximierer keinen "signifikanten" Gewinn durch rationales Verhalten realisieren kann[206] und z.B. aufgrund seiner Trägheit sein Verhalten der neuen Situation nicht anpaßt. Mit Hilfe des Enveloppen-Theorems und *Taylor*-Approximationen werden die Bedingungen herausgearbeitet, unter denen infinitesimale Änderungen von exogenen Größen (Schocks) - bei partiellem beinahe rationalen Verhalten - zu größeren ökonomischen Verschiebungen auch mit der Folge von Wohlfahrtseinbußen führen. Die individuellen Verluste sind nur von zweiter Ordnung, die Auswirkungen auf das ökonomische Gleichgewicht dagegen von erster Ordnung, d.h. proportional. In ihren Beispielen zeigen sie, daß die Resultate auch für stärkere, signifikante, nicht nur infinitesimale Veränderungen gültig sein können. In diesen Fällen sind die mit Hilfe des auf rationalem Verhalten basierenden Marginalkalküls gewonnenen Gleichgewichtslösungen nicht als approximative Lösungen für die geringfügig von den (Ideal-) Annahmen abweichenden, unterstellten Anwendungssituationen zu sehen und damit auch nicht sehr aussagekräftig. In diesen Fällen ist dann der deskriptiven Theorie der Vorzug vor der normativen zu gèben, um überhaupt die Realität betreffende Aussagen zu erreichen.

Ein weiteres Argument gegen das Optimierungskalkül des "homo oeconomicus" ist, daß die Informationen stets ex ante zur Verfügung stehen müssen. Als Beispiel soll uns die Qualitätserstellung pro Zeit dienen. So ist bekannt, daß unter Zeitdruck sehr viel effektiver gearbeitet werden kann, dies jedoch nur eine begrenzte, wenn auch dehnbare Zeit durchgehalten werden kann. Diese Sachverhalte sind jedoch situativ bestimmt und können exakt niemals feststehen und wohl nur selten abgeschätzt werden.

Auch die Soziologie ist einer präskriptiven Rationaltheorie gegenüber kritisch eingestellt und gesteht ihr - wenn überhaupt - einen kleinen Gültigkeitsbereich zu (vgl. *Esser* 1991, S. 235). Allem voraus beruhe das Alltagshandeln in keiner Weise auf rationalen Gründen und werde höchstens im Nachhinein rationalisiert. Die Kritik beruft sich hierbei auf *Schütz* (1972, vgl. auch *Esser* 1991), so daß wir dessen Lebensweltkonzept, welches interessante Parallelen zur psychologischen Sichtweise aufweist, kurz darstellen wollen.

Der Mensch handelt in einem Umfeld (Lebenswelt) von nicht hinterfragtem (fraglosem) Wissen und Erwartungen und wendet Routinen und Daumenregeln an. Er erfaßt eine Situation selektiv nach seiner vorhandenen Wissensstruktur und reagiert dann seiner Erfahrung entsprechend mit bestimmten Routinen. Erst wenn das Versagen der Routine festgestellt wird, erfolgt deren Überprüfung. Die Annahmen hinter der Fraglosigkeit sind die der Konstanz der Welt-

---

206 Technisch setzen sie es mit einer geringeren Reaktion zweiter Ordnung gleich.

struktur, der Gültigkeit unserer Erfahrungen von der Welt, der Möglichkeit, auf die Welt und in ihr zu wirken (vgl. *Schütz* 1972a, S. 153) und die (grobe,) häufig bestätigte Typisierung.

Der Mensch ist in nur wenigen Bereichen ein Experte, so daß er eine "*gründliche, bestimmte und widerspruchslose Kenntnis nicht nur des Was und Wie, sondern auch ein Verständnis des Warum hat, in dem er also 'sachverständig' ist*" (*Schütz* 1972a, S. 157). Häufig hat er kein annähernd vollständiges Erklärungsmodell zur Hand, so daß er eine Situation nur grob mit einer bekannten assoziieren kann, nur einen Bruchteil möglicher Lösungen kennt und deren Auswirkungen nicht prognostizieren kann. Die Wissensstruktur und -tiefe wird wiederum von der Motivation bestimmt, die *Schütz* (1972a, S. 158) im "*Thema der Relevanz*" anspricht.

Durch die Relevanz von Themen entsteht eine Hierarchie in der Präferenzenstruktur, es wird ein Hauptthema, ein Sinnhorizont gewählt. Dadurch wird wiederum die Wahrnehmung von Situationen bestimmt:

> "Es ist das jeweilige Interesse, das bestimmt, welche Elemente das Individuum aus der es umgebenden und in der vorgeschriebenen Weise gegliederten objektiven Welt auswählt, um seine Situation zu definieren. Es ist das nämliche Interesse, das aus dem gegebenen Wissensvorrat des Individuums jene Elemente auswählt, die zur Definition der Situation erforderlich sind. Mit anderen Worten: Das Interesse bestimmt, welche Elemente der ontologischen Struktur der vorgegebenen Welt und andererseits des aktuellen Wissensvorrats für das Individuum relevant sind, um seine Situation denkend, handelnd, emotional zu definieren, sich an ihr zu orientieren und mit ihr fertig zu werden. ... dann vollzieht sich diese *[die Definition der Situation]* selbst als 'selbstverständlich' in der Weise des fraglos Gegebenen. Dies wird bei allen unseren Routinegeschäften der Fall sein." *(*Schütz *1972a, S. 160f)*

Die Motivationsrelevanz kann auf zwei Motiven beruhen, dem Um-zu- und dem Weil-Motiv (vgl. *Esser* 1991, S. 248). Das Um-zu-Motiv bezieht sich auf das Erreichen einer zukünftigen Situation, ist also zielorientiert, die Weil-Motive spiegeln die Erfahrungen und die Sozialisation der Person wider und somit den Einfluß Dritter auf die Handlung.

Verhindern die Vereinfachungen durch die Motivationsrelevanz und das auch dadurch vorstrukturierte Wissen die Anwendung einer Routine, so ist das "*relevant gewordene Thema ... nun selbst zu einem Problem geworden*" (*Schütz* 1972a, S. 161). Die Definition der Situation ist nun selbst das Problem und erfordert den Wissenserwerb und die Wissensveränderung, solange bis eine zufriedenstellende Lösung gefunden wird. Hierbei können neue Relevanzstrukturen, welche die Wahrnehmung einer Situation beeinflussen, oder neue Routinen entstehen.

Das Handeln beruht damit auf der durch eine Zielrahmenvorgabe (Frame) beeinflußten Wahrnehmung einer Situation und der Auslösung einer damit assoziierten Routine. Es läßt "*alle Anzeichen von Habitualisierung, Automatismus und Halbbewußtsein erkennen*" (*Schütz* 1972b, S. 68).

Esser (1991, vgl. S. 251) fragt nun völlig zu recht, ob dieses Alltagshandeln nicht rational sei. So könnte dies aus subjektiver Sicht durchaus ökonomisch sinnvoll sein. Es wird jedoch nicht auf einer objektiv korrekten und vollständigen "Rationalität des Wissens" gepaart mit einer an der objektiven Angemessenheit orientierten "Rationalität der Wahl" beruhen. Mit der Einführung von "subjektiven" Kosten für die Denkanstrengung und die Wissenserweiterung[207] kann das Alltagshandeln durchaus als rational gelten. Eine Denkweise, die in den Erweiterungen der Neoklassik, dem "neoklassischen Reparaturbetrieb", ihren Platz hat.

In diesem Abschnitt wurde der homo oeconomicus als Ausgangspunkt für präskriptive, rationale Verhaltensmodelle gewählt. Mit der Darstellung alternativer, vorwiegend deskriptiver Handlungstheorien wurde an diesem Ansatz Kritik geübt. Deutlich wurde in der psychologischen und soziologischen Sichtweise die kritische Einstellung zu einem universell verwendbaren, rationalen Ansatz, der die Individuen überfordert. So wurden alternative Verhaltensmodelle diskutiert, die unter Umständen zu völlig anderen Ergebnissen und über mögliche Rückwirkungen zu verschiedenen Entwicklungspfaden führen. Gerade die im Ergebnis fehlende asymptotische Annäherung der deskriptiven Verhaltensmodelle an das präskriptive, rationale Modell des homo oeconomicus zeigt die Wichtigkeit einer verhaltenstheoretischen Fundierung der Ökonomie[208]. In einer Art Gegenprüfung wurden die mit dem homo oeconomicus Modell nicht erklärbaren Verhaltensweisen bzw. Handlungsgrundlagen auf ihre Rationalität untersucht. Mehrfach wurde betont, daß automatisiertes Verhalten in Form von Routinen oder Habits stattfindet. Dadurch, daß der Mensch (zumindest in seiner Informationsverarbeitungskapazität) limitiert ist, erscheint die Annahme von beschränkt rationalem Verhalten sinnvoll zu sein. Der Mensch arbeitet mit Heuristiken.

---

[207] Durch die Nichtbeobachtbarkeit dieser Kosten und momentan noch fehlende Operationalisierung läuft man Gefahr die Theorie gegen empirische Einwände zu immunisieren.

[208] Wissenschaftstheoretisch liegt dieser Aussage nicht die *Friedman*sche Methodologie zugrunde. Die Aussagekraft des ökonomischen Modells wird an der Realitätsnähe seiner überprüfbaren, beobachtbaren Annahmen gemessen.

In unserer Meta-Theorie der Handlung sollen nun diese miteinander in Konflikt stehenden Handlungstheorien als Spezialfälle enthalten sein. Natürlich wird dazu jeweils eine andere Operationalisierung benötigt. In dem vorzuschlagenden Füllstandsmodell sollen außerdem altruistisches Verhalten, Transaktions- und Informationskosten sowie Lernen und Illusion darstellbar sein. Hierfür muß die Menge der Systemelemente einer Handlungstheorie erweitert werden. Auch die Darstellung der Präferenzen wird sich verändern. Zunächst wollen wir jedoch in den bekannten Handlungstheorien nach Strukturen suchen, die wir für die Konzepte des Füllstandsmodells verwenden können.

9.2. Die Strukturierung von Handlungsprozessen

Die Strukturierung kann sowohl statisch, d.h. immer wiederkehrende auf abstraktem Niveau identische Situationen identifizierend, oder aber auch dynamisch erfolgen. Es steht dann der Prozeß der Handlung von der Auslösung bis zur Vollendung zur Diskussion.

Die statische Betrachtung abstrahiert vom Zeitablauf und den damit verbundenen Vor- und Nachteilen (z.B. Kosten). In der Regel wird die Planung vorausgesetzt und die planmäßige Umsetzung angenommen, so daß die Entscheidung im Mittelpunkt steht:

- Welche Motivation besteht, welche Ziele werden verfolgt?
- Welche Informationen stehen in welcher Form über die Alternativen zur Verfügung?
- Welche der Alternativen ist die "optimale"?

Diese Struktur werden wir auch im Grundmodell der Entscheidungstheorie im nächsten Kapitel wiederfinden. Die Trennung von Alternativen bzw. Ressourcenverbrauch und Präferenzen wird auch hier unterstellt und in den statischen, formalen Entscheidungsmodellen werden Informationen darüber als bekannt vorausgesetzt.

Die dynamische Betrachtung folgt dem Zeitablauf und beschreibt die Schritte bis zur Handlung, d.h. der tatsächlichen Umsetzung bzw. Implementierung. So bettet *Mag* (1990, S. 3) die Entscheidung in ein Regelkreismodell (siehe Abbildung 9.3) ein.

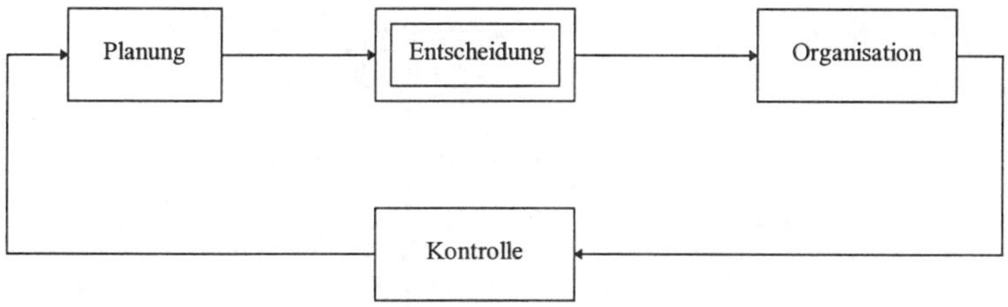

Abbildung 9.3: Entscheidung im Regelkreismodell der Unternehmensführung (Quelle: *Mag* 1990, S. 3)

Die Planung stellt die gedankliche Vorbereitung zukünftigen Handelns dar, die Organisation die Umsetzung nach der Entscheidung. Durch den anschließenden Soll-Ist-Vergleich der Kontrolle kann eine Revidierung der bisherigen Schritte erfolgen.

Auch *Schneeweiß* (1991) integriert das Handeln bzw. Entscheiden in den Planungsprozeß (vgl. Abbildung 9.4). Den Ausgangspunkt bildet ein Gestaltungswunsch, der im Rahmen einer Grobanalyse untersucht wird. Nach einer positiven Vorteil-Nachteil-Analyse (VNA) wird in der Systemfeinanalyse der Objekt- und Wertebereich - auch hier die klassische Unterscheidung in Werte/Ziele auf der einen Seite und Alternativen/Ressourcen auf der anderen - genauer beschrieben. Nach einer Entscheidung (im Modell) kann dann die Implementierung erfolgen.

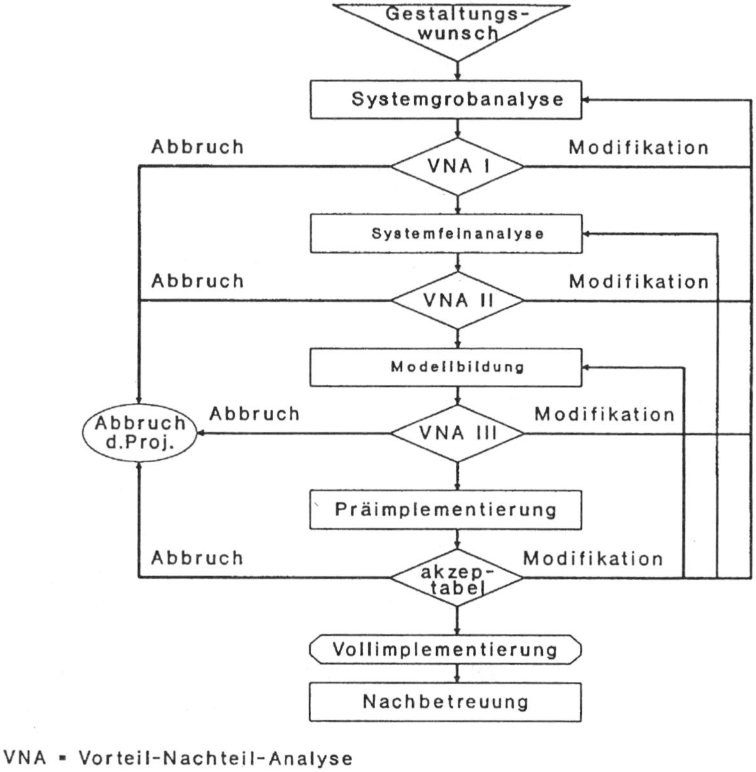

Abbildung 9.4: Entscheidung im Planungsprozeß (Quelle: *Schneeweiß* 1991, S. 7)

Zur Entscheidungsvorbereitung gehört die Konstruktion eines Systemmodells für das Objektsystem mit seiner Dynamik, seinen Wirkungen, Alternativen und Schnittstellen zum ab- bzw. ausgegrenzten Systemumfeld sowie die Erarbeitung oder Explizierung des Wertesystems, das durch eine Präferenzordnung oder ein operationalisiertes Zielsystem dargestellt werden kann (vgl. *Schneeweiß* 1991, S. 54ff). Die Probleme im Objektbereich liegen in der Informationsbeschaffung bzw. -kreation und deren Bestimmtheitsgrad (vgl. *Schneeweiß* 1991, S. 34 ff). Die unsichere Zukunft mag nur als Beispiel dienen. Die Herausarbeitung des Wertesystems muß die schwere Zugänglichkeit der im Menschen verborgenen Wünsche und deren moralische bzw. ethische Rechtfertigung überwinden.

Nach *Heinen* (1991, S. 13ff) werden die Prozesse, die der Gestaltung und der Entscheidung vorgelagert sind, durch folgende Tätigkeiten beschrieben:

- Ermittlung der Ziele der Entscheidungsträger,
- Systematisierung der Entscheidungstatbestände,
- Erklärung und Voraussage von betriebswirtschaftlichen Prozessen als Entscheidungsfolgen.

Die Ermittlung der Ziele der Entscheidungsträger, die in der Regel als ein Zielsystem vorliegen sollen, hat für ihn drei Dimensionen - den Zielinhalt, den Zeitraum, in dem der Zielinhalt erreicht werden soll, und den Umfang der Zielerreichung.

Ziele können, wenn sie in einem komplementären Verhältnis zueinander stehen, in Ober- und Unterziele eingeteilt werden. Unterziele können weiter in Subziele aufgeteilt werden bzw. mehrere Unterziele können einander gleichgeordnet werden, so daß ein hierarchisch gegliedertes Zielsystem entsteht. Damit kann erreicht werden, daß ein komplexer Entscheidungsprozeß in verschiedene, in eine Reihenfolge zu bringende Teilentscheidungen aufgeteilt werden kann. Deutlich wird bei *Heinen* die verschwommene Abgrenzung von Zielen und Mitteln, das Ziel läßt sich in Ressourcen ausdrücken[209].

Neben der Ermittlung der Ziele bzw. des Zielsystems ist es notwendig, die möglichen Entscheidungssituationen, vor die der Entscheidungsträger gestellt sein kann, nach verschiedenen Kriterien zu systematisieren, um später die geeigneten Erklärungs- und Entscheidungsmodelle anwenden zu können. Als Kriterien können die Träger der Entscheidung, die Entscheidungskonsequenzen mit den zur Verfügung stehenden Alternativen, der Verlauf des Entscheidungsprozesses und die Struktur des Entscheidungsproblems gewählt werden.

Bezüglich des Trägers der Entscheidung können die Entscheidungssituationen in Individual- bzw. Kollektiventscheidungen oder in zentrale bzw. dezentrale Entscheidungen untergliedert werden. Bezüglich der Konsequenzen, die eine Entscheidung nach sich ziehen kann, unterscheidet *Heinen* Entscheidungen nach dem Informationsgrad des Entscheidungsträgers, der Fristigkeit der Entscheidung und der Art der Zielsetzungen, von der die Entscheidung abhängt. Damit wird ein Erklärungsmodell über die Zusammenhänge von der Implementierung einer Alternative und der Beeinflussung der Zielgrößen gesucht.

Vor allem von der Strukturiertheit des Entscheidungsproblems, es kann wohl- oder schlechtstrukturiert[210] sein, hängt es ab, welches Entscheidungsmo-

---

[209] Siehe hierzu auch die obigen Ausführungen zum Zweck-Mittel-Denken in der Nationalökonomie, die auf *Myrdal* zurückgehen.

[210] Wohlstrukturierte Entscheidungsprobleme werden auf S. 262 genauer beschrieben.

dell angewandt werden kann. Sind die Entscheidungstatbestände und die zugrunde liegenden Ziele bekannt, so muß nach Möglichkeiten gesucht werden, um die "*Folgen alternativer Handlungsweisen für die Zielerreichung*" (*Heinen* 1991, S. 21) aufzuzeigen. Hierfür werden Erklärungsmodelle konstruiert und angewandt, die es erlauben, verallgemeinerungsfähige Zusammenhänge darzustellen und zielrelevante Konsequenzen von vorher ermittelten Entscheidungsvariablen bzw. Handlungsalternativen zu erhalten. Die konkrete, optimale Entscheidungsalternative kann jedoch erst mit Hilfe von Entscheidungsmodellen, deren Anwendbarkeit vor allem von der Struktur des jeweiligen Entscheidungstatbestandes abhängt, gefunden werden.

Unabhängig davon ist die Untersuchung des menschlichen Problemlösungsverhaltens zu sehen, welches *Heinen* (1991, S. 36) in fünf Phasen untergliedert:

- Anregungsphase: Erkennen und Klarstellen des Problems,
- Suchphase: Festlegung von Kriterien, Suche nach Handlungsmöglichkeiten, Beschreibung und Bewertung ihrer Folgen,
- Auswahlphase: Bestimmung der günstigsten Handlungsweise (Entscheidungsakt),
- Vollzugsphase: Verwirklichung der Handlung,
- Kontrollphase: Bestimmung der Zielerreichung.

Heinen unterscheidet sich damit nur graduell von den Ausführungen in *Schneeweiß* und *Mag*. Die Entscheidung wird in den Planungsprozeß eingebunden, es besteht die Trennung in ein Werte- und in ein Objektsystem, wobei letzteres sehr stark vom Bestimmtheitsgrad der Informationen darüber abhängt.

Die auf psychologischen Erkenntnissen beruhende Handlungstheorie geht ähnlich, aber differenzierter und mit dem Blick auf den Einzelfall gerichtet bei dem Problemlösungsverhalten vor. In dieser Individualisierungstendenz wird jeder einzelne mit seinen speziellen kognitiven Fähigkeiten repräsentiert und nicht durch ein sehr allgemeines Modell mit Präferenzordnung, Alternativen und Nutzenmaximierung. Die Wahrnehmung und die innere Konsistenz werden damit zu Ansatzpunkten einer deskriptive Handlungstheorie.

Sie kommt zu dem Ergebnis, daß der Entscheidungsträger kein vollständiges und logisch konsistentes System von Zielen besitzt, anhand dessen sich die möglichen Handlungsalternativen exakt messen lassen. Außerdem ist dieses System nicht invariant; gerade die Begeisterung, z.B. durch Motivation oder Werbung, für eine Tätigkeit unterstreicht die Beeinfluß- und Veränderbarkeit der Präferenzen.

Weiterhin sind dem Individuum die einzelnen Elemente des Entscheidungsprozesses nicht von vornherein bekannt. Diese müssen erst innerhalb eines

Such- und Wahrnehmungsprozesses gefunden werden und sind auch dann noch nicht vollständig erfaßt. Falsche Wahrnehmung oder eigene Überschätzung können damit modelliert werden.

Die Verarbeitung der wahrgenommenen Informationen kann dann rational, emotional oder gemischt erfolgen. Die lineare, logisch konsistente Bit- bzw. Informationsverarbeitung, die den rationalen Handlungsmodellen zugrunde liegt, könnte sich als nicht adäquat herausstellen, da der Mensch eine implizite (Zerr-) Musterverarbeitung durchführt und danach handelt.

Auch die Soziologie bestätigt die Individualisierungstendenz und verwendet in ihrem rationalen Ansatz, z.B. der "subjective-expected-utility-theory" (SEU-Theorie) (vgl. *Esser* 1991, S. 253 ff) eine ähnliche Vorgehensweise und zerlegt den Prozeß der Handlungswahl in die Schritte Kognition, Evaluation und Selektion.

Die Kognition erfaßt die subjektiven Situationsmerkmale, Assoziationen und die in Reichweite stehenden Alternativen. Anschließend werden deren Folgen abgeschätzt und vor dem Hintergrund subjektiver Präferenzen bewertet. Die Selektion bewirkt die Wahl einer Alternative mit der am "besten" bewerteten Zustandsveränderung. Die subjektive Sichtweise des Zusammenhangs zwischen Alternativenimplementation und den Auswirkungen bzw. Zustandsveränderungen beeinflußt die Wahl sehr stark.

Damit rücken die Wirkungen von dem und auf das Umfeld in den Vordergrund. "Vernetztes Denken" (*Vester* 1988) oder "strategisches Denken in komplexen Situationen" (*Dörner* 1992) sind die Schlagworte, die dies belegen. Die Vorwärtsbeeinflussung mit ihren "Rückwirkungen" gilt es zu verstehen und zu beherrschen. Das Kopplungsprinzip zur Stabilisierung von Systemen wird in zukünftige Handlungsmodelle Eingang finden (müssen)[211].

In diesem systemischen Umfeld kann dann das rationale Handeln, zumindest in präskriptiven Ansätzen, wieder an Bedeutung gewinnen und die Gestaltung unterstützen. Hierzu werden wir die Ansätze zur Rationalität und Alternativen im folgenden Abschnitt diskutieren.

---

[211] Bei wohlstrukturierten Problemen werden in kontrolltheoretischen Ansätzen schon seit einiger Zeit mit Hilfe von Zustandsdifferentialgleichungen die Wirkungen von Handlungen auf die zukünftige Alternativenmenge berücksichtigt (siehe hierzu die Literaturverweise in der Standardreferenz *Kamien* und *Schwartz* 1981 oder *Feichtinger* und *Hartl* 1986). Dies macht jedoch nur einen Teil der potentiellen Rückwirkungen aus. So sind auch Wirkungen - deren Modellierung soll in dem später vorgestellten Füllstandsmodell möglich sein - auf die Präferenzen denkbar.

9.3. Rationalität und Motivation

Nachdem wir bereits verschiedene Beschreibungen von Verhalten und auch die prozessuale Darstellung kennen, wollen wir nun Sichtweisen auf den Kern des menschlichen Verhaltens eröffnen: Wie und wieso werden Informationen er- und verarbeitet? Die Art der Informationsverarbeitung wird weitgehend durch die Rationalität des Verhaltens bestimmt, der Antrieb zur Informationssuche und -verarbeitung wird durch die Motive beschrieben. Hauptsächlich wird in diesem Abschnitt zwischen altruistischen, egoistischen oder opportunistischen Motiven unterschieden.

Williamson (1990, S. 48-76) sieht den Menschen "als Schöpfer von Verträgen", der durch seine Rationalität und die Ausrichtung auf das Eigeninteresse gekennzeichnet ist. Bei ersterer unterscheidet er die starke (Maximierung), die halbstarke (intendierte bzw. begrenzte Rationalität) und die schwache Form (Prozeßrationalität). Bei letzterem den Opportunismus, das schlichte Eigeninteresse und den Gehorsam.

Die Rationalität steht für die Informationser- und -verarbeitung. Bei der Maximierung wird angenommen, daß alle relevanten Informationen zur Verfügung stehen und die Sammlung und Verarbeitung keine Kapazitätsschranken kennt und kostenlos ist. Damit lassen sich dann Wirtschaftssubjekte (Unternehmen, Haushalte) durch eine funktionale Beziehung von Information und Handlung (Produktionsfunktion, Konsumfunktion) beschreiben.

Die begrenzte Rationalität geht in der Ökonomie auf *Simon* (z.B. 1957b) zurück. Die Individuen versuchen, sich "voll" rational im Sinne der Optimierung zu verhalten, sind also intendiert rational, aufgrund von Beschränkungen jedoch hierzu nicht in der Lage. Als Folge ergibt sich eine begrenzte Rationalität, die damit nur als intendiert gelten kann.

Als die schwache Form kann die Prozeßrationalität gelten, die den evolutorischen Ansätzen (*Alchian* 1950, *Nelson* und *Winter* 1982) oder der Österreichischen Schule in der *Menger*schen und *Hayek*schen Tradition (z.B. *Kirzner* 1973, 1979) nahestehen. Danach muß der Ablauf des Wirtschaftens ökonomisch sinnvoll sein. Dies erlaubt gleichzeitig eine Analyse auf abstrakterem Niveau, z.B. zur Beurteilung von Institutionen, ohne daß ein Rückgriff auf individuelles Verhalten erfolgt. Im Zuge des von uns präferierten methodologischen Individualismus interessiert uns diese Betrachtungsweise weniger.

Die Ausrichtung auf das Eigeninteresse beinhaltet nicht nur das Vorhandensein von Motivation, sondern beschreibt auch die Art und Weise der Zielverfolgung. Damit verbunden sind Fragen nach dem Zielsystem und der Systemabgrenzung, d.h., was sind zulässige Alternativen, Handlungen, Verhaltensweisen. Auf der Skala ordnet *Williamson* den Gehorsam an das eine, den Opportunismus an das andere Ende ein. Die schlichte Verfolgung des Eigeninteresses liegt dazwischen und geht von einem offenen und ehrlichen Informationshandling aus. Der Opportunismus läßt weitere Möglichkeiten zu: die Zuhilfenahme der List. Die raffinierten Formen der Täuschung bauen bewußt Informationsasymmetrien auf.

Die soziologische Seite nimmt die strikte, für die ökonomischen Modelle typische Trennung von Präferenzen und Alternativen/Restriktionen nicht an. Dort dienen die Präferenzen als Selektor für die Wahrnehmung der möglichen Alternativen und als Bewertungsmaßstab im Auswahlprozeß. Die Auswahl von Handlung(ssequenz)en, auch habits, Rezepte oder Routinen genannt, orientiert sich an der in einer Situation dominanten (Teil-) Zielstruktur, als Frame bezeichnet, und erfolgt zweistufig (vgl. *Esser* 1991, S. 258f). In der ersten Stufe wird überprüft, ob bei dem gegebenen Frame bzw. bei der gegebenen Relevanzstruktur in dieser Situation ein bewährtes Schema bzw. eine bewährte Routine angewandt werden kann. Erst in der zweiten Stufe wird dann das Schema abgearbeitet und eine konkrete Alternative gewählt.

Dieses Vorgehen ist vor dem Hintergrund einer begrenzten Rationalität (nach *Simon*) auch in einer ökonomischen Interpretation verständlich. Lediglich bei der Metaentscheidung auf Stufe 1 hängt die Systemabgrenzung bzw. Situationsdarstellung entscheidend von der bisherigen Wissensstruktur und dem Frame ab und führt zu einer Vermischung der Bereiche Präferenzen und Restriktionen.

> "Bei Kombination von habits und frames vereinfacht sich der Prozeß der Handlungswahl so sehr, daß nicht mehr zwischen den Stufen der Kognition, der Evaluation und der Selektion unterschieden werden muß (oder kann). Alltagshandeln kann - so die Folgerung aus der Annahme der bounded rationality - diesen Vereinfachungen 'automatisch' folgen." (Esser *1991, S. 260)*

Esser legt in diesem Artikel nahe, gerade dieses Verhalten als ökonomisch, als rational zu bezeichnen, da es vor dem Hintergrund einer Kosten-Nutzen-Abwägung erfolgt. Festhalten wollen wir, daß es sich hierbei um die Rationalität des Entscheidungsprozesses handelt, dem dann natürlich auch ein Ressourcenverbrauch zugestanden werden muß. Die Befolgung von Routinen, das Belassen von Unwissenheit oder eingeschränktem Wissen, die Charakterisierung einer Situation durch "typische" Merkmale, geprägt durch eingelebte Muster der Relevanzstruktur, ist vor dem Hintergrund der Ausrichtung auf "praktische Zwecke" vernünftig.

Die ökonomische Abwägung im Entscheidungs- oder Handlungsakt zwischen Klarheit, Deutlichkeit und Vollständigkeit der Situationsbeschreibung sowie der Konsistenz und den Kosten dafür führt zu für die Zwecke ausreichenden Lösungen. Routinen sind meist wenig aufwendig, relativ effizient und oft normativ unterstützt[212]. Können vernünftige, praktikable Lösungen mit bestehenden Routinen erreicht werden, erfolgt keine Kosten-Nutzen-Abwägung außerhalb dieses Rahmens. Dieses Konzept wollen wir "methodologischer Individualismus praktischer Vernunft" nennen. Ganz entscheidend ist der Austausch von Konsistenz gegen Kosten, welcher in theoretischen Erörterungen oder Theorieformulierungen, dem Bereich der reinen Vernunft (*Kant* 1993), nicht erfolgen darf (sollte). Für die Erkenntniserweiterung und die "Sicherheit" des Wissens ist eine absolute Konsistenz erforderlich[213].

Auch *Kirchgässner* (1991, vgl. S. 29) versucht, die Definition des "homo oeconomicus" zu erweitern und damit die enge mikroökonomische Auslegung als unrealistischen Spezialfall zu überwinden. Danach trifft das Individuum eine rationale Auswahl aus einem begrenzten Handlungsspielraum, der ihm in der Regel nicht vollständig bekannt ist (vgl. *Kirchgässner* 1991, S. 13f). Auch die zukünftigen Konsequenzen der Handlungen sind nur teilweise bekannt, so daß der Rest durch die Erwartungsbildung abgedeckt wird. Informationsdefizite bei der Entscheidung - z.B. über die Alternativen - spielen jedoch keine Rolle, da eine Handlungsmöglichkeit darin besteht, weitere Informationen zu sammeln und die Entscheidung aufzuschieben. Damit werden rationale Suchmodelle explizit in den Entscheidungsraum des homo oeconomicus integriert. Die Alternativenwahl folgt einer Abwägung von Kosten und Nutzen ihrer Konsequenzen, die eine subjektive Abbildung der Zukunft verbunden mit objektiven, kausalen Zusammenhängen darstellen.

Gerade diese "subjektiv - objektiv" bzw. "nichtbeobachtbar - beobachtbar" Dichotomie führt in der Ökonomie zu einer strikten Trennung von Präferenzen und Restriktionen[214]. In diesem Rahmen sind für das ökonomische Verhalten zwei Punkte wichtig: die Eigenständigkeit und die Rationalität der Entschei-

---

[212] Siehe hierzu die vertiefenden Ausführungen in *Esser* 1991, S. 274f.

[213] Wissenschaftler sollten somit ihre Denkweise nicht an dem ökonomischen Prinzip ausrichten. Es würde einer Externalisierung der Kosten für die Konsistenzerstellung entsprechen. Die Wissenschaftsgemeinde muß mit Hilfe von Diskussionen Konflikte und Inkonsistenzen in den vorgebrachten Gedanken aufdecken und korrigieren oder aber auf "unvereinbare Grundpositionen" zurückführen. Interessant wäre eine Untersuchung, die den Zusammenhang zwischen Veröffentlichungsqualität und Externalisierbarkeit der Konsistenzkosten beleuchtet. Durchaus feststellbar könnte eine allgemeine Qualitätsverschlechterung sein, wie dies *Akerlof* (1970) in seinem Artikel "The market for 'Lemons'" in einem anderen Zusammenhang zum Ausdruck brachte.

[214] Es wird von einer subjektiven Wahrnehmung objektiver Tatsachen abstrahiert. Die Existenz einer objektiven Realität läßt nur eine dem Realismus zugeordnete Sichtweise zu.

dung (vgl. *Kirchgässner* 1991, S. 16). Die Eigenständigkeit unterstellt das Handeln nach den eigenen Präferenzen, die durchaus durch die der anderen mitbestimmt sind. Die Rationalität bedeutet, daß "*das Individuum prinzipiell in der Lage ist, gemäß seinem relativen Vorteil zu handeln*" (*Kirchgässner* 1991, S. 17). Speziell die Unvollständigkeit der Information, die Informationskosten oder der Zeitdruck sind in dieser Situation zu berücksichtigen.

Dieses Rationalitätsprinzip hat für *Kirchgässner* (1991, S. 18f) eine überragende Bedeutung:

> "Wissenschaftslogisch dürfte das dem ökonomischen Verhaltensmodell zugrunde liegende >Rationalitätsprinzip< für die Sozialwissenschaften einen ähnlichen Stellenwert haben wie das >Kausalitätsprinzip< in den Naturwissenschaften ... So wie dort das Reden über (Natur-)Gesetze erst dann möglich ist, wenn man das Kausalitätsprinzip akzeptiert, ist in den Sozialwissenschaften das Verstehen menschlichen Handelns erst möglich, wenn man die im ökonomischen Verhaltensmodell angelegte Unterscheidung zwischen Präferenzen und Restriktionen (Zielen und Mitteln) akzeptiert und außerdem davon ausgeht, daß die Individuen die ihnen zur Verfügung stehenden Mittel (rational) zur Erreichung ihrer Ziele einsetzen, wobei natürlich die subjektiven Perzeptionen eine wichtige Rolle spielen."

Dieses ökonomische Verhaltensmodell ist durchaus mit dem psychologischen Ansatz (vgl. *Kirchgässner* 1991, S. 30) vereinbar und damit auch für die Sozialwissenschaft geeignet. Durch die Einführung von Informationskosten wird auch die Unterscheidung verschiedener Rationalitätskonzepte (z.B. die begrenzte Rationalität) hinfällig (vgl. *Kirchgässner* 1991, S. 31). Sie sind, ebenso wie das Befolgen von Regeln und Normen[215], als Spezialfälle in dem neuen Konzept des homo oeconomicus enthalten.

Auch die mit der Behandlung der Präferenzen verbundenen Probleme werden diskutiert und entkräftet:

> "(i) Die Annahme konstanter Präferenzen, (ii) die ethische (moralische) Frage, ob man tatsächlich die faktischen Präferenzen akzeptieren kann bzw. soll, und schließlich (iii) die Frage nach der Geltung des Eigennutzaxioms bzw. die Frage, welche Rolle der Altruismus im Rahmen dieses Modells spielen kann oder soll." *(Kirchgässner 1991, S. 38)*

Kirchgässner weist auf die Gefahr der oben angesprochenen Immunisierung einer Theorie aufgrund der unmöglichen direkten Beobachtung von Präferenzen hin und plädiert auch deshalb für die Annahme konstanter Präferenzen

---

215 Dieses von Ralf *Dahrendorf* (1958) entworfene Bild des "homo sociologicus" beruht auf einer nicht-individualistischen Soziologie, die das Individuum durch die Gesellschaft geprägt oder als Funktionseinheit des Systems sieht. Es hat keinen freien Willen und befolgt die (sozialen) Normen.

(siehe *Kirchgässner* 1991, S. 39). Die Diskussion um den Charakter des homo oeconomicus zwischen Eigennutz und Altruismus führt ihn zu einer "*gegenseitig desinteressierte*[n] *Vernünftigkeit*" (*Kirchgässner* 1991, S. 47). Anhand des Gefangenendilemmas läßt sich sogar die Übereinstimmung egoistischer und beidseitig kooperativer (altruistischer) Verhaltensweisen zeigen. Die Erklärung von altruistischen Verhaltensweisen aus einer eigennützigen Motivation ist z.B. das Ziel von Untersuchungen im Rahmen der Evolutionsökonomie bzw. der evolutorischen Spieltheorie[216]. Charakteristisch ist die Betrachtung von längeren Zeiträumen mit Rückwirkungen, die als repeated games dargestellt werden können. Im Rahmen des Gefangenendilemmas läßt sich damit die "tit-for-tat" bzw. "generöse tit-for-tat"-Strategie, die einen Fehler verzeiht, ableiten. In der Evolutionsökonomie bzw. der evolutorischen Spieltheorie wird diese Verhaltensweise auch als "reziproker Altruismus" (vgl. *o.V.* 1993) bezeichnet. Der altruistische Charakter der Präferenzen kann damit aus einer dynamischen Betrachtung hergeleitet werden.

Bereits *Homans* (1961, S. 79f, zitiert nach der Übersetzung von *Dreitzel* 1965, S. 6) erkannte die nötige Verallgemeinerung des homo oeconomicus:

> "Der Ärger mit ihm war nicht, daß er ökonomisch verfuhr, daß er seine Mittel zu seinem Vorteil nutzte, sondern daß er asozial und materialistisch war, einzig an Geld und materiellen Gütern interessiert und jederzeit bereit, um ihretwillen sogar seine alte Mutter zu opfern. Es waren seine Werte, die falsch waren: man gestand ihm nur einen sehr begrenzten Werthorizont zu; der neue homo oeconomicus aber ist nicht so begrenzt. Vom Altruismus bis zum Hedonismus mag er alle möglichen Werte haben, solange er seine Mittel nicht völlig verschwendet, um diese Werte zu erreichen, ist sein Verhalten immer noch ökonomisch .... Der neue homo oeconomicus ist der normale Mensch."

Im Mittelpunkt dieses Abschnittes steht neben den Präferenzen die Rationalität, die im Zusammenspiel von Alternativen und Präferenzen zur Auswahl einer Handlung führt. Letztlich handelt es sich um eine Wahlrationalität. Durch die Einführung der Alternative "Verschiebe die Entscheidung und besorge neue Informationen" findet jedoch ein Übergang zur Prozeßrationalität, die das ökonomische Kalkül auf den Handlungsprozeß anwendet, statt. Dieser Übergang wurde von *Schaffitzel* (1982, S. 10) als Ziel seiner Untersuchung gesetzt. Die Kluft zu den evolutorischen Ansätzen oder zur Österreichischen Schule wird damit verringert[217].

---

[216] Siehe hierzu beispielsweise *Axelrod* 1984, *Samuelson* 1993, *Bergstrom* und *Stark* 1993 oder *Simon* 1993.

[217] Siehe hierzu auch die obigen Ausführungen zur Rationalitätsdifferenzierung nach *Williamson*.

9.4. Zusammenfassung

In diesem Kapitel haben wir das Grundmodell zur präskriptiven Verhaltensmodellierung - den homo oeconomicus - kennengelernt. Daran haben sich verschiedene, neue Elemente enthaltende Verhaltenstheorien hauptsächlich aus deskriptiver Sicht angeschlossen. Darunter fällt die Berücksichtigung der Transaktions- und Informationskosten aus der Sicht der modernen Mikroökonomik sowie die "bounded rationality" von *Simon* und der Evolutionsökonomik nach *Nelson* und *Winter*, die zur Verhaltensdarstellung Fertigkeiten und Routinen verwendet. Dort steht das Gewinnemachen und nicht das Maximieren der Gewinne im Vordergrund. Eine weitere Theorie stellt die Prospect-Theorie von *Tversky* und *Kahneman*[218] aus dem psychologischen Bereich dar. Aus deskriptiver Sicht wird hier starke Kritik an den normativen Ansätzen geübt, insbesondere an der Erwartungsnutzentheorie, deren Axiome in der Realität kaum erfüllt sind. Aus der Soziologie wurde ein weiteres Verhaltensmodell gewählt, bei dem die Präferenzen hierarchisch vorstrukturiert sind, wodurch verschiedene Relevanzstrukturen von Themen entstehen. Dadurch kann einer Situationen ein bestimmtes routiniertes Verhalten (Habits) zugeordnet werden. An den verschiedenen, vorgestellten Verhaltenstheorien, die als Kritik des homo oeconomicus aufzufassen sind, wurde selbst kaum Kritik geübt. Dies liegt daran, daß wir zunächst die Spannweite der Erklärungen von Verhalten aufzeigen wollten. Unser Ziel ist es, mit dem Verfahren der Abstraktion diese verschiedenen Theorien, die alle ihre Berechtigung haben, zu einer abstrakten Theorie zusammenzuführen. Durch eine entsprechende Operationalisierung soll dann die jeweilige spezielle Theorie entstehen.

Dazu werden die verschiedenen Strukturelemente der unterschiedlichen Theorien benötigt. In den untersuchten Ansätzen fällt auf, daß eine strikte Trennung von Präferenzen und Restriktionen erfolgt. Weiterhin ist der Bestimmtheitsgrad der Informationen für das Entscheidungsmodell von großer Bedeutung. Bei den Psychologen stehen die kognitiven Fähigkeiten, die Wahrnehmung und die innere Konsistenz im Vordergrund. Es wird angenommen, daß die Präferenzen nicht konstant sind. Die SEU der Soziologie setzt die Kognition, Evaluation und Selektion in einem Stufenmodell ein. Bei der Kognition werden die Situationsmerkmale und die zur Verfügung stehenden Alternativen identifiziert. Daran schließt sich die Abschätzung der Konsequenzen und deren Bewertung im Schritt der Evaluation an. Anschließend erfolgt die Auswahl einer Handlungsalternative.

---

218 Siehe hierzu *Tversky* und *Kahneman* (1987) oder die frühere Formulierung *Kahneman* und *Tversky* (1979).

Weiterhin wird aus dynamischer Sicht eine Verhaltenstheorie durch die Beziehungen zwischen den Elementen bzw. den Wirkungen von einem Element auf ein anderes - auch in der Zeit - bestimmt. So werden stets die Auswirkungen einer Alternativenwahl auf die zu bewertenden Zustände (Konsequenzen) betrachtet. Außerdem könnten die Auswirkungen der Alternativenwahl auf die zukünftige Alternativenmenge oder aber auch auf die Präferenzentwicklung oder auf andere Aggregate wie Wissen, Erwartungsbildung usw. betrachtet werden. Einiges davon werden wir später einführen.

Anschließend wurden verschiedene Auffassungen des Rationalitätsprinzips, dessen Bedeutung für die Ökonomie der des Kausalitätsprinzips für die Naturwissenschaften entspricht, angeführt. Zumeist handelt es sich um eine (Aus-) Wahlrationalität, die beim dynamischen Übergang zur Prozeßrationalität konvergiert. Ob eine tatsächliche Handlung als rational angesehen werden kann, hängt in erster Linie von der Definition von Rationalität ab. Es soll betont werden, daß auch die Verwendung von Routinen und Frames rational sein kann. Die Erweiterung der Präferenzen um neue Werte (vgl. *Homans*) erlaubt die Darstellung eines neuen, realistischeren homo oeconomicus mit altruistischen Elementen. Dort wurde das Beispiel angesprochen, daß langfristig egoistisches Denken zu kurzfristig altruistischem Verhalten führt. Für diese Modellierung muß aber zumindest der Einfluß der gegenwärtigen Alternativenwahl auf die zukünftige Alternativenmenge bzw. auf die Restriktionen darstellbar sein. Dann kann ein momentan altruistisches Verhalten die Handlungsmöglichkeiten ausdehnen, beispielsweise durch die Mithilfe der oder durch eine Kooperation mit den zuvor Begünstigten.

Zur Konstanz der Präferenzen haben wir hingegen sehr widersprüchliche Einstellungen erfahren. *Kirchgässner* (1991) vertritt hier die Meinung von *Bekker* (1982) sowie *Stigler* und *Becker* (1977). Danach sollte von konstanten Präferenzen ausgegangen werden, da diese nicht beobachtbar sind und das System sonst in tautologischer Weise geschlossen werden würde. Aus unseren wissenschaftstheoretischen Überlegungen geht jedoch hervor, daß wir eine andere Einstellung zu Tautologien im Sinne von Ultra-Abstraktion haben. Außerdem widerspricht die Konstanz der Präferenzen der Entwicklungspsychologie (siehe z.B. *Piaget*). Wir halten die Modellierung der Dynamik der Präferenzen für den einzig gangbaren Weg, konsistentes Verhalten in einem präskriptiven Modell darzustellen. Dies werden wir jedoch weiter unten noch deutlicher begründen.

10. Modellierungen des Handlungsprozesses

Nach einer Einführung in die Strukturen der Handlungsökonomie und der Offenlegung relevanter Fragen, u.a. an der Einführung in die Heuristik demonstriert, werden wir in den nächsten Abschnitten einige unterschiedliche Modelldarstellungen kennenlernen. Zunächst interessiert das rationale Grundmodell, dann eine kybernetische Darstellung der Handlungsregulation und anschließend ein kognitives Motivationsmodell. Abschließend werden wir die Systemabgrenzung und den Informationsstatus als die wichtigsten Unterscheidungskriterien herausarbeiten.

10.1. Grundmodell der Handlungsökonomik

Die rationale Handlungsökonomie geht von einer klaren Trennung von Präferenzen auf der einen Seite und Restriktionen bzw. Alternativenraum auf der anderen aus. *Schneeweiß* (1991, S. 54ff) drückt diese Unterscheidung durch eine Analyse von Objektsystem bzw. Entscheidungsfeld und Wertesystem aus, die er zu einem Entscheidungsmodell zusammenfaßt. In der folgenden Abbildung wird dies deutlich (vgl. *Schneeweiß* 1991, S. 72).

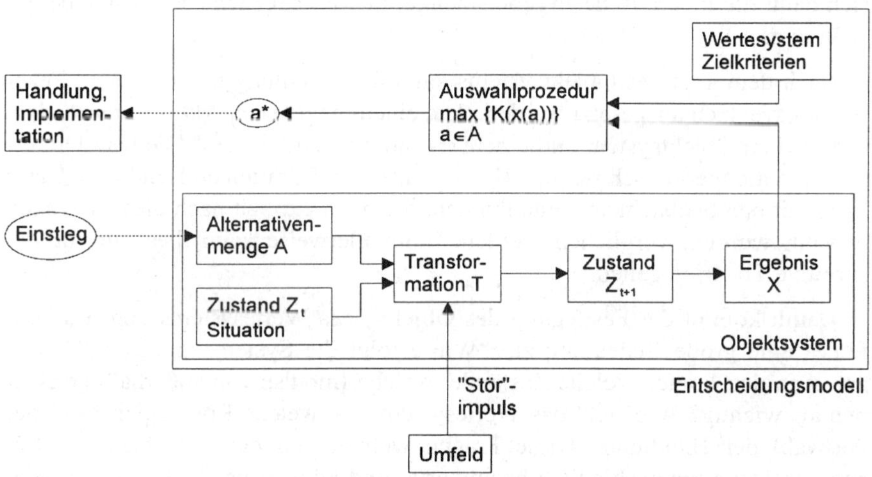

Abbildung 10.1: Entscheidungsmodell (eigene Darstellung)

Das Entscheidungsmodell stellt das informatorische Äquivalent zur Realität dar und wird i.d.R. mit keinen Kosten verbunden. Man geht von einer hypothetischen oder theoretisch möglichen Alternativenmenge A aus, die vielfach bereits vorliegt bzw. kostenlos erstellt werden kann. In dem betrachteten und abgegrenzten System bewirkt nun die Ausführung einer Alternative a die Veränderung der Zustände z_t auf z_{t+1}. Von diesen neuen Zuständen bzw. Zustandsveränderungen sind für den Handelnden nicht alle bedeutend, so daß nur die relevanten in der Ergebnismenge zusammengefaßt werden. Verkürzt läßt sich dies als eine funktionale Beziehung, hier Transformation genannt, $x = T(a, z_t, u)$ ausdrücken. Die hypothetischen Konsequenzen der verschiedenen Aktionen werden nun anhand des Wertesystems verglichen und dann wird die beste ausgewählt. Das Umfeld stellt die Systemausgrenzung dar. Interaktionen mit dem Entscheidungsmodell haben einen zufälligen Charakter. Diese Impulse wirken in dieser Darstellung nur auf die Transformation, verändern jedoch die Alternativenmenge nicht. Die Betrachtung des Systems kann nun auch für verschiedene (Stör-) Impulse ("Umweltzustände") erfolgen, so daß die Bewertung oder der Vergleich der Alternativen komplizierter wird.

Die wissenschaftstheoretische Beurteilung eines Handlungssystems ist schwierig und ein mehrstufiger Prozeß. Zunächst muß das Objektsystem an den empirischen Beobachtungen geprüft werden. Hierzu müssen die dem Entscheidungsfeld zugrunde gelegte Theorie, die tatsächlich umgesetzten Alternativen und die eingetretenen Impulse aus dem Umfeld bekannt sein. Daraus ergibt sich dann die theoretische Ergebnismenge, die der beobachteten gegenübergestellt wird.

Nach dem Test des Objektsystems kann das Handlungsmodell einem Falsifikationsversuch ausgesetzt werden. Aus einem gegebenen Aktionenraum, dem überprüften Objektsystem und einem irgendwie "offenbarten" Wertesystem ergibt sich die theoretisch richtige (konsistente), i.d.R. rationale Handlung. Diese kann mit den beobachteten Handlungen, die nicht explizit nach diesem Modell gewählt wurden, verglichen werden. Sinnvollerweise kann dies nur für deskriptive Theorien gelten.

Damit kommt der Festlegung des Objekt-, des Wertesystems und des Umfeldes eine große Bedeutung zu. “Wie erfolgt die Systemabgrenzung?” wird zur zentralen Frage. Welche Zustände, welche Impulse von außerhalb erscheinen als wichtig? Wie sieht das Wertesystem aus, welche Rolle spielt es in der Auswahl der Handlung? Diese Fragen werden von den verschiedenen Lösungsansätzen unterschiedlich beantwortet und können damit der Differenzierung dienen. Im Sinne des oben formulierten Abstraktionsstufenmodells finden sich auf die differenzierenden Fragen unterschiedliche Konkretisierungen bzw. Operationalisierungen.

So haben die behavioristischen Modelle der frühen verhaltenstheoretischen Soziologie eine sehr eingeschränkte Sichtweise. In den Stimulus-Response- bzw. Reiz-Reaktions-Modellen erfolgt die Handlungswahl nicht anhand der bewerteten Konsequenzen, sondern nur als Reaktion auf Impulse. Es wird somit nur das Umfeld mit stimulierenden Reizen und der Aktionenraum zusammen mit dem Wertesystem in Form eines vorgegebenen Reiz-Reaktionsmusters benötigt.

Bei heuristischen Entscheidungsverfahren wird dies bereits schwieriger. Es liegt die Aktionenmenge A und die Situationsbeschreibung Z vor, welche aufgrund einer vorgegebenen Regel zu der Wahl einer Alternative a führt. Da eine Heuristik jedoch einen nichtwillkürlichen Entscheidungsoperator darstellt, muß es auch ein Wertesystem geben, welches wiederum zwei Ergebnisse oder Situationen vergleichen kann. Ganz im heuristischen Sinne könnte man den Prozeß zur Entscheidung der Nichtwillkürlichkeit als Metaheuristik darstellen. Die tatsächlichen "Auswirkungen" der Aktion werden mit den erwarteten Auswirkungen bzw. den früheren Resultaten verglichen und die Heuristik danach angepaßt. Es existiert somit ein Erklärungsmodell mit vielen Freiheitsgraden, welches durch jede wahrgenommene und verglichene Realisation weiter bestimmt wird. Aufgrund dieses unvollständigen Erklärungsmodells wird die Vergleichbarkeit von verschiedenen Alternativen in unterschiedlichen Situationen überprüft und gegebenenfalls anhand des Wertesystems verglichen. Dieses Vorgehen, wir nennen es Metaheuristik, welches auch die Störimpulse zur Vervollständigung des Modells und letztlich zur Beurteilung der Unterschiede von erwarteten und eingetretenen Ergebnissen einbezieht, kann dann zu einer Änderung der (primären) Heuristik führen. Abbildung 10.2 stellt diesen Ablauf dar.

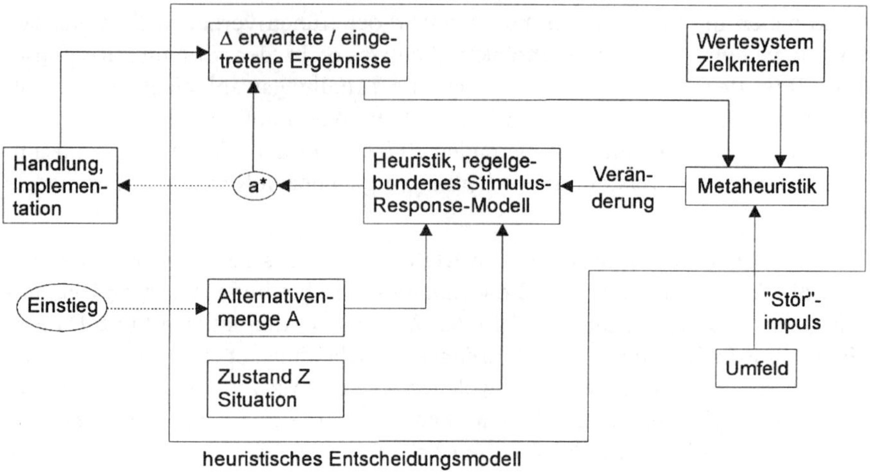

Abbildung 10.2: Heuristik und Metaheuristik als Entscheidungsmodell (eigene Darstellung)

Heuristiken lassen sich letztlich nicht durch Metaheuristiken begründen, sie benötigen auf irgendeiner "Metastufe" ein klar formuliertes Modell, in dem die Wertvorstellungen konsistent angewandt werden und damit die Nichtwillkürlichkeit von tiefer liegenden Heuristiken gezeigt werden kann[219]. Es wird damit auch eine Rationalität - allerdings auf "höherer" Stufe - vorausgesetzt.

Problematisch bei den heuristischen Ansätzen ist die Unmöglichkeit einer kritischen Prüfung ihrer Qualität. Diese aus der *Kant*schen Philosophie entwikkelte Anschauung, die im kritischen Rationalismus in der Wissenschaftstheorie heute vertreten wird, setzt den Identitätsvergleich von zwei Fakten, z.B. hypothetischen (theoretischen) und tatsächlich beobachteten, voraus. Dieser ist aufgrund des unvollständig bestimmten Erklärungsmodells nicht möglich (siehe hierzu Abschnitt 4.5.3 auf S. 68ff)[220].

---

[219] Eine alternative Formulierung von Heuristik, die auf die nichtwillkürlichen Entscheidungsoperatoren verzichtet, könnte auf einem evolutorischen Lernmodell nach der Methode des "trial-and-error" basieren. Auf irgendeiner abstrakten Ebene fußen die Entscheidungen nur auf Erfahrungen aus der Vergangenheit. In tieferen heuristischen Strukturen kann dann durchaus ein Blick in die Zukunft gewährt werden. So ist beispielsweise aus der Vergangenheit der Zusammenhang zwischen erwartetem Gewinn und der Entscheidung erlernt worden und findet seine Anwendung in konkreten Situationen.

[220] Völlig von dieser Diskussion ausgenommen sind Heuristiken, die nur zur Verringerung der für die Handlungsumsetzung benötigten Zeit eingesetzt werden, obwohl

Die Kritik an der Heuristik, um es auf den Punkt zu bringen, liegt darin, daß auch dort implizit auf einer "höheren" Stufe, und damit verschleiert, die Rationalität in Form einer Wertekonsistenz benötigt wird. Aus diesem Grund lehnen wir für diese Arbeit heuristische Entscheidungsmodelle ab, was aber nicht gleichbedeutend mit der Ablehnung von routiniertem Verhalten als rationalem Verhalten ist.

10.2. Grundmodell der rationalen Handlungs- und Entscheidungstheorie

Die rationale Entscheidungstheorie wird hauptsächlich in präskriptiver Hinsicht verwendet und setzt sich mit wohlstrukturierten Problemen auseinander. Folgende Prämissen werden vorausgesetzt:

- Die Menge der Handlungsalternativen muß abgrenzbar und bekannt sein, und es müssen Informationen über die Konsequenzen der Anwendung einzelner Alternativen vorliegen.
- Weiterhin müssen eindeutig formulierte Ziele sowie ein Lösungsverfahren zur Erreichung dieser Ziele vorhanden sein.
- Aus diesem Lösungsverfahren muß sich eine Präferenzordnung ergeben, die die für die Zielerreichung am besten geeigneten Handlungsalternativen unter den entsprechenden Bedingungen aufzeigt[221].

Ist mindestens eine dieser Voraussetzungen nicht gegeben, so spricht man von schlechtstrukturierten Entscheidungen. Vor allem von der Strukturiertheit des Entscheidungsproblems hängt es ab, welches Entscheidungsmodell angewandt werden kann.

Gemäß dieser Systematisierung ist bei wohlstrukturierten Entscheidungstatbeständen durch Anwendung eines geeigneten Verfahrens eine exakte Lösung des Problems erreichbar. Dieses Entscheidungsverfahren liefert die präskriptive Entscheidungstheorie, indem sie "*untersucht, wie bei gegebenen faktischen und wertenden Entscheidungsprämissen unter der Voraussetzung rationalen Handelns zu entscheiden ist*" (*Bamberg* und *Coenenberg* 1981, S. 2). Auch hier

---

theoretisch auch das optimale Ergebnis ermittelt bzw. erreicht werden kann. Bei solchen Heuristiken sind relative Vergleiche möglich.

221 Hier deutet sich bereits an, daß ein Grundwertesystem, z.B. eine Präferenzordnung über "Körperzuständen", vorhanden sein muß, um daraus eine Präferenzordnung über den Alternativen abzuleiten.

sieht man wieder die Zweiteilung der Betrachtungsebenen in Präferenzen und Restriktionen, in Werte- und Objektsystem.

Nach der Einteilung von faktischen und wertenden Prämissen kann das Grundmodell der präskriptiven Entscheidungstheorie in zwei Teilbereiche aufgeteilt werden: dem Entscheidungsfeld (Objektsystem), das die faktischen Prämissen enthält und dem Zielsystem (Wertesystem), das die wertenden Prämissen enthält.

In einem wohlstrukturierten Problem läßt sich das Ergebnis e einer Aktion als Funktion der Umwelteinflüsse u und der gewählten Aktion a darstellen:

(10.1) $e = f(a, u, z)$.

Wird die Darstellung nur auf einen Zeitpunkt beschränkt, so kann die aktuelle Situationsbeschreibung über Zustände z unberücksichtigt bleiben. Das Entscheidungsfeld besteht damit aus zwei Teilbereichen, dem Aktionsraum, der den vom Entscheidungsträger beeinflußbaren Teil des Entscheidungsfelds darstellt, und dem Raum, in dem die Umweltzustände aufgelistet sind, die vom Entscheidungsträger nicht beeinflußt werden können. Die Menge der möglichen Umweltzustände muß die möglichen Situationen, unter denen sich die Entscheidung auswirken kann, enthalten. Sowohl die Aktionsvariablen a_i als auch die Umweltkonstellationen u_j müssen unabhängig sein; es dürfen also keine Überschneidungen auftreten. Damit läßt sich das gesamte Objektsystem in einer Tabelle als Ergebnismatrix darstellen. Sie werden dann einzeln auf ihren Übereinstimmungsgrad mit dem Zielsystem untersucht.

Tabelle 10.1

Ergebnismatrix bei verschiedenen Umweltzuständen (vgl. *Bamberg* und *Coenenberg* 1981, S. 22 oder *Heinen* 1991, S. 27)

Umweltkonstellationen Aktionsvariablen	u_1	u_2	...	u_n
a_1	e_{11}	e_{12}	...	e_{1n}
a_2	e_{21}	e_{22}	...	e_{2n}
.	.	.	...	.
.	.	.	...	.
.	.	.	...	.
a_m	e_{m1}	e_{m2}	...	e_{mn}

Die Ergebniswerte liefern für sich noch keine Information über die zu wählende Aktion, sondern müssen erst auf ihren Übereinstimmungsgrad mit den gesetzten Zielen überprüft werden. Dabei können die Ergebniswerte e_{ij} vektoriell dargestellt sein und auf einen ein- oder mehrdimensionalen Zielvektor abgebildet werden. Man spricht dann von einem Ein- bzw. Mehrzielproblem. Der Vergleich dieser Zielvektoren erfolgt anhand einer Präferenzordnung. In der Regel werden sie mit Hilfe einer Nutzenfunktion in Nutzenwerte abgebildet.

Neben der Dimension der Zielgröße tritt noch das Informationsproblem auf. Zur Vereinfachung wollen wir annehmen, daß das Ergebnis e_{ij} bereits den Nutzwert der Alternative a_i bei Eintritt des Umweltzustandes u_j repräsentiert. Die Alternativen sind bekannt, die Informationen über den Einfluß der Umwelt bzw. den Eintritt der Zustände - dabei kann man an die Nachfrage, den Preis, die Konkurrenzsituation und vieles mehr denken - noch nicht.

Nach dem Zuverlässigkeits- bzw. Bestimmtheitsgrad der Information wird in Entscheidungssituationen unter Sicherheit bzw. Unsicherheit, diese wiederum - auf *Knight* (1921) zurückgehend - in Risiko- bzw. Ungewißheitssituationen, unterschieden. Bei der Entscheidung unter Sicherheit besteht die Entscheidungsmatrix nur aus einer Spalte, d.h., das Ergebnis und damit auch dessen Nutzwert steht fest, so daß die Alternative mit dem höchsten Nutzen umgesetzt wird. Problematischer wird es, wenn diese Information nicht oder nicht vollständig vorhanden ist.

Entscheidungen unter Risiko treten dann auf, wenn die Entscheidung unterschiedliche Auswirkungen unter verschiedenen Umweltkonstellationen hat, für deren Eintreffen aber nur subjektive bzw. objektive Wahrscheinlichkeiten bekannt sind. In der Ergebnismatrix können den Spalten somit Wahrscheinlichkeitswerte zugeordnet werden. Diese Informationen führen zu einer Verteilung der möglichen Ergebniswerte und können zu Entscheidungsregeln für eine Alternativenwahl verdichtet werden. So kann beispielsweise nur der Erwartungsnutzen maximiert werden ("*Bernoulli*-Prinzip") oder aber auch noch die Streuung der Ergebnisse, wie z.B. in der Portfoliotheorie, berücksichtigt werden.

Bei Entscheidungen unter Ungewißheit sind keine Informationen über die Wahrscheinlichkeit des Eintreffens von Umweltkonstellationen bekannt. In diesem Fall könnte z.B. die sogenannte *Laplace*-Entscheidungsregel angewandt werden, die eine Gleichverteilung bezüglich des Eintreffens der Umweltkonstellationen unterstellt und damit die Ungewißheitssituation auf eine Risikosituation zurückführt[222].

---

[222] Für weitere Entscheidungsregeln unter Ungewißheit siehe z.B. *Bamberg* und *Coenenberg* (1981, S. 96-110).

Die rationale Entscheidungstheorie fordert wohlstrukturierte Probleme, so daß sich die Frage nach Lösungen in anderen Fällen automatisch anschließt. Entscheidungsprobleme können aus zweierlei Gründen schlechtstrukturiert sein. Einerseits kann es der Fall sein, daß keine operationale Problemdefinition vorliegt, d.h., daß das Problem schon deshalb nicht exakt gelöst werden kann, weil in ihm offene Beschränkungen enthalten sind und somit die Bedingungen, unter denen das Problem gelöst werden muß, nicht exakt formuliert sind. Hier muß das Entscheidungsproblem operationalisiert werden, indem genau festgelegt werden muß, unter welchen Bedingungen das Problem gelöst werden kann und welche Bedingungen als nicht entscheidend vernachlässigt werden können. Erst dann ist zu beurteilen, ob sich das Problem durch einen Algorithmus lösen läßt oder ob es weiterhin als schlechtdefiniert gelten muß.

Andererseits kann trotz operationaler Problemdefinition eine exakte Lösung durch einen Lösungsalgorithmus ausgeschlossen sein, beispielsweise, weil die Entscheidungsdaten nicht quantifizierbar sind, weil das Entscheidungsproblem für eine eindeutige Lösung zu komplex ist oder weil die Anwendung eines Lösungsalgorithmus aus wirtschaftlichen Gründen nicht sinnvoll ist. In diesem Fall empfiehlt *Heinen* (1991, S. 41) Heuristiken als Lösungshilfen. Sie führen zu keinem eindeutigen Abschluß in Form einer exakten Lösung, sie sind eher als Suchprozeß in der Form eines Entscheidungsbaumes zu sehen. Die Entscheidung muß an einer Stelle abgebrochen werden, z.B. wenn die Lösungsalternative als hinreichend befriedigend erachtet wird oder wenn aus wirtschaftlichen Gründen eine weitere Suche nicht mehr sinnvoll erscheint. Bei den heuristischen Verfahren sollten jedoch die oben angesprochenen prinzipiellen Probleme nicht aus den Augen verloren werden.

Ein wohlstrukturiertes Problem läßt sich neben dem Bestimmtheitsgrad der Informationen noch durch weitere Dimensionen beschreiben. So werden Informationen neben ihrem Bestimmtheitsgrad noch durch ihre Präzision gekennzeichnet; sie liegen scharf oder unscharf (fuzzy) vor[223]. Dies gilt selbstverständlich sowohl für die Präferenzen als auch für die Restriktionen. Die vektororientierte Darstellung einer multikriteriellen Zielfunktion als Vorabformulierung einer Präferenzordnung stellt ebenso wie die Betrachtung verschiedener sequentieller Zeitpunkte (multistage) eine Erweiterung dar.

Durch die Dimensionserweiterung werden immer stärkere Anforderungen an die Präferenzen gestellt, da durch sie stets komplexere potentielle Ergebnissituationen verglichen werden. Bei multistage-Situationen muß die Vorteilhaf-

---

223 Siehe hierzu auch die Ausführungen in Abschnitt 10.5 ab S. 249 sowie die zusammenfassende Klassifizierung von Informationen in Tabelle 10.3 auf S. 254.

tigkeit von heutigen und zukünftigen Ergebnissen bestimmt werden, die Präferenzordnung beinhaltet damit eine *Zeitpräferenz*. Bei einer Mehrzielformulierung werden die Austauschbeziehungen im Erreichen einzelner Ziele in der *Artenpräferenz* dargestellt. Die Unsicherheit im Bestimmtheitsgrad der Informationen erfordert einen Ausgleich zwischen sicheren und unsicheren Informationen, der in der *Risikopräferenz* ausgedrückt wird. Die Schärfe der vorliegenden Information wird in der *Präzisionspräferenz* verarbeitet.

Mit diesen Möglichkeiten können nun alle Entscheidungsprobleme gelöst werden, so meint man. Doch weit gefehlt. Zwar können sie dargestellt werden, die ganzen Schwierigkeiten werden jedoch in die Formulierung der (subjektiven) Präferenzordnung verlagert. Da sie ohnehin nicht beobachtbar sind, fallen sie dort auch nicht auf. Für die Entscheidungsunterstützung müssen dann sowohl die Präferenzordnung als auch die Restriktionen vorliegen.

Außerdem wird dem Entscheidungsprozeß kein Ressourcenverbrauch angerechnet, d.h. das Auffinden von potentiellen Aktionen, die Bestimmung der Ziele und des Zusammenhangs zwischen Aktionen und Ergebnissen findet in einer unendlichen Geschwindigkeit zu keinen Kosten statt bzw. der Entscheidungsprozeß unterliegt nicht dem rationalen Kalkül.

Die rationalen Suchmodelle als Erweiterung der Neoklassik setzen an diesem Punkt an. So unterliegt der Entscheidungsprozeß gekoppelt mit den daraus folgenden Aktionen einer "Kosten-Nutzen-Abschätzung". Eine weitere Möglichkeit ist die Einführung einer beschränkten Rationalität, die wir bereits oben diskutiert haben.

10.3. Die Handlungsregulation

Nach dieser Einführung in die rationale Handlungstheorie werden wir nun ein Modell aus dem Bereich der Psychologie kennenlernen. Die dort diskutierten Modelle des Arbeitens (z.B. *Hacker* 1978), des Problemlösens (z.B. *Anderson* 1983, *Dörner* 1976) oder der Streßbewältigung (z.B. *Schönpflug* 1979) sind dem Paradigma der Beanspruchungsregulation verpflichtet und lehnen sich an die grundlegend von *Wiener* (1948) formulierte Systemtheorie. Die Darstellung der Abläufe erfolgt mit Hilfe von Regelkreisen.

Dazu werden die kleinsten Komponenten (Analyseeinheiten) einer Handlung und die Bedingungen für das Auslösen, die Aufrechterhaltung und die Beendigung von Handlungen gesucht. Als Antwort auf den Behaviorismus mit seinen Stimulus-Response-Mustern untersuchte die kognitive Psychologie die intrapsychologischen Prozesse. *Miller*, *Galanter* und *Pribram* (1960) wählten zur Darstellung von Handlungen einen Regelkreis, der wiederum aus kleineren

Regelkreisen bis hinunter zu den elementaren Regelkreisen, der TOTE-Einheit (Test-Operate-Test-Exit), aufgebaut ist. Jede Soll-Ist-Abweichung in einem Regelkreis führt zu einer Handlung[224]. *Hacker* (1980) integrierte in diese Sichtweise aufgrund der Bedeutung von Wissen für die Handlungsabläufe ein "handlungsrelevantes Wissen". Das Wissen über sich und die Welt wird in einem operativen Abbildungssystem gespeichert und wird bei der Erzeugung der Sollwerte verwendet.

Die psychologische Handlungstheorie basiert im wesentlichen auf der Vorstellung, daß sich Handlungsabläufe durch Regelkreise abbilden lassen. So orientiert sich die klassische Handlungspsychologie an einer streng hierarchisch organisierten, Informationen sequentiell verarbeitenden "*von Neumann*"-Maschine, wohingegen die neueren Theorien, z.B. im Bereich der kognitiven Psychologie, der Konzeption eines Parallelrechners nahekommen (vgl. *Battmann* 1989, S. 4).

Der Mensch als Informationsmaschine wird durch seine emotionalen, energetischen und kognitiven Strukturen beschrieben (siehe hierzu auch die Abbildung 10.3 auf S. 244). Die emotionale Seite schließt die Bedürfnisstruktur, den Gefühlszustand, die Motivation ein. Die energetischen Anforderungen durch körperliche oder geistige Aktivität führen zu Abbau- und Aufzehrungserscheinungen wie z.B. Müdigkeit, Ausgelaugtheit oder "leerem Akku". Das Gedächtnis, die Wissenspeicherung und die Wahrnehmungsfähigkeiten sind dem kognitiven Teil zuzuordnen. Der Mensch wird so durch sein geistiges und körperliches (energetisches) Potential und seine Motivation - hier durch die Zielvorgabe im Regelvorgang darstellbar - beschrieben.

Diese Zielvorgabe ist durchaus zu hinterfragen: Woher kommen diese Ziele? Wie lassen sie sich formulieren? Sind sie über den Untersuchungszeitraum konstant? *Lewin* (1926) diskutierte die Möglichkeit, den Lebensraum durch das Setzen von einigen wenigen Zielen zu vereinfachen, zu strukturieren. Die vielfältigen Herausforderungen und Lösungsalternativen werden anhand von wenigen Zielen bewertet und damit bewältigt. Unterstützung erfährt diese Sichtweise durch die Modelle einer beschränkten Kanalkapazität. So sind in der Regel nur fünf bis neun Informationen "gleichzeitig" handhabbar, was durch die Speicherkapazität - gemessen in der Itemzahl - des Kurzzeitgedächtnisses begrenzt wird (vgl. *Miller* 1956 oder auch *Krech* u.a. 1992, Bd. 3, S. 60). Probleme, die eine höhere Kanalkapazität benötigen, müssen zerlegt und dann ge-

[224] *Heckhausen u.a.* (1987) erweiterten diese Auffassung dahingehend, daß die Soll-Ist-Abweichung einen Schwellenwert überschreiten muß, damit eine Handlung ausgelöst wird.

löst werden[225]. Dies entspricht einer Hierarchisierung der Probleme und auch der Ziele.

Zunächst gehen wir jedoch von der Vorgabe eines überschaubaren Zielsystems aus. Alle Veränderungen der emotionalen, energetischen und kognitiven Struktur des Menschen, die sich dem Erreichen des Ziels unterordnen, werden als regulative Prozesse aufgefaßt (vgl. *Battmann* 1989, S. 5). Das Modell der Handlungsregulation wird somit durch die Sollwertvorgabe, die geregelten und die regelnden Größen und deren Abhängigkeiten beschrieben. Die Schnittstelle von Personen zur sozialen und technischen Umwelt stellt die nervöse, kognitive und die motorische, verbale Aktivität dar. In diesem Modell können dann verschiedene Regelkreise entstehen, z.B. die (selbst-) manipulative Veränderung des psychophysischen Zustandes durch kognitive Aktivität wie die Autosuggestion, etc. Auch die Lösung eines Problems mittels technischer Hilfsmittel (über die technische Regulation) oder sozialer Kooperation ist darstellbar.

Das Erkennen, die Wahrnehmung bzw. Übernahme eines(r) (objektiven) Problems (Aufgabe) führt zu einer subjektiven Deutung. Diese entspricht dann einer Beanspruchung, die reguliert wird. Allgemein kann damit von einer "Beanspruchungsregulation" gesprochen werden. Durch die Regulation versucht das Individuum, wieder einen günstigen psychophysischen Zustand zu erreichen.

Diese Formulierungen lassen sich auch graphisch (siehe Abbildung 10.3) umsetzen. Die Systemelemente sind sehr abstrakt gewählt und können bei einer Anwendung operationalisiert werden. Diese Konkretisierungen werden wir hier jedoch nicht vornehmen.

---

[225] Diese Aufteilung (chunking) geht auf *Miller* (1956) zurück.

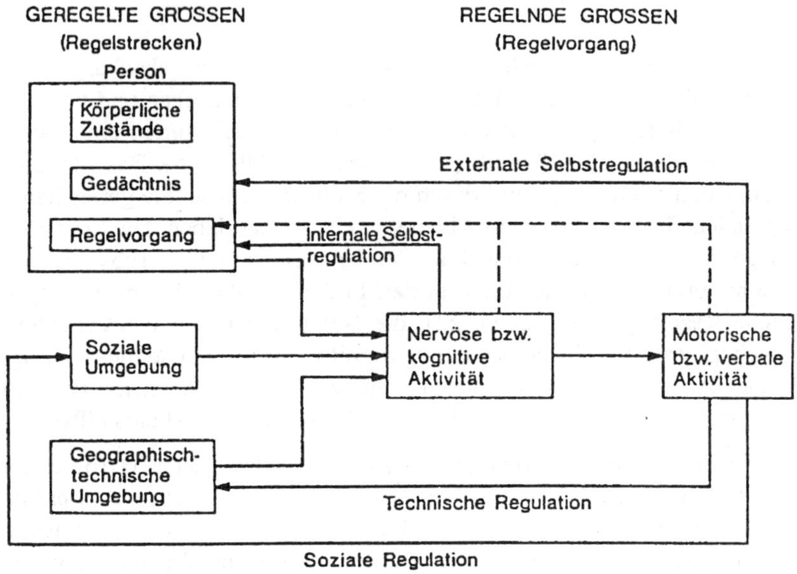

Abbildung 10.3: Modell der Handlungsregulation (Quelle: *Schönpflug* 1979, S. 181)

In diesem Modell findet die Verbindung von Objekt- und Wertesystem in einem Regelkreis statt. Der Ressourcenverbrauch durch die Handlung bzw. Entscheidung wird dargestellt. Die Präferenzordnung ist nicht statisch, sondern hängt von dem jeweiligen Zustand der Person ab. So würde in diesem dynamischen Modell das Individuum nur essen, wenn es auch Hunger hat. Die Präferenzordnung wird somit auch dynamisiert und durch die Aktionen beeinflußbar[226]. Ohne eine genauere Systemabgrenzung oder Operationalisierung zu

[226] Gerade diese Verbindung wird in der Ökonomie mit der Annahme konstanter und interpersonell identischer Präferenzen nicht zugelassen, was allerdings einen Widerspruch in sich birgt. In der "rationalen" Konsumtheorie steht dem Individuum mindestens eine Ressource (Budget) nur beschränkt zur Verfügung. Damit legt es für die abgegrenzte Periode aufgrund der konstanten Präferenzordnung einen "optimalen" Konsumplan fest. Eine Dynamisierung dieses Modells durch die Hintereinanderreihung verkürzter Perioden führt durch die Unabhängigkeit der Präferenzordnung von dem Ausgangszustand des Menschen zu einem Widerspruch bezüglich des beliebig abnehmenden Grenznutzens bei einem vermehrten Konsum eines Gutes, der zu einem veränderten Grenznutzenverhältnis und damit zu unterschiedlichen Konsumentscheidungen führen kann. Bei einem nichtlinearen Einkommensexpansionspfad im Güterraum lassen sich die Unterschiede der Konsumentscheidung bei der Aufteilung einer Periode in zwei

kennen, scheinen mit diesem Modell eine Vielzahl von Handlungen beschreibbar zu sein. Doch es bleibt eine entscheidende Frage offen: Woher kommt das oberste Ziel, der Antrieb des Menschen?

Dieses als vorgegeben betrachtete Ziel bzw. Zielsystem wird als Sollgröße dann über einen oder mehrere Regelkreise zu erreichen versucht. So könnte eine Nutzen-Kosten- bzw. Aufwands-Ertrags-Abwägung über zwei Regelkreise funktionieren. Der eine maximiert den Ertrag, der andere minimiert den Aufwand. Bezüglich der Steuerdimensionen kann durchaus eine partielle, meist temporäre Dominanz existieren (vgl. *Battmann* 1989, S. 43)[227].

Die psychologischen Ansätze im Bereich der Beanspruchungsregulation zeigen bezüglich des Prozeßablaufes starke Parallelen zu ihren ökonomischen Pendants. Nach *Hacker* (1978) wäre vom optimal Handelnden zu fordern, daß er (1) ein elaboriertes Modell seiner Umwelt generiert, (2) Ziele und Unterziele in ihrer Bedeutsamkeit und Hierarchie sorgfältig abwägt, (3) alle verfügbaren Strategien in ihrer Anwendbarkeit prüft, (4) die am wenigsten aufwendige wählt und schließlich (5) während der Durchführung fortlaufend den Handlungsfortschritt kontrolliert. Das Problemlösetraining IDEAL (vgl. *Bransford* und *Stein* 1985) arbeitet auf (1) die *I*dentifikation eines klaren Zieles, (2) die genaue *D*efinition der gegenwärtigen Situation, (3) die *E*valuation der Wege, die aus der gegenwärtigen Situation zu diesem Ziel führen und der Anforderungen, die auf diesem Weg zu bewältigen sind, (4) die *A*nalyse der Mittel (Ressourcen), die zur Beschreitung dieser Wege verfügbar gemacht werden können und (5) die *L*okalisation der Art und Weise, wie sie am wirksamsten eingesetzt werden sowie die Kontrolle ihrer tatsächlichen Wirksamkeit hin. Speziell bei *Hacker* wird die Ähnlichkeit zum rationalen Modell (vgl. Abschnitt 10.2 auf S. 237ff) deutlich. So könnte man auch (1) als Bestimmung des Zusammenhangs zwischen Zuständen, Aktionen und Umwelteinflüssen, (2) als das Wertesystem, (3) als die Bestimmung der Alternativenmenge und (4) als den Auswahlprozeß bezeichnen.

Battmann (1989) führt das Prinzip der Beanspruchungsregulation - eine Aufgabe stellt eine Beanspruchung dar, die über regulative Prozesse abgebaut wird - auf der *"Grundlage limitierter Ressourcen, zufälliger Ereignisse und oft unvermeidbar zu tragender nicht intendierter Konsequenzen"* (*Battmann* 1989, S. 42) auf das ökonomische und zugleich biologische Prinzip der Aufwands-

---

gleich lange Teilperioden sehr einfach erkennen. Weitere Ausführungen hierzu finden sich auf S. 262f und in Anhang I auf S. 314ff.

[227] Die Konvergenz und die Stabilität eines solchen Systems bleibt eine spannende Geschichte.

Ertrags-Optimierung zurück. Es wird der *"Antagonismus zwischen Aufwandsminimierung und Ertragsmaximierung"* (*Battmann* 1989, S. 43) gestaltet. Neben der Erweiterung auf zwei Steuer(soll)größen ist für ihn nicht das Erreichen des Zieles ausschlaggebend, sondern die Bewertung der gesamten Bilanz, auch mit den nicht intendierten Konsequenzen (vgl. *Battmann*, S. 26). Das Ressourcenmanagement zielt auf die Effizienz des Tradeoffs zwischen Ertrag und Aufwand im weitesten Sinne.

Neben der Berücksichtigung von sozialen Kooperationen spricht *Battmann* die Trägheit der Handlungsaufgabe bzw. -umkehr an. Ein einmal als "gut" eingeschlagener Weg wird nicht beim ersten Mißerfolg abgebrochen, da sonst die bereits investierten Ressourcen hinfällig werden. Er spricht von einer "deadloss"-Situation (siehe *Battmann* 1989, S. 40), die Ökonomie würde von versunkenen Kosten sprechen. Daraus ergibt sich eine Trägheit des Systems, die teilweise auch als eine Konstanz der Präferenzordnung interpretiert werden kann. Die veränderte Situation führt nicht zu einer Revision der Präferenzordnung über den Handlungen.

Die Konzentration der psychischen Modelle auf den Bereich der Problemlösung oder Streßbewältigung läßt das Problem der fehlenden Ziele zurücktreten. Jedes auftauchende Problem soll beseitigt werden und gibt somit das Ziel vor. Bei der Lösung von gestalterischen Aufgaben steht das Ziel der Bemühungen nicht mehr fest und die Zieldiskussion bekommt ein stärkeres Gewicht.

Die psychologische Handlungstheorie basiert im wesentlichen auf der Vorstellung, daß sich Handlungsabläufe durch Regelkreise abbilden lassen. Sie sind damit explizit geeignet, die Veränderung der Präferenzordnung darzustellen. So hängt die Auswahl, welches Problem zuerst gelöst werden soll, u.a. von der Soll-Ist-Differenz ab (siehe z.B. *Dörner* u.a. 1988 oder *Schaub* 1993). Mit diesem Modell scheinen eine Vielzahl von Handlungen beschreibbar zu sein. Doch es bleibt die Frage nach der Herkunft des obersten Ziel, dem Antrieb des Menschen offen. Hier scheint eine Zusammenführung mit den ökonomischen Theorien zugrunde liegenden hedonistischen Ansätzen sinnvoll zu sein[228].

---

[228] Darauf werden wir später im Abschnitt 11.4 "Psychologische Fundierung dynamischer Präferenzen" ab S. 270 eingehen.

10.4. Kognitiv geprägtes Wahrnehmungsmodell

Nachdem wir im Modell der Handlungsregulation das Handeln des Menschen zur Problembewältigung beschrieben und dabei die Vorgabe des Zieles als fragwürdig erachteten, wollen wir nun ein Menschenbild entwerfen, das die Problementstehung in den Vordergrund stellt. Diese Sichtweise beruht zu einem großen Teil auf einem kognitiv-evolutionären Modell des wirtschaftspolitischen Prozesses (*Meier* und *Durrer* 1992).

Die orthodoxe mikroökonomische Theorie legt dem homo oeconomicus eine objektive Wirklichkeitssicht zugrunde, d.h., die handlungsrelevanten Informationen müssen zwar nicht vollständig, aber unverzerrt sein, wohingegen die Evolutionsökonomie (z.B. *Meier* und *Durrer* 1992) von einer subjektiv wahrgenommenen und interpretierten Wirklichkeit ausgeht. Dieser Widerspruch wurzelt in der Diskussion zweier philosophischer Grundpositionen - Realismus versus Idealismus -, die wir bereits weiter oben beschrieben haben. In diesem Abschnitt wird eine eindeutig idealistische Position eingenommen, damit die zusätzlichen Möglichkeiten (z.B. Selbstüberschätzung) dieses Ansatzes modelliert werden können. Es existiert eine unabhängige Wirklichkeit[229], die als Beziehungsgeflecht zwischen den Individuen untereinander und der natürlichen Umwelt verstanden wird. Sie wird von den Individuen subjektiv wahrgenommen, interpretiert und zur Entfaltung kognitiver Strukturen verwendet. Diese kognitiven Strukturen, die menschliche Erkenntnis, kann aufgrund einer fehlenden endgültigen Wahrheit nur ein falsifizierbares Vermutungswissen, ein vorläufiges Erklärungsmodell über die Wirklichkeit, sein[230]. Daraus resultiert dann eine subjektive Unsicherheit für den Entscheidungsprozeß. Die bestehenden kognitiven Strukturen wiederum beeinflussen die Wahrnehmung, so daß ein Zirkel oder eine Rückkopplung entsteht. Die Wahrnehmung ist damit subjektiv oder, wie *Popper* (1989, z.B. S. 31, S. 61, S. 72, Anmerkung *2, S. 374ff oder 1994, S. 72f) sich ausdrückt, *"theoriegetränkt"*.

---

[229] *"Kant leugnet nicht die Existenz einer von uns unabhängigen Außenwelt-an-sich, aber sein **kritischer** oder **transzendentaler Idealismus** bestreitet, daß wir sie als solche erkennen können; wir kennen 'nur ihre Erscheinungen, d. i. die Vorstellung, die sie in uns wirken, indem sie unsere Sinne affizieren. Unsere Erfahrung ist bestimmt durch die Formen unseres Erkenntnisvermögens'"* (*Hoffmeister* 1955, S. 316).

[230] Diese Sichtweise ist sowohl mit dem kritischen Rationalismus als auch dem Konstruktivismus, auf den sich die Evolutionsökonomen häufig beziehen, vereinbar. Für den kritischen Rationalisten ist die Beschreibung der Realität nur vorläufig, für den Konstruktivisten existiert nur eine subjektive Realität. Siehe hierzu insbesondere unsere Ausführungen in Abschnitt 5.2.1 und 5.2.3.

Durch die subjektivistische Darstellung können nun auch Situationen modelliert werden, in denen Individuen "objektiv" gar nicht gegebene Alternativen in Betracht ziehen oder wählen, d.h. sich (durch ihren Optimismus) dauerhaft selbst überschätzen. Das Individuum konstruiert seine kognitive Struktur der Wirklichkeit anhand von Vermutungswissen. Geprägt wird dieser Konstruktionsvorgang durch Wertvorstellungen, persönliche Erfahrungen und soziale Einflüsse, wie z.B. das Vermutungswissen anderer. Aufgrund der subjektiven Informationssicht und der aus ihrer Vorläufigkeit resultierenden Unsicherheit handeln die Individuen nach *Meier* und *Durrer* (1992) beschränkt rational und legen "satisficing"-Verhalten an den Tag. Ihre Vorstellungen lassen sich in der folgenden Tabelle zusammenfassen.

Tabelle 10.2

Das subjektiv-kognitive Handlungsmodell (Quelle: *Meier* und *Durrer* 1992, S. 233)

1. Wirklichkeit	Summe aller Beziehungen zwischen Umwelt und Individuum
2. Wahrnehmung	Schnittstelle zwischen kognitiven Strukturen und Wirklichkeit. Subjektiv geprägte Selektion von Information über die Wirklichkeit. Interaktionsprozesse mit den kognitiven Strukturen prägen auch die Selektionskriterien. Teilweise, naturbedingte Fehlerhaftigkeit (Sinnestäuschungen).
3. Kognitive Strukturen	Konstruktion der Wirklichkeit in Form von Vermutungswissen und Wertvorstellungen, welche über den Interaktionsprozeß mit dem Wahrnehmungsapparat durch persönliche Erfahrungen und soziale Einflüsse geprägt werden. Herausbildung von Verhaltensgrundlagen unter der Restriktion begrenzt verfügbarer Ressourcen.
4. Entscheidungs- und Handlungsinstanz	Intendierte Rationalität des Verhaltens im Rahmen der subjektiven Wirklichkeitssicht. Beschränkte Verfügbarkeit von Ressourcen zur Bildung von Verhaltensgrundlagen führt oft zu "satificing" Verhalten.

Die subjektive Wirklichkeit, die wahrgenommene Lage wird anhand der kognitiven Strukturen interpretiert, beurteilt und geordnet. Deshalb läßt sich die kognitive Struktur auch als Ordnungsvorstellung bezeichnen (vgl. *Meier* und *Durrer* 1992, S. 236). Sie werden in *"Präferenzen (z.B. Wertvorstellungen, Ideologien, Interessen, Vorurteile) sowie Vermutungswissen über Kausalzusammenhänge und Restriktionen"* (*Meier* und *Durrer* 1992, S. 236) unterteilt. *Meier* und *Durrer* (1992, S. 236) gehen davon aus, *"daß die Präferenzen im*

Zeitverlauf eine größere Stabilität als die beiden Kategorien von Vermutungswissen aufweisen". Die individuellen Ordnungsvorstellungen sind durch das soziale Umfeld, persönliche Erfahrungen und Lernprozesse geprägt. Mit ihnen wird dann eine Sollkonzeption[231] (Erwartung) der zukünftigen Wirtschaftslage entwickelt und das Handeln danach ausgerichtet. Weicht die tatsächliche Lage davon ab, so tritt eine kognitive Dissonanz[232] auf, die, sofern sie ein kritisches Maß übersteigt, die herrschende Situation als Problem empfinden läßt und dann zu Aktionen der Problembewältigung bzw. -lösung führt. Im evolutorischen Sinn werden die Routinen hinterfragt und es entsteht eine Unsicherheit, die auch zu einer Entscheidungsunfähigkeit führen kann[233]. Auch Wahrnehmungsverzerrungen lassen sich auf diese Weise mit der Zeit auflösen.

Bei dem evolutionär-subjektivistischen Ansatz ist die subjektive Wirklichkeitswahrnehmung, die zu einem subjektiven Vermutungswissen führt, ein neues Element, welches in unserer anschließenden, abstrakten Handlungstheorie darstellbar sein sollte. Dadurch wird es möglich, Wahrnehmungsverzerrungen und daraus entstehende Konflikte und scheinbare Irrationalitäten zu erklären.

Nach diesen verschiedenen Modelldarstellungen, eine rational-statische, eine psychologisch-kontrolltheoretische und eine evolutionär-subjektivistische Sichtweise, sollen nun zwei zentrale, in allen Modellen implizit beantwortete Fragen nach der Systemabgrenzung und dem Informationsstatus erörtert werden.

10.5. Systemabgrenzung und Informationsstatus

In den oben beschriebenen Modellen wurde die Wichtigkeit der Systemabgrenzung deutlich. Die Unterscheidung von Objektsystem, auch als Vermutungswissen über die kausalen Zusammenhänge und Restriktionen bezeichnet, und Wertesystem und deren Beziehungen gelten als Hauptprobleme.

---

[231] Implizit steckt hierin die Zielvorgabe und damit das "satisficing-Prinzip" mit dem Anspruchsniveau.

[232] Siehe *Festinger* (1957) zum Streben der Menschen nach kognitiver Konsistenz bzw. kognitiver Harmonie.

[233] Diese Situation ist im alltäglichen Leben durchaus bekannt. In individuell neuen Situationen reicht das Vermutungswissen nicht aus, so daß wir den Rat von erfahrenen Freunden oder Fachleuten suchen und somit eine Entscheidung treffen oder übernehmen können.

Zur Darstellung beider Bereiche und deren Interaktionen wird die Theorie dynamischer Systeme herangezogen. Dazu werden die relevanten Zustände und Zustandsveränderungsprozesse benannt. Bei letzteren unterscheidet man die selbst ablaufenden (z.B. Hunger), vom Individuum und von anderen ausgelösten Prozesse. Bei den vom Individuum ausgelösten Prozessen werden die intendierten sowie die nicht intendierten (z.B. bei der Entscheidung nicht berücksichtigte Nebenfolgen) Veränderungen anhand ihrer Absicht unterschieden. Die Zeitdimension der Zustände führt zu statischen, statisch-komparativen, diskret oder kontinuierlich dynamischen, kybernetischen oder offenen, selbstorganisierenden Systemen. Die Innen- und Außen- bzw. Umwelt wird anhand der Signifikanz der Beeinflußbarkeit von Zuständen bzw. Zustandsveränderungsprozessen (im Inneren) unterschieden. So können in der Spieltheorie die Gegenspieler (andere Individuen) durch die eigene Strategiewahl in ihrem Verhalten beeinflußt werden und gehören damit zur Innenwelt. In anderen Theorien gelten die Individuen als unbeeinflußbar und ihre Handlungen werden als "Stör"-Impulse der Umwelt dargestellt. Eine Rückkopplung kann nur in der Innenwelt des Systems existieren.

Das Wertesystem repräsentiert die "Ur-Präferenzordnung" eines Individuums. Eine multikriterielle Sichtweise der Motivation kann zu einer vektoriellen Zielfunktion führen[234]. Die "Ur-Präferenzordnungen" werden dann für den Auswahlprozeß herangezogen und bewerten die Zustände bzw. deren Veränderungen. Der Auswahlprozeß von Handlungen bzw. die Ableitung einer Präferenzordnung über den Handlungsalternativen ist durch verschiedene Rationalitätskonzepte bzw. Effizienzmaße gekennzeichnet.

Der Entscheidungsprozeß ist das - zeitlich vorgelagerte - virtuell-informatorische Äquivalent zu den potentiell realen Prozessen. Damit lassen sich die "relevanten" Zustände mit den "relevanten" Informationen über die Zustände, etc. vergleichen, wobei die Informationen über die potentiellen, realen Veränderungen weder vollständig noch unverzerrt sein müssen. Die Informationssuche bzw. der Ausgleich von Informationsangebot und -nachfrage wird damit wissenschaftlich interessant. Den Informationen werden Kosten und Nutzen zugeordnet. Die moderne Ungewißheitstheorie sucht Entscheidungsregeln für den Fall eines variablen Informationsstandes (siehe z.B. *Mag* 1990, S. 9).

Angesichts einer nicht zu bewältigenden Komplexität der Welt und einer Fülle von Informationen kann ein Individuum keine Sicherheit für die Zukunft erreichen. Das Leben und Handeln stellt somit eine Bewältigung dieser Unsi-

---

[234] Die Ableitung der Ziele kann jedoch auch völlig anders erfolgen, so z.B. durch psychologische, astrologische oder weitere metaphysische Konzepte.

cherheit dar. Dies kann auf einer sehr geringen Informationsbasis nach dem Motto "Unwissenheit erhöht die Sicherheit des Urteils" geschehen, was dann zu einer schicksalbetonten Lebenseinstellung führt. Informationen können jedoch auch einen Nutzwert zugeordnet bekommen, der sich aus den Vorteilen des verbesserten Handlungspotentials und aus den Nachteilen einer möglicherweise erhöhten Entscheidungsunfähigkeit ergibt. Die Informationserweiterung bzw. -suche ist damit ein individueller Prozeß.

Wir gehen von einem gesellschaftlichen Informationspool aus, der teilweise angeboten wird. Er setzt sich aus allen individuellen und kooperativen Informationsbeständen zusammen. Der individuelle Informationsbestand wird durch die kognitive Struktur bestimmt und kann durch die Informationsproduktion erweitert werden. Eine andere Möglichkeit der Erweiterung stellt die Aufnahme von Informationen Dritter dar. Sie können Tageszeitungen entnommen sein, durch Imitation von Produktionsverfahren entstehen oder auch gekauft sein. Diese Sachverhalte stellt die Abbildung 10.4 dar, wobei die Pfeilspitzen immer eine Erweiterung des Bestandes bedeuten. Vorab gilt es zu bemerken, daß der individuelle Informationsbestand eine Teilmenge des gesellschaftlichen Informationspools ist, der Übersichtlichkeit halber wurde er jedoch in der Abbildung außerhalb dargestellt.

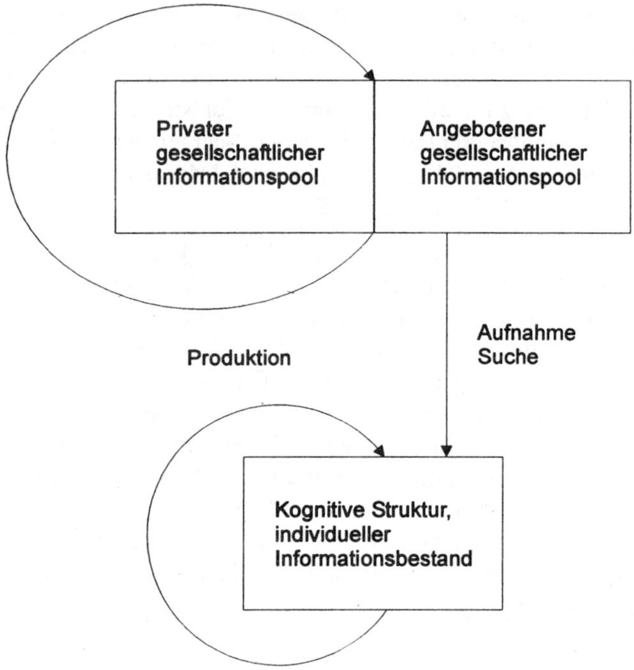

Abbildung 10.4: Informationsgrundlagen für Entscheidungsprozesse (eigene Darstellung)

Diese Informationen können nun sowohl über das Wertesystem als auch über das Objektsystem bestehen und sind durch verschiedene Kriterien gekennzeichnet. Grundlegend sind zunächst die syntaktischen Zeichen und die Kosten ihrer Gewinnung, wobei nicht nur das geldliche Äquivalent, sondern auch der Zeiteinsatz u.ä. hinzugerechnet wird. Weiterhin lassen sich die Informationen noch hinsichtlich ihres Informationsgrades und ihrer Präzision unterscheiden. Der Informationsgrad (Sicherheit, Unsicherheit) setzt hauptsächlich am Vermutungswissen der Kausalzusammenhänge und deren Einflußgrößen an. Die sich hieraus ergebenden und zu bewertenden Konsequenzen können dann auf jeden Fall (mit Sicherheit) eintreten oder auch nur bedingt (Unsicherheit)[235]. Der Unsicherheitsgrad erfährt eine Abstufung von einer objektiven über eine subjektive Risikosituation zu einer Ungewißheitssituation bis hin zur

[235] Hier wird die Ähnlichkeit zu dem im Abschnitt 10.2 eingeführten Modell (S. 238) und damit auch zu dem von *Savage* (1954) deutlich.

Ignoranz. Bei einer Entscheidungssituation unter Risiko sind die Realisierungswahrscheinlichkeiten für die ebenfalls feststehenden Konsequenzen objektiv oder zumindest subjektiv bekannt[236]. In der Ungewißheitssituation kennt der Entscheider nur die Konsequenzen, hat jedoch nicht die geringste Kenntnis oder Erwartung bezüglich der Realisierungswahrscheinlichkeiten. Die Ignoranz stellt einen (theoretischen) Grenzfall dar, bei dem nichts bekannt ist, d.h., es liegen weder Informationen über die potentiellen Konsequenzen noch über deren Wahrscheinlichkeiten vor. Diese schwierige Entscheidungssituation ist rational so nicht zu bewältigen. Zur Beschreibung von Unsicherheiten über das Eintreten wohldefinierter Zustände bzw. Konsequenzen zog man die Wahrscheinlichkeitstheorie und mathematische Statistik heran, so daß man von einem stochastischen Charakter der Unsicherheit sprechen kann[237]. Dieses Konzept basiert jedoch auf einer scharfen Abgrenzung von Mengen. Die Zugehörigkeit von Elementen zu einer Menge kann mit 0,1-Entscheidungen bestimmt werden.

Im Gegensatz dazu ist die fehlende Präzision zu sehen, die eine nicht exakte, d.h. "fuzzy" Information unterstellt. Die "fuzzy-set-Theorie", die auf *Zadeh* (1965) zurückgeht, unterstellt einen fließenden, kontinuierlichen Übergang der Zugehörigkeit zu einer Menge und setzt damit verstärkt am Vermutungswissen der Restriktionen an. Die Ursachen der fehlenden Präzision können in der Komplexität des Sachverhaltes oder der fehlenden Eindeutigkeit der Sprache liegen (vgl. *Zimmermann* 1985, S. 3f).

Weitere Kriterien zur Kennzeichnung von Informationen sind deren Beobachtbarkeit, Objektivität und die Semantik. So gibt es die direkte Beobachtung, z.B. die Messung von Budgetrestriktionen und die indirekte Beobachtung, z.B. das Aufstellen einer Nutzenfunktion aus offenbarten Präferenzen. Teilweise gibt es auch Bereiche, die sich der Beobachtung entziehen, wie z.B. die verborgenen Empfindungen einer Person, die Dritten (noch?) nicht zugänglich sind. Desweiteren können Informationen nur subjektiv oder auch objektiv vor-

---

[236] Die darauf basierenden Theorien werden häufig mit Lotteriespielen getestet und überprüft. Es stimmen dann die objektiven und subjektiven Wahrscheinlichkeiten überein und sind dem Beobachter bekannt.

[237] Die auf der von *Kolmogoroff* (1933) eingeführten, axiomatischen Maßdefinition über scharfen Mengen basierende Wahrscheinlichkeit ist nur formal charakterisiert, aber semantisch nicht festgelegt. Die Wissenschaftstheorie kennt jedoch zwei semantische Arten: zum einen den Grad der Übereinstimmung bzw. Glaubwürdigkeit einer Hypothese mit einer evidenten Aussage, zum anderen den Grenzwert von empirischen Häufigkeiten. Die erste Interpretation basiert auf einer logischen a priori Formulierung, die zweite auf einer empirischen a posteriori, bei welcher der Zufall und die Wiederholbarkeit eine große Rolle spielen.

liegen, wobei die intersubjektive Nachvollziehbarkeit und damit die kognitive Struktur eine entscheidende Rolle spielt. Die Semantik, deren Bedeutung unmittelbar klar ist, ist für die Themenzuordnung wichtig.

Die obigen Ausführungen zur Informationscharakterisierung können in beliebiger Kombination sowohl im Objekt- als auch im Wertesystem auftreten. Dies sollte bei der Formulierung einer abstrakten Handlungstheorie berücksichtigt werden. Der Übersichtlichkeit und der Zugänglichkeit halber werden die verschiedenen Klassifikationsmöglichkeiten in der nachfolgenden Tabelle zusammengefaßt.

Tabelle 10.3

Klassifizierungsschema für Informationen (eigene Darstellung)

Kriterien	**Ausprägungen**
Syntax	Zeichenkette
Kosten	in Ressourceneinheiten
Informationsgrad	Sicherheit Unsicherheit
Präzision	exakt, scharfe Mengen fuzzy
Beobachtbarkeit	direkt möglich indirekt möglich unmöglich
Objektivität	objektiv subjektiv
Gegenstand/Thema	semantische Bedeutung
Informationsstand	symmetrisch asymmetrisch

10.6. Zusammenfassung

In den vorangegangenen Abschnitten sind verschiedene Modelle des Entscheidens bzw. des Handelns vorgestellt worden. Sie unterscheiden dabei Präferenzen und Alternativen bzw. Wertesystem, Objektsystem und Umfeld. Das

Umfeld enthält alle zufälligen, nicht systematisch vom Individuum beeinflußbaren - oder als nicht beeinflußbar angenommenen - Größen, das Objektsystem enthält die Alternativenmenge und das Vermutungswissen über Kausalzusammenhänge und sonstige Restriktionen. Die Auswahl erfolgt anhand einer Bewertung. Die Systemabgrenzung definiert damit die Einflußmöglichkeiten der verschiedenen Größen und wird zu einer zentralen Aufgabe. Die Art und Weise, wie die Informationen vorliegen, beeinflußt entscheidend den Auswahlprozeß. Für die unterschiedlichen Modelle haben wir die verschiedenen Teilsysteme mit den dort gut zu analysierenden Problemen beschrieben. Unsere Aufgabe ist nun, diese Theorien in eine abstraktere Handlungstheorie einzuordnen, um damit das Konfliktpotential der unterschiedlichen Ansätze offenzulegen. Eine Zuordnung der konkreten Theorie auf Anwendungssituationen wird dadurch erleichtert. Außerdem kann in der abstrakten Handlungstheorie eine bis dato nicht erfolgte Operationalisierung erkannt werden, die eine neue, spezielle Theorie hervorbringt[238]. Dies soll bei der Integration von Flexibilität in unsere abstrakte Handlungstheorie im Ausblick in Teil IV andeutet werden.

Das rationale Grundmodell kennt ein deterministisches Objektsystem, ein in Form einer Präferenzordnung oder Nutzenfunktion vorgegebenes Wertesystem und ein zufälliges, stochastisches Umfeld, welches hauptsächlich Risikoinformationen über die Zustände und letztlich über die zu bewertenden Konsequenzen erzeugt. Das Modell der Handlungsregulation erläutert Veränderungen des Wertesystems. So wird die Motivation bzw. der Antrieb des Handelns in stabilen, mehrdimensionalen Regelkreisen eingeführt. Dieser Ansatz kann zur Darstellung einer dynamisch veränderbaren Präferenzordnung verallgemeinert werden. Das kognitive Modell problematisiert den subjektiven Wahrnehmungsaspekt. Aus der Gegenüberstellung von einem "satisficing"-Anspruchsniveau und einer Erwartung, gebildet aufgrund eines subjektiven Vermutungswissens, kann bei einer kognitiven Dissonanz ein Problem entstehen und erkannt werden. Dies löst dann Handlungen aus.

Die jeweiligen Stärken der Modelle wollen wir weiter unten in dem Füllstandsverhaltensmodell zusammenfassen oder - präziser formuliert - zu dem Füllstandsverhaltensmodell abstrahieren. Die Unterscheidung von fixem und variablem Informationsstand, letzterer beinhaltet den Prozeß der Informationssuche, fließt auch in das von uns als "Füllstandsmodell" bezeichnete Modell ein. Zunächst wollen wir uns aber noch auf die Begründung für die Dynamisie-

---

[238] Ein Teil der wissenschaftlichen Genialität läßt sich somit durch Systematisierung und Abstraktion mit anschließender Rekombination neuer Operationalisierungen methodisch gestützt leichter "auffinden".

rung von Präferenzordnungen konzentrieren und die unterschiedlichen, bereits beschrittenen Wege kurz skizzieren.

11. Dynamisierung der Präferenzen

11.1. Begründungen für eine erweiterte Sicht der Präferenzen

In den bisherigen Ausführungen wurde die Unterscheidung des Werte- und Objektsystems stark betont, doch die Frage nach ihrer Modellierung in der ökonomischen Theorie blieb unbeantwortet. Dazu betrachten wir die Individualebene, die in der Mikrotheorie untersucht wird. Das Wirtschaftssubjekt kann ein "produzierender" Unternehmer oder ein "konsumierender" Haushalt sein, wobei hier nur letztere untersucht werden[239]. Das Objektsystem besteht in der klassischen Konsumtheorie - im Gegensatz zum weiter hinten angesprochenen *Stigler-Becker*-Modell - aus Marktgütern, deren realer Preise und einem Budget in Form eines realen Periodeneinkommens, welches die einzige Konsumrestriktion darstellt. Diese Marktgüter bzw. deren Konsum werden als Konsequenzen im Wertesystem aufgefaßt und bewertet. Über ihnen wird eine Präferenzordnung erstellt. Mit dem üblichen Optimierungskalkül erhält man die konsumierte (nachgefragte) Menge eines Gutes x_i, die sich zusammenfassen läßt in:

(11.1) $x_i = N(p_1, ..., p_n, B, PO)$,

wobei p_i den realen Marktpreis des i-ten Gutes, B das reale Budget und PO die Präferenzordnung bezeichnen. Veränderungen des Konsumverhaltens werden somit durch diese drei Faktoren - monetäres Einkommen, relative Preise und Präferenzen - vollständig erklärt. Viele nicht auf Preisänderungen und Einkommensverschiebungen rückführbare Verhaltensänderungen können nur durch eine Änderung des Geschmackes ausgelöst worden sein, da - wie weiter vorne bereits angenommen wurde - die Präferenzordnung das System abstrakt schließt (siehe hierzu die Ausführungen in Abschnitt 6.6).

Empirische Untersuchungen belegen die systematische Verhaltensbeeinflussung durch Faktoren wie Haushaltsgröße, Altersstruktur, Bildungsstand und vielen weiteren sozio-ökonomischen Variablen, die als Indikatoren für Präfe-

---

[239] In unserer Sicht umfaßt die Konsumentenanalyse auch den Unternehmer als Spezialfall, dem häufig eine auf den Gewinn reduzierte Nutzenfunktion unterstellt wird.

renzen herangezogen werden[240]. "*Die Schwäche der herkömmlichen Theorie der Wahlhandlungen ist also in dem Ausmaß zu sehen, in dem sie sich zu 'Erklärung' des Verhaltens auf Unterschiede in den Präferenzen stützt, obschon sie weder die Bildung von Präferenzen erklären, noch ihre Wirkungen voraussagen kann*" (*Becker* 1982, S. 147). Ziel sollte es also sein, die Erklärbarkeit des Verhaltens auf objektive (meßbare) Größen zurückzuführen und nicht auf ad-hoc-Thesen, die z.B. das zunehmende Alter[241] als Grund für eine Nachfrageänderung heranziehen. *Becker* macht dazu mit seinem Haushaltsproduktionsfunktionenansatz einen Vorschlag. Die Konstanz der Präferenzen erreicht er per Definition.

Eine weitere Schwäche der traditionellen Theorie ist die Konzentration auf den Marktsektor, so daß die Analyse hauptsächlich auf Geldgrößen beruht. Das ökonomische Prinzip als Verhaltensmaßstab kann (muß) auch auf anderen Gebieten angewandt werden und hängt nicht an einer monetären Messung der Restriktionen und Preise.

In der traditionellen Konsumtheorie klafft eine Lücke zwischen den Gütern und deren individueller Nutzen. Das Objektsystem beschränkt sich auf Marktgüter, Budget und Preise, der Rest, der für die Erklärung des Verhaltens benötigt wird, wird dem Wertesystem zugeordnet und zwar in der Formulierung: "Jedes Individuum maximiert seine individuelle Nutzenfunktion". Diese Trennlinie zwischen dem objektiven und subjektiven, dem allgemeingültigen und persönlichen Bereich soll in dieser Arbeit zum einen verschoben werden, mit der Folge einer Ausdehnung des Objektsystems, zum anderen sollen die Teilsysteme stärker beleuchtet werden. So sollte eine Theorie über die Entwicklung bzw. das Zustandekommen einer Präferenzordnung erarbeitet werden. Unser Hauptanliegen ist (zunächst) allerdings nicht, ein empirisch verwertbares Modell zu beschreiben. Wir sind immer noch der theoretischen Diskussion verpflichtet und wollen die Struktur einer abstrakten Handlungstheorie erarbeiten. Es stellt sich also die Frage: "Wie muß eine Präferenzordnung dargestellt werden, so daß sich sowohl die ökonomische Theorie als auch die psychologische Theorie des Handelns darin wiederfindet?". Dazu ist es hilfreich,

---

[240] In ökonometrischen Schätzungen werden sehr häufig Haushaltsdaten verwendet, die als Bereinigung der unterschiedlichen Präferenzen der Untersuchungssubjekte interpretiert werden können.

[241] *Becker* (1982, S. 148) führt als Beispiel Ehepaare an, die mit zunehmendem "*Alter eine Verschiebung der Präferenzen hin zur Inanspruchnahme von Schneeräumungsdiensten und medizinischen Dienstleistungen und fort von Sportausrüstungen und hochcholesterinhaltiger Nahrung vollziehen, denn die Marktpreise für diese Dinge stehen nicht mit dem Alter in Beziehung und doch ändern sich die Ausgabemuster anscheinend mit dem Alter der Eheleute*".

einige in der Literatur unterbreitete Vorschläge für eine veränderte Präferenzendarstellung sowie die Gründe, die dies nötig machten, zu kennen.

In der ökonomischen Literatur beschäftigt man sich relativ selten mit der Veränderung von Präferenzen. Eine Ausnahme bildet die Endogenisierung der Präferenzen, bei der hauptsächlich ein - in der Empirie beobachteter - Einfluß von vergangenem Konsum auf die aktuelle Präferenz für dieses Gut angenommen wird[242]. V. *Weizsäcker* (1971) unterstellt den Konsumenten eine kurzsichtige Ausbildung von Gewohnheiten. Mit ihrem adaptiven Verhalten reagieren die Individuen auf den eigenen Konsum der Vorperiode. V. *Weizsäcker* stellt insbesondere die prinzipielle Frage, ob die *Pareto*-Optimalität von Ergebnissen der Gleichgewichtsmodelle bei der Annahme endogener Präferenzen erhalten bleibt. Dies diskutiert er anhand eines 2-Güter-Falles, der sich aufgrund des unterstellten adaptiven Prozesses nicht verallgemeinern läßt (siehe zur Kritik *Pollak* 1976, S. 296). Uns interessiert jedoch weniger die Frage, wie die Analyse erfolgt, sondern vielmehr, was die Gründe dafür sind. Diese liegen, auch bei v. *Weizsäcker*, in der inadäquaten Beschreibung des menschlichen Verhaltens durch die orthodoxe Theorie.

Ein weiterer, die psychologische Theorie einbeziehender Weg basiert auf dem Phänomen der auf *Festinger* (1957) zurückgehenden kognitiven Dissonanz. Damit wollen *Akerlof* und *Dickens* (1982) die Verdrängung von Risiken in ökonomischen Entscheidungen erläutern. Sie unterstellen den Individuen sowohl Präferenzen über den Wohlfahrtszuständen als auch Präferenzen über den Eintrittswahrscheinlichkeiten von Umweltzuständen. Dem Glauben an Eintrittswahrscheinlichkeiten werden dann Nutzen und Kosten zugeordnet. Der Nutzen entsteht durch die Verringerung der kognitiven Dissonanz. Das Individuum möchte keinen gefährlichen Job ausüben oder eine Überschwemmung vermeiden und wird deshalb das Gefahrenpotential niedriger einschätzen als es real ist. Eben dadurch wird die kognitive Dissonanz verringert und führt zu einer Nutzensteigerung für das Individuum. Die Kosten entstehen durch Fehlentscheidungen, die auf der verzerrten Situationseinschätzung beruhen. Mit der orthodoxen ökonomischen Analyse lassen sich nun die scheinbar irrationalen Verhaltensweisen, wie z.B. die Unterversicherung gegen Überschwemmungsschäden, erklären.

V. *Weizsäcker* (1984) untersucht den Einfluß von Eigentumsrechten auf die Präferenzen. Dabei interpretiert er den Sachverhalt der kognitiven Dissonanz gerade anders herum als dies *Akerlof* und *Dickens* tun. Bei bestehenden Trans-

---

[242] Hauptsächlich fallen darunter die Gewöhnung, das Suchtverhalten, durch Werbung beeinflußbares Kaufverhalten oder Modeerscheinungen.

aktionskosten und verteilten Eigentumsrechten haben die Individuen in Free-Rider-Situationen einen Anreiz, ihre Präferenzen strategisch verzerrt anzugeben, wie dies auch aus der Theorie der offenbarten Präferenzen bekannt ist[243]. Das rationale Verhalten führt zu einer verzerrten Präferenzenäußerung. Dadurch entsteht zunächst eine kognitive Dissonanz, die das Individuum durch die Anpassung der tatsächlichen Präferenzen an die geäußerten verringert. Dadurch entsteht eine endogene Präferenzenbildung, die unsere Sichtweise unterstützt.

Thaler (1980) vergleicht in seinem Aufsatz über eine positive Konsumententheorie das tatsächliche Verhalten der Individuen und stellt verschiedene Abweichungen vom homo oeconomicus fest, die eine auf einer eingeschränkten Informationsbasis beruhende ökonomische Kalkulation nahelegen. In seinen Ausführungen zur Selbstbindung und -kontrolle geht er auf den Konflikt zwischen der Nutzenmaximierung über einen Zeitraum und der Nutzenmaximierung innerhalb von Teilperioden ein. Die verschiedenen in der Praxis auftretenden Formen von Selbstbindung in den Teilperioden - z.B. das vertraglich festgelegte monatliche Ansparen für Weihnachtseinkäufe - lassen sich größtenteils als Lösung des Problems der Selbstkontrolle auffassen. Einige Probleme lassen sich auch auf einen Wechsel der Präferenzen zurückführen, vor dem man sich selbst und andere schützen möchte[244].

Diesen Sachverhalt der dynamischen Inkonsistenzen führte *Strotz* bereits 1955/56 in die ökonomische Theorie ein. Er spricht von inkonsistentem Verhalten über die Zeit, wenn ein Individuum seinen zum Zeitpunkt t' formulierten Plan für den Zeitpunkt t (t' < t) gerade zum Zeitpunkt t wechseln will. In seiner Untersuchung über das Sparverhalten tritt diese Inkonsistenz nicht auf, wenn die Individuen eine exponentielle Diskontierungsfunktion haben.

Der Diskontierungsfaktor, der die Zeitpräferenz des Individuums ausdrückt, spielte in der Untersuchung deterministischer, intertemporaler Optimierungsprobleme eine weitere ausgezeichnete Rolle. So wurden in den sechziger und siebziger Jahren die meisten sogenannten Turnpike-Theoreme bewiesen, die besagten, daß die optimalen (Verhaltens-) Pfade gegen einen stationären Wert konvergieren, wenn der Diskontierungsfaktor hinreichend groß ist (vgl. *McKenzie* 1986). Daran schlossen sich Untersuchungen an, welche die Existenz

243 Siehe hierzu die Zusammenfassung von *Leibbrand* (1996), die Standardreferenz von *Mitchell* und *Carson* (1989) oder die Diskussion zwischen *Hanemann* (1994) und *Diamond* und *Hausman* (1994).

244 Bei einer "Vollmondallergie gegen kleine Kinder" wird man Sorge tragen, daß man bei Vollmond nicht mit kleinen Kindern zusammen ist, um die negativen Auswirkungen der Allergie auf alle Beteiligten möglichst gering zu halten.

von komplexen optimalen Pfaden zeigten und die Bedingungen für ihr Zustandekommen interpretierten. Von herausragender Bedeutung ist dabei das Unbestimmtheitsresultat von *Boldrin* und *Montrucchio* (1986), das besagt, daß unter Standardannahmen für die Restriktionen (Technologie) und die Nutzenfunktionen bei hinreichend kleiner Wahl des Diskontierungsfaktors jedes beliebige dynamische System die optimale Steuerungsfunktion eines intertemporalen Optimierungsproblems sein kann. *Kopel* und *Feichtinger* (1995) untersuchten, ob sich der homo oeconomicus mit chaotischem Verhalten verträgt und stellten fest, "*daß zyklisches und chaotisches Verhalten rational, d.h. unter bestimmten Umständen kompatibel mit individueller Profitmaximierung sein kann. Jedes hinreichend glatte dynamische System kann als optimale Politik in intertemporalen Optimierungsmodellen auftreten*".

Was ist nun aus diesen kurzen, exemplarischen Ausführungen zu endogenen Präferenzen sowie zu der dynamischen Verhaltensmodellierung zu schließen? Die Ausführungen zur Endogenisierung der Präferenzen zeigen, daß damit scheinbare Verhaltensanomalien erklärt werden können. Die Annahme veränderbarer Präferenzen ist jedoch nicht zwingend notwendig, da jedes noch so komplexe Verhalten - auch chaotisches - als rationale und optimale Politikfunktion bei einer "geeigneten" Wahl von Parametern - in der Regel ist dies der Diskontierungsfaktor - abgeleitet werden kann[245]. Durch v. *Weizsäcker*s Argumentation wird die Forderung nach einer Dynamisierung der Präferenzen gestützt. Wie diese jedoch auszusehen hat, bleibt unklar. Die verkürzte Sichtweise von *Akerlof* und *Dickens* hingegen reduziert sich auf die Existenz einer weiteren Präferenzordnung, so daß das Kosten-Nutzen-Kalkül beibehalten werden kann. Damit lassen sich zwar die von ihnen angesprochenen Probleme lösen, was uns aber in der Vorstellung von einer Präferenzordnung nicht weiterhilft.

Etwas formaler ausgedrückt haben wir bisher kein hinreichendes Argument für die Dynamisierung einer Präferenzordnung beim Übergang zu einer dynamischen Sichtweise gefunden. Es wurden "lediglich" empirisch testbare Vorschläge gemacht, durch die sich die auftretenden Phänomene mit Hilfe einer Veränderung der orthodoxen Vorstellung von Präferenzordnungen theoretisch erklären lassen. Dies könnte allerdings auch durch eine geeignete Parameterwahl in einem intertemporalen Optimierungsproblem geschehen.

---

[245] *Kopel* und *Feichtinger* (1995) schränken ihre Aussagen nicht explizit auf den Fall einer eindimensionalen Steuervariablen ein. Die zitierte Literatur (z.B. *Boldrin* und *Montrucchio* 1986, S. 38) und die verwendeten Beispiele legen dies jedoch nahe. Damit verliert die Aussage aber lediglich etwas an Schlagkraft. Die prinzipielle Argumentation kann aufrecht erhalten werden.

Wir meinen nun ein hinreichendes Argument gefunden zu haben, wenn wir die Konsistenz des Verhaltens mit dem allgemein akzeptierten Gesetz vom abnehmenden Grenznutzen[246] fordern. Aus diesem Gesetz läßt sich die Notwendigkeit einer Dynamisierung der Präferenzordnung herleiten. So tritt beim Übergang von einer statischen zu einer dynamischen Betrachtungsweise eine Inkonsistenz zwischen dem Gesetz vom abnehmenden Grenznutzen und den vom Konsum der Vorperioden unabhängigen Präferenzen auf. Nach dieser Begründung für eine Dynamisierung der Präferenzen wird der ökonomische Lösungsansatz von *Becker* (1982) bzw. von *Stigler* und *Becker* (1977), der zu einer Haushaltsproduktionstheorie führt, vorgestellt und kritisiert. Anschließend wird ein eigener Vorschlag präsentiert, der die Erkenntnisse der psychologischen Motivationstheorie berücksichtigt. Die explizite Modellierung sollte einer "Bellmann-Formulierung" zugänglich sein, so daß das dynamische Optimierungskalkül angewandt werden kann. Die Verkürzung der Präferenzen auf eine nicht genauer spezifizierte Nutzenfunktion soll vermieden werden.

11.2. Abnehmender Grenznutzen und dynamische Präferenzen

In diesem Abschnitt soll die Notwendigkeit einer Dynamisierung von Präferenzen hergeleitet werden. Hierzu werden zwei Beispiele formuliert, die eine von uns als sinnvoll erachtete ökonomische Handlungstheorie erklären können muß. Daraus ergeben sich dann Hinweise darauf, daß wir das *Stigler-Becker*-Modell als potentiellen Lösungskandidaten heranziehen können.

Das *erste Beispiel* bezieht sich auf die folgenden zwei Personen mit identischen Präferenzen, die denselben Restkonsum an den Tag legen sollten. Person A hat einen 8 Stunden Job und arbeitet weitere 2 Stunden an Haushaltsreparaturen. Person B arbeitet 9 ½ Stunden, bekommt dafür auch mehr Entlohnung, und benötigt ½ Stunde Koordinationszeit, damit die Handwerker die nötigen Haushaltsreparaturen durchführen können. Nach diesen 10 Stunden stehen beiden Personen für den Restkonsum die identische Zeit und die identischen monetären Mittel (z.B. nach Steuer) zur Verfügung. In der traditionellen

[246] Die Annahme eines abnehmenden Grenznutzens reicht für sich jedoch nicht aus. Es müssen sich auch die relativen Grenznutzen verschieben (siehe hierzu Anhang I auf S. 314ff). Bei einem beliebig abnehmenden Grenznutzen sind auch solche Verschiebungen enthalten. Wenn wir zukünftig in dieser Arbeit vom abnehmenden Grenznutzen sprechen, so beziehen wir uns stets auf dieses Verständnis im Sinne von beliebig abnehmend.

Theorie wäre ein identisches Verhalten beider Personen nur durch zusätzliche ad-hoc Annahmen (Theorieerweiterungen) darzustellen[247].

Das *zweite Beispiel* bezieht sich auf die Dynamisierung einer Theorie und damit auch auf die Dynamisierung der Präferenzordnung[248] der Individuen. Im statischen Umfeld kann von identischen Präferenzen der Individuen ausgegangen werden, die jedoch spätestens bei einem Übergang zu einer dynamischen Sichtweise verlorengehen. Dort tritt eine Inkonsistenz zwischen dem Gesetz vom abnehmenden Grenznutzen und den vom Konsum der Vorperioden unabhängigen Präferenzen auf. Abnehmender Grenznutzen bedeutet, daß der Konsum einer zweiten Einheit eines Gutes in derselben Periode weniger Nutzen erbringt als die erste.

Für die Darstellung der Inkonsistenzen sollen zwei Fälle unterschieden werden. Es wird stets eine Periode P vorgegebener Länge in zwei gleich lange Teilperioden TP_1 und TP_2 unterteilt. Im ersten Fall gehen wir davon aus, daß in TP_1 und TP_2 jeweils die Hälfte des Konsums aus P stattfindet. Technisch trifft dies bei homothetischen Nutzenfunktionen bzw. linearen Einkommensexpansionspfaden im Güterraum zu[249].

In diesem Fall ändert sich nur das erreichte Nutzenniveau, das in der Zwei-Perioden-Abgrenzung höher ist als das in der Periode P erreichte. Dies liegt daran, daß der Konsum einer Einheit in TP_2 aufgrund des abnehmenden Grenznutzens höher bewertet wird als der Konsum der zweiten Einheit in der Periode P. Daraus kann nun geschlossen werden, daß entweder die Nutzenfunktion nichts mit dem absoluten Wohlbefinden eines Menschen zu tun hat - wie dies von den auf Spannungsreduktion abzielenden psychologischen Handlungstheorien unterstellt wird - oder aber die Präferenzordnung zeitabhängig ist und damit nicht mehr konstant.

Im zweiten, allgemeineren Fall mit einer beliebigen, insbesondere nicht homothetischen Nutzenfunktion kann sich auch die Allokation der für den Konsum verwendeten Güter ändern. Die Summe der in TP_1 und TP_2 konsumierten Güter entspricht nicht mehr dem Konsum der Periode P. In den Teilperioden wird ein wesentlich erhöhtes Nutzenniveau erreicht. Aufgrund der unterschied-

---

[247] Nach der traditionellen Theorie hätte Person B ein höheres Einkommen, das sie ausschließlich für den "Konsum von Handwerkern" verwendet. Handwerker werden also ab einem bestimmten Einkommen nachgefragt und dann ausschließlich.

[248] Zunächst gehen wir von einer über den konsumierten Marktgütern definierten Nutzenfunktion aus, die eine bestimmte Präferenzordnung repräsentiert.

[249] Dieser Zusammenhang wird in Anhang I auf S. 314ff auch formal vertieft und bewiesen.

lichen Allokationen und des daraus resultierenden Nutzengewinns genügt eine Relativierung der Interpretation der Nutzenfunktion in diesem Fall nicht mehr. Es ist eine Zustandsvariable erforderlich, die die Vorgeschichte des Systems (hier: des Konsums) erfaßt. Ob diese Vorgeschichte nun direkt die Präferenzen, also das Wertesystem, verändert oder ob sie als "Produktionsfaktor" die parametrisierte Präferenzordnung verändert, ist eine nicht eindeutig zu beantwortende Frage. Die Kognitions- und die Motivationspsychologie ordnet dies der subjektiven Wertesphäre zu. In der Ökonomie wird von der Konstanz der Präferenzen ausgegangen, so daß *Becker* mit seinem Haushaltsproduktionsfunktionenansatz die Veränderung des Genusses mit Hilfe von Bestandsvariablen - wie wir später sehen werden, wird hierfür häufig eine Humankapitalvariable herangezogen - erklärt und dadurch stabile Restpräferenzen oder - anders ausgedrückt - parametrisierte Präferenzen erhält.

In beiden Modellierungsformen hängt die Präferenzordnung über den "Marktgütern" vom Konsum der Vorperiode ab, so daß die Welt mit unterschiedlichen Budgetrestriktionen verschiedener Individuen aufgrund des sich daraus ergebenden Konsums auch bei ursprünglich identischen Präferenzen spätestens ab der zweiten Periode eine unterschiedliche Präferenzordnung über den "Marktgütern" ergeben muß. Die Forderung nach der Konstanz von Präferenzordnungen ist nicht aufrechtzuerhalten.

Es sollen nun Erweiterungen der Konsumtheorie studiert werden, die beide Beispiele darstellen können. Zunächst soll auf den Vorschlag von *Becker*, der im *Stigler-Becker*-Modell kumuliert, eingegangen werden. Er scheint ein brauchbarer Lösungsvorschlag zu sein, kann damit doch Suchtverhalten, Gewohnheit und Tradition, Werbewirkungen sowie Modeerscheinungen erklärt werden. Anschließend werden wir ein neues Modell vorstellen und diskutieren, wobei wir uns dort der Auffassung der Psychologen anschließen werden und die Veränderungen im Bereich der Präferenzen modellieren wollen. Hierzu werden wir theoretische Elemente für die Motivation bzw. Bedürfnisstärke einführen, die im traditionellen Ansatz der Nutzenmaximierung in dem Wort Maximierung subsumiert werden.

11.3. Das *Stigler-Becker*-Modell[250] - ein Lösungsversuch

Bei *Becker* (1982) bilden interpersonell identische und stabile Präferenzen die Basis für die Erklärung von Verhaltensweisen mit relativen Kostenunterschieden. Sollte eine vermeintlich günstige Option nicht genutzt werden, so ist dies nicht auf irrationales Verhalten oder eine Präferenzänderung zurückzuführen, sondern auf monetäre oder psychische Kosten. *Becker* (1982, S. 6) erkennt hierin die Gefahr einer Tautologisierung (siehe hierzu Abschnitt 6.6 auf S. 161ff).

Dennoch sieht er in der ad hoc Erklärung des Verhaltens mit Präferenzänderungen - für die keine Theorie existiert - keinen alternativen Weg. Die Rückführung auf Irrationalitäten, Brauchtum, Traditionen oder soziale Normen bzw. Zwänge erweitert die Prognosefähigkeit in keinster Weise (vgl. *Becker* 1982, S. 12f und S. 145f). Der Kern seiner Argumentation ist,

> "daß menschliches Verhalten nicht schizophren ist: einmal auf Maximierung ausgerichtet, einmal nicht; manchmal durch stabile Präferenzen motiviert, manchmal durch unbeständige; manchmal zu einer optimalen Akkumulation von Informationen führend, manchmal nicht. Alles menschliche Verhalten kann vielmehr so betrachtet werden, als habe man es mit Akteuren zu tun, die ihren Nutzen, bezogen auf ein stabiles Präferenzsystem, maximieren und sich in verschiedenen Märkten eine optimale Ausstattung an Information und anderen Faktoren schaffen." (*Becker* 1982, S. 15)

Der Abstand von Wertesystem und Objektsystem in der Konsumtheorie ist sehr groß. Das Objektsystem beinhaltet lediglich die Gütermengen, Preise und Einkommen[251]. Den gekauften Gütermengen kann dann direkt ein Nutzen zugewiesen werden, so daß eine Präferenzordnung erstellt werden kann. Schwankungen der gekauften (konsumierten) Gütermengen werden nun auf Preis- oder Einkommensänderungen zurückgeführt oder aber ad hoc mit Geschmacksveränderungen erklärt. Es gibt nun zwei Möglichkeiten, dieses Problem zu lösen: zum einen kann man eine Theorie der Präferenzen und deren Veränderungen aufstellen[252] und kommt damit von ad hoc Erklärungen weg; auf der anderen

---

[250] *West* und *McKee* (1983, S. 1110) bezeichnen die von *Stigler* und *Becker* eingenommene Position bzgl. der Präferenzen als eine eigene Schule ökonomischer Denkrichtung. Sie bezeichnen den erweiterten Haushaltsproduktionsfunktionenansatz als das *Stigler-Becker*-Modell.

[251] Es existieren sehr viele Erweiterungen dieser Basisversion. So wird z.B. die Qualität eines Gutes als weiteres Charakteristikum eingeführt, oder es werden Suchkosten explizit berücksichtigt.

[252] Man könnte sich hierbei einen Erklärungsansatz für die Entwicklung der Präferenzen eines Kleinkindes zu denen eines Erwachsenen vorstellen. Die Prägung durch die Gene und das soziale Umfeld werden sicherlich eine große Rolle spielen.

Seite kann man die Präferenzen als intersubjektiv identisch und stabil deklarieren, wobei dann weitere Variablen benötigt werden[253], die für die verbleibende Variation ursächlich sind.

Becker wählt den zweiten Weg und erweitert das Objektsystem. Zunächst führt er den Zeitverbrauch bei der Arbeit und im Konsum als Erklärungsgröße ein (siehe *Becker* 1965 oder in der deutschen Übersetzung *Becker* 1982, S. 97-130). Damit wird die bisherige Konsumtheorie revidiert. Die Haushalte kombinieren jetzt Marktgüter x_i und Zeit t_k entsprechend individueller Produktionsfunktionen f_i, um damit elementare - im Sinne von direkt konsumierbar - Güter[254] Z_i zu produzieren. Das Konsumproblem läßt sich damit durch die zu maximierende Zielfunktion formulieren

(11.2) $\max\{U(Z_1, ...Z_m)\}$

unter den Produktions- und Budgetrestriktionsnebenbedingungen

(11.3) $Z_i = f_i(x_{1i}, ... x_{ni}, t_{1i}, ... t_{ki})$

(11.4) $g(Z_1, ...Z_m) \leq Z$,

wobei x_{ji} der für die Produktion von Z_i eingesetzten Menge des j-ten ($j \in \{1..n\}$) erworbenen Marktgutes, t_{li} dem Zeiteinsatz der "Qualität" l[255] ($l \in \{1..k\}$) für die Produktion von Z_i, Z dem Gesamtressourcenbudget und g einer Ausgabenfunktion für die Z_i entspricht. Das Gesamtressourcenbudget Z umfaßt sowohl die Budgetbeschränkungen als auch die Zeitbeschränkungen.

Die Allokation der Zeit auf Arbeit und Konsum, die "Produktivität" des Faktors Zeit und die Substitutionsbeziehung von Marktgütern und Zeit in der Haushaltsproduktionsfunktion sind die wichtigsten Neuerungen. Daraus läßt sich ein Preis für das Gut Zeit ableiten, allerdings nur in Form eines Opportunitäts- bzw. Schattenpreises.

Becker (1982, S. 130-145) erweitert in diesem Artikel die Möglichkeiten des Haushaltes um Investitionen in Humankapital: Die Haushalte produzieren für

[253] Dies wurde oben gezeigt.

[254] *Becker* nennt sie "commodities" im Gegensatz zu den Marktgütern, die er als "goods" bezeichnet. Wir werden die Unterscheidung in Güter und Marktgüter wählen. Siehe auch Fußnote in *Becker* 1982, S. 100.

[255] Auch beim Produktionsfaktor Zeit kann angenommen werden, daß er verschiedene Dimensionen hat. So kann beispielsweise einer Stunde während des Tages ein anderer Wert beigemessen werden als einer Stunde am Abend oder in der Nacht. In der Regel wird jedoch die Zeit nur eindimensional in Stunden gemessen.

sich und Freunde, konsumieren und investieren. In einem Lebenszyklusmodell ermöglicht er die theoretische Darstellung und analysiert die Wirkungen von Humankapitalinvestitionen auf den Konsum oder den Einfluß des Alters (Zeitfortschrittes) auf die Produktionsmöglichkeiten. Besonders wichtig ist die Abhängigkeit der (für den Konsum) produzierten Menge von einer Bestandsvariablen, dem Humankapital.

Diese Neuformulierung der Konsumententheorie (*Michael* und *Becker* 1973 oder in der deutschen Fassung *Becker* 1982, S. 145-166) führt zu Opportunitätspreisen und -budgets, so daß das Verhalten wieder über Preise und Einkommen gesteuert wird. Die Rolle der Präferenzen wird zurückgedrängt, so daß eine effektive theoretische Analyse möglich wird (vgl. *Becker* 1982, S. 165). Dies wird am Beispiel der Wertbestimmung einer Ausbildung (S. 163) gezeigt, die nur möglich ist, wenn diese nicht die Präferenzen ändert, sondern den Zugang zu einem höheren Nutzenniveau ermöglicht. Die intersubjektive Vergleichbarkeit ist nur gegeben, wenn die Schulbildung über die Effizienz der Haushaltsproduktion wirkt. Lediglich die nur subjektive Wirkung stellt ein Problem dar, wie wir später noch sehen werden.

Diese Ideen führen zum *Stigler-Becker*-Modell, welches *Stigler* und *Becker* (1977) in ihrem Artikel "De Gustibus Non Est Disputandum" einführen. Ihrer Meinung nach muß man über den Geschmack nicht streiten, da er sich weder ändert noch interpersonell unterscheidet. Was traditionellerweise nur mit Präferenzänderungen erklärt werden konnte, führen sie auf die Wirkung von subjektiv unterschiedlichen Bestandsvariablen - z.B. Humankapital - zurück. Auf diese Art werden Verhaltensweisen wie Sucht, Gewohnheit, Tradition, Werbung und Mode erläutert und in dem folgenden Modell beschrieben[256]: Der Haushalt maximiert den Nutzen der von ihm produzierten Güter Z_i

$$(11.5) \qquad U = U(Z_1, \ldots Z_m)$$

mit

$$(11.6) \qquad Z_i = f_i(x_{1i}, \ldots x_{ni}, t_{1i}, \ldots t_{ki}, s_1, \ldots s_k, y_i), \qquad i = 1 \,..\, m,$$

wobei f_i die Produktionsfunktion für die Z_i, x_{ji} die für Z_i verbrauchte Menge des j-ten Marktgutes ($j \in \{1..n\}$), t_{li} den Zeitinput der l-ten Person ($l \in \{1..k\}$), s_l das Humankapital der l-ten Person und y_i alle weiteren Inputs repräsentieren. Durch die Einbeziehung von Variablen anderer Personen können Interdependenzen dargestellt werden. Im Vergleich zum Modell in Formel (11.2) - (11.4)

[256] Eine kontinuierliche Beschreibung des Modells der neuen Konsumtheorie findet man beispielsweise in *Winston* 1989, S. 83f.

wird nur noch eine Zeitqualität, d.h. die eingesetzte Zeit in Stunden, betrachtet, dafür über alle k Haushaltsmitglieder.

Stigler und *Becker* kommen mit ihrem Modell zu interessanten Einsichten[257]. So kann beispielsweise durch die Bildung von Humankapital "Musik" durch Musikhören die Effizienz der Produktionsfunktion gesteigert werden. Dies führt zu einem Sinken des "Schattenpreises" und damit zu einer erhöhten Nachfrage - so einfach läßt sich die Sucht "Musikhören" beschreiben (vgl. *Stigler* und *Becker* 1977, S. 78f). Auch *West* und *McKee* (1983, S. 1120) kommen in ihrer Untersuchung über das Nachfrageverhalten nach dem meritorischen Gut "Bildung" zu einem positiven Urteil: *"the* Stigler-Becker *theory has a higher degree of corroboration".*

Bevor wir nun zu einer kritischen Würdigung kommen, wollen wir kurz die Darstellbarkeit der oben eingeführten Beispiele untersuchen. Beispiel 1 ist trivialerweise erfüllt, führt *Becker* doch explizit die Zeit als Ressource ein. Beispiel 2 wird schon etwas schwieriger. Es gilt, die Abhängigkeit der Präferenzordnung von bereits erfolgtem Konsum zu modellieren, wobei der Einfluß subjektiv verschieden sein kann. *Stigler* und *Becker* stellen in ihrer Analyse subjektive Bestandsvariablen - das "Humankapital" - zur Verfügung, so daß die Wertschätzung von ihnen funktional abhängig sein kann. Damit wird es möglich, auch dieses Beispiel mit stabilen "Rest-Präferenzen" darzustellen.

Bereits weiter oben haben wir argumentiert, daß die Unterstellung eines abnehmenden Grenznutzens die Darstellung der Vorgeschichte erfordert (siehe S. 262). Diese Zustandsvariablen müssen nun so unterschiedliche Dinge wie die Ausbildung, das Musikhören und das Essen eines Apfels aufnehmen können. Geschieht dies außerhalb der Wertesphäre, beispielsweise wie bei *Becker* als Produktionsfaktor, so tritt unmittelbar die Frage auf, ob das von *Becker* strikt abgelehnte ad hoc Potential zur Verhaltenserklärung durch veränderte Präferenzen nicht nur von der Präferenzordnung bzw. Nutzenfunktion zu den Inputs der Produktionsfunktion wandert und damit lediglich eine Vermischung von Präferenzen und (Produktions-) Technologien erfolgt.

Es wäre sicherlich sinnvoll, beide Bereiche deutlicher zu unterscheiden. Die Humankapitalbildung ist besser im Objektbereich aufgehoben und bestimmt die Produktionsfunktion, so wie *Becker* dies vorschlägt. Das Beispiel des Ap-

[257] Auch das Suchtverhalten, d.h. die direkte Abhängigkeit der Präferenzen vom bereits erfolgten Konsum, läßt sich mit diesem Ansatz beschreiben. Viele der endogene Präferenzen verwendenden Untersuchungen können damit erklärt werden.

felessens gehört jedoch in die Wertesphäre und sollte[258] nicht in der Produktionstechnologie abgebildet werden. Genau dieses Defizit wollen wir mit unserem Füllstandsmodell beheben. Doch nun zu weiterer Kritik an dem *Stigler-Becker*-Modell.

Pollak und *Wachter* (1975) zeigen, daß sowohl eine vorliegende Kuppelproduktion für die Nichtmarktgüter, die aufgrund der eingesetzten Zeit immer gegeben ist, als auch nichtkonstante Skalenerträge zur impliziten Abhängigkeit der Güterpreise von Präferenz und (Haushaltsproduktions-) Technologie führen. Dies läßt sich auch mit dem generellen Charakter von Opportunitätskosten bzw. Schattenpreisen begründen. So läßt sich die Nachfrage nach Nichtmarktgütern nicht isoliert ermitteln. Werden das Budget und alle (Schatten-) Preise bis auf einen konstant gehalten, so verändert sich nicht nur die Nachfrage nach allen Gütern, sondern auch über die Optimierung im Produktionsprozeß gleichzeitig Mengen und Preise für alle Güter. Aufgrund der gekoppelten Prozesse läßt sich eine partielle Nachfragefunktion nicht bestimmen.

Bockstael und *McConnell* (1983) untersuchen den Haushaltsproduktionsfunktionenansatz im Zusammenhang mit der Ableitung eines empirischen Wohlfahrtsmaßes aus den Nachfragefunktionen für den Vergleich von staatlichen Maßnahmen. Sie zeigen, daß keine eindeutige *Marshall*sche Nachfragefunktion für die Güter in diesem Rahmen abgeleitet werden kann. Dies führen sie auf die gleichzeitige Bestimmung von Mengen und Preisen zurück, so daß keine ceteris paribus Analyse mit konstantem Budget und konstanten anderen Preisen erfolgen kann. Deshalb sind die normalen Wohlfahrtsmaße im Rahmen des Haushaltsproduktionsfunktionenansatzes nicht direkt anwendbar.

Neben diesen theoretischen Einwänden existieren jedoch auch viele Beobachtungen, die sich nur schwer in das *Stigler-Becker*-Modell integrieren lassen. In der "preference reversal"-Literatur werden Lotterien konstruiert, so daß sich die Personen für die Teilnahme an Lotterie A entscheiden, als fairen Einsatz jedoch einen höheren Betrag für die nicht gewählte Lotterie B für gerechtfertigt halten (siehe *Fishburn* 1988, S. 44-46 und die dort angegebene Literatur). Das ad hoc Erklärungsmodell lautet: für die Teilnahmeentscheidung hat die Gewinnwahrscheinlichkeit einen relativ höheren Einfluß als bei der Betragsfestsetzung, bei der der Gewinnbetrag in den Vordergrund tritt.

Auch die Forschungsergebnisse der Kapitalmarkttheorie sind nicht mit dem *Stigler-Becker*-Modell vereinbar, basieren sie doch auf interpersonell unterschiedlichen Präferenzen. So wird eine Höhen- und eine Risikopräferenz unter-

---

[258] Als Abgrenzungshilfe für dieses weiche Kriterium dient die interpersonelle Unterschiedlichkeit der Wirkungen.

schieden, wobei die Risikoeinstellung des Individuums dann die realisierte (μ-σ)-Kombination bestimmt. Es findet ein Austausch von "erwartetem Ertrag" und "Risiko" statt. Die intersubjektive Gleichheit ist so nicht gegeben.

Gegen die Gleichheit und für die Formulierung einer Theorie der Präferenzentwicklung spricht auch der Vergleich von Erwachsenen mit Kindern. So können sogar die Geschmacksnerven von Kindern durch Voressen und Vorleben zu bestimmten Ausprägungen geführt werden. Auch langwierige Veränderungen wie die Schaffung eines Umweltbewußtseins ist über einen Erziehungsprozeß möglich. Die Präferenzen sind somit vielleicht zur Geburt interpersonell identisch, werden durch den Erziehungsprozeß jedoch unterschiedlich entwikkelt[259].

Auf dem Jahrmarkt wird dies deutlich: viele fahren gerne Achterbahn, manchen ist es zu teuer und einige bekommt man nicht einmal für viel Geld in ein solches Gefährt. Extremer ist es vielleicht noch beim Bungee-Jumping. Auch beim Fliegen oder Segeln haben viele Spaß, wobei andere von "Seekrankheit" geplagt sind und keine Freude mehr empfinden können. Hinsichtlich der Nutzeneinschätzung von Segeltörns werden diese Personen sicherlich nicht zum gleichen Resultat kommen. Betrachtet man den Segeltörn jedoch als Input, der mit Hilfe einer persönlichen Produktionsfunktion die körperlichen (und seelischen?) Zustände verändert, so kann die Präferenzordnung nur über diese Zustände bestehen. Diese Produktionsfunktionen sind sehr subjektiv und sollten deshalb weiterhin der Wertesphäre zugeordnet werden. Die Bewertung selbst, d.h. *die Präferenzenbildung, erfolgt auf den körperlichen Zuständen bzw. deren Veränderungen*. Damit wird die Wichtigkeit des Gedankens der Produktionsfunktion noch einmal deutlich.

Hierzu mochten wir Beispiele anführen, die die Verschiedenartigkeit dieser Bewertungen unterstützen. So gibt es Personen, die stets die Extreme lieben, andere wiederum bevorzugen einen ausgewogenen Mittelweg. Der eine geht Bergwandern mit Gepäck bis zur völligen Erschöpfung und findet in dieser extremen An- und Entspannung sein Glück. Der andere genießt die Tageswanderungen im Gebirge mit moderaten Anstrengungen und wird dadurch sehr ausgeglichen. Wir erkennen hierin unterschiedliche Bewegungsmuster der körperlichen Zustände. Der eine sieht das Lebensziel in einer großen Schwankung, der andere in einem ausgeglichenen Pfad[260].

---

[259] Erfahrungsgüter bestätigen diese Auffassung. Sie müssen zumindest ein erstes Mal ausprobiert werden, damit der Konsument überhaupt eine eigene, vollständige Präferenzordnung besitzen kann.

[260] Als Idee liegt diesem Muster eine individuell optimale Glücks-Unglücks-Relation zugrunde.

Das Bewußtwerden des "normalen" Konsums spielt in der Ad-hoc-Erklärung sicherlich eine große Rolle. Der Konsumwert eines Stuhles wird im Alltag nicht sehr hoch geschätzt, nach einer 14-tägigen Trekking-Tour jedoch fast als Hochgenuß erlebt. Die Bewertung des Konsums hängt damit von der Bewußtwerdung oder allgemeiner von der Urgeschichte des Individuums ab.

Ein noch schwieriger in den Haushaltsproduktionsfunktionenansatz zu integrierendes Beispiel stellt zwei Personen dar, die sich nur hinsichtlich ihrer Risikoeinstellung - ein insbesondere in der Prinzipal-Agent-Theorie untersuchter Sachverhalt - unterscheiden. Der eine wird Beamter und versichert sich gegen alles, der andere wird ein Spekulant oder der eine wird Angestellter, der andere Unternehmer.

In den vorangegangenen Abschnitten wurden bereits einige Punkte des Füllstandsmodells angedeutet. Es soll demnach kein Gegenmodell, sondern eher eine Erweiterung des *Stigler-Becker*-Modells sein. Das Ziel wird die Formulierung einer Theorie der Präferenzen sowie die richtige Zuordnung bzw. Abgrenzung von objektiv steuerbaren Größen wie Preisen oder Einkommen und subjektiven Größen wie Glück sein. In diesem subjektiven Bereich liegen diese persönlichen Zustände und die Präferenzen, wobei eine Steuerung über die individuellen Schattenpreise nicht möglich ist. *Die Präferenzen sind dadurch ausgezeichnet, daß sie unabhängig von den Restriktionen und damit unabhängig von Preisen und Budget sind.* Eng verknüpft, aber evtl. doch orthogonal zu den Präferenzen ist die Motivationsfrage. Verhalten kann sowohl mit dem Abbau einer bestandenen Motivation erklärt werden als auch mit der Maximierung einer Präferenzfunktion. Deshalb werden wir zunächst auf den motivationalen Aspekt des Verhaltens eingehen, um hieraus etwas über die "Grundgüter" der Präferenzfunktion zu erfahren.

11.4. Psychologische Fundierung dynamischer Präferenzen

Becker vernachlässigt in seinem Verhaltensmodell den motivationalen Aspekt. Die Motivation ergibt sich aus dem Nichterreichen des Nutzenmaximums und bringt genügend Energie mit, Aktionen zu ergreifen, die eben zu diesem Maximum führen. Doch bevor wir uns mit Motivation intensiver beschäftigen, soll eine Arbeitsdefinition angeboten werden. *Krech* u.a. (1992, Bd. 5, S. 15) bezeichnen *"die Motivation oder genauer gesagt ein Motiv als theoretisches Konzept ..., das zur Erklärung dient, wie Verhalten in Gang gesetzt, mit Energie versorgt und auf ein Ziel oder einen Ansporn gerichtet wird, ...". Schütz* (1971a, S. 80ff) sowie *Esser* (1991, S. 247ff) unterscheiden weiter in "Weil-" und "Um-zu-" Motive. Die Weil-Motive sind vergangenheitsbezogen und stellen die persönliche Verfassung des Handelnden dar, so wie sie sich aus seinen Erfahrungen und seiner Sozialisation ergeben. Die Erklärung des Verhaltens wird mit bereits eingetretenen Ereignissen und deren Langzeitwirkungen erklärt. Die Weil-Motive werden in der Rechtsprechung für mildernde Umstände angeführt. Sie scheinen, außerhalb des persönlichen Einflußbereiches zu liegen. Diese Erfahrungen sind für die Formulierung der Theorie der Präferenzentwicklung sicherlich interessant. Für die Wahl in subjektiven Handlungssituationen sind nur die Um-zu-Motive bedeutsam. Sie sind zukunftsbezogen und verweisen auf einen angestrebten Zielzustand bzw. eine positive Konsequenz einer Handlung. Das Um-zu-Motiv bestimmt die Auswahl einer Handlung von vielen anhand deren Konsequenzen, das Weil-Motiv bewirkt wie im Stimulus-Response-Modell die Hervorhebung einer Handlung, ohne die Bewertung der Konsequenzen zu berücksichtigen, d.h., die Präferenzfunktion wird direkt durch das Motiv verzerrt.

Eng verbunden mit der Motivation sind Gefühle, Emotionen und andere Untersuchungsgebiete der Psychologie wie Wahrnehmung und Lernen. So wird die Wahrnehmung von bestimmten Alternativen oder das Lernen durch die Motivation beeinflußt. Großer Hunger schließt alle anderen Alternativen aus, so daß sich der Handelnde nur noch auf Dämpfung des Hungers konzentriert. Die Wahrnehmung bestimmt dann die ausgelösten Empfindungen und Gefühle, die ihrerseits wiederum Rückwirkungen auf die Motivation haben. Dies werden wir im hedonistischen Ansatz besonders herausarbeiten.

Descartes[261] vertrat die Lehre der auf *Platon* zurückgehenden, angeborenen Ideen in der Form, daß der Mensch angeborene Grundvorstellungen bzw. -gedanken hat. So basiert die Leidenschaft der Seele auf sechs elementaren Gefühlen: Staunen, Haß, Liebe, Begierde, Freude und Traurigkeit. Alle erlebten Gefühle stellen eine Kombination dieser Grundgefühle dar, aus denen sich die inneren Triebkräfte ableiten.

Die Gefühle lassen sich in "positive" und "negative" nach dem Grad der freiwilligen Erlebniswilligkeit unterscheiden. Es gibt Gefühle, die wunderbar sind, und es gibt solche, die man nicht mehr erleben möchte. Der Schritt zum hedonistischen Ansatz ist nur noch ein winziger: Der Mensch hat das Ziel, nur noch positive Gefühle zu erleben[262]. Die Motivation steht im Dienst der Ge-

---

[261] Die Auffassungen von *Descartes* werden nach *Krech* u.a. (1992, Bd. 2 und Bd. 5) zitiert. Dort wird die Originalliteratur nicht ausgewiesen.

[262] Freiwilliges Erleben von negativen Gefühlen zur Bewußtwerdung von positiven kann in einem Mehrperiodenmodell durchaus Sinn machen, wird in dieser Arbeit jedoch ausgeschlossen.

fühle, die somit letztlich das Verhalten eines Individuums steuern. *Hobbes*[263] unterstellt einen simplen Hedonismus: Die körperlichen Zustände wie Hunger, sexuelles Verlangen und so weiter als Hauptursachen von Schmerz und Lust steuern das Verhalten nur insofern, als das Individuum entscheidet, was ihm ein Maximum an Vergnügen und ein Minimum an Schmerz einbringen wird. Die Verdichtung auf die Dichotomie Vergnügen vs. Schmerz könnte ebenso durch die auf Glück vs. Unglück, Zufriedenheit vs. Unzufriedenheit oder Nutzen vs. Kosten erfolgen.

Bentham entwickelte den Hedonismus in ethisch-moralischer Richtung zum Utilitarismus. Sein Ziel ist, auf das größtmögliche Glück einer größtmöglichen Zahl von Menschen hinzuarbeiten. Das Glück identifizierte *Bentham* als das Überwiegen von Freuden über die Leiden. In seinen Werk "An Introduction to the Principles of Morals and Legislation" von 1789 formulierte er eine, wie er annahm, vollständige Liste von fünfzehn "elementaren Freuden", aus denen sich dann die Gefühle zusammensetzen; dies sind die Freuden der Sinne, der Reichtümer, der Ansprache, der Freundschaft, der Erinnerung, der Vorstellungskraft, der Hoffnung, der Macht, des guten Rufs, des Mitleides, des Wohlwollens, des Neids, des Wissens, des Zusammenschlusses und der Freiheit von Leiden[264].

Neben diesem ethischen Hedonismus entwickelte sich noch der psychologische[265]. In der vergangenheitsbezogenen Version neigen Individuen zur Wiederholung von Verhaltensweisen, die bereits früher in derselben oder ähnlichen Reizsituation einen Lustgewinn, der das Ziel allen Handelns ist, mit sich brachten. Wird eine bestimmte Befriedigung hinausgeschoben und ein bestimmtes Maß an Schmerz mit dem Ziel eines überproportionalen, zukünftigen Lustgewinns akzeptiert, so handelt es sich um einen Hedonismus der Zukunft. Auch das Konzept der (subjektiven) Nutzenerwartung als eine verfeinerte und weiterentwickelte Version fällt hierunter. Der Nutzenbegriff basiert dabei auf dem animalischen Motivationsbegriff des Anreizwertes. Die bei diesem Konzept unterstellte Rationalität ist nicht immer gegeben, so daß dieser Ansatz teilweise als Beschreibung motivierten Verhaltens widerlegt wurde (vgl. *Krech* u.a. 1992, Bd. 5, S. 23).

---

[263] Die Auffassungen von *Hobbes* werden nach *Krech* u.a. (1992, Bd. 2 und Bd. 5) zitiert. Dort wird die Originalliteratur nicht ausgewiesen.

[264] Das Äquivalent zu diesen Freuden stellen die "elementaren Leiden" auf der Kostenseite dar (vgl. *Bentham* 1789).

[265] *Thorndikes* (1911) Effekt-Gesetz lag ein psychologischer Hedonismus zugrunde, nach dem eine Reaktion auf einen Stimulus, dem im Gegensatz zu anderen eine gute Wirkung folgt, im Vergleich zu den anderen an Stärke zunimmt.

Die Kritik an den hedonistischen Ansätzen setzt an der Vagheit des Begriffes der Lust an (vgl. *Krech* u.a. 1992, Bd. 5, S. 22). So kann Lust nur subjektiv erfaßt werden, und es gibt keine Möglichkeit, sie bei den anderen zu messen. Durch diese fehlende Operationalisierung kann jedes Verhalten durch ein verändertes Lustempfinden erklärt werden, die Theorie ist aber nicht prognosetauglich[266]. In unserem Füllstandsmodell wollen wir genau diesen Lustbegriff auf die (zumindest prinzipiell) physiologisch meßbaren Füllstände von "elementaren Freuden" zurückführen, um eine Prognosefähigkeit zu erreichen. Diese mechanistische Betrachtungsweise versucht, die Motivation, die Triebkraft des manifesten Verhaltens in den Körperreaktionen bzw. -zuständen und den Reizen zu identifizieren. Dazu werden wir spezielle Theorien ansprechen wie die Mangel- und Überflußmotivationstheorie, die sicherlich einen Teil abdecken können.

Die Mangelmotivations- bzw. Spannungsreduktionstheorie basiert auf dem selbstregulierenden Prinzip der Homöostase, welches Organismen am Leben erhält. Durch automatische physiologische Mechanismen wird der Organismus auch bei verschiedenen Umweltbedingungen am Leben bzw. im Gleichgewicht gehalten. Reichen diese Maßnahmen nicht mehr aus, d.h., es besteht eine Gefahr für den Organismus, so wird veranlaßt, bewußt zu reagieren. Hierfür erhält er den nötigen Antrieb, die Motivation. So wird ein Hungertrieb ausgelöst, wenn dem Körper die nötigen Energie(reserven) ausgehen.

Diese physiologische Motivation ist weder eine notwendige noch eine hinreichende Bedingung für die Erklärung von Verhalten. Zum einen führt nicht jeder Mangel, etwa an Vitaminen, zu einer bewußten Reaktion der Behebung, zum anderen müssen keine physiologischen Bedürfnisse zugrunde liegen, damit ein Trieb ausgelöst wird. So können wir durch den Geruch von Speisen Hunger bekommen, obwohl im Körper kein Mangel vorliegt. Die Reize zur Auslösung von Triebzuständen müssen somit eine wichtige Rolle in einem motivational gesteuerten Verhaltensmodell einnehmen.

Weitere Kritik kommt von der Verspieltheit von Kindern. Dieses Verhalten ist weitverbreitet, jedoch nach der Spannungsreduktionstheorie völlig sinnlos. Die Einführung neuer Triebe (noch) ohne physiologische Basis für Spiel, Neugierde und Forschung löst zwar dieses Problem, führt aber zu einem gewichtigen anderen: Bisher nicht erklärbares Verhalten läßt sich dann durch die Ein-

[266] Hier kommt die Sichtweise des Abstraktionsstufenmodells voll zur Geltung. Auf dieser abstrakten Ebene kann noch kein Verhalten ausgeschlossen werden, die Menge der potentiellen Falsifikatoren ist leer. Hierzu müssen erst noch einige Konkretisierungen vorgenommen werden.

führung eines neuen Triebes erklären. Um diesem zu entgehen, muß man eine endliche Anzahl von Grundtrieben festlegen und ihren Sinn nachweisen.

Die Mangelmotivation bezieht sich hauptsächlich auf die Selbsterhaltung und kann das Verhalten nicht vollständig erklären. Den komplementären Teil versucht die Überflußmotivationstheorie mit den Befriedigungs- und Stimulierungsmotiven bereitzustellen. Damit wird das nicht unmittelbar einem Ziel dienende Verlangen, etwas zu verstehen, zu erforschen, zu leisten, Selbstachtung zu empfinden oder zu lieben, erklärt. Diese Motive sind nicht für das nackte Überleben notwendig, im darwinistischen Sinne jedoch vorteilhaft. *Krech* u.a.(1992, Bd. 5, S. 32) haben diese Motive und das zugeordnete Verhalten übersichtlich in der folgenden Tabelle angeordnet:

Tabelle 11.1

Die menschlichen Motive (Quelle: *Krech* u.a. 1992, Bd. 5, S. 32)

	Selbsterhaltung und Sicherheit (Defizitmotive)	Befriedigung und Anregung (Abundanzmotive)
Den Körper betreffend	Vermeidung von Hunger, Durst, Sauerstoffmangel, starker Hitze und Kälte, Schmerz, Überfüllung von Blase und Dickdarm, Müdigkeit, überanspannten Muskeln, Krankheit und anderen unangenehmen körperlichen Zuständen, etc.	Suche nach lustbetonten sinnlichen Erlebnissen; Geschmacksreize, Gerüche, Schallreize etc.; sexueller Genuß; körperliches Behagen; Betätigung der Muskeln, rhythmische Körperbewegungen, etc.
Die Beziehungen zur Umwelt betreffend	Vermeidung gefährlicher und erschreckender, häßlicher und ekelerregender Objekte; Suche nach Objekten, die für das künftige Überleben und die Sicherheit nötig sind; Erhaltung einer stabilen, klaren, gewissen Umgebung etc.	Erwerb erfreulicher Besitztümer; Objekte bauen und erfinden; die Umwelt verstehen; Probleme lösen; Spiele spielen; Suche nach Neuheit und Veränderung der Umwelt, etc.
Die Beziehung zu anderen Menschen betreffend	Vermeidung von interpersonalen Konflikten und Feindseligkeiten; Aufrechterhaltung von Gruppenzugehörigkeit, Prestige und Status; Umsorgtwerden durch andere; Anpassung an Gruppenmaßstäbe und -werte.	Streben nach Liebe und positiven Identifizierungen mit einzelnen und Gruppen; Freude an der Gesellschaft anderer Menschen; anderen helfen und sie verstehen; Unabhängigkeit; die Bewunderung oder Unterwerfung anderer gewinnen
Das Selbst betreffend	Vermeidung von Gefühlen der Minderwertigkeit und des Versagens beim Vergleich des Selbst mit anderen oder mit dem idealen Selbst; Vermeidung von Identitätsverlust; Vermeidung von Gefühlen der Scham, Schuld, Furcht, Angst, etc.	Streben nach Gefühlen der Selbstachtung und des Selbstvertrauens; Äußerung der eigenen Persönlichkeit; Gefühl der eigenen Leistung; Gefühl der Herausforderung; Festlegung moralischer und anderer Wertvorstellungen; Entdeckung eines sinnvollen Platzes für das Selbst im Universum.

Jede motivationale Verhaltenstheorie tut gut daran, die verschiedenen Motive bzw. Kategorien zu integrieren. Das motivierte Verhalten bzw. die Stärke der Erregung hängt dann sowohl von verschiedenen inneren Zuständen des körperlichen Ungleichgewichts als auch von äußeren Reizbedingungen ab. So wird durch Veränderungen im Reizumfeld der Organismus in einen Alarmzustand versetzt. Der Grad an Ungewißheit der Zukunft durch diese Veränderungen beeinflußt die motivationale Erregung. Wäre die Zukunft völlig sicher, so würde den verschiedenen Reizen keine Aufmerksamkeit geschenkt werden. Diese steigt dann zunächst mit zunehmender Unsicherheit und nimmt später wieder ab. Ist die Unsicherheit so groß, daß keine sinnvollen Informationen gefiltert werden können, beispielsweise durch eine gesteigerte Komplexität, so wird sich das Individuum Situationen suchen, die leichter zu bewältigen sind und auch weniger Energie benötigen. Der optimale Grad der Motivierung muß zwischen dem Nullwert der Homöostase und einem maximal verkraftbaren Wert liegen, wobei dies sowohl für das Mangel- als auch das Überflußkonzept gilt.

Die Verbindung dieser zwei Motivationskonzepte in einer Theorie wurde bereits 1954 von *Maslow* unternommen. Er unterstellt dem Menschen als fundamentales Motiv, seine Möglichkeiten voll zu entwickeln und auszunutzen, sich selbst zu verwirklichen. An diesem Punkt sind alle Bedürfnisse erfüllt. Auf dem Weg dorthin müssen jedoch die Bedürfnisse niedrigerer Ebenen auch befriedigt sein. Er unterscheidet folgende fünf Ebenen (vgl. auch *Krech* u.a. 1992, Bd. 5, S. 35f):

1. Physische Grundbedürfnisse wie Hunger, Durst, Schlaf oder Sexualität,
2. Sicherheitsbedürfnisse wie Schutz oder Stabilität,
3. Zugehörigkeitsbedürfnisse wie Zuneigung, Liebe oder soziale Kontakte,
4. Wertschätzungsbedürfnisse wie Selbstachtung, Anerkennung durch andere oder Prestige,
5. Bedürfnis nach Selbstverwirklichung.

Die Einteilung in Ebenen erfolgt nach dem relativen Zeitpunkt der Erreichung. So muß beispielsweise der Hunger und Durst gestillt sein, bevor man sich um den Schutz bzw. die Stabilität dieser Situation kümmert. Die Selbstverwirklichung stellt dann den Höhepunkt in der menschlichen Entwicklung dar.

Die tatsächliche Entwicklung vollzieht sich jedoch nicht strikt in voneinander getrennten Schritten; das nächsthöhere Bedürfnis kann durchaus bereits zu einem Teil befriedigt werden, obwohl in der vorhergehenden Stufe die Bedürfnisse nicht vollständig erfüllt wurden. Dies läßt sich in aufeinanderfolgenden Wellen darstellen (siehe Abbildung 11.1).

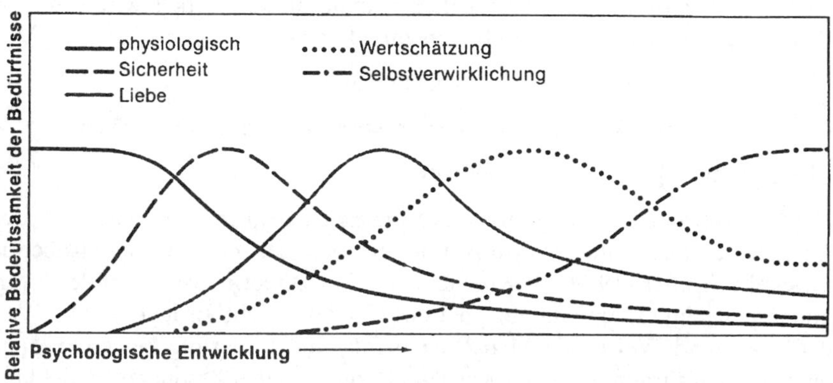

Abbildung 11.1: Wellendarstellung der Bedürfnisebenen von *Maslow*
(Quelle: *Krech* u.a. 1992, Bd. 5, S. 36)

Zu beachten ist, daß das Maximum einer niedrigeren Kategorie von Bedürfnissen überschritten sein muß, bevor das nächsthöhere eine beherrschende Rolle einnehmen kann. Der immer Hungrige wird sich nicht mit der Kunst oder der Schönheit der Welt beschäftigen, zu sehr bindet ihn die Befriedigung der unmittelbaren und dringenden Nahrungsmittelbedürfnisse. Ein von niedrigen Bedürfnissen befreites Individuum kann auch durch andere als mangelbedingte Antriebe, z.B. Überflußmotive, motiviert werden.

Eine weitere Möglichkeit Verhalten oder Motivationen zu erklären, bietet der auf Fritz *Heider* (1958) zurückgehende Attributionsansatz. Ursprünglich wurden Verhaltensweisen als abhängig von den Eigenschaften der Person oder der Situation bzw. der (äußeren) Umstände betrachtet. Besonders deutlich wird dies am Phänomen der "gelernten Hilflosigkeit" (siehe *Maier* und *Seligman* 1976). So scheinen Individuen aufzugeben, wenn sie ihr eigenes Versagen einer relativ dauerhaften, von ihnen nicht veränderbaren Bedingung zuschreiben. Gewöhnliches Verhalten gilt als uninteressant, weil dafür bereits ein Erklärungsmodell, eine Attribution existiert. So neigen Menschen dazu, außergewöhnliches Verhalten zu bemerken und mehr darüber wissen zu wollen. Die Attribuierung hat ihren Platz zwischen der Wahrnehmung und dem Eindruck von einer Person bzw. deren Verhalten, welches ursächlich von persönlichen oder umweltbezogenen Eigenschaften (Attributionen) abhängt. Die persönliche Attribution, d.h. die Zuordnung zu persönlichen Faktoren, wird durch folgende Faktoren positiv unterstützt (vgl. *Krech* u.a. 1992, Bd. 7, S. 79):

- das Bemühen als eine Kopplung von Absicht und Anstrengung, d.h., je mehr sich eine Person bei einem Verhalten bemüht, um so stärker wird das Verhalten auf persönliche Eigenschaften zurückgeführt,
- die körperlichen, geistigen und sozialen Fähigkeiten,
- die Ungewöhnlichkeit (außerhalb einer Norm liegend) des Verhaltens,
- die Unabhängigkeit von Umweltbedingungen.

Der Schwerpunkt der kognitiven Attribuierung liegt in der Suche nach den Ursachen der menschlichen Motivation. Im Rahmen der Attributionstheorie entwickelte *Weiner* (1979, 1988) eine Motivationstheorie, welche in der Informationssuche eine Hauptantriebsfeder des Handelns sieht. Er legt größten Wert auf die Art und Weise wie Menschen Erfolg und Mißerfolg bewerten. Dem Konzept der wahrgenommenen Kausalität kommt dabei besondere Bedeutung zu. Letztlich läuft es auf eine persönliche oder umweltbezogene Attribution hinaus.

Ort (location of control), Stabilität und Beherrschbarkeit (control) sieht *Weiner* (vgl. 1988, S. 304) als die Hauptdimensionen der wahrgenommenen Kausalität:

- Der Ort gibt die Zuordnung der Verantwortung an. So kann die Verantwortung für z.B. den Mißerfolg bei anderen oder bei der Person selbst liegen. Die Auswirkungen auf die Selbstachtung bzw. die Motivation zum Handeln in ähnlichen Situationen werden dadurch beeinflußt. Persönlicher, durch andere verursachter Mißerfolg demotiviert, der den eigenen Fähigkeiten zugeordnete Erfolg hingegen weckt neue Kräfte.
- Die Stabilität bzw. Häufigkeit der Veränderung einer Situation ist grundlegend für die Motivation in zukünftigen, ähnlichen Umständen.
- Die Beherrsch- bzw. Veränderbarkeit einer Situation oder Entwicklungsfähigkeit der Erfolge kann einen im Gegensatz zu einer "hoffnungslosen Lage" motivieren.

Durch die wahrgenommene Kausalität werden im Prinzip die zwei folgenden Fragen aufgeworfen:

- Wer trägt die Verantwortung für das erzielte Resultat?
- Wird sich das Ergebnis auch in der Zukunft wiederholen bzw. durch wen (einen selbst, andere, den Zufall, gar niemanden) läßt sich das Ergebnis beeinflussen?

Die Gefühle, die nach einem Erfolg oder Mißerfolg erlebt werden, hängen ebenfalls von der Ursachenzuschreibung ab. Der Erfolg macht zwar "glücklich", das Selbstvertrauen steigt jedoch nur dann, wenn man den Erfolg den eigenen Fähigkeiten und nicht dem Zufall zuschreibt. Diese hierbei erlebten Gefühle spielen sicherlich eine große Rolle für die zukünftige Motivation und damit das zukünftige Verhalten. Eine Depression als Teufelskreis einer verstärkten Rückkopplung mag als anschauliches Beispiel dienen.

Die Wirklichkeitsnähe dieses Erklärungsmodells kann am Beispiel der Strafzumessung nachvollzogen werden. Wenn das Verbrechen auf innere und beherrschbare Faktoren - ein "böses Motiv" zur persönlichen Bereicherung - zurückzuführen ist, so wird eine härtere Strafe gefordert, als wenn dasselbe Verbrechen auf äußeren und unbeherrschbaren Faktoren - wie beispielsweise schlechter Gesellschaft (Sozialisation) oder geringerem geistigen Potential - basiert.

Dieser phänomenologische Ansatz der Experimentalpsychologie ist in der Lage, Motivation und Emotion zu verbinden. Dies ist für unser verfolgtes Ziel jedoch nur bedingt zu verwenden. Für die Aussagen über eine Gesellschaft oder die Prognose von Verhalten würde man sehr viele Einzeldaten benötigen, die in der Regel nicht zur Verfügung stehen oder nicht verarbeitet werden können. Für unserer Füllstandsmodell werden wir übernehmen, daß der Erfolg auch von den Aktionen der anderen abhängt bzw. abhängen kann. Das Ergebnis wird zufällig durch Impulse aus der Umwelt, durch die Bildung von Koalitionen einschließlich der Beeinflussung des Verhaltens Dritter sowie vollständig bewußt durch eigene Aktionen gesteuert bzw. beeinflußt. Die wahrgenommenen Kausalität ersetzen wir durch eine objektive Kausalität und schließen Auswirkungen von Wahrnehmungsphänomenen bzw. -verzerrungen auf die Motivation bzw. Präferenzfunktion aus. Die Auswirkungen eines erlebten Mißerfolges auf die Motivation und damit auf das Verhalten, kann in unserem Füllstandsmodell nur als Funktion der Differenz von erwartetem und realisiertem Ergebnis dargestellt werden.

11.5. Zusammenfassung

In diesem Kapitel haben wir den Einfluß der Motivation auf das Verhalten studiert. Implizit wurde dabei eigenständiges Handeln bei einem freien Willen unterstellt. Bei bestehenden Motivationen wird dann ein opportunistisches Verhalten unterstellt, welches alle - auch listige - Möglichkeiten in Betracht zieht. Damit werden Verhaltensunterschiede in gleichen Situationen nicht mit verschiedenen ethischen Verhaltensweisen, d.h., statt Opportunismus regiert nur Eigennutz oder gar Altruismus, begründet, sondern vielmehr aus einem unterschiedlichen Motivbestand bzw. Motivierung heraus. Eine durch die Gesellschaft bewirkte Verhaltensänderung kann dann auf eine Motivationsänderung oder eine veränderte Motivzusammensetzung zurückgeführt werden, aber auch auf eine veränderte Produktionsfunktion, welche die Motivrückführung (Befriedigung) bestimmt. Schlußendlich kann auch noch der Bewertungsmaßstab (Präferenzordnung) für bestehende Motive durch einen Erziehungsprozeß beeinflußt werden.

Oben haben wir ausführlich begründet, daß die Beibehaltung eines abnehmenden Grenznutzens beim Übergang von einer statischen zu einer dynamischen Betrachtungsweise die Dynamisierung der Präferenzen erfordert. Daran anschließend wurde der Lösungsansatz von *Becker* (1982) bzw. von *Stigler* und *Becker* (1977) vorgestellt und kritisiert. Der von ihnen beschrittene Weg basiert auf unterschiedlichen (Schatten-) Preisen, Restriktionen und einer durch "Investitionen" veränderbaren Bestandsvariablen (z.B. Humankapital). Wir haben gezeigt, daß bereits durch diesen Schritt die Konstanz der Präferenzen aufgegeben wird und lediglich in der Haushaltsproduktionsfunktion versteckt wird. Der von *Becker* sowie von *Stigler* und *Becker* beschrittene Weg wurde als ein erster, jedoch nicht ausreichender Schritt identifiziert.

Anschließend wurde ein eigener Vorschlag präsentiert, der auch die Erkenntnisse der psychologischen Motivationstheorie berücksichtigt. So sind die Motivationszustände geeignet, die Grundelemente für die Präferenzordnung zu bilden. Dadurch konnte die Theorie der Präferenzentwicklung weitergeführt werden, so daß nun auch interpersonell unterschiedliche Präferenzfunktionen begründen werden können. Wir können die Präferenzordnung auf Motivationen mit Bestandsdifferenzen und bevorzugten, durchaus dynamischen Bestandsmustern zurückführen[267]. Offen bleibt noch die Operationalisierung und Beobachtbarkeit der verschiedenen Motivarten, deren Möglichkeit wir im Rahmen dieser Arbeit zwar unterstellen, jedoch nicht untermauern. Dies wäre jedoch die Voraussetzung für eine empirische Theorie. Durch die unterstellten, optimalen Motivationszustände wird eine Regelkreisdarstellung möglich, die wir im nächsten Kapitel innerhalb des Füllstandsmodells versuchen. Die explizite Modellierung sollte einer "Bellmann-Formulierung" zugänglich sein, so daß das dynamische Optimierungskalkül angewandt werden kann.

---

[267] Weiterhin vernachlässigt wird der Antrieb zum Handeln. Es soll angenommen werden, daß die Individuen immer versuchen, die "Spannung" zu reduzieren bzw. einen für sie "optimalen Spannungsverlauf" zu erreichen.

12. Das Füllstandsverhaltensmodell als Abstraktion

12.1. Motive als Füllstandsbehälter

Im vorherigen Kapitel haben wir die Notwendigkeit für die Dynamisierung der Präferenzen kennengelernt. Außerdem wurden die Vorteile einer an der psychologischen Theorie orientierten Darstellung der Grundelemente einer Präferenzordnung genannt. Der Haushaltsproduktionsfunktionenansatz von *Becker* wurde als ein erster, nicht ausreichender Schritt identifiziert. *Becker* erreicht nicht sein Ziel, die Konstanz der Präferenzen unangetastet zu lassen. Seine Bestandsvariable kann teilweise der Werte-, teilweise der Objektsphäre zugeordnet werden. Die individuellen Haushaltsproduktionsfunktionen nehmen die interpersonell differierenden Präferenzen und den Einfluß der eingeführten Bestandsvariable auf, so daß man bei *Becker* allenfalls von stabilen Restpräferenzen reden kann. Obige Diskussion ergab, daß die Haushaltsproduktionsfunktion einen Schritt weitergeführt werden muß. Es werden nicht mehr nur Nichtmarktgüter produziert, sondern die Haushaltsproduktionsfunktion wirkt direkt auf den Organismus und verändert dort Zustände. Diese Veränderungen bewirken dann einen Motivationszustand und aus dem Vergleich der Motivationszustände ergibt sich der Nutzen der Aktion (z.B. Konsumaktion). Die Rückführung auf sowie die Beeinflussung von Motivationen ist die theoretische Erweiterung.

Dabei gibt die Motivation, der Trieb oder die Bedürfnisstärke die Antriebskraft für das Verhalten an. Wir werden diesen Antrieb durch eine Soll-Ist-Funktionendifferenz der Füllstandspegel messen. Das Motiv bzw. Bedürfnis wird durch den Füllstandsbehälter repräsentiert. Jeder entspricht dabei einem Grundbedürfnis. Die Präferenzfunktion verwirklicht die Aggregation der Motive und beinhaltet damit zumindest implizit eine Konfliktlösung. Es handelt sich damit um eine Arten- und Zeitpräferenz, so daß sowohl die gegenwärtigen als auch die zukünftigen Motive verglichen werden können. Die Präferenzordnung wird dann auf der Menge der Aktionen inklusive ihrer Konsequenzen anhand der Präferenzfunktion gebildet.

Um es noch einmal zu verdeutlichen: Das Verhalten wird nicht aus einem motivationalen Zustand abgeleitet, sondern aus der *potentiellen*, gedachten bzw. *erwarteten* Motivationsentspannung. Die Motivation versorgt die Aktionen mit Energie und steuert sicherlich den Entscheidungszeitpunkt bzw. löst das Verhalten aus. So werden auch Kurzschlußreaktionen erklärbar. Ein Mensch auf offener Straße befinde sich in einem emotionalen Zustand, in dem er sich dringend abreagieren muß. Er ist an der oberen, gerade noch auszuhaltenden Grenze. Seine Alternativenmenge besteht in diesem Moment nur aus der Möglichkeit: "Suche eine Aktion, in der Du Dich abreagieren kannst!" Die Zeit drängt. So könnte ihm in den Sinn kommen, laut zu schreien, oder er könnte den nächsten Passanten tätlich angreifen. Sein Gehirn gibt ihm eine Möglichkeit, die zumindest kurzfristig zu einer gewissen Motivationsentspannung führt, die dann sofort realisiert wird. Langfristig kann man solche Affekt- bzw. Kurzschlußhandlungen durchaus bereuen.

Zunächst wollen wir uns ein Bild von der Motivation, den Behältern und den Füllständen machen. Als Beispiel nehmen wir den Hunger und die Neugierde als Trieb bzw. Motiv, wobei jedes durch einen eigenen Behälter dargestellt wird. Für den Füllstand gibt es jeweils eine Ober- und eine Untergrenze. Das Maximum stellt den höchsten Antrieb und gleichzeitig die niedrigste Befriedigung dar. Das Minimum stellt die höchste Befriedigung dar, z.B. wenn das Individuum keinen Hunger hat. Dies kann durchaus ein natürlicher Nullpunkt sein, muß es aber nicht. So kann die Neugierde eines Individuums befriedigt sein, wenn es mehr weiß als alle anderen, wenn es genügend weiß, um zu überleben, oder wenn es alles weiß. Das Minimum kann dadurch auch einen von Null verschiedenen Wert annehmen. Dadurch bleiben die Füllstände intersubjektiv vergleichbar und können gegen eine absolute Skala (evtl. eine biologische) gemessen werden. Liegen die Füllstände außerhalb des Bereiches, so führt dies zum Tod des Individuums, es befindet sich außerhalb des regelbaren, homöostatischen Bereiches. Die folgende Abbildung verdeutlicht diesen Aufbau eines Behälters:

Abbildung 12.1: Motive als Füllstandsbehälter (eigene Darstellung)

Diese Ausführungen erinnern eher an eine Vision und sind momentan ad hoc Thesen bzw. ad hoc Erklärungen. Eine "Bestätigung" wird eventuell die Humanbiologie oder psychologische Theorie, vielleicht durch die experimentelle Psychologie, im Lauf der Zeit bringen.

Diese Thesen sehen wir daher als Annahmen. So interessieren wir uns für die verschiedenen Motive bzw. Behälter, die Füllstände, Maximum- und Minimummarken sowie deren Veränderungen, insbesondere die über die Haushaltsproduktionsfunktion bewirkten Füllstandsänderungen. Die Aggregation der verschiedenen Füllstände zu der Glückseligkeit, dem Nutzen oder einer Präferenzfunktion, die dann maximiert wird, rückt dann in den Mittelpunkt. Wie hängt die Präferenzfunktion von den Vorgängen in den Behältern ab, welche Austauschbeziehung besteht zwischen ihnen?

12.2. Der Füllstandsverlauf und seine Bewertung - ein weites Feld

Um diese Fragen zu beantworten, werden wir zunächst vom Aggregationsproblem abstrahieren und nur einen Behälter und dessen Füllstandsverlauf analysieren. Anschließend werden wir die Aggregation über die Austauschbeziehungen zwischen zwei Motiven einführen. Danach werden wir diese Überlegungen in einem graphisch aufbereiteten Verhaltensmodell zusammenfassen. Aus dem Modell heraus kann auch erklärt werden, daß Personen unterschiedliche Präferenzen besitzen[268].

Die Mangelmotive basieren, wie wir oben feststellten, auf homöostatischen Prozessen, d.h., die Bedürfnisse bauen sich im Verlauf der Zeit automatisch auf. Die Überflußmotive als Bedürfnisse der zweiten Reihe entwickeln sich erst, wenn der Überlebenskampf gewonnen ist. Ihr Füllstand wird sowohl durch die körperlichen als auch die kognitiven Prozesse bestimmt und hängt damit von den Aktionen der Vergangenheit ab. Die Neugierde ist in der Regel im Erfolgs- und im Mißerfolgsfall für kurze Zeit befriedigt und läßt sich deshalb nicht mit subjektiv höher geschätzten Kosten (Preisen) erklären. Dennoch sehen wir die Neugierde als fast immer währenden Spannungszustand an, der gelegentlich einen Einbruch aufgrund der ergriffenen Aktionen hat. Der maximale Füllstand wird somit zu einem sehr viel wichtigeren Kriterium.

Die Analyse der Bedürfnisse ist somit für die Mangel- und Überflußmotive dieselbe, lediglich mit unterschiedlichen Schwerpunkten auf dem Füllstandsverlauf, der Extremabehandlung und der Verschiebung der Maximal- und Minimalwerte. Bei einem automatischen Aufbau des Bedürfnisses stellt sich sofort die Frage nach den "optimalen" Befriedigungszeitpunkten, die interpersonell differieren können. In Abbildung 12.2 wird der Füllstandsverlauf sowohl für den Aufbau als auch für den Abbau eines Bedürfnisses im Zeitverlauf dargestellt.

---

[268] Hieran wird die Erweiterung der *Stigler-Becker*schen Sichtweise zu stabilen und interpersonell identischen Präferenzen (1977, S. 76) deutlich.

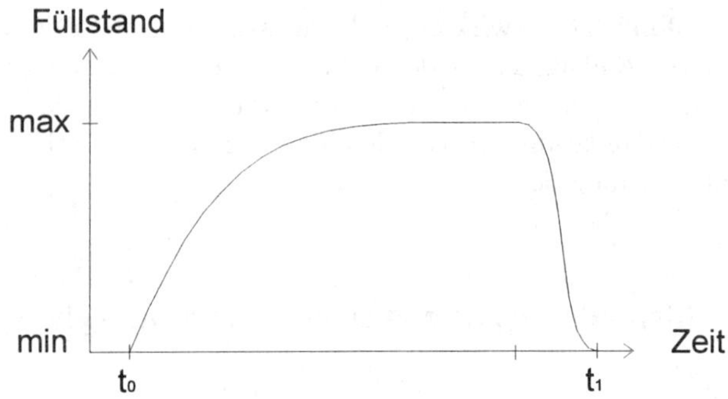

Abbildung 12.2: Bedürfnisaufbau und -abbau als Füllstandspfad (eigene Darstellung)

Die Aktionszeitpunkte können zum einen durch die Möglichkeiten zur Aktion, zum anderen durch ein "optimales" Befriedigungsmuster (Glück-Unglück-Relation) erklärt werden. Wenn die Restriktionen dem Handelnden keine frühere Befriedigung erlauben, so ist er durch sie bestimmt. Interessant im Sinne einer genauen Bestimmung der Präferenzen wäre eine restriktionsfreie Untersuchung[269].

Das "optimale" Befriedigungsmuster, d.h. der dynamische Verlauf des Füllstandes, unterscheidet sich höchstwahrscheinlich auch interpersonell. So kann ein Individuum (I_1) eine extremere Amplitude als ein anderes (I_2) aufweisen (siehe Abbildung 12.3). Vielleicht wird nur die Maximum- oder Minimummarke stärker angenähert. Dies hängt auch von der Effektivität der Befriedigungsanstrengungen - also der "Haushaltsproduktionsfunktion" - ab. Die entscheidende Frage ist hier wiederum, ob das Verhalten restriktionenbestimmt oder -frei ist. Als nicht restriktionenbestimmt gilt eine Entscheidung zwischen zwei Alternativen, die einen identischen Ressourcenverbrauch - zumindest der berücksichtigten - haben.

---

269 Die *Becker*sche Analyse sucht die Erklärung ausschließlich in den Veränderungen der Restriktionen, die durch das Einkommen, die Preise, die Zeit und das Humankapital bestimmt werden.

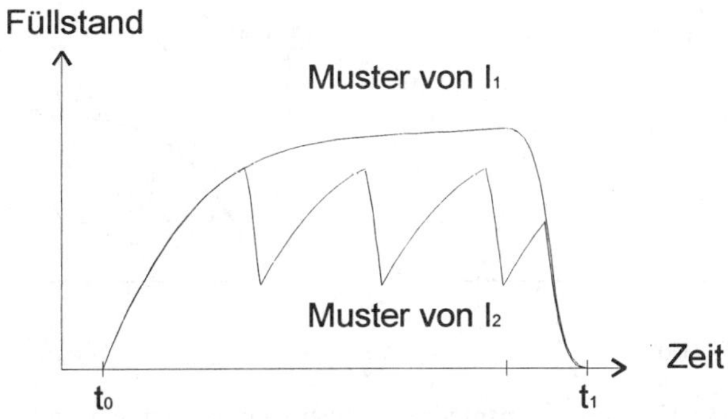

Abbildung 12.3: Interpersonell differierende optimale Befriedigungsmuster eines sich im Zeitverlauf aufbauenden Bedürfnisses (eigene Darstellung)

Die Bedürfnisse entstehen über die Zeit durch chemische Prozesse[270], die stets dieselben Bedürfnisveränderungen (wachsender Hunger) auslösen. Die Bedürfnisse stellen somit das Integral über die Zeit dieser Prozesse dar. Die Befriedigungsmöglichkeiten können durch eine Haushaltsproduktionsfunktion, die als Gut die Bedürfnisbefriedigung produziert, dargestellt werden. Die Wahl unterschiedlicher Befriedigungszeitpunkte oder Schwankungsmuster kann aus der Effizienz der Haushaltsproduktion und damit aus allen Restriktionen der Vergangenheit oder aus einer momentan unterschiedlichen Präferenzstruktur erklärt werden. Im dynamischen Verlauf unterscheiden sich jedenfalls die Bedürfniszustände. Die Annahmen unterschiedlicher Präferenzen wird sinnvoll sein, wenn die Bedürfnisstruktur (empirisch) meßbar ist.

Wie entsteht aus diesen Bedürfnisbehältern nun eine Präferenzordnung über den Alternativen? Normalerweise werden den Aktionen Konsequenzen - z.B. eine Geldgröße wie Gewinn - zugeordnet, welche sich direkt in der Präferenzfunktion wiederfinden. Die Alternativen verändern somit Zustände, anhand deren Veränderungen die Präferenzordnung erstellt wird. In unserem Fall sind die Konsequenzen nun nicht der Gewinn - als Geldbestandsänderung -, sondern Veränderungen der Füllstände. Intuitiv würde man den Füllstand vor und nach der Aktion vergleichen, d.h. zu den Zeitpunkten t_0 und t_1 (siehe Abbildung 12.4)

[270] Diese chemischen Prozesse laufen - so unsere Annahme - bei allen Menschen identisch ab. Damit brechen wir den Begründungsprozeß für unterschiedliche Präferenzen und die Theorie einer Präferenzentwicklung an dieser Stelle ab.

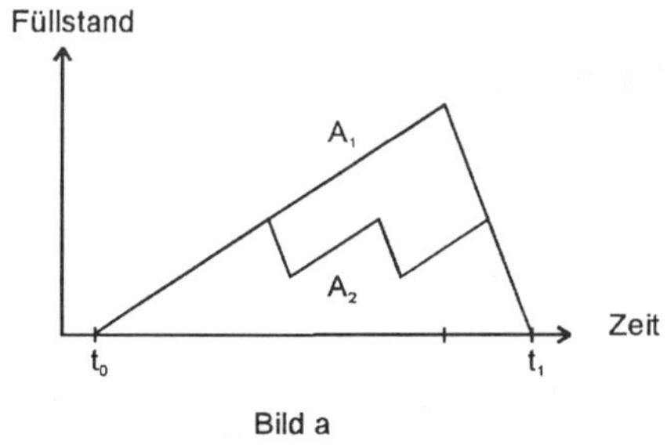

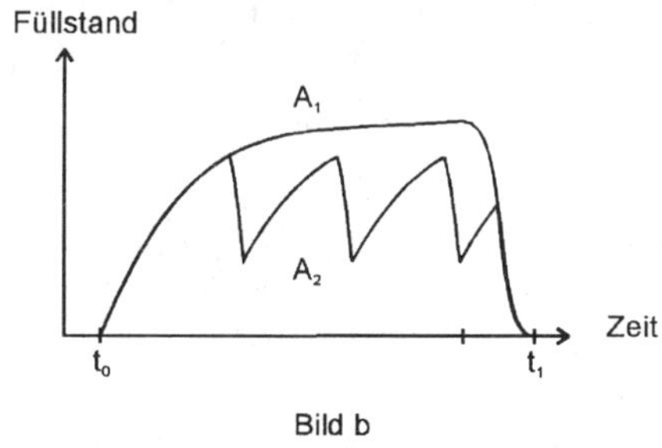

Abbildung 12.4: Füllstandspfade von zwei Alternativen (eigene Darstellung)

Beide Alternativen sind bei der diskreten Beobachtung zu den Zeitpunkten t_0 und t_1 (Periodenbetrachtung) identisch, innerhalb dieser Zeitpunkte ist das Bedürfnis bei der Alternative A_1 stets schwächer als bei A_2, so daß das Individuum A_2 präferieren wird[271]. Bei kontinuierlicher Betrachtung fließt in die Bewertung somit der Füllstandspfad ein.

Weiterhin wird die Bewertung auch von den "extremen" Erfahrungen in der Vergangenheit abhängen. So wird die erste Erfahrung (kriminelle, in der Liebe, Nichteinhalten einer Absprache durch andere) immer stärker - entweder positiv oder negativ - bewertet und bildet ein neues Erfahrungsextremum. Dieser Sachverhalt läßt sich an zwei Stellen einarbeiten: Entweder hängt die Füllstandsveränderung einer Alternative auch von den Erfahrungen ab oder eben, einen Schritt später, die Bewertung von den Füllständen.

Eine weitere Frage tritt bei der Bewertungsproblematik auf: Ist eine Füllstandsveränderung von x_0 auf x_1 unabhängig von der Zeitspanne $\Delta t = (t_1 - t_0)$ zu sehen? Die orthogonale Formulierung wäre: Welchen Einfluß hat die Zeit auf die Bewertung? Wir wählen den Zugang über die erste Fragestellung. Wir stellen die These auf, daß eine Füllstandsveränderung über eine kurze Zeitspanne einen erheblich größeren Einfluß ausübt als über einen langen Zeitraum. Vollzieht sich eine Bedürfnisbefriedigung schleichend, so werden die Fortschritte nicht mehr wahrgenommen - man stumpft ab - und folglich auch nicht bewertet. Diesen Punkt wollen wir hier nicht vertiefen und verweisen auf Literatur zur Wahrnehmungspsychologie[272].

---

[271] Implizit wird ein identischer Ressourcenverbrauch von A_1 und A_2 unterstellt.

[272] Siehe beispielsweise Krech u.a. (1992, Bd. 2, S. 28ff). Absolute Wahrnehmungs- bzw. Reizschwellen sowie Empfindlichkeiten gegenüber Unterschieden scheinen dieses Bild zu bestätigen.

Festzuhalten ist, daß der Einfluß der Zeitspanne nicht zu leugnen ist, so daß in einem kontinuierlichen Modell nicht nur die Funktion der Füllstände, sondern auch deren Ableitung in die Bewertung einbezogen werden.

Neben dem Füllstand und dessen zeitlicher Veränderungsdynamik spielen die Extrema, d.h. die maximalen und minimalen Grenzen, der Bedürfnisse eine wichtige Rolle. Durch die Befriedigungszeitpunkte wird die Schwankung zwischen den bestehenden Grenzen und damit auch die Annäherung an diese bestimmt. Die Grenzen stehen jedoch nicht ein für allemal fest, sondern können verschoben werden. Immer mehr Individuen loten heute ihren persönlichen Grenzbereich aus, z.B. durch freiwilliges Fasten, Extremsportarten zur Erfahrung des Ichs. Durch die eigene Erfahrung bzw. die von Dritten werden diese Grenzen geprägt. Außerdem werden sie durch die Beobachtung, das vorhandene Vermutungswissen und die Rahmenbedingungen beeinflußt. Das Neugierdebedürfnis treibt das Individuum zur Selbsterfahrung und damit zu neuen Horizonten.

Bisher vernachlässigt haben wir die Frage, woher diese Behälter, Bedürfnisse bzw. Motivationen kommen. Teilweise sind sie sicher angeboren, z.B. Hunger und Durst, teilweise aber auch angeeignet bzw. durch Erfahrung, Beobachtung oder Vermutung geweckt. Unter letzteren könnte man sich die Sucht nach Heroin bzw. Berauschung oder das öffentliche Geltungsbedürfnis vorstellen. Durch die angeborene[273] Neugierde entsteht auf der Basis des durch Erfahrung und Beobachtung gewachsenen Vermutungswissens Neues, z.B. in Form von neuen Motivationen. Dieser Prozeß hängt von den Rahmenbedingungen ab und ist somit interpersonell in der Regel verschieden.

Der umgekehrte Vorgang, das Vergessen, ist bei den angesprochenen Punkten bei einer Operationalisierung zu berücksichtigen. So können durch das Vergessen vergangene Füllstände stärker oder schwächer bewertet werden, bestimmte Bedürfnisse in den Hintergrund geraten oder die Erlebnisse gehen diskontiert - mit einer Vergessensrate - in die Bewertung ein.

Für den Fall, daß die Bewertung nur von einem Bedürfnis, d.h. einem Füllstandsverlauf abhängt, haben wir bereits zahlreiche, zu bewältigende Probleme angesprochen, allem voran die Abhängigkeit von der Vergangenheit. Eine Lösung liegt in der Abbildung aller vergangenen Füllstandskurven auf (Erfahrungs-) Zustände, wie z.B. den Extrema eines Behälters, oder auf eine aktuelle Bewertungsfunktion. Die Erfahrungen müßten dazu einer empirischen Messung zugänglich sein.

---

[273] Dies wird hier postuliert.

Sind diese Probleme gelöst, so müssen potentielle, zukünftige, d.h. erwartete, durch verschiedene Aktionen ausgelöste Füllstandsverläufe - es handelt sich hierbei um Funktionen, die von der Zeit abhängig sind - verglichen werden. Dazu muß ein optimaler Füllstandspfad bzw. ein -muster existieren. Dann wird eine Metrik bzw. eine Norm über diesen Funktionen definiert[274], mit welcher das Aufstellen einer Präferenzordnung möglich wird. Durch das optimale Muster und die Metrik wird implizit eine durchaus komplizierte Zeitpräferenz definiert.

So sollte damit auch kurzfristig nicht rational erscheinendes Verhalten erklärbar sein, wenn z.B. ein Individuum die Entsagung, die Enthaltsamkeit vor den Konsum stellt, um danach die volle Befriedigung zu erfahren. Das optimale Motivationsmuster hätte dann folgendes Aussehen: Zunächst wird eine Spannung, d.h. ein Bedürfnis, aufgebaut und anschließend der Füllstand von einem nahezu maximalen Stand auf einen fast minimalen durch eine Konsumaktion reduziert. Abbildung 12.4 verdeutlicht diesen Sachverhalt. Die Betrachtung eines Ausschnittes, z.B. des Spannungsaufbaus, würde ein scheinbar nichtrationales Verhalten repräsentieren. Für die Zeit zwischen t_0 und t_1 wird die Alternative A_1 bevorzugt. Die Alternative A_2 wird, obwohl sie in der Summe eine identische (Bild a) bzw. größere (Bild b) Füllstandsverringerung in der gleichen Zeitspanne aufweist, als geringer eingeschätzt. Dieses Verhalten läßt sich in dem Modell durch eine nicht lineare Bewertungsfunktion über die Füllstandsdifferenzen beschreiben.

Der Alterungsprozeß spielt an zwei Stellen dieses Modells eine Rolle. Zum einen verändern sich in der Regel die Erfahrungen und das Vermutungswissen und damit das Verhalten, zum anderen verkürzt sich die restliche Lebenszeit, so daß sich das optimale Motivationsmuster evtl. verändert (vor allem beim langfristigen Spannungsaufbau), da der hierbei angenommene Endzeitpunkt t_1 jenseits des erwarteten Lebensendes liegt.

Ein weiteres Beispiel zu dem Vergangenheitsbezug der Bewertung ist folgendes: Immer dasselbe Befriedigungsmuster beispielsweise bei Hunger wird langweilig. Morgens Müsli mit Tee, mittags Spaghetti Bolognese mit Mineralwasser und abends Leberwurstbrot mit Milch, tagaus, tagein. Spätestens nach 14 Tagen ist die Freude am Essen gebrochen, es fehlt die Abwechslung. Dieser Sachverhalt kann durch die Abhängigkeit der Bewertung von allen in der Vergangenheit gewählten Aktionen und den dadurch bewirkten Füllstandsverände-

---

[274] In der Funktionalanalysis - einem Teilgebiet der Mathematik - spricht man auch von einer Operatornorm. Befruchtende Forschungen können zu potentiellen Anforderungen an die Funktionen und an die Metrik führen. In dieser Arbeit vernachlässigen wir jedoch diesen Weg.

rungen oder aber durch die Einführung eines neuen Behälters "Abwechslung" bzw. "Abwechslung_Essen" dargestellt werden. Damit läßt sich dann ein abwechslungsreicher Füllstandsverlauf durch die Optimierung über beide Behälter erreichen.

Auch die natürliche Neugierde führt dazu, daß nicht immer dieselbe Aktion gewählt wird. In der Regel beeinflußt eine Aktion verschiedene Füllstandsbehälter, z.B. "Hunger", "Abwechslung_Essen" und "Neugierde". Die Motivation "Hunger" führt zum Essen, die Motivation "Abwechslung_Essen" dazu, daß verschiedene Dinge gegessen werden und die Motivation "Neugierde" dazu, daß auch neue Gerichte ausprobiert werden[275]. Für die Untersuchung von Neuerungen steht die Neugierde als Motivation und alle mit ihr verflochtenen Motivationen im Mittelpunkt.

Die Aggregation der verschiedenen Füllstandsbehälter, die diese Interdependenzen berücksichtigen muß, stellt ein großes Problem dar. Die Verdichtung zu einer Gesamtbefindlichkeit bzw. einem Nutzen existiert vermutlich körperlich nicht, sondern dient nur als Hilfskonstrukt - ein theoretisches Konstrukt - zur Bewertung von Aktionen. Durch die fehlende Meßbarkeit können die verschiedenen im Wettbewerb stehenden Aggregationen, die eine Artenpräferenz repräsentieren, nur über die "Trefferqualität" der damit prognostizierten Verhaltensweisen verglichen werden. Bei der Konstruktion einer abstrakten Handlungstheorie ist das Problem der empirischen Fundierung jedoch zunächst nur zweitrangig.

Nachdem wir nun eine Vorstellung von der Basis der Präferenzordnung haben, wollen wir dieses Modul in den weiteren Kontext des Handelns einarbeiten.

12.3. Darstellung des Füllstandsverhaltensmodells

Die Aggregation aller Füllstandsfunktionen führt zu einer dynamischen Präferenzfunktion über den objektiven Handlungsalternativen, die als Zustandsveränderungen mit dem oben eingeführten Ressourcenbilanzansatz dargestellt werden können. So führen irgendwelche Aktionen, z.B. die des Konsums, zu

[275] Hier kommen wir in das evolutionsökonomische Dilemma, daß Neuerungen zufällig und nicht prognostizierbar sind. Allenfalls die Bereitschaft, die Motivation dazu, ist festzustellen. Die dadurch bewirkten Füllstandsveränderungsmöglichkeiten oder Ausweitungen der Extrema des Behälters können im Vorfeld nicht abgeschätzt werden und dürften damit auch in der Lebensplanung und der Prognose fehlen.

einer anderen Ressourcenausstattung. Sowohl durch die materielle (objektive) Ressourcenveränderung als auch die Umwandlung der Materie in Energie (Verdauungsprozeß, Nervenzellenimpulse, ...) verändern sich die individuellen Füllstände subjektiv - in einer Form, wie sie weiter vorne besprochen wurde[276]. Die Aggregation dieser Füllstände zu einer Gesamtbefindlichkeits- bzw. Nutzengröße ermöglicht die Auswahl einer Aktion[277], die nun genauer betrachtet werden soll.

Dieser vorne beschriebene Kreislauf mit seinen Interdependenzen, ergänzt durch die Objektsphäre, d.h. die Welt aller, wird durch die nachfolgende Abbildung 12.5 stilisiert. Es wird dadurch ein vollständiges Modell, welches das Verhalten von Individuen in einer abstrakten Form beschreiben kann, dargestellt.

[276] Es kann von einer Präferenzendurchschleifung gesprochen werden, da die Handlungen über die Motivation-Präferenzordnungs-Schleife auch Rückwirkungen auf die künftigen Handlungen haben.

[277] Über diesen Kreislauf läßt sich auch die einseitige Suche nach speziellen Aktionen erklären. So beschäftigt sich ein Individuum bei großem Hunger nur mit Möglichkeiten der Nahrungsaufnahme. Durch die Dringlichkeit wird die erstbeste, vielleicht auch illegale Möglichkeit benutzt. Die Suche nach weiteren Möglichkeiten verspricht keine bessere Position, da beispielsweise das Überleben gefährdet ist.

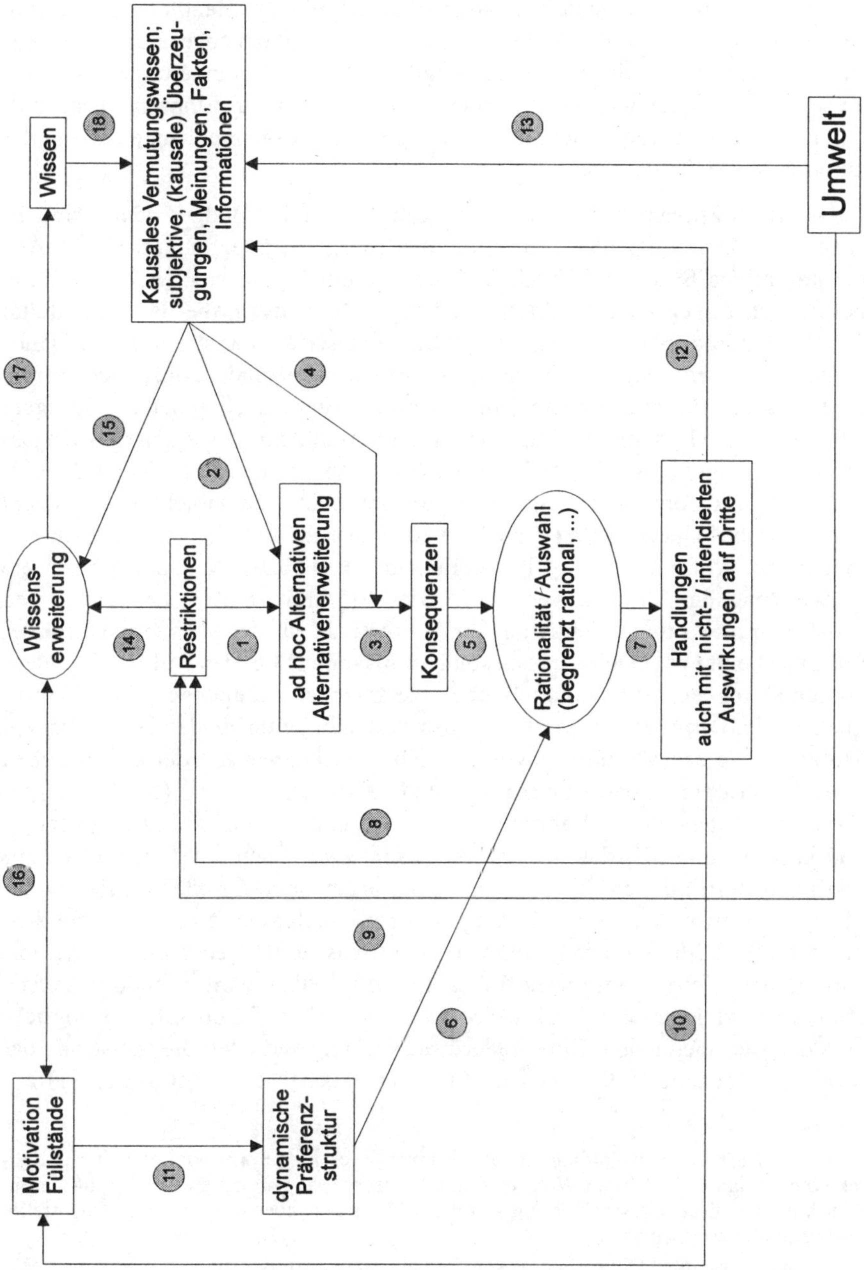

Abbildung 12.5: Abstraktes, individuelles Füllstandsverhaltensmodell
(eigene Darstellung)

Das individuelle Füllstandsverhaltensmodell stellt den Handlungsprozeß mit seinen Motivationen und Auswirkungen dar. Die Rechtecke stehen für Zustandsgrößen, die Pfeile stellen Wirkungen und damit Veränderungen und Prozesse dar. Teilweise werden Prozesse auch gesondert - in Ellipsen - festgehalten. Im folgenden werden nun die Wirkungen und Zusammenhänge entlang der numerierten Pfeile besprochen.

Die Restriktionen[278], wie zur Verfügung stehendes Budget oder Schulabschluß, stecken den Rahmen des potentiellen Alternativenraumes ab (1). Aus der kognitiven Struktur, hier als kausales Vermutungswissen, Meinungen etc. bezeichnet, folgen dann konkrete, zulässige Alternativen, die das Individuum "sofort" (ad hoc) parat hat (2). Durch die Lebenserfahrung stehen i.d.R. Handlungen zur Verfügung, die in ähnlichen Situationen schon erfolgreich waren. Eine weitere Alternative besteht immer in der Suche nach anderen Lösungen, d.h. weiteren Alternativen. Allen potentiellen Handlungen werden nun Konsequenzen[279] zugeordnet (3+4). Dazu benötigt man ein kausales Modell des Zusammenhangs - objektives Vermutungswissen oder eine subjektive, vielleicht auch "falsche" Überzeugung - und eine Idee über die Entwicklung der Randbedingungen, worunter wir auch die Informationen bzw. Annahmen über die Entwicklung der Umwelt verstehen. Die "Störimpulse" der Umwelt setzen nicht mehr direkt und objektiv an den Alternativen an - wie dies in vielen anderen Entscheidungsmodellen, insbesondere im rationalen, der Fall ist -, sondern wirken durch ein Kausalmodell über die Rahmenbedingungen. Die Konsequenzen in Form von erwarteten Zustandsveränderungen der Restriktionen, Motive sowie des Vermutungswissens gehen zusammen mit der dynamischen Präferenzstruktur in den Bewertungs- und Auswahlprozeß ein (5+6). Entsprechend der unterstellten Wahlrationalität wird dann eine Handlung bevorzugt und implementiert (7). Diese wirkt mehrfach. Zum einen wirkt sie auf die zukünftigen Restriktionen (8). So kann man morgen keine "große" Investition tätigen, wenn man dies bereits heute getan hat. Auch kann man von Menschen keine große Hilfe erwarten, wenn man sie tags zuvor gedemütigt bzw. enttäuscht hat. Neben dem beeinflußbaren, materiellen wird auch der soziale Kreislauf, der in unserer Sichtweise hauptsächlich auf Kooperationsmöglichkeiten basiert, betrachtet. Eine weitere Auswirkung verändert die Füllstände der Motivationsbehälter (10) und wird zu einer neuen Präferenzstruktur (11) ag-

---

[278] Die Restriktionen können sowohl in ihrer objektiven Form oder aber in der subjektiven Variante, d.h. durch Wahrnehmung "verzerrt", angenommen werden. In diesem Abschnitt ist diese Unterscheidung unerheblich, deutet aber die Vielzahl potentieller Operationalisierungen an.

[279] Die Konsequenzen stellen das informatorische Äquivalent der realen Prozesse dar. Insbesondere die erwarteten dynamischen Füllstandsverläufe sind ein Bestandteil.

gregiert. Dieser Kreislauf wurde bereits oben ausführlich beschrieben. Die dritte Wirkung einer Handlung beschreibt die Veränderung der kognitiven Struktur (12). Durch die Lebenserfahrung, d.h. durch die Beobachtung der Auswirkungen auf die Bedürfnisse und Restriktionen, werden neue Informationen generiert und verarbeitet. Sie können zu neuen kausalen Überzeugungen, ad hoc Alternativen oder Wissen führen und Meinungen revidieren. Über diesen Weg könnte auch ein Soll-Ist-Vergleich der Handlung eingearbeitet werden und damit das Phänomen Selbstvertrauen sowie eine dadurch bedingte Verschiebung zu bestimmten ad hoc Alternativen, die immer besser beherrscht werden, erklärt werden.

Den Kreislauf der Wissenserweiterung haben wir aus zwei Gründen von einer "normalen" Alternative[280] unterschieden: Zum einen berührt der Wissensdrang das Grundbedürfnis Neugierde, bei uns als Behälter dargestellt, zum anderen wollen wir das Wissen mit seinem objektiven Charakter von den reinen Informationen und den subjektiven Meinungen abgrenzen. Ausgehend von den bestehenden Knappheiten (14) und einem Bestand an Vorwissen und Informationen (15) treibt die Motivation Neugierde (16) zu neuem Wissen (17). Dadurch wird der Bestand an kausalem Vermutungswissen vergrößert (18). Außerdem wird die Neugierde verändert, vielleicht sogar befriedigt (16).

Die Umwelt als die nicht gezielt beeinflußbare, d.h. nicht steuerbare, Systemumgebung gibt z.B. durch das Ressourcenvorkommen einen Rahmen für die Restriktionen vor (9). Durch Beobachtung und Erfahrung wird die Umwelt wahrgenommen (13) und beeinflußt damit die kognitive Struktur. Auswirkungen von Handlungen auf die Umwelt existieren nicht, da sie durch die Systemabgrenzung explizit ausgeschlossen wurden.

Nach dieser detaillierten Beschreibung des Verhaltensmodells wollen wir es auf einer höheren Abstraktionsebene zusammenfassend darstellen.

12.4. Abstrakte und zusammenfassende Formulierung des Füllstandsverhaltensmodells

Es wurde gezeigt, daß in einem dynamischen Kontext die Präferenzen nicht konstant und interpersonell verschieden sind. Die Präferenzen entwickeln sich und werden auch durch Aktionen in der und Restriktionen der Vergangenheit

[280] Die Wissenserweiterung kann mit der Erweiterung der Alternativenmenge verglichen werden. Sie wird gewählt, um das kausale Vermutungswissen zu erweitern, damit es später erfolgsversprechend eingesetzt werden kann.

geprägt. Das Handeln ist durch die ausschließliche Verfolgung eigener Interessen gekennzeichnet. *Williamson* (1990, S. 53ff) würde es die starke Form des Eigeninteresses nennen, den Opportunismus. Hierunter versteht er die Zuhilfenahme von List, wie z.B. Lügen, Stehlen und Betrügen. In einer langfristigen dynamischen bzw. evolutionären Umgebung verschwindet der von ihm betonte Unterschied zwischen Opportunismus, Eigennutz und Altruismus[281]. Kurzfristig altruistisch scheinendes Verhalten wird sich als langfristig egoistisches herauskristallisieren. Die Präferenzen Dritter werden über die Rückkopplung jetziger Handlungen auf die zukünftige Alternativenmenge in die "opportunistische" Handlungsweise integriert. Hauptsächlich wirken sie auf die Restriktionen und damit das Handlungspotential, d.h. die potentielle Aktionenmenge[282], das somit eine zentrale Rolle einnimmt.

Die Aktionen selbst werden als Zustandsveränderungen dargestellt. Dies ist im Rahmen des oben erläuterten Ressourcenbilanzveränderungsansatzes ohne Probleme möglich. Die Veränderungen können beobachtbar und damit intersubjektiv nachvollziehbar sein oder aber nur individuell fühlbar bzw. erlebbar sein. Erstere werden der Mengensphäre, letztere der Bewertungssphäre zugerechnet. Die Frage "Wie verändern Aktionen die Zustände?" bezieht sich je-

---

[281] *Maslow* (1984, S. 131f) zweifelt den Sinn dieser Unterscheidbarkeit auch im statischen Zusammenhang an: *"Wenn unser instinktoides Bedürfnis, z.B. nach Liebe, uns mehr persönliche 'egoistische' Freude an der Betrachtung unserer Kinder gewährt, wenn sie etwas Gutes essen und nicht wir, wie sollen wir dann 'egoistisch' definieren und es von 'selbstlos' unterscheiden?"*. Er führt dann noch ein weiteres Beispiel aus der Abwägung zwischen der Wahrheitssuche und der Nahrungssuche an, die für Menschen unterschiedlich wichtig sein kann. Da alle Bedürfnisse jedoch gleich animalisch sind, sind beides egoistische Verhaltensweisen.

[282] Auch in der Diskussion um Ethik bzw. Moral und Ökonomie taucht dieser Zusammenhang auf. So ist bei *Hobbes* die Selbsterhaltung das "höchste" Ziel, die Veranlassung zur Moral ergibt sich erst aus dem Zusammenleben bzw. der Beeinträchtigung der Menschen. Moral in diesem Sinn wäre dann nichts anderes als die Summe der Spielregeln, um das Selbstinteresse zu wahren. Auch *Homann* (1988, S. 229f) äußert sich ähnlich: *"Nicht Begrenzung der Freiheit ist die geeignete Modellvorstellung* [der Moral], *sondern Begrenzung gewisser Handlungsmöglichkeiten zum Zweck der Schaffung und Erweiterung der Freiheit"*. Er kommt auch zu der Auffassung, daß Moral ein öffentliches Gut sei (vgl. S. 225). *Petersen* (1993, S. 126ff) führt die Moral als immaterielles öffentliches Gut ein und setzt sie als Produktionsfaktor ein. Durch die Einhaltung von Moral *"gewinnt er* [der Einzelne] *durch bestimmte Handlungseinschränkungen ein Mehr an Freiheit"* (S. 129). *Homann* (1993) stellt die Verbindung zu einer (komparativen) Institutionenökonomie auf, die die Auswirkungen von Regeln und deren Einhaltung auf das Wirtschaften untersucht. Besondere Bedeutung ordnet er dabei dem homo oeconomicus als erfolgreichem Defektierer zu (vgl. *Homann* 1993, S. 38f, Fußnote 13). Seine Überlegungen basieren auf Situationen des Gefangenendilemmas, bei denen ein Ausbruch aus der langfristig gesellschaftlich optimalen Strategie zu einem kurzfristigen, individuellen Vorteil genutzt wird.

doch nur auf einen Teil des gekoppelten Prozesses. Die zweite Frage nach der Ableitung der Aktionenmenge aus den aktuellen Zuständen unter der Berücksichtigung der laufenden Aktionen ist mindestens ebenso wichtig.

Doch zunächst zur ersten Frage. Die den Alternativen zugeordneten Zustandsänderungen werden aus dem Vermutungswissen abgeleitet. Die Konsequenzen werden aus den gesetzten Annahmen deduziert. Sind alle Annahmen kontrollierbar oder stehen fest, so treten die Veränderungen - ein korrektes Erklärungsmodell wird unterstellt - sicher ein. Sind Handlungen von Dritten oder Variablen der Umwelt, für die (noch) kein "vollständiges" Erklärungsmodell existiert, in den Annahmen enthalten, so bleibt eine Unsicherheit bei den Resultaten. Hierbei sind auch die Aktionen zu berücksichtigen, die - in einen Stimulus-Response-Denkmodell - durch das betrachtete Handeln ausgelöst werden (könnten). Auch das Schaffen von Voraussetzungen für weitere Aktionen fällt hierunter. So wird durch eine relativ große Investition die Möglichkeit zu weiteren für eine absehbare Zeit stark eingeschränkt.

Die Ableitung der Aktionenmenge aus den bestehenden Restriktionen und Zuständen hängt stark an dem Wissen bzw. den gespeicherten Informationen. Wir verfolgen die Idee, daß ein Individuum eine stark begrenzte Anzahl von ad hoc Alternativen in seiner kognitiven Struktur gespeichert hat[283] und es im ersten Durchgang über diese Alternativen und die Suche nach weiteren entscheidet. Die Suche, d.h. die Aktionenraumerweiterung, entspricht der Kreation neuen, unbekannten Wissens. Die angewendeten, "induktiven" Methoden werden sinnvollerweise evolutionär betrachtet. Teilweise führt die Suche auch zu bekanntem Wissen, so daß das Ergebnis bereits existiert und die Kosten für die Informationsbeschaffung bekannt sind. Die Zulässigkeit einer Aktion hängt wiederum nur von den Restriktionen ab. Eine Handlung kann ausgelöst werden, wenn genügend Ressourcen vorliegen, wobei es durchaus passieren kann, daß sich der Handelnde während deren Ablauf selbst vernichtet. Es muß nur das Potential für den Anstoß vorhanden sein.

Um die Wirkungsweise von Aktionen besser verstehen zu können, untersuchen wir den Gelderwerb (das Arbeiten) als Beispiel. Durch Arbeit als Handlung erfolgt eine Umwandlung der Restriktionen, körperliche Energie und Zeiteinsatz werden in eine Budgeterweiterung (mehr Geld) umgewandelt. Dies betrifft Pfeil 8 in der Abbildung 12.5 auf S. 291. Dies könnte man als ein typisches Investitionsgut bezeichnen. Durch die Erfahrungen, die währenddessen gesammelt werden, verändert sich auch die kognitive Struktur (Pfeil 12). In der

[283] Diese Alternativen können als Resultate eines Brainstormings interpretiert werden.

Theorie wird dies üblicherweise als Humankapitalinvestition bezeichnet. Die Arbeit wirkt sich jedoch auch auf die psychische Verfassung des Individuums aus. Es wird die Motivation und damit auch die Präferenzstruktur verändert (Pfeil 10). So ist häufig beim Wegfallen von Arbeit (Arbeitslose, Rentner) das Gefühl vorhanden, nicht mehr gebraucht zu werden, worauf Identitätskrisen aufbauen können. Auch werden fehlende Sozialkontakte beklagt. Ein weiteres Argument verbirgt sich hinter dem Schlagwort der Selbstverwirklichung im Beruf. Arbeit stellt somit durchaus auch ein Konsumgut dar.

Deutlich wurden bei dem Gut Arbeit die Zuordnung zu Investitions- oder Konsumgütern. Diese Unterscheidung bereitet im Rahmen des Füllstandsmodells sicherlich einige Schwierigkeiten und sollte dort neu definiert werden, wozu wir einen Vorschlag machen wollen. Eine Handlung hat eine konsumptive Wirkung, wenn dadurch mindestens ein Füllstand verringert wird, d.h. ein Bedürfnis befriedigt wird. Werden die Füllstände nicht oder nur positiv beeinflußt und es findet eine Ressourcenumwandlung statt, so wird es als Sach- oder Humankapitalinvestition bezeichnet. Es existieren auch Güter, die beide Arten von Wirkungen haben können.

Ein weiteres Beispiel soll das Einhalten von Normen als Handlungsalternative sein. Die Entscheidungen über die Befolgung von Normen sind grundlegenden und dann auch längere Zeit gültig. Die Norm wandert aus der Alternativenmenge zu den Restriktionen, welche als relevante, nicht verrückbare Gegebenheiten interpretiert werden müssen. Sie beeinträchtigen stets das Handeln.

Bei gegebenen Restriktionen, Vermutungswissen bzw. kognitiver Struktur und einer feststehenden Alternativenmenge muß dann ein Auswahlkalkül zur Entscheidung für eine Handlung führen. Dieses Kalkül erfolgt in der Abbildung 12.5 auf S. 291 unter der Einbeziehung einer dynamischen Präferenzstruktur rational, d.h. es gibt keinen Widerspruch zur Präferenzordnung. Es handelt sich dabei um eine Wahlrationalität der möglichen Konsequenzen von Aktionen. Dabei wird der Ressourcenverbrauch des Auswahlprozesses nicht explizit berücksichtigt[284]. Die Weiterentwicklung dieses Gedankens muß zu einer "übergeordneten" Prozeßrationalität führen, die genau diesen Ressourcenverbrauch berücksichtigt. Die Prozeßrationalität darf sich nicht nur auf die Auswahl einer Alternative aus einer vorgegebenen Menge bei existierenden Restriktionen und bekanntem Vermutungswissen, d.h. den gedanklichen (virtu-

---

[284] *Simon* (z.B. 1957a, S. 196ff, S. 241ff) hat deshalb das Konzept der begrenzten Rationalität eingeführt. Dadurch wird der Ressourcenverbrauch zwar auch nicht berücksichtigt, es werden jedoch Obergrenzen eingeführt. *Simon* führt seine Überlegungen weiter und verändert aufgrund dessen den ganzen Auswahlprozeß. Er führt ein zu erfüllendes (satisficing) Anspruchsniveau ein.

ellen) Teil des Entscheidungsprozesses, beschränken. Sie muß den gesamten Handlungsprozeß einschließlich der Implementierung mit den unsicheren Folgen betreffen.

Diese Ausführungen führen zu einer gesamtheitlichen Betrachtungsweise des Systems, welches auch die Bewertungskriterien (über die Motivation) aus sich selbst schöpft. Damit stellt das Füllstandsverhaltensmodell ein verallgemeinertes Regelkreissystem dar, da es keine Sollvorgabe hat, sondern nur einen Startwert für die Präferenzordnung. Der optimale Füllstandsverlauf mit der Abweichungsmetrik wird als Stellgröße vorgegeben, die Steuerung erfolgt innerhalb des Systems. Die oder zumindest einige Veränderungen der Zustände durch Aktionen sind bekannt oder beobachtbar. Durch die potentiellen Zustands- und Füllstandsveränderungen können die Aktionen bewertet werden und nach den Präferenzen geordnet werden.

Aus der Motivationsentspannung heraus wird das Verhalten erklärt. Dabei handeln die Individuen opportunistisch. "Altruistisches" Verhalten kommt durch langfristig opportunistisches mit den beispielhaften Zielen der sozialen Anerkennung in der Gesellschaft oder gar einer Entlohnung im Jenseits zustande. Das zentrale Problem liegt jedoch nicht in der Verhaltensweise, sondern in den Möglichkeiten des Verhaltens.

So setzt die Erweiterung der Alternativenmenge auch auf die Entdeckung von bisher Unbekanntem. Besonders problematisch bei der Bewertung der Erweiterungsstrategie ist, daß die Alternativen völlig neu sind und somit auch keine subjektiven Erwartungen zum Ergebnis des Suchprozesses existieren[285]. Doch nicht nur das völlig Neue bereitet Probleme, sondern auch das Fehlverhalten der Individuen, das auf falschen Einschätzungen beruht und durch "Reue" dokumentiert wird. Der innere Entscheidungszirkel muß noch stärker auf dem Individuum als lernendem System aufbauen. Der "Qualität" des Wissens und/oder der Informationen kann entscheidende Bedeutung zukommen.

In diesem Zusammenhang werden dann die Anpassungs- bzw. Reaktionsgeschwindigkeiten sehr wichtig. So ist die Aufbaugeschwindigkeit von neuem Wissen relativ zur Umsetzung der Aktionen interessant. Dies hängt mit einer grundlegenden Voraussetzung von Regelkreissystemen für die Steuer- bzw. Regelbarkeit zusammen. So muß die Stell- bzw. Steuergröße schneller reagieren als die Strecke, d.h. das technische System. In unserem Fall heißt das, daß durch die gewählten Aktionen die Motivationsfüllstände verringert werden

[285] Hier landen wir im Konfliktfeld zwischen der Evolutionsökonomie und der orthodoxen ökonomischen Theorie, so daß wir diese Schwierigkeiten hier nicht vertiefen werden.

müssen und das Individuum entscheidungsfähig bleiben muß. Die relativen Geschwindigkeiten der unterschiedlichen Prozesse müssen zueinander passen, damit das System sich nicht zerstört, beispielsweise dadurch, daß ein Individuum in einer Endlosschleife in der Wissens- oder Alternativenerweiterung hängen bleibt.

Auch der umgekehrte Fall ist möglich. Das Individuum wurde zu einer Handlung motiviert. Bei der Überprüfung mit verändertem Wissen und Restriktionen müßte das Individuum die begonnene Aktion abbrechen, der Motivationsrückgang dafür ist jedoch träge. Auch *Battmann* (1989, S. 40) stellt fest, daß intermittierende Mißerfolge nur selten zum Handlungsabbruch führen. Das Individuum befindet sich in einer "dead-loss" Situation, d.h. bei dem Abbruch der Zielverfolgung entwerten sich bisherige Investitionen. Diese werden in der Ökonomie als versunkene Kosten bezeichnet und sollen nach der orthodoxen Lehrmeinung bei Entscheidungen keine Rolle spielen. *Thaler* (1980), als ein Beispiel unter vielen, widerspricht dem in seinem Aufsatz über eine positive Konsumententheorie und formuliert dies als "sunk cost effect":

> "Rather, I suggest the alternative hypothesis that paying for the right to use a good or service will increase the rate at which the good will be utilized, ceteris paribus." (Thaler *1980, S. 47)*

Er ist somit auch der Meinung, daß eine bereits begonnene Handlung weiterhin fortgesetzt wird, obwohl bereits bekannt ist, daß eine neue Alternative vorteilhafter wäre. Diese Trägheit muß in die Anpassungsgeschwindigkeiten der unterschiedlichen Zyklen eingearbeitet werden.

Mit dem Füllstandsmodell haben wir ein komplexes Modell zur Verhaltensbeschreibung kennengelernt. Es besitzt sehr viele "Stellschrauben" und ist deshalb auch kaum handhabbar. Es soll einem "true model" der Realität nahekommen. Davon ausgehend werden dann Vereinfachungen getroffen, welche an Gütekriterien gemessen werden. So ist z.B. der prozentuale Fehler einer Prognose von Interesse, um eine bestimmte Zuordnung der Komponenten zum System und zur Umwelt zu bewerten. Der Ausschluß von potentiellen Darstellungen und damit Einschränkungen der Parameter und Variablen muß sich aus der wissenschaftlichen Diskussion ergeben. Dieser wollen und können wir hier nicht vorgreifen.

Zum Abschluß des eigenen Beitrages zur Handlungsökonomik soll der Nachweis geführt werden, daß unser Füllstandsverhaltensmodell eine Abstraktion zu anderen, insbesondere den zuvor vorgestellten Handlungstheorien ist. Dazu werden wir das in Abbildung 12.5 auf S. 291 dargestellte Modell heranziehen und die Konkretisierungen der einzelnen Theorien beispielhaft zeigen. Aufgrund der bereits geführten, ausführlichen Diskussion der einzelnen Theorien soll hier die Abstraktion nicht bis ins letzte Detail nachgewiesen werden.

12.5. Das Füllstandsverhaltensmodell als Abstraktion zu verschiedenen Handlungstheorien

Mit dem Füllstandsverhaltensmodell haben wir ein sehr komplexes und in diesem Umfang kaum handhabbares Modell kennengelernt. Die Umsetzbarkeit war allerdings auch nicht unser Ziel. Wir wollten eine abstrakte Handlungstheorie zu verschiedenen bereits existierenden Theorien formulieren. Ganz im Sinne unseres Abstraktionsstufenmodells aus Kapitel 6 sollen die Grundvoraussetzungen für eine theoretische Diskussion erfüllt werden. Die verschiedenen besprochenen Handlungstheorien weisen auf einen Konflikt bei der Erklärung von Verhalten hin. Es gilt also, diesen Konflikt zu lokalisieren. Dazu benötigen wir eine umfangreiche Systemdarstellung, nämlich die Vereinigungsmenge aller Systemelemente und -beziehungen. Mittels Abstraktion wurden diese dann "zusammengefaßt".

Bei dem umgekehrten Weg - von der abstrakteren Theorie zur konkreteren - müssen wir für die jeweilige konkrete Theorie angeben, welche Elemente und welche Beziehungen berücksichtigt werden und wie diese operationalisiert werden. So sind beispielsweise Fragen nach der Darstellung des Systemelements "Motivation/Füllstände" oder der Wirkung von den Handlungen auf die Motivation (Pfeil 10) zu beantworten[286]. In manchen Konkretisierungen werden einige Beziehungen nicht existieren, einige Systemelemente werden dem Umfeld zugerechnet.

Die von uns vorgeschlagene abstrakte Modellierung von Handlungen erleichtert die Systemabgrenzung für alle subsumierten Theorien. Viel wertvoller ist jedoch das Aufzeigen der Unterschiede der einzelnen Theorien. Die zuvor bestehenden Konflikte werden aufgedeckt und lassen sich lokalisieren. Als gelöst sind sie zu betrachten, wenn der Unterschied auf willkürlich gesetzte erste Annahmen zurückgeführt werden kann. Durch unseren Ansatz wird das Aufdecken der Theorienunterschiede methodisch gestützt und eine Zuordnung zu den entsprechenden Anwendungssituationen nachvollziehbar gestaltet. Mit dem Ziel der Konfliktlösung wird eine theoretische Diskussion gefordert und gefördert.

Im folgenden wollen wir nun exemplarisch den erhöhten Abstraktionsgrad des Füllstandsverhaltensmodells zeigen, d.h., wir werden zu einer konkreten Theorie die Systemelemente, die -beziehungen und die Operationalisierungen angeben. Beginnen wollen wir mit einer einfachen dynamischen Variante der

---

[286] Sämtliche Angaben in diesem Abschnitt zu den Systemelementen oder –beziehungen (Pfeile) beziehen sich auf Abbildung 12.5 auf S. 291.

Erwartungsnutzentheorie als Repräsentant des rationalen ökonomischen Modells. Dort werden die Module "Wissenserweiterung" und "Wissen" nicht benötigt[287]. Die "Motivation/Füllstände" und die "dynamische Präferenzstruktur" fallen zusammen und werden durch eine Nutzenfunktion repräsentiert. Diese wird beim Auswahlprozeß berücksichtigt (Pfeil 6). Die ausgeführten "Handlungen" bewirken keine Veränderung der Nutzenfunktion, so daß Pfeil 10 entfällt. Die "Umwelt" gibt das Einkommen und die Preise bzw. in einer Analyse des Produktionsbereiches die Technologie, Faktor-, Produktpreise und die Nachfrage vor oder allgemein formuliert bestimmt die "Umwelt" die "Restriktionen" in der Ausgangssituation vollständig (Pfeil 9). Auch die potentiellen Umweltzustände mitsamt ihren Eintrittswahrscheinlichkeiten werden aus der "Umwelt" in objektiver Form übermittelt (Pfeil 13)[288]. Aus dem Block "kausales Vermutungswissen" ergibt sich zusammen mit den "Restriktionen" der "vollständige Alternativenraum" (Pfeil 1 und Pfeil 2), so daß die Alternativenerweiterung entfällt. Weiterhin kann jeder zulässigen Alternative in Abhängigkeit vom Umweltzustand die entsprechende Konsequenz zugeordnet werden. Mit Hilfe der im "Vermutungswissen" gespeicherten Verteilungsfunktionen über den Umweltzuständen entstehen nun Verteilungsfunktionen über den Konsequenzen (Pfeil 3 und Pfeil 4). Die Auswahl der Handlung erfolgt im Modul "Rationalität/Auswahl". Aus den Verteilungsfunktionen über den Konsequenzen (Pfeil 5) entstehen Verteilungsfunktionen über den Nutzen in den verschiedenen Umweltsituationen (Pfeil 6), die dann anhand des Erwartungsnutzenkriteriums geordnet werden. Daraus ergibt sich dann die gewählte "Handlung" (Pfeil 7). In einer einfachen dynamischen Analyse wird nur die Rückwirkung auf die Restriktionen (Pfeil 8) betrachtet, eine Wirkung auf das "Vermutungswissen" (Pfeil 12) entfällt. Dies läßt sich in der folgenden Abbildung zusammenfassen.

---

[287] Mit ihnen entfallen auch die Pfeile 14, 15, 16, 17 und 18. Im weiteren Verlauf werden wir stets voraussetzen, daß alle Pfeile, die nicht berücksichtigte Elemente betreffen, entfallen.

[288] Hier sind Erweiterungen in Richtung subjektiver Wahrscheinlichkeiten problemlos möglich.

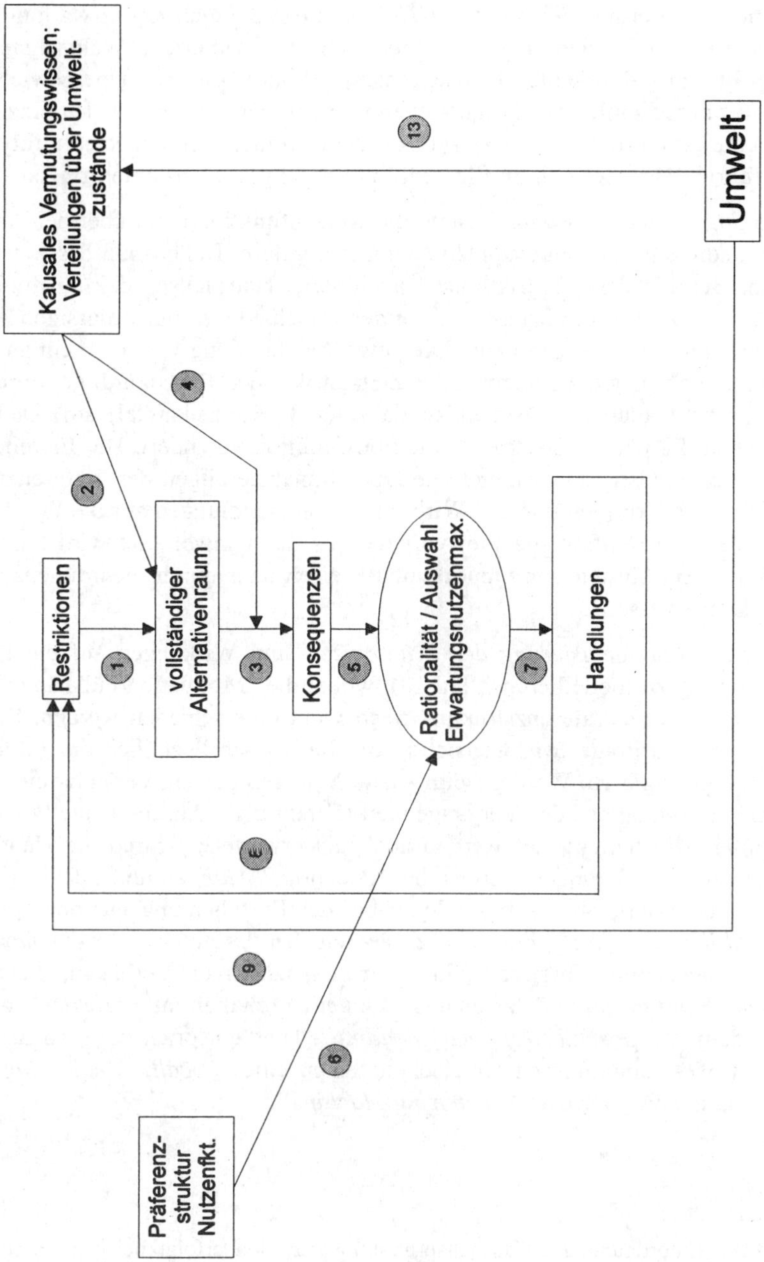

Abbildung 12.6: Erwartungsnutzentheorie als Konkretisierung des Füllstands-verhaltensmodells (eigene Darstellung)

Eine Erweiterung der *Prospect-Theorie* im Vergleich zur Erwartungsnutzentheorie ist der Übergang von objektiven über subjektive Wahrscheinlichkeiten hin zu individuellen Gewichtungsfunktionen, die eine Übergewichtung sehr unwahrscheinlicher Ereignisse ermöglicht. Die "Summe" der einzelnen Gewichte ergibt nicht eins, was auch zu dem Namen "non-expected utility theory" führte. Dies läßt sich im Element "Vermutungswissen" unterbringen.

Im *Stigler-Becker-Modell* besteht die Nutzenfunktion nicht über den Marktgütern, sondern über sogenannten Nichtmarktgütern. Daher muß das Individuum im Bereich der "Restriktionen" auch seine Haushaltsproduktionsfunktion kennen[289], damit es die Konsequenzen der verschiedenen nun zulässigen Alternativen richtig abschätzen kann. Die gewählte Handlung verändert entlang des Pfeiles 8 nicht nur die Budget- oder Zeitrestriktionen für zukünftige Perioden, sondern baut auch eine Bestandsvariable (z.B. Humankapital) auf. Dadurch wird auch die parametrisierte Produktionsfunktion verändert. Die Erweiterungen betreffen also hauptsächlich die Operationalisierungen der Präferenzfunktion, der Restriktionen und der Wirkungen von Handlungen auf die Restriktionen. Weiterhin entfällt die Preisvorgabe aus der Umwelt; sie wird entweder durch die Einführung von Opportunitätspreisen oder durch mehrdimensionale Restriktionen ersetzt.

Bei der *Endogenisierung der Präferenzen* sind Wirkungen auf die Präferenzordnung zu modellieren (Pfeil 10), wobei die "Motivation/Füllstände" und die "dynamische Präferenzstruktur" noch nicht unterschieden werden. Daraus ergibt sich die Frage, wie weitsichtig die Individuen bezüglich der Präferenzänderungen agieren. Werden beim Auswahlprozeß nur die Veränderungen der Präferenzordnung aus der Vergangenheit (Erfahrung), d.h. die heute bestehende Präferenzordnung, oder werden auch die erwarteten, durch die Handlung eintretenden Änderungen bereits berücksichtigt? *Hahnel* und *Albert* (1989, S. 83) interessiert, ob das Individuum bei der Entscheidung nur den "*preference fulfillment effect*" oder auch zusätzlich den "*preference development effect*" berücksichtigt. Ersteres führt zu einem adaptiven Verhalten, einer Art "*myopic habit formation*", zweiteres zu einem Verhalten mit perfekter Voraussicht, dem "*purposeful preference molding*". Dies entspricht in etwa der von *Elster* (1979) eingeführten Unterscheidung in eine "*Locally Maximizing Machine*" und eine "*Globally Maximizing Machine*".

---

[289] Die Einordnung der Haushaltsproduktionsfunktion erfolgt bei den "Restriktionen", weil *Becker* das Humankapital als objektive Bestandsvariable ansieht. Eine Zuordnung zum "Vermutungswissen" wäre sicher auch denkbar.

Als letztes Beispiel soll das psychologische Modell der *Handlungsregulation* herangezogen werden. Für eine Rekonstruktion ist es allerdings nicht präzise genug formuliert. So ist unklar, woher die Ziele kommen. Sie können aus einer übergeordneten Lebensplanung stammen oder aber auch durch das Entstehen eines Problems bzw. durch die Übernahme einer Aufgabe erzeugt werden. Die Ziele beziehen sich auf körperliche, seelische und emotionale Zustände, so daß sie ihren Platz im Modul "Motivation/Füllstände" finden und als Füllstandsbehälter dargestellt werden. Die Ziele selbst werden als Sollwertvorgabe eines Regelkreises interpretiert. Aus der Soll-Ist-Differenz heraus wird ein Anspruchsniveau definiert, das nun die Präferenzordnung ausmacht. Durch sie wird eine Zweiteilung des Alternativenraumes erreicht: die einen erfüllen alle Ziele, die anderen nicht. Anschließend wird aufgrund der "Restriktionen" und des durch die Erfahrung gebildeten subjektiven "Vermutungswissens" die Menge der zunächst zu überprüfenden Lösungsoperatoren bestimmt (Pfeil 1 und 2). In einem weiteren Schritt werden die Konsequenzen bezüglich der betroffenen Motivationen betrachtet (Pfeil 3 und 4). Anschließend wird im Auswahlprozeß überprüft, ob eine Möglichkeit, d.h. ein Operator, die Anforderungen der Präferenzen erfüllt. Die Wirkungen, die davon ausgehen, sind sehr vielfältig. Für den Fall, daß der Operator das Anspruchsniveau erfüllt, wird die Soll-Ist-Differenz bei den Motivationen (Pfeil 10) beseitigt. Außerdem wird im "Vermutungswissen" dieser Operator verstärkt (Pfeil 12). Weiterhin kann das Selbstvertrauen etc. gestärkt werden (Pfeil 12). Im Mißerfolgsfall treten auch unterschiedliche Wirkungen auf. Die Soll-Ist-Differenz wird nicht vollständig ausgeglichen, so daß weiterhin eine Motivation besteht, zu der kein gültiger Operator gefunden werden kann. Dies veranlaßt das Individuum, Zwischenziele zu bilden oder die Absichten zu wechseln (vgl. *Dörner* 1976, S. 59f; Pfeil 11). Weiterhin kann im Sinne der Attributionstheorie das Vermutungswissen nachhaltig beeinflußt werden. Je nach dem, wem der Mißerfolg bzw. der unvollständige Erfolg zugerechnet wird, kann es dazu führen, daß das Individuum nur noch wenige Ad-hoc-Alternativen findet und seine Fähigkeit zur Alternativenerweiterung sich stark zurückbildet (Pfeil 2). Ein extremes Beispiel hierfür ist das Phänomen der "gelernten Hilflosigkeit". Sie würde dazu führen, daß aus den gegebenen Restriktionen keine Alternative herausgefunden werden kann. So existieren weder Ad-hoc-Alternativen noch hat das Individuum die Möglichkeit, seinen Alternativenraum zu erweitern.

Bei diesen Ausführungen zur Handlungsregulation wurde deutlich, daß die Psychologie eine Fülle von Erklärungsmodellen zur Verfügung stellt, so daß zu unserem Füllstandsverhaltensmodell noch Systemerweiterungen und weitere Abstraktionen existieren (müssen). Unser Ziel war es jedoch, lediglich die einfache Variante der Handlungsregulation abzubilden, was auch gelungen ist. Dies führte beispielsweise zu der Modellierung der Grundelemente einer Präferenzordnung, den Motiven.

An dieser Stelle haben wir das eigentliche Ziel der Arbeit erreicht. Auf der wissenschaftstheoretischen Ebene wurde die starke Betonung der theoretischen Diskussion begründet, die dann über die Konfliktlösung zum Abstraktionsstufenmodell führte. Anschließend wurden diese theoretischen Ausführungen in der Handlungsökonomik umgesetzt. Dies war unser primärer Beitrag. Um den Bogen der Forschungsarbeit jedoch von der ursprünglichen Motivation - einer neuen Einordnung der Flexibilität in Handlungsmodelle - zu schließen, wollen wir nun noch einen Ausblick auf die Einarbeitung der Flexibilität in die Handlungsökonomik geben. Die dafür relevanten Theorien wurden bereits durch die Abstraktion zusammengeführt, so daß wir darauf aufbauen können.

Although we may differ in the little things we know, in our infinite ignorance we are all equal.

W. W. *Bartley* III

Teil IV: Ausblick und Schlußfolgerungen

13. Auftakt zu neuer Forschung

13.1. Füllstandsverhaltensmodell und Flexibilität - ein Ausblick

In diesem Abschnitt wollen wir knapp einen interessanten Anwendungsfall, nämlich die Einarbeitung der Flexibilität in eine Handlungstheorie - aufzeigen, der das Thema der Arbeit von Anfang an stark beeinflußt hat, aber bei einer vollständigen Bearbeitung den Rahmen dieser Arbeit gesprengt hätte. Daran soll auch die Notwendigkeit unserer Überlegungen deutlich werden.

Dazu kommen wir auf die Ausführungen in Teil I zurück, in denen wir den Bezug zur Flexibilität bereits erläutert hatten. Die Einarbeitung der Flexibilität hatte zunächst das Ziel, eine Kapazitätsauslastung von unter 100 Prozent in einem von Unsicherheit geprägten dynamischen Kontext als optimal zu identifizieren. Die Erklärung sollte sich auf das Aufbauen von Flexibilitätspotentialen beziehen. Den Abschluß sollte die Formulierung eines dynamischen Effizienzbegriffes sein. Klar war damit auch, daß wir zumindest für unseren Unternehmer ein dynamisches (rationales) Verhaltensmodell aufstellen und analysieren mußten.

Zuerst stand jedoch die Diskussion des bisher verwendeten Begriffes von Flexibilität in der Literatur auf der Tagesordnung. Die Entwicklung der unterschiedlichen Verwendung läßt sich in die folgenden vier Stufen unterteilen:

- Flexibilität im Produktionsbereich bei Sicherheit und vorgegebenen Schwankungen z.B. der Nachfrage,
- Flexibilität im Produktionsbereich bei Unsicherheit von Nachfrage oder Preisen,
- Flexibilität als Option bei irreversiblen Investitionen und neuen Informationen sowie

- Flexibilität bei nicht mit ihren Auftrittswahrscheinlichkeiten gewichteten Impulsen.

Die Flexibilität im Produktionsbereich bei vorgegebenen, sicheren Schwankungen wurde erstmals von *Stigler* (1939) eingeführt. Er definierte Flexibilität als Eigenschaft der Produktionstechnologie, die eine erhöhte Output-Variation zuläßt. Die unterschiedliche Flexibilität der Unternehmen spiegelt sich wider in ihren Kostenkurven. Zu einer vorgegebenen Nachfragevariation kann dann die vom Unternehmen zu wählende Kostenkurve bestimmt werden. Auf einen von der Umwelt ausgehenden, zukünftigen und bekannten Impuls wird im Sinne eines vorauseilenden Gehorsams die passende Alternative gewählt. Gehen wir von quadratischen Kostenfunktionen aus, so ist das Unternehmen mit der flacheren Kostenkurve flexibler, wobei ihr Kostenminimum über dem des anderen Unternehmen liegen muß. Dann ist Flexibilität kein freies Gut (vgl. *Stigler* 1939, S. 125). Diese Form der Analyse in der Kostenkurve wurde von *Marschak* und *Nelson* (1962) fortgeführt. Aus diesem Bereich wird deutlich, daß Flexibilität nur in einem dynamischen Umfeld analysiert werden kann.

Hart (1942, 1951) betonte zwar die Wichtigkeit der Flexibilität auch bei Sicherheit, dehnte jedoch die Fragestellung auf die Anpassung von Unternehmen auf Unsicherheit aus, speziell in Form von Nachfrageschwankungen, aber auch von Marktimperfektionen. Die Wirkungen von Nachfrageschwankungen auf die Kostenstruktur von Unternehmen wurde insbesondere von *Mills* (1984, 1986) vorangetrieben. Er arbeitet in die Kostenfunktion einen Flexibilitätsparameter ein, der damit die Form der Kostenkurve bestimmt. Ein flexibles Unternehmen (polypolistische Mengenanpasser) wägt im Vergleich zur statischen Effizienz für die erwartete Absatzmenge zwischen höheren Kosten, wenn die tatsächliche Nachfrage nahe am Mittelwert liegt, und geringeren Kosten, wenn die Nachfrage stark schwankt, ab. Flexibilität wird also gegenüber der statischen Effizienz definiert. *Jacob* (1974) demonstriert die unterschiedlichen Strategien der Unternehmen in einem solchen Umfeld anhand von Beispielen und systematisiert den Flexibilitätsbegriff damit. *Turnovsky* (1973) erweiterte die Analyse von *Hart* dergestalt, daß nun auch Anpassungen der Produktionstechnologie zu bestimmten Kosten während der einzelnen Perioden möglich sind. Die Wahl der Produktionstechnologie steht nicht mehr ein für allemal fest. Bisher dominierten Nachfrageschwankungen als betrachtete Impulse, die sodann auf alle möglichen Formen von Störungen aus dem Umfeld einer Unternehmung ausgedehnt wurden.

Marschak und *Nelson* (1962) waren die Ersten, die die Flexibilität in einem weiteren Sinne definierten. Für sie war Flexibilität eine brauchbare Verhaltensweise für Unternehmen. Ihrer Meinung nach sollte Flexibilität folgende drei Punkte berücksichtigen:

(1) die Größe des Alternativenraumes in den zukünftigen Perioden,

(2) die marginalen Kosten sowie

(3) die marginalen erwarteten Gewinne.

Jones und *Ostroy* (1984) führten die Definition noch weiter. So definieren sie Flexibilität als eine Eigenschaft der Ausgangsposition und beziehen sich auf deren Kosten oder Möglichkeiten, zu verschiedenen Positionen in der zweiten Periode zu gelangen (vgl. *Jones* und *Ostroy* 1984, S. 16). Eine weitere Differenzierung und Ausrichtung auf die Betriebswirtschaftslehre nahmen *Meffert* (1985) sowie *Schneeweiß* und *Kühn* (1990) vor. Dort werden sehr viele Subflexibilitäten definiert und es erfolgt eine Abgrenzung zu verwandten Begriffen wie Elastizität und Robustheit. Bei allen Ansätzen lag bisher das Gewicht auf der Produktion. Untersuchungsgegenstand war die Flexibilität der Unternehmer. Unseres Erachtens muß Flexibilität in ein Handlungsmodell eingearbeitet werden und damit auch für die Konsumtheorie zugänglich sein.

Die Verallgemeinerungen von *Marschak* und *Nelson* sowie *Jones* und *Ostroy* zeigen erste Möglichkeiten auf. Sie stellen stark auf die Beeinflussung des zukünftigen Alternativenraumes durch heutige Entscheidungen ab. Dies entspricht in der Abbildung 12.5 auf S. 291 dem Pfeil 8. Die die Flexibilität in die Produktionsfunktion integrierenden Ansätze der Stufe 1 und 2 erhalten über die Haushaltsproduktionsfunktion von *Becker* (1982) auch eine Interpretationsmöglichkeit in der Konsumtheorie.

Die dritte Sichtweise der Flexibilität ist eng mit dem Namen *Pindyck* verbunden. Aus *bayes*ianischen Perspektive entstehen im Laufe der Zeit stets neue Informationen[290] für ein Unternehmen oder Individuum, mit denen dann eine bessere Entscheidung getroffen werden kann. Die zu berücksichtigende Handlung ist die Verschiebung einer Entscheidung. *Pindyck* stellt die Frage, ob irreversible Handlungen ausgeführt werden sollen oder ob die Entscheidung darüber auf einen Zeitpunkt mit präziseren Informationen verschoben werden sollte. Diese Forschungsrichtung orientiert sich sehr stark an der Optionentheorie aus dem Finanzmarktbereich. So können versunkene Kosten eines irreversiblen Investments als der Preis für die Option von Gewinnen in den nächsten Perioden aufgefaßt werden. Die zu vergleichende Situation ist nicht der Nullgewinn (nach der Kapitalwertmethode), sondern das Treffen einer Entscheidung zu einem späteren Zeitpunkt (vgl. *Pindyck* 1991, S. 1111 f). Neben dem

[290] Diese Informationen können durch weitere (Markt-) Untersuchungen hervorgebracht werden oder durch den Abschluß eines mit großer Unsicherheit bezüglich der Auswirkungen belasteten Prozesses, wie z.B. das Gelingen einer Basisinnovation, entstehen.

Überblicksartikel von *Pindyck* (1991) geben *Dixit* und *Pindyck* (1994) sowie *Hubbard* (1994) einen guten Überblick über die verwendeten Methoden.

Die vierte Stufe der Flexibilitätsauffassung bezieht sich auf das Vorhalten von Kapazitäten für (eine bewußte Auswahl von) Impulse(n), die das Überleben gefährden. Dabei kann durchaus eine unterschiedliche subjektive Gewichtung der Impulse erfolgen. So werden nicht nur die Wahrscheinlichkeiten des Auftretens eines Impulses, sondern auch dessen Auswirkungen bewertet. Lebensbedrohliche Impulse können stärker abgesichert werden oder, was auch möglich wäre, als ein Restrisiko getragen werden. Beim Eintritt dieses Impulses geht das Individuum dann mit wehenden Fahnen und der bewußten Entscheidung hierfür unter. Dies bedeutet ein Abweichen von der Erwartungsnutzentheorie zur sogenannten Non-expected-utility-theory. Die Prospect-Theorie mit ihrer Gewichtungsfunktion von *Tversky* und *Kahneman* (1987) kann hier als Vorbild dienen.

Diese Überlegungen könnten aber auch dazu führen, daß ein Grundbedürfnis "Flexibilität" in der Zielfunktion als Überlebenssicherungskapazität, bestimmt durch die vom Individuum betrachteten Impulse, eingebaut wird. Vergleicht man diesen Ansatz mit der orthodoxen Theorie, die nur einen Behälter kennt, nämlich den Nutzen, so kann die Erweiterung um einen weiteren Behälter Flexibilität (als weiteres Grundbedürfnis) ähnliche Erfolge haben, wie das auf dem μ-σ-Prinzip beruhende Portfoliomodell nach *Markowitz* (1959). Damit ließe sich durch die unterschiedliche Gewichtung der eintretenden Impulse, mit einer Übergewichtung der lebensbedrohlichen Impulse, der Flexibilitätsansatz in dieser Formulierung von der Erwartungsnutzenmaximierung abgrenzen[291]. Es würde sich aber um eine ähnliche Ad-hoc-Modifikation handeln wie die Annahme jeder weiteren Präferenz, zum Beispiel über den Dichtefunktionen über den Umweltzuständen, um damit bisher nicht rationales Verhalten rational zu erklären (siehe z.B. *Akerlof* und *Dickens* 1982).

Nachdem die verschiedenen Sichtweisen und Untersuchungsschwerpunkte zur Flexibilität gestreift wurden, soll nun erläutert werden, welche Auswirkungen dies auf unsere Vorgehensweise hatte. Daraus ergaben sich dann auch die zuvor zu beantwortenden Fragen, die dann zum Thema dieser Arbeit wurden.

[291] Das Knock-out-Kriterium eines Konkurses kann so stärker berücksichtigt werden als in der Erwartungsnutzentheorie, bei welcher dieser dramatische Fall durch gute Ergebnisse bei anderen Umweltzuständen ausgeglichen werden kann. Beim Flexibilitätsansatz setzt die Überlegung an den einzelnen Impulsen an, so daß eine bewußtere Einstellung zum Risiko gefördert wird. Dies läßt eine Anwendbarkeit im strategischen Management vermuten. Eine detaillierte Abgrenzung dieser beiden Ansätze, die äußerst wichtig für das Verständnis ist, soll einer späteren Arbeit vorbehalten bleiben.

Flexibilität ist auf der ersten Stufe definiert als das Reaktionspotential der Produktionstechnologie, sich an bekannte Preis- oder Nachfrageimpulse anzupassen. Die Präferenzordnung ist fix, nämlich durch den Gewinn vorgegeben. Aus diesem Bereich übernehmen wir die Tatsache, daß Flexibilität nur in einem dynamischen Bezugsrahmen analysiert werden kann. Die Definition muß sowohl die "Störimpulse" als auch das Zielsystem berücksichtigen. Bei einem Übergang zur Präferenzordnung der Haushalte, die scheinbar leicht mit Hilfe des Haushaltsproduktionsfunktionenansatzes von *Becker* gelingt, treten Probleme auf. Bei unterstellter Gültigkeit des Gesetzes vom abnehmenden Grenznutzen müssen wir eine dynamische Präferenzordnung darstellen. Gestützt auf psychologische Untersuchungen fanden wir dies in unserem Füllstandsmodell. Damit kann die Haushaltsproduktionsfunktion genutzt werden, um die Veränderung der Füllstände zu beschreiben, was allerdings der Intention von *Becker*, nämlich die Konstanz der Präferenzen zu retten, völlig zuwiderläuft.

Die zweite Stufe führt dazu, daß die Reaktion auf viele potentielle Impulse ausgerichtet sein muß. Auf der dritten Stufe wird die Verschiebung einer Handlung als äußerst wichtige Alternative betont. Aus der vierten Stufe folgt, daß auch subjektive Verzerrungen darstellbar sein müssen. Diese Überlegungen führten uns zu der komplexen Darstellung des Füllstandsverhaltensmodells. Neben der Notwendigkeit von dynamischen Präferenzen wurden auch die Anforderungen an die dynamischen Präferenzen aus verschiedenen Theorien, die sich mit Verhalten beschäftigen, hergeleitet. Dabei sollte nicht nur eine neue, willkürliche Theorie entstehen, die zwar einen Bezug zu den anderen hat, aber doch "gleichberechtigt" neben ihnen steht. Das Ziel war die Zusammenführung der verschiedenen Theorien zu einer Metatheorie. Dadurch ist die vorgeschlagene Theorie nicht mehr willkürlich, sondern stellt eine alternative Konkretisierung der Metatheorie dar. Diese Art der Vorgehensweise, nämlich der Abstraktion von verschiedenen Handlungstheorien zu einer Metatheorie, ist in der Forschung so nicht üblich, so daß sich die Frage stellte, ob dieses Vorgehen überhaupt wissenschaftlich sei. Daran schloß sich dann eine umfangreiche wissenschaftstheoretische Untersuchung an, da mit den bisherigen Ansätzen, die hauptsächlich auf dem Vergleich von Theorie und Empirie beruhen, keine adäquaten Begründungen gefunden werden konnten.

Nach diesen umfangreichen Untersuchungen ist nun das Feld für weitere Untersuchungen und Modellierungen von Flexibilität bereitet. Wir kennen jetzt eine abstrakte Handlungstheorie, in deren Rahmen das Flexibilitätsphänomen diskutiert werden kann, und haben die Wissenschaftlichkeit dieser Vorgehensweise nachgewiesen. Die Einarbeitung der Flexibilität in diese Handlungstheorie soll aber einer späteren Arbeit vorbehalten bleiben.

Um so erfreulicher ist es zu sehen, daß andere Forscher in der Zwischenzeit auch ähnliche Gedanken entwickelt haben. Insbesondere der Ansatz von *Arrow* beruht bereits auf dynamischen Präferenzen und fügt sich nahtlos in unsere Arbeit ein. Dies ist um so überraschender und erfreulicher, als beide Ansätze parallel entstanden sind, so daß uns *Arrow* einen Weg weist, wie die Flexibilität eingebaut werden kann. Wir stimmen mit *Arrow* (1995, S. 10) überein, daß Flexibilität dem Konsumbereich zugeordnet werden sollte. Sein Hauptanliegen ist die Verteilung des Konsums auf zwei Perioden. Der Konsumverzicht in Periode 1 beeinflußt die Alternativenmenge A der Periode 2. *Arrow* nimmt zunächst an, daß die Individuen eine weitere Präferenzordnung über den verschiedenen Alternativenmengen der zweiten Periode besitzen, die er dann über die indirekte Nutzenfunktion auf die normale Präferenzordnung zurückführt. Zur Darstellung der *unsicheren Bewertung des zukünftigen Nutzens einer bekannten Alternative(nmenge)* führt er einen *stochastischen Parameter* in die Nutzenfunktion ein. "Glücklicherweise" ist für diesen Parameter eine Verteilungsfunktion bekannt, so daß das Individuum über das normale Erwartungsnutzenkalkül ein Optimum erreichen kann. Es fällt auf, daß *Arrow* keine grundsätzliche Veränderung der Präferenzen im Zeitablauf zuläßt. Lediglich eine Bewertungsschwankung ist möglich.

Eine interessante Weiterführung der *Arrow*schen Gedanken könnte sich auf die Zunahme der Unsicherheit über den zukünftigen Wert von Alternativenmengen beziehen. Werden dann noch die Angaben über die Verteilungsfunktion unsicher, so wird das Individuum voraussichtlich nicht über die Verteilungsfunktionen eine weitere Verteilungsfunktion legen, usw. Das könnte dazu führen, daß das Individuum der Alternativenmenge statt einer Verteilungsfunktion nur noch eine Maßzahl zuordnet, eine generelle Flexibilität, die nur auf einer eingeschränkten und damit handhabbaren Informationsmenge basiert[292]. Mit dieser Abbildung der Flexibilität auf eine Maßzahl sind wir der Idee eines Füllstandsbehälters "Flexibilität" bereits sehr nahe. Damit wollen wir den Ausblick auf die Anwendung unserer Arbeit in weiteren Flexibilitätsuntersuchungen beenden und uns den wichtigsten Folgerungen aus unseren Untersuchungen zuwenden.

---

[292] Solche Verhaltensweisen diskutiert *Heiner* (1983) vor dem Hintergrund eines C-D-Gaps (Kompetenz-Anforderung-Differenz). Dort führt eine zunehmende Unsicherheit für den Nutzenmaximierer zu immer stärkeren Anforderungen, so daß dessen Kompetenz bald überschritten wird. Dann greift das Individuum zu Routinen, die nur wenige Informationen verarbeiten. Der Wunsch nach Flexibilität bleibt, lediglich die komplizierte Informationsverarbeitung läßt dies nicht zu, so daß es Situationen gibt, in denen das C-D-Gap zu einem flexibilitätsbeschränkenden Verhalten kommt (vgl. *Heiner* 1983, S. 564). Eine Folgerung könnte sein, daß ein Individuum seine Flexibilitätsbemühungen nur auf wenige Impulse ausrichtet.

13.2. Schlußfolgerungen

Im wissenschaftstheoretischen Teil haben wir die Bedeutung der theoretischen Diskussion erörtert, die uns zu folgender Frage führte: "*Kann eine rein theoretische Auseinandersetzung von Wissenschaftlern zu einem Theorienfortschritt führen?*". In unserem Abstraktionsstufenmodell mit dem zentralen Element des deduktiven Baumes kann die Frage mit einem klaren "Ja!" beantwortet werden. Allerdings kann es bei orthogonalen Axiomatisierungen sehr aufwendig sein.

Im Mittelpunkt des Abstraktionsstufenmodells steht die Konfliktlösung mittels Abstraktion. Damit die verschiedenen Anforderungen an die Wissenschaftlichkeit, nämlich die intersubjektive Nachvollziehbarkeit, die Kritisierbarkeit und die Diskussionsfähigkeit, erfüllt sind, muß jede willkürliche Entscheidung expliziert werden. Die Auflösung eines Konfliktes ist erreicht, wenn die konfligierenden Aussagen auf erste Annahmen - diese sind immer willkürlich - zurückgeführt werden können. Um Phänomene zu begründen, treffen wir eine freie, willkürliche Entscheidung für einen Begründungsabbruch nach unserem "Glauben". Dadurch erhalten wir nur noch bedingte Aussagen.

Die zweite wichtige Schlußfolgerung aus dem wissenschaftstheoretischen Teil ist neben der Möglichkeit zur theoretischen Diskussion die zentrale Rolle der Systemabgrenzung. Selbst Wissenschaftstheorie kann in unserem Sinne nur mit einem Systembegriff und einer Systemabgrenzung betrieben werden. In bezug auf (Handlungs-) Theorien ergeben sich Fragen wie "Ist das System gegenüber einer Veränderung der Annahmen stabil?" oder "Sind alle 'crucial assumptions' berücksichtigt?". Aus unseren Überlegungen dazu ergibt sich für die realwissenschaftliche Forschung eine weitreichende Forderung: Bei jeder Systemabgrenzung ist stets zu zeigen, daß die Ergebnisse robust sind; entweder theoretisch, was weitaus schwieriger sein dürfte, oder empirisch, nämlich, daß die theoretisch denkbaren Alternativen "empirisch nicht relevant" sind. Dieser Aspekt wird bisher in der Forschung nicht adäquat berücksichtigt. Auch für den Theorienvergleich spielt die Systemabgrenzung eine wichtige Rolle. Sie ist nur in einem Rahmen möglich, der alle Systemelemente und -beziehungen enthält, also sehr weit ist. Es wird ein "true model" benötigt, von dem aus man durch eine Systemausgrenzung und bewußte Operationalisierungen zum System gelangt.

Unser Ziel war es, normativ eine Hilfestellung für die Weiterentwicklung von Theorien zu geben und nicht nur im Nachhinein das Verhalten der Wissenschaftler zu rationalisieren. Unser Motto zur dynamischen Verbesserung der Erklärungen an den Wissenschaftler lautet: *Entdecke Konflikte und löse sie (auf)!* Dadurch werden die verschiedenen Welten (Kosmologien, Sichtweisen) deutlich und ein Fortschritt möglich.

Ein echtes Kuppelprodukt fiel bei den Überlegungen zum Abstraktionsstufenmodell an und führte zu einer neuen Unterscheidung zwischen "*echten*" und "*unechten*" Tautologien. Die unechte Tautologie bezeichnen wir als eine Ultraabstraktion.

In dem Teil zur Handlungsökonomik haben wir das Konzept von Ressourcenveränderungsbilanzen zur Darstellung von Zuständen und deren Veränderungen eingeführt. Es stellt die Grundlagen zur Beschreibung von Untersuchungsgegenständen, Realitäten, Phänomenen, etc. dar und kann als Sprachschatz aufgefaßt werden. Der Ressourcenbilanzveränderungsansatz stellt eine gute Vorbereitung für eine Operationalisierung von Konkretisierungen unseres Füllstandsverhaltensmodells dar und sollte bei einer quantitativen Formulierung diskreter dynamischer Handlungsmodelle verwendet werden. So wird jede Handlung durch einen Vektor dargestellt, der die entsprechenden Veränderungen der betroffenen Bestände beschreibt. Die Leistungsfähigkeit des Ressourcenbilanzansatzes wurde bei der Definition von Knappheit demonstriert.

Die Dynamisierung der Präferenzordnung entstand aus der Vorbereitung der Handlungstheorie für die Flexibilität, nicht aus dem Gedanken der Theorienabstraktion. Auf dem Gebiet der dynamischen ökonomischen Theorie wird über Inkonsistenzen beim Übergang zur Dynamisierung mit einem Schwerpunkt auf der Konstanz des Diskontierungsfaktors diskutiert oder darüber, daß die Gewohnheitsbildung, die Sucht und sonstige psychologischen Effekte die Endogenisierung der Präferenzen nahelegen. Wir leiteten die Dynamisierung der Präferenzordnung aus der Beibehaltung eines "beliebig" abnehmenden Grenznutzens beim Übergang von einer statischen zu einer dynamischen Betrachtungsweise ab. Stabile Präferenzen kann es nicht geben, es kann allenfalls die Frage gestellt werden, wann die Dynamisierung vernachlässigt werden darf. Dies führt dazu, daß jede dynamische Handlungstheorie Bestandsvariablen zur Speicherung der Vorgeschichte benötigt. Diese beeinflussen dann den Nutzen von weiterem Konsum, so daß wir die Entscheidung für eine Zuordnung zur Wertesphäre getroffen haben. Die Ergebnisse sind für die Konsumtheorie verwertbar, bei der Übertragung auf die Wohlfahrtstheorie treten jedoch enorme Probleme auf, die aber nicht Thema dieser Arbeit sind.

Die Ausführungen zur Handlungsökonomik stellen eine Anwendung des Abstraktionsstufenverfahrens dar. Unser Ziel war es, mit dem Verfahren der Abstraktion diese verschiedenen Handlungstheorien, die alle ihre Berechtigung bei der Erklärung von Verhalten haben, zu einer abstrakten Theorie zusammenzuführen und gleichzeitig eine Theorie zu konzipieren, in der das Flexibilitätsphänomen diskutiert werden kann. Durch eine entsprechende Operationalisierung soll dann die jeweilige spezielle Theorie daraus abgeleitet werden. Mit dem Füllstandsverhaltensmodell ist es uns gelungen, so unterschiedliche Theorien wie die psychologische Theorie der Handlungsregulation und die ökonomische Erwartungsnutzentheorie zu einer Theorie zu abstrahieren. Durch die vorgeschlagene abstrakte Modellierung von Handlungen wird die Systemabgrenzung für alle subsumierten Theorien erleichtert. Viel wertvoller ist jedoch das Aufzeigen der Unterschiede der einzelnen Theorien. Die zuvor bestehenden Konflikte werden aufgedeckt und lassen sich lokalisieren. Als gelöst sind sie zu betrachten, da jeder Unterschied auf willkürlich gesetzte erste Annahmen, z.B. die Operationalisierung, zurückgeführt werden kann. Durch unseren Ansatz wird das Aufdecken der Theorienunterschiede methodisch gestützt und eine Zuordnung zu den entsprechenden Anwendungssituationen nachvollziehbar gestaltet. Ein weiterer Vorteil der Abstraktion besteht darin, daß ein komplexer Sachverhalt strukturiert wird und dadurch mehr Komplexität bewältigt werden kann. Dies führt auch dazu, daß neue Modellierungsideen methodisch leichter zugänglich sind.

Unser Ansatz hat - dies zeigte die Anwendung auf die Handlungsökonomik - eine enorme Systematisierungs- und Einordnungskraft. So lassen sich daran die Theorien anhand verschiedener Aspekte unterscheiden. Damit läßt sich das von uns avisierte Ziel der Erhöhung der Glaubwürdigkeit verbessern. Es läßt sich leichter beurteilen, inwieweit die Theorie die Anwendungsspezifika erfüllt.

Mit Hilfe des Abstraktionsstufenverfahrens können Theoretiker zu neuen Erkenntnissen kommen und die Anwendungssituationen ihrer Theorien präzisieren. Durch die Konfliktlösung mittels Abstraktion wird eine theoretische Diskussion gefordert und gefördert. Insgesamt läßt uns das zu dem Schluß kommen, daß wir ein Theoriedefizit und kein Empiriedefizit oder Handlungsdefizit in der Forschung haben. Es sind bereits genügend Inkonsistenzen und Anomalien bekannt, zu denen größtenteils ein theoretischer Zugang fehlt. Theorien müssen verstärkt in einer theoretischen Diskussion weiterentwickelt werden, damit die Entscheidung für oder gegen die Verwendung einer Theorie nicht mehr bei den Folgerungen, sondern bei den Annahmen ansetzen kann. Diese Forderung wird auch durch die - hier als Hypothese unterstellte - zunehmende Individualisierung in unserer Gesellschaft unterstützt. Die Entscheidung für eine handlungsunterstützende Theorie wird dadurch bewußter, womit dann auch das Verantwortungsgefühl für das eigene Handeln direkter angesprochen wird. Deshalb unser Aufruf:

"*Wissenschaftler aller Welten, entdeckt Konflikte und löst sie (auf)!*"

Anhang I: Begründung zur Dynamisierung der Präferenzordnung

Definition AI.1: homothetische Funktion

Eine Nutzenfunktion U(x) ist homothetisch, genau dann, wenn sich die Funktion U(x) schreiben läßt als U(x) = h(g(x)), wobei h monoton und g homogen ist.

Definition AI.2: homogene Funktion

Eine Funktion f(x) heißt homogen vom Grade r, wenn für alle $\mu > 0$ mit $x \in R^n$ gilt:

(AI.1) $$f(\mu x) = \mu^r \cdot f(x).$$

Satz:

Aus der Nutzenmaximierung einer homothetischen Nutzenfunktion im 2-Güter-Fall bei festen Preisen führt eine Veränderung der Periodenabgrenzung (bei Vernachlässigung der Diskontierung) nicht zu einer Änderung des Gesamtkonsums der jeweiligen Güter in einem fest vorgegebenen Zeitraum.

Beweis:

(AI.2) $$U(x) = h(g(x)) \overset{!}{=} \max$$

unter der Nebenbedingung:

(AI.3) $$p_1 x_1 + p_2 x_2 = B$$

Die zugehörige Lagrange-Funktion lautet:

(AI.4) $$L(x,\lambda) = h(g(x)) + \lambda(B - p_1 x_1 - p_2 x_2) \stackrel{!}{=} \max$$

Die zu erfüllenden Bedingungen 1. Ordnung lauten:

(AI.5) $$\frac{\partial L}{\partial x_1} = \frac{\partial h}{\partial g} \cdot \frac{\partial g}{\partial x_1} - \lambda p_1 \stackrel{!}{=} 0$$

(AI.6) $$\frac{\partial L}{\partial x_2} = \frac{\partial h}{\partial g} \cdot \frac{\partial g}{\partial x_2} - \lambda p_2 \stackrel{!}{=} 0$$

(AI.7) $$\frac{\partial L}{\partial \lambda} = B - p_1 x_1 - p_2 x_2 \stackrel{!}{=} 0$$

Das Gleichsetzen von (AI.5) und (AI.6) ergibt

(AI.8) $$\frac{\partial g(x)}{\partial x_1} = \frac{p_1}{p_2} \cdot \frac{\partial g(x)}{\partial x_2}$$

Durch Ableiten der Funktion g(μ x) erhält man für alle $\mu > 0$

(AI.9) $$\frac{\frac{\partial g(\mu\, x)}{\partial x_1}}{\frac{\partial g(\mu\, x)}{\partial x_2}} = \frac{\frac{\partial g(x_1)}{\partial x_1}}{\frac{\partial g(x_2)}{\partial x_2}} = \frac{p_1}{p_2}$$

D.h. die Bedingung (AI.5) und (AI.6) werden von allen auf einem Ursprungsstrahl liegenden Punkte (x_1, x_2) erfüllt, womit die Aufteilung in x_1 und x_2 konstant bleibt.

Durch das Budget wird dann nur noch die absolute Größe bestimmt. Der Einkommensexpansionspfad ist eine Ursprungsgerade im Güterraum. Der Konsum eines festen Budgets $\overline{B}$ in einer Periode führt dann zur selben Gesamtmenge wie eine Aufteilung des Budgets auf n Perioden (n = 2, 3, ...).

Umgekehrt jedoch, wenn sich das Grenznutzenverhältnis auf jeder "Ursprungshyperebene" im Güterraum verändert, gilt, daß sich bei einer Verkürzung des Periodenzeitraumes (Dynamisierung) der Gesamtkonsum an den einzelnen Gütern verändern wird. Hierzu werden wir uns mit einem kleinen Beispiel begnügen, das die problemlose Dynamisierung widerlegt. Dazu wählen wir folgende Nutzenfunktion

(AI.10) $$U(x) = x_1 \cdot x_2 + x_2 \overset{!}{=} \max ,$$

die unter der folgender Nebenbedingung maximiert wird:

(AI.11) $$p_1 x_1 + p_2 x_2 = B$$

Bei dem Einsatz des gesamten Budgets in einer Periode führt dies zu folgendem Konsum:

(AI.12) $$x_1^* = \frac{B - p_1}{2 \cdot p_1}$$

(AI.13) $$x_2^* = \frac{B + p_1}{2 \cdot p_2}$$

Eine Aufteilung der Gesamtperiode P in zwei identische Teilperioden TP_1 und TP_2 bei gleichzeitiger Aufteilung des Budgets führt zu folgenden nachgefragten Mengen:

(AI.14) $$x_{1,TP1}^* = x_{1,TP2}^* = \frac{\frac{B}{2} - p_1}{2 \cdot p_1}$$

(AI.15) $$x_{2,TP1}^* = x_{2,TP2}^* = \frac{\frac{B}{2} + p_1}{2 \cdot p_2}$$

Nun sieht man leicht, daß sowohl $x_{1,TP1}^* + x_{1,TP2}^* \neq x_1^*$ als auch $x_{2,TP1}^* + x_{2,TP2}^* \neq x_2^*$ gilt. Allein die Veränderung des Betrachtungszeitraumes führt zu einem anderen Konsumverhalten. Dies liegt daran, daß der Konsum der Vorperiode stets vergessen wird und nicht mehr als bereits erfolgter Konsum behandelt wird. Zu dessen Berücksichtigung muß eine Bestandsgröße eingeführt werden, die in dieser Arbeit mit dem Füllstandsbehälter zur Verfügung gestellt wird.

Literaturverzeichnis

Adams, E. 1959: The Foundations of Rigid Body Mechanics and the Derivation of its Laws from those of Particle Mechanics, in: Henkin, L.; Suppes, P.; Tarski, A. (Hrsg.), The Axiomatic Method, Amsterdam, S. 250-265.

Adorno, T.; *Dahrendorf*, R.; *Pilot*, H.; *Albert*, H.; *Habermas*, J.; *Popper*, K.; 1969: Der Positivismusstreit in der deutschen Soziologie, Neuwied, Berlin.

Akerlof, G. A. 1970: The Market for "Lemons": Quality Uncertainty and the Market Mechanism, in: Quarterly Journal of Economics, Vol. 84, S. 488-500.

Akerlof, G. A.; *Yellen*, J. 1985: Can small deviations from rationality make significant differences to economic equilibria, in: American Economic Review, Vol. 75, S. 708-720.

Akerlof; G. A.; *Dickens*, W. T. 1982: The Economic Consequences of Cognitive Dissonance, in: The American Economic Review, Vol. 72, June 1982, S. 307-319.

Albach, H. (Hrsg.) 1989: Organisation: Mikroökonomische Theorie und ihre Anwendung, Gabler, Wiesbaden.

Albert, H. 1964: Probleme der Theoriebildung, in: Albert, H. (Hrsg.) 1964: Theorie und Realität, Tübingen, S. 3-70.

— 1991: Traktat über kritische Vernunft, Mohr, Tübingen, 5. verbesserte und erweiterte Auflage.

Albert, M. 1996: Unrealistische Annahmen und empirische Prüfung, in: Zeitschrift für Wirtschafts- und Sozialwissenschaften (ZWS), Vol. 116, 1996, S. 451-466.

Alchian, A. 1950: Uncertainty, Evolution and Economic Theory, in: Journal of Political Economy, 58, Feb. - Dec., S. 211-221.

Allais, M. 1979: The foundation of a positive theory of choice involving risk and a criticism of the postulates and axioms of the American School, in: Allais, M.; Hagen, O. 1979, Expected Utility Hypotheses and the Allais Paradox, Reidel, Dordrecht.

Anderson, J. 1983. The architecture of cognition, Harvard University Press, Cambridge, Mass.

Andersson, G. 1989: Wahr und falsch; Wahrheit, in: Seiffert; Radnitzky, 1989, S. 369-375.

Anscombe, G. 1957: Absicht, übersetzt von Connolly, J.; Keutner, Th., Alber, Freiburg, München, 1986.

Arni, J.-L. 1989: Die Kontroverse um die Realitätsnähe der Annahmen in der Oekonomie, Rüegger, Grüsch.

Arrow, K. J. 1995: A Note on Freedom and Flexibility, in: Basu, K.; Pattanaik, P.; Suzumura, K., Choice, Welfare, and Development, A Festschrift in Honour of Amartya K. Sen, Oxford University Press, Oxford, S. 7-16.

Axelrod, R. 1984: The Evolution of Cooperation, New York.

Ayer, A. J. 1970: Sprache , Wahrheit und Logik, Stuttgart.

Balzer, W.; *Moulines*, C.; *Sneed*, J. 1987: An Architectonic for Science, The Structuralist Program, Dordrecht, u.a.

Bamberg, G.; *Coenenberg*, A. 1981: Betriebswirtschaftliche Entscheidungslehre, Vahlen, München, 3. Auflage.

Bartley III, W. W. 1982: A Popperian Harvest, in: Levinsson, P., In Pursuit of Truth, Atlantic Highlands.

Battmann, W. 1989: Verhaltensökonomie: Grundannahmen und eine Anwendung am Fall des kooperativen Handelns, Lang, Frankfurt.

Baumol, W. 1987: Microeconomics: A Comment on the Realism of Assumptions, in: Journal of Economic Education, Vol. 18, Spring 1987, S. 155.

Bayer, O.; *Stölting*, E. 1989: Sozialwissenschaften, in: Seiffert, H.; Radnitzky, G. 1989, S. 302-313.

Bayertz, K. 1981: Wissenschaftstheorie und Paradigmabegriff, Metzler, Stuttgart.

Becker, G. 1965: A Theory of the Allocation of Time, in: Economic Journal, Vol. 75, September 1965, S. 493-517, zitiert in der deutschen Übersetzung: Eine Theorie der Allokation der Zeit, in: Becker, G. 1982, S. 97-130.

— 1982: Ökonomische Erklärung menschlichen Verhaltens, Mohr, Tübingen.

Behrbohm, P. 1985: Flexibilität in der industriellen Produktion, Lang, Frankfurt a.M.

Bentham, J. 1789: An Introduction to the Principles of Morals and Legislation, London, Neudruck 1970.

Berelson, B.; *Steiner*, G. 1964: Human behavior: An inventory of scientific findings, New York.

Bergstrom, T.; *Stark*, O. 1993: How Altruism Can Prevail in an Evolutionary Environment, in: American Economic Review (Papers and Proceedings), Vol. 83, No. 2, May 1993, S. 149-155.

Bertelsmann 1992: Das neue Taschenlexikon, Bd. 1 - Bd. 20, Bertelsmann, Gütersloh.

Blum, U. 1992: Volkswirtschaftslehre: Studienhandbuch, Oldenbourg, München.

Blum, U.; *Leibbrand*, F. 1995: A Typology of Barriers Applied to Business Trip Data, in: Banister, D.; Capello, R.; Nijkamp, P. (Hrsg.), European Transport and Communication Networks, Pion, London, S. 175-188.

Bochenski, J. M.; *Menne*, A. 1973: Grundriß der Logistik, aus dem Französischen übersetzt, neu bearbeitet und erweitert von A. Menne, Paderborn, 4. und erweiterte Auflage.

Bockstael, N.; *McConnell*, K. 1983: Welfare Measurement in the Household Production Framework, in: American Economic Review, Vol. 73, No. 4, September 1983, S. 806-814.

Böhme, G., *van den Daele*, W., *Krohn*, W. 1974: Die Finalisierung der Wissenschaft, in: Diederich, W.: Theorien der Wissenschaftsgeschichte, Suhrkamp, Frankfurt/M, S. 276-311.

Boland, L. A. 1979: A Critique of Friedman's Critics, in: Journal of Economic Literature 17, S. 503-522.

Boldrin, M.; *Montrucchio*, L. 1986: On the Indeterminacy of Capital Accumulation Paths, in: Journal of Economic Theory, Vol. 40, S. 26-39.

Boulding, K. 1956: General Systems Theory - the Skeleton of Science, in: Management Science, Vol. 2, No. 3, April 1956, S. 197-208.

Böventer, E. von 1980: Einführung in die Mikroökonomie, Oldenbourg, München.

Bransford, J.; *Stein*, B. 1985: The ideal problem solver, Freeman, San Francisco.

Braun, E.; *Radermacher*, H. (Hrsg.) 1978: Wissenschaftstheoretisches Lexikon, Styria, Graz, Wien, Köln.

Braun, W. 1979: Das Transsubjektivitätsprinzip, in: Raffée, H.; Abel, B. 1979, S. 209-213.

Brennan, G.; *Buchanan*, J. M. 1993: Die Begründung von Regeln: Konstitutionelle Politische Ökonomie, Mohr, Tübingen.

Brinkmann, G. 1991: Analytische Wissenschaftstheorie, Oldenbourg, München, Wien, 2. Auflage.

Cadwell, B. 1980: A Critique of Friedman's Methodological Instrumentalism, in: Southern Economic Journal 12, S. 366-374.

— 1982: Beyond Positivism: Economic Methodology in the Twentieth Century, London.

Carnap, R. 1959: The Methodological Character of Theoretical Concepts, in: Feigl, H.; Scriven, M. (Hrsg.) 1959, Minnesota Studies in the Philosophy of Science, Bd. 1, The Foundations of Science and the Concepts of Psychology and Psychoanalysis, Minneapolis, 3. Auflage.

— 1961: Introduction to Semantics and Formalization of Logic, Cambridge, Mass.

Chalmers, A. F. 1982: Wege der Wissenschaft: Einführung in die Wissenschaftstheorie, aus dem Englischen übersetzt, Springer, Berlin, u.a., 2. durchgesehene, deutsche Auflage, 1989.

Chmielewicz, K. 1994: Forschungskonzeptionen der Wirtschaftswissenschaft, Schäffer-Poeschel, Stuttgart.

Chomsky, N. 1969: Aspekte der Syntaxtheorie, Suhrkamp, Frankfurt a.M.

Chomsky, N. 1973: Strukturen der Syntax, The Hague, Mouton.

Cranach, M.v.; *Kalbermatten*, U.; *Indermühle*, K.; *Gugler*, B. 1980: Zielgerichtetes Handeln, Huber, Bern.

Cyert, R.; *March*, J. 1963: A Behavioral Theory of the Firm, Prentice-Hall, Englewood Cliffs (N.J.).

Czayka, L. 1991: Formale Logik und Wissenschaftsphilosophie: Einführung für Wirtschaftswissenschaftler, Oldenbourg, München, Wien.

Dahrendorf, R. 1958: Homo Sociologicus: Versuch zur Geschichte, Bedeutung und Kritik der Kategorien der sozialen Rolle, in: Kölner Zeitschrift für Soziologie und Sozialpsychologie 10, S. 178-208.

Descartes, R. 1641: Meditationen über die Grundlagen der Philosophie, Meiner-Ausgabe, Hamburg, 1959.

— 1962: Regeln zur Leitung des Geistes, Meiner-Ausgabe, Hamburg, 1962.

Diamond, P. A.; *Hausman*, J. A. 1994: Contingent Valuation: Is Some Number Better than No Number?, in: Journal of Economic Perspectives Vol. 8, No. 8, Fall 1994, S. 45-64.

Dilthey, W. 1968: Gesammelte Schriften, Bd. 5, Neuauflage von 1957, Teubner, Vandenhoeck & Ruprecht, Stuttgart, Göttingen.

Dixit, A. K.; *Pindyck*, R. S. 1994: Investment under Uncertainty, Princeton University Press, Princeton, N.J.

Dormayer, H.-J. 1986: Konjunkturelle Früherkennung und Flexibilität im Produktionsbereich, München.

Dörner, D. 1976: Problemlösen als Informationsverarbeitung, Kohlhammer, Stuttgart, u.a.

— 1992: Die Logik des Mißlingens: Strategisches Denken in komplexen Situationen, Rowohlt, Hamburg.

Dörner, D.; *Schaub*, H.; *Stäudel*, T.; *Strohschneider*, S. 1988: Ein System zur Handlungsregulation oder: Die Interaktion von Emotion, Kognition und Motivation, in: Sprache und Kognition, Vol. 4, S. 217-232.

Dorsch, F. 1982: Psychologisches Wörterbuch, Huber, Bern.

Dray, W. 1957: Laws and Explanation in History, Oxford.

Dreitzel, H. 1965: Rationales Handeln und politische Orientierung, in: Soziale Welt 16, 1965, S. 1-26.

Düsberg, K. J. 1990: Gibt es Letztbegründungen?, in: Sukale, M., 1990, S. 252-262.

Eco, U. 1982: Der Name der Rose, Hanser, München, Wien.

Eichhorn, W. 1979: Theorie und Modell in den Wirtschaftswissenschaften, in: Raffée, H.; Abel, B. 1979, S. 60-104.

Elster, J. 1979: Ulysses and the Sirens - Studies in Rationality and Irrationality, Cambridge University Press, Cambridge.

Engels, E.-M. 1989: Erkenntnis als Anpassung? Eine Studie zur Evolutionären Erkenntnistheorie, Suhrkamp, Frankfurt a.M.

— 1990: Erkenntnistheoretischer Konstruktivismus, Minimalrealismus, empirischer Realismus. Ein Plädoyer für einige Unterscheidungen, Replik auf Hans Jürgen Wendels Aufsatz "Evolutionäre Erkenntnistheorie und erkenntnistheoretischer Realismus", in: Zeitschrift für philosophische Forschung, 44, S. 28-54.

Eppink, D. 1978: Planning for Strategic Flexibility, in: Long Range Planning, Vol. 11, 1978, S. 9-15.

Esser, H. 1991: Die Rationalität des Alltagshandelns. Alfred Schütz und "Rational Choice", in: Esser, H.; Troitzsch, K. 1991, S. 235-282.

Esser, H.; *Klenovits*, K.; *Zehnpfennig*, H. 1977: Wissenschaftstheorie, Bd. 1: Grundlagen und Analytischen Wissenschaftstheorie, Teubner, Stuttgart.

Esser, H.; *Troitzsch*, K. (Hrsg.) 1991: Modellierung sozialer Prozesse: Neuere Ansätze und Überlegungen zur soziologischen Theoriebildung. Ausgewählte Beiträge zu Tagungen der Arbeitsgruppe "Modellierung sozialer Prozesse" der Deutschen Gesellschaft für Soziologie, Informationszentrum Sozialwissenschaft, Bonn.

Faulbaum, F. 1991: Von der Variablensoziologie zur empirischen Evaluation von Handlungsparadigmen, in: Esser, H.; Troitzsch, K. 1991, S. 111-138.

Fayol, H. 1929: Allgemeine und Industrielle Verwaltung, (Übersetzung von: Administration Industrielle et Générale, Paris, 1916), Berlin.

Feichtinger, G.; *Hartl*, R. F. 1986: Optimale Kontrolle ökonomischer Prozesse: Anwendungen des Maximumprinzips in den Wirtschaftswissenschaften, de Gruyter, Berlin, New York.

Festinger, L. 1957: A Theory of Cognitive Dissonance, Stanford University Press, Stanford.

Feyerabend, P. K. 1974: Kuhns Struktur wissenschaftlicher Revolutionen - ein Trostbüchlein für Spezialisten? in: Lakatos, I.; Musgrave, A. (Hrsg.) 1974, S. 191-222.

— 1978: Der wissenschaftstheoretische Realismus und die Autorität der Wissenschaften, Vieweg, Braunschweig/Wiesbaden.

— 1981: Probleme des Empirismus, Vieweg, Braunschweig/Wiesbaden.

— 1983: Wider den Methodenzwang, Suhrkamp, Frankfurt, teils gekürzte, ergänzte und umgeschriebene Neuausgabe der Auflage von 1976, 3. Auflage 1991.

— 1989: Erkenntnistheorie, anarchische, in: Seiffert; Radnitzky, 1989, S. 58-61.

Fishburn, P. C. 1988: Nonlinear Preference and Utility Theory, Wheatsheaf Books, Brighton.

Fleck, L. 1935: Entstehung und Entwicklung einer wissenschaftlichen Tatsache. Einführung in die Lehre vom Denkstil und Denkkollektiv, Frankfurt a.M., Neudruck 1980.

Fleischmann, G. 1966: Nationalökonomie und sozialwissenschaftliche Integration, Tübingen.

Frazer, W.J.; *Boland*, L. A. 1983: An Essay on the Foundation of Friedman's Methodology, in: American Economic Review, 73, S. 129-144.

Friedman, M. 1953: Essays in Positive Economics, Chicago University Press, Chicago, 2. Auflage 1959.

Gadamer, H.-G. 1960: Wahrheit und Methode. Grundzüge einer philosophischen Hermeneutik, 4. Auflage 1975.

Gadenne, V. 1990: Unvollständige Erklärungen, in: Sukale, M., 1990, S. 263-287.

Gäfgen, G. 1963: Theorie der wirtschaftlichen Entscheidung, Mohr (Siebeck), Tübingen, 3. Auflage 1974.

Garfinkel, H. 1967: Studies in ethnomethodology, Englewood Cliffs, N.J.

Gebauer, W. 1985: Friedmans Methodologie der positiven Ökonomie, in: Gebauer, W.(Hrsg.) 1985: Öffentliche Finanzen und monetäre Ökonomie, Frankfurt/M.

Geldsetzer, L. 1989: Hermeneutik, in: Seiffert; Radnitzky 1989, S. 127-139.

Gerum, E. 1979: Prinzipien des Konstruktivismus, in: Raffée, H.; Abel, B. 1979, S. 205-208.

Goldman, A. 1970: Handlungstheorie, Übersetzung von: A Theory of Human Action, 1980.

Gutenberg, E. 1966: Grundlagen der Betriebswirtschaftslehre, 1. Band, Die Produktion, Springer, Berlin u.a., 12. Auflage.

Habermas, J. 1973: Wahrheitstheorien, in: Fahrenbach, H. (Hrsg.), Wirklichkeit und Reflexion, Pfullingen, S. 211-265.

Hacker, W. 1978: Allgemeine Ingenieur- und Arbeitspsychologie, Huber, Bern, 2. Auflage.

— 1980: Allgemeine Arbeits- und Ingenieurpsychologie. Psychische Struktur und Regulation von Arbeitstätigkeiten, Deutscher Verlag der Wissenschaften, Berlin.

— 1986: Arbeitspsychologie, Deutscher Verlag der Wissenschaften, Berlin.

Hahnel, R.; *Albert*, M. 1989: Quiet Revolutions in Welfare Economics, Princeton University Press, Princeton, N.J.

Hanemann, W. M. 1994: Valuing the Environment Through Contingent Valuation, in: Journal of Economic Perspectives Vol. 8, No. 8, Fall 1994, S. 19-43.

Harré, R. 1979: Social Being, Blackwell, Oxford.

Hart, A. G. 1942: Risk, Uncertainty, and the Unprofitability of Compounding Probabilities, in: Lange, O.; McIntyre, F.; Yntema, T. (eds.), Studies in Mathematical Economics and Econometrics, University of Chicago Press, Chicago, S. 110-118.

— 1951: Anticipations, Uncertainty, and Dynamic Planning, Kelly, New York.

Hart, O.; *Moore*, J. 1990: Property Rights and the Nature of the Firm, in: Journal of Political Economy 1990, Vol. 98, No. 6, S. 1119-1158.

Hauffe, H. 1981: Der Informationsgehalt von Theorien, Springer, Wien, New York.

Hayek, F. A. v. 1945: The Use of Knowledge in Society, in: American Economic Review, Vol. 35, September 1945, No. 4, S. 519-530.

Heckhausen, H.; *Gollwitzer*, P. M.; *Weinert*, F. E. (Hrsg.) 1987: Jenseits des Rubikon: Der Wille in den Humanwissenschaften, Springer, Berlin.

Heider, F. 1958: The Psychology of Interpersonal Relations, Wiley, New York.

Heinen, E. 1991: Industriebetriebslehre - Entscheidungen im Industriebetrieb, Wiesbaden, 9. Auflage.

Heiner, R. A. 1983: The Origin of Predictable Behavior, in: American Economic Review, Vol. 73, No. 4, S. 560-595.

Heisenberg, W. 1969: Der Teil und das Ganze, München.

Hempel, C. G. 1962: Erklärung in Naturwissenschaft und Geschichte, (Übersetzung von: Explanation in Science and History), 1970, in: Krüger, L. (Hrsg.) 1970, Erkenntnisprobleme der Naturwissenschaften, Köln.

— 1965: Aspects of scientific explanation and other essays in the philosophy of science, New York.

— 1965a: Fundamentals of Concept Formation in Empirical Science, Chicago, London, 8. Auflage.

— 1977: Aspekte wissenschaftlicher Erklärung, Berlin, New York.

Hempel, C. G.; *Oppenheim*, P. 1948: Studies in the logic of explanation, in: Philosophy of Science 15, S. 135-175, wieder abgedruckt in: Hempel 1965, S. 245-290.

Hoffmeister, J. (Hrsg.) 1955: Wörterbuch der philosophischen Begriffe, Meiner, Hamburg.

Hogarth, R.; *Reder*, M. (Hrsg.) 1987a: Rational Choice: The Contrast between Economics and Psychology, Chicago University Press, Chicago, London.

Hogarth, R.; *Reder*, M. 1987: Introduction: Perspectives from Economics and Psychology, in: Hogarth, R.; Reder, M. (Hrsg.) 1987a, S. 1-23.

Höll, W. 1978: Logische Bedingungen deduktiv-nomologischer Erklärungen, Diplomarbeit, Mannheim.

Holzkamp, K. 1968: Wissenschaft als Handlung, Berlin.

— 1972: Kritische Psychologie, Frankfurt.

Homann, K. 1988: Die Rolle ökonomischer Überlegungen in der Grundlegung der Ethik, in: Hesse, H. 1988, Wirtschaftswissenschaft und Ethik, Berlin, S. 215-240.

— 1993: Wirtschaftsethik - Die Funktion der Moral in der modernen Wirtschaft, in: Wieland, J. 1993, Wirtschaftsethik und die Theorie der Gesellschaft, S. 32-53.

Homans, G. 1961: Social Behavior: Its Elementary Forms, Harcourt, Brace and World, London.

Hubbard, R. G. 1994: Investment Under Uncertainty: Keeping One's Options Open, in: Journal of Economic Literature, Vol. 32, S. 1816-1831.

Humboldt, W. v. 1836: Über die Verschiedenheit des Menschlichen Sprachbaues, Rütten & Loening, Berlin, Neudruck 1963.

Hutchinson, T. W. 1938: The Significance and Basic Postulates of Economic Theory, New York, 2. Auflage 1960.

— 1956: Professor Machlup on Verification in Economics, in: Southern Economic Journal 12, S. 456-483.

Isard, W. 1956. Location and Space-Economy, MIT Press, Wiley, reprinted 1979, Program in Urban and Regional Studies at Cornell University.

Jacob, H. 1974: Unsicherheit und Flexibilität - Zur Theorie der Planung bei Unsicherheit, in: Zeitschrift für Betriebswirtschaft, Vol. 44, S. 299-326, S. 403-448, S. 505-526.

Jantsch, E. 1987: Erkenntnistheoretische Aspekte der Selbstorganisation natürlicher Systeme, in: Schmidt, S. J. 1987a, S. 159-191.

Jöhr, W. (Hrsg.) 1979: Einführung in die Wissenschaftstheorie für Nationalökonomen, Surbir, St. Gallen.

Jones, R.; *Ostroy*, J. 1984: Flexibility and Uncertainty, in: Review of Economic Studies, 1984, LI, S. 13-32.

Kacprzyk, J. 1983: Multistage decision-making under fuzziness: theory and applications, TÜV Rheinland, Köln.

Kahneman, D.; *Tversky*, A. 1979: Prospect Theory: An Analysis of Decision under Risk, in: Econometrica, Vol. 47, No. 2, S. 263-291.

Kamien, M. I.; *Schwartz*, N. L. 1981: Dynamic Optimization : The Calculus of Variations and Optimal Control in Economics and Management, North-Holland, New York, 2. Auflage 1991.

Kamlah, W.; *Lorenzen*, P. 1973: Logische Propädeutik, Mannheim.

Kant, I. 1800: Imanuel Kants Logik - ein Handbuch zu Vorlesungen, Hrsg. von G. B. Jäsche, wieder abgedruckt in: Kant, I., Werkausgabe VI, Schriften zur Metaphysik und Logik, Bd. 2, Hrsg. von W. Weischedel, Suhrkamp, Frankfurt, 1977, 8. Auflage 1991.

— 1993: Die drei Kritiken, Bd. 1-3, Jubiläumsausgabe, Meiner, Hamburg.

Kasper, H. 1991: Neuerungen durch selbstorganisierende Prozesse, in: Staehle, W.; Sydow, J. 1991, S. 1-74.

Kern, M. 1979: Klassische Erkenntnistheorien und moderne Wissenschaftslehre, in: Raffée; Abel 1979, S. 11-27.

Kirchgässner, G. 1991: Homo oeconomicus: das ökonomische Modell individuellen Verhaltens und seine Anwendung in den Wirtschafts- und Sozialwissenschaften, Mohr, Tübingen.

Kirzner, I. 1973: Competition and Entrepreneurship, Chicago.

— 1979: Perception, Opportunity, and Profit, University Press of Chicago, Chicago.

Knight, F. H. 1921: Risk, Uncertainty, and Profit, Houghton Mifflin Company, Boston, Neuauflage: University of Chicago, Chicago, 1971.

Kolmogoroff, A. 1933: Grundbegriffe der Wahrscheinlichkeitsrechnung, in: Ergebnisse der Mathematik und ihrer Grenzgebiete, Bd. 2, Berlin, S. 195-262.

Kopel, M.; *Feichtinger*, G. 1995: Rationalität und komplexes Verhalten: Homo oeconomicus und Chaos - Ein Widerspruch?, in: Zeitschrift für betriebswirtschaftliche Forschung, Vol. 47, 6/95, S. 545-557.

Krajewski, W. 1977: Correspondence Principle and Growth of Science, Reidel, Dordrecht.

Krech, D.; *Crutchfield*, R.; *Livson*, N.; *Wilson*, W.; *Parducci*, A. 1992: Grundlagen der Psychologie, Studienausgabe Bd. 1 - Bd. 7, Psychologie Verlags Union, München, Weinheim.

Kuhn, Th. S. 1976: Die Struktur wissenschaftlicher Revolutionen, Suhrkamp, Frankfurt/M., 2. revidierte und um das Postskriptum von 1969 ergänzte Auflage.

Kulenkampff, A. 1980: Hermeneutik, in: Speck (Hrsg.), 1980, Bd. 2, S. 271-281.

Kuokkanen, M.; *Tuomivaara*, T. 1994: The Threshold Model of Scientific Change and the Continuity of Scientific Knowledge, in: Journal for General Philosophy of Science, 1994, Vol. 25, S. 327-335.

Küttner, M. 1976: Ein verbesserter deduktiv-nomologischer Erklärungsbegriff, in: Zeitschrift für allgemeine Wissenschaftstheorie, Bd. 7, Wiesbaden, Stuttgart, 1976, S. 274-297.

— 1983: Modell, Theorie und Erklärung in der theoretischen Ökonomik: Ein neuer Ansatz, in: Weingartner, P.; Czermak, H. 1983, S. 359-362.

— 1989: Prognose, Voraussage, in: Seiffert; Radnitzky 1989, S. 275-280.

Küttner, M.; *Lenk*, H. 1989: Erklärung, in: Seiffert; Radnitzky 1989, S. 68-73.

Lakatos, I. 1982: Falsifikation und die Methodologie wissenschaftlicher Forschungsprogramme, in: Lakatos, I. 1982a, S. 7-107.

— 1982a: Die Methodologie der wissenschaftlichen Forschungsprogramme, Band 1, hrsg. von J. Worrall und G. Currie, Vieweg, Braunschweig/Wiesbaden.

Lakatos, I.; *Musgrave*, A. (Hrsg.) 1974: Kritik und Erkenntnisfortschritt, Abhandlungen des internationalen Kolloquiums über die Philosophie der Wissenschaft, London, 1965, Vieweg, Braunschweig/Wiesbaden.

Lancaster, K. 1981: Moderne Mikrökonomie, Campus, Frankfurt.

Leibbrand, F. 1996: Kultur, Effizienz und Wohlfahrt: Möglichkeiten und Grenzen einer Bewertung, in: Schweickart, K.; Witt, R., Systemtransformation in Osteuropa: Herausforderungen an Unternehmen beim Übergang von der Planwirtschaft in die Marktwirtschaft, Dresdner wirtschaftswissenschaftliche Beiträge, Reihe Betriebswirtschaft, Schäffer-Poeschel, Stuttgart, S. 207-230.

Leinfellner, W. 1980: Einführung in die Erkenntnis- und Wissenschaftstheorie, B.I.-Wissenschaftsverlag, Mannheim, 3. Auflage.

Lenk, H. 1989: Handlung(stheorie), in: Seiffert; Radnitzky 1989, S. 119-127.

Lewin, K. 1926: Studien zur Handlungs- und Affektpsychologie II: Vorsatz, Wille und Bedürfnis, in: Psychologische Forschung, Vol. 7, S. 330-385.

Lindblom, C. 1959: The science of muddling through, in: Public Administration Review, 19, S. 79-88.

— 1965: The intelligence of democracy: Decision making through mutual adjustment, The Free Press, New York.

Lindenberg, S. 1991: Die Methode der abnehmenden Abstraktion: Theoriegesteuerte Analyse und empirischer Gehalt, in: Esser, H.; Troitzsch, K. (Hrsg.) 1991, S. 29-78.

Lorenzen, P. 1968: Methodisches Denken, in: Lorenzen, P.: Methodisches Denken, Frankfurt/M., S. 24-59.

— 1974: Konstruktive Wissenschaftstheorie, Frankfurt/M.

— 1980: Methodisches Denken, Frankfurt/M., 2. Auflage.

— 1987: Lehrbuch der konstruktiven Wissenschaftstheorie, BI-Wissenschaftsverlag, Mannheim, u.a.

Luhmann, N. 1984: Soziale Systeme: Grundriß einer allgemeinen Theorie, Frankfurt.

Lyons, J. 1990: Die Sprache, Beck, München, 3. Auflage.

Machlup, F. 1955: The Problem of Verification in Economics, in: Machlup, F. 1978, S. 137-157.

— 1956: Rejoinder to a Reluctant Ultra-Empiricist, in: Machlup, F. 1978, S. 493-503.

— 1978: Methodology of Economics and Other Social Sciences, New York.

Mag, W. 1990: Grundzüge der Entscheidungstheorie, Vahlen, München.

Maier, S. F.; *Seligman*, E. P. 1976: Learned Helplessness: Theory and Evidence, in: Journal of Experimental Psychology, General, Vol. 105, S. 3-46.

March, J.; *Simon*, H. 1958: Organizations, Wiley, New York.

Markowitz, H. M. 1959: Portfolio Selection, Wiley, New York.

Marschak, J. 1955: Elements for a Theory of Teams, in: Management Science, 1955, Vol. 1, No. 2, S. 127-137.

Marschak, J.; *Radner*, R. 1972: Economic Theory of Teams, New Haven, London.

Marschak, T.; *Nelson*, R. 1962: Flexibility, Uncertainty, and Economic Theory, in: Metroeconomica, Apr. - Dec. 1962, S. 42-58.

Marshall, A. 1920: Principles of Economics, Macmillan, Houndmills, 8. Auflage, repr. 1990.

Maslow, A. 1984: Motivation und Persönlichkeit, (dt. Übersetzung von Motivation and Personality, 1954, Harper, New York), Rowohlt, Hamburg.

Mastermann, M. 1974: Die Natur eines Paradigmas, in: Lakatos, I.; Musgrave, A. (Hrsg.) 1974, S. 59-88.

Maturana, H. R. 1982: Erkennen: Die Organisation und Verkörperung von Wirklichkeit. Ausgewählte Arbeiten zur biologischen Epistemologie, übersetzt von W. K. Köck, Vieweg, Braunschweig, Wiesbaden.

— 1987: Kognition, in: Schmidt, S. J. 1987a, S. 89-118.

Maturana, H. R.; *Varela*, F. J. 1987: Der Baum der Erkenntnis, Scherz, München, Bern.

McCloskey, D. N. 1983: The Rhetoric of Economics, in: Journal of Economic Literature, Vol. 21, S. 481-517.

— 1988: Thick and Thin Methodologies in the History of Economic Thought, in: de Marchi, N. (Hrsg.), The Popperian Legacy in Economics, University Press, Cambridge.

McKenzie, L. W. 1986: Optimal Economic Growth, Turnpike Theorems and Comparative Dynamics, in: Arrow, K. J.; Intriligator, M. D., Handbook of Mathematical Economics.

Meffert, H. 1985: Größere Flexibilität als Unternehmenskonzept, in: Zeitschrift für betriebswirtschaftliche Forschung, Vol. 37, S. 121-137.

Meggle, G. 1977: Einleitung, in: Meggle, G. (Hrsg.), Analytische Handlungstheorie: Handlungsbeschreibungen, Bd. 1, Suhrkamp, Frankfurt a. M., S. VII-X.

Meier, A.; *Durrer*, K. 1992: Ein kognitiv-evolutionäres Modell des wirtschaftspolitischen Prozesses, in: Witt, U. 1992, Studien zur Evolutorischen Ökonomik II, Schriften des Vereins für Socialpolitik, Bd. 195/II, Dunker & Humblot, Berlin, S. 229-254.

Meier, P. 1979: Prognose, in: Jöhr 1979, S. 153-176.

Meinefeld, W. 1994: Selbstreferentialität und Korrespondenz. Wie konstruktiv ist unsere Erkenntnis?, in: Journal for General Philosophy of Science, 1994, Vol. 25, S. 135-156.

Merkhofer, M. 1977: The Value of Information given Decision Flexibility, in: Management Science, March 1977, S. 716-727.

Meyer, W. 1978: Die Methodologie der positiven Ökonomie und ihre Folgen, in: Helmstädter, E. (Hrsg.): Neuere Entwicklungen in den Wirtschaftswissenschaften, Berlin, S. 19-43.

Michael, R.; *Becker*, G. 1973: On the New Theory of Consumer Behavior, in: Swedish Journal of Economics, Vol. 75, December 1973, S. 378-396, zitiert in der deutschen

Übersetzung: Zur neuen Theorie des Konsumentenverhaltens, in: Becker, G. 1982, S. 145-166.

Miller, G. A. 1956: The Magical Number Seven, Plus or Minus Two: Some Limits on Our Capacity for Processing Information, in: Psychological Review, Vol. 63, 1956, S. 81-97.

Miller, G. A; *Galanter*, E.; *Pribram*, K. H. 1960: Plans and the Structure of Behavior, Holt, Rimhart & Winston, New York.

Mills, D. E. 1984: Demand Fluctuations and Endogenous Firm Flexibility, in: Journal of Industrial Economics, Vol. 23, Sept. 1984, S. 55-71.

— 1986: Flexibility and Firm Diversity with Demand Fluctuations, in: International Journal of Industrial Organization, Vol. 4, S. 203-215.

Mitchell, R.; *Carson*, R. 1989: Using Surveys to Value Public Goods: The Contingent Valuation Method, Resources for the Future, Washington D.C.

Musgrave, A. 1981: 'Unreal Assumptions' in Economic Theory: The F-Twist Untwisted, in: Kyklos 34, S. 377-387.

Myrdal, G. 1933: Das Zweck-Mittel-Denken in der Nationalökonomie, in: Zeitschrift für Nationalökonomie, Bd. IV/1933, S. 305-329, Nachdruck 1966, Swets & Zeitlinger, Amsterdam.

Nagel, E. 1963: Assumptions in Economic Theory, in: American Economic Review, Papers and Proceedings 52, S. 211-219.

Nelson, R.; *Winter*, S. 1982: An Evolutionary Theory of Economic Change, Belknap Press, Cambridge, Mass.

o.V. 1993: EVO-Economics: Biology meets the dismal science, in: The Economist, December, 25th 1993, S. 91-93.

Oesterreich, R. 1981: Handlungsregulation und Kontrolle, Urban & Schwarzenberg, München.

Olson, M. 1968: Die Logik des kollektiven Handelns, Mohr, Tübingen, 3. Auflage 1992.

Pareto, V. 1916: Allgemeine Soziologie, Mohr, Tübingen, dt. Übersetzung 1955.

Petersen, H.-G. 1993: Ökonomik, Ethik und Demokratie: Zu einer Theorie der Effizienz und Gerechtigkeit offener Gesellschaften, Nomos, Baden-Baden.

Piaget, J. 1988: Einführung in die genetische Erkenntnistheorie, Suhrkamp, Frankfurt a.M.

Pindyck, R. S. 1991: Irreversibility, Uncertainty, and Investment, in: Journal of Economic Literature, Vol. 29, S. 1110-1148.

Pollak, R. 1976: Habit Formation and Long-Run Utility Functions, in: Journal of Economic Theory, Vol. 13, No. 2, S. 272-297.

Pollak, R.; *Wachter*, M. 1975: The Relevance of the Household Production Function and Its Implications for the Allocation of Time, Journal of Political Economy, Vol. 83, April 1975, S. 255-277.

Popper, K. R. 1972: Conjectures and Refutations, 1. Auflage von 1963, London, 4. Auflage.

— 1974: Autobiography of Karl Popper, in: Schilpp, P.A. (Hrsg.): The Philosophy of Karl Popper, Book I, II, La Salle, Illinois, Book I, S. 3-181.

— 1989: Logik der Forschung, 1. engl. Auflage 1934, Tübingen, 9. verbesserte Auflage, 1989.

— 1994: Objektive Erkenntnis - ein evolutionärer Entwurf, dt. Übersetzung (engl. Fassung von 1972), paperback 1993, Hoffmann und Campe, Hamburg, 2. Auflage 1994.

Popper, K. R.; *Eccles*, J. C. 1982: Das Ich und sein Gehirn, Piper, München, Zürich.

Radnitzky, G. 1988: Wozu Wissenschaftstheorie? Die falsifikationistische Methodologie im Lichte des Ökonomischen Ansatzes, in: Hoyningen-Huene, P.; Hirsch, G.: Wozu Wissenschaftsphilosophie? Positionen und Fragen zur gegenwärtigen Wissenschaftsphilosophie, de Gruyter, Berlin, New York, S. 85-132.

— 1989: Wert, in: Seiffert; Radnitzky 1989, S. 381-387.

Raffée, H. 1974: Grundprobleme der Betriebswirtschaftslehre, Band 1, Vandenhoeck & Ruprecht, Göttingen.

Raffée, H.; *Abel*, B. (Hrsg.) 1979: Wissenschaftstheoretische Grundfragen der Wirtschaftswissenschaften, WiSt Taschenbuch, Vahlen, München.

Raffée, H.; *Abel*, B. 1979a: Aufgaben und aktuelle Tendenzen der Wissenschaftstheorie in den Wirtschaftswissenschaften, in: Raffée, H.; Abel, B. 1979, S. 1-10.

Ramsey, F. 1929: Theorien, in: Ramsey, F. 1980, Grundlagen - Abhandlungen zur Philosophie, Logik, Mathematik und Wirtschaftswissenschaft, Frommann-Holzboog, Stuttgart, S. 90-108.

Reichenbach, H. 1938: Erfahrung und Prognose - Eine Analyse der Grundlagen und der Struktur der Erkenntnis, in: Reichenbach, H. 1994, Gesammelte Werke, Bd. 4, Hrsg. von Kamlah, A. und Reichenbach, M., Vieweg, Braunschweig, Wiesbaden.

— 1949: Wahrscheinlichkeitslehre, in: Reichenbach, H. 1994, Gesammelte Werke, Bd. 7, Hrsg. von Kamlah, A. und Reichenbach, M., Vieweg, Braunschweig, Wiesbaden.

Richter, R. 1994: Methodology From the Viewpoint of the Economic Theorist - Thirty Years On, in: Journal of Institutional and Theoretical Economics, 150/4, S. 589-608.

Röd, W. 1989: Erkenntnistheorie, in: Seiffert; Radnitzky, 1989, S. 52-58.

Rusch, G. 1985: Von einem konstruktivistischen Standpunkt. Erkenntnistheorie, Geschichte und Diachronie in der empirischen Literaturwissenschaft, Vieweg, Braunschweig, Wiesbaden.

Samuelson, P. 1963: Problems of Methodology [Discussion], in: American Economic Review, Papers and Proceedings 53, S. 231-236.

— 1993: Altruism as a Problem Involving Group versus Individual Selection in Economics and Biology, in: American Economic Review (Papers and Proceedings), Vol. 83, No. 2, May 1993, S: 143-148.

Sapir, E. 1921: Die Sprache: Hueber, München, deutsche Übersetzung und Bearbeitung von Language, Hartcourt Brace, New York, 1972.

— 1947: Selected Writings in Language, Culture and Personality, herausgegeben von D.G. Mandelbaum, University of California Press, Berkeley, Los Angeles.

Saussure, F. de 1916: Grundfragen der allgemeinen Sprachwissenschaft, deutsche Übersetzung von "Cours de linguistique générale", Payot, Paris, de Gruyter, Berlin, 1973.

Savage, L. J. 1954: The Foundations of Statistics, Wiley, New York.

Schaffitzel, W. 1982: Das entscheidungstheoretische Rationalitätskonzept in der Betriebswirtschaftslehre: Anspruch und Wirklichkeit, Florentz, München.

Schaub, H. 1993: Modellierung der Handlungsorganisation, Huber, Bern, u.a.

Schmidt, S. J. (Hrsg.) 1987a: Der Diskurs des Radikalen Konstruktivismus, Suhrkamp Frankfurt/Main.

Schmidt, S. J. 1987: Der Radikale Konstruktivismus: Ein neues Paradigma im interdisziplinären Diskurs, in: Schmidt, S. J. 1987a, S. 11-88.

Schneeweiß, Ch. 1991: Planung 1: Systemanalytische und entscheidungstheoretische Grundlagen, Springer, Berlin.

— 1992: Planung 2: Konzepte der Prozeß- und Modellgestaltung, Springer, Berlin, u.a.

Schneeweiß, Ch.; *Kühn* M. 1990: Zur Definition und gegenseitigen Abgrenzung der Begriffe Flexibilität, Elastizität und Robustheit, in: Zeitschrift für betriebswirtschaftliche Forschung, 42, 1990, S. 378-395.

Schnell, R.; *Hill*, P.; *Esser*, E. 1992: Methoden der empirischen Sozialforschung, Oldenbourg, München, Wien.

Schönpflug, W. 1979: Regulation und Fehlregulation im Verhalten I.: Verhaltensstruktur, Effizienz und Belastung - theoretische Grundlagen eines Untersuchungsprogramms, in: Psychologische Beiträge, Vol. 21, S. 174-202.

Schumpeter, J. 1942: Capitalism, Socialism, and Democracy, Harper & Brothers, New York.

Schütz, A. 1971: Gesammelte Aufsätze, Band 1: Das Problem der sozialen Wirklichkeit, Den Haag.

— 1971a: Das Wählen zwischen Handlungsentwürfen, in: Schütz, A. 1971, S. 77-110.

— 1972: Gesammelte Aufsätze, Band 2. Studien zur soziologischen Theorie, Den Haag.

— 1972a: Strukturen der Lebenswelt, in: Schütz, A. 1972, S. 153-170.

— 1972b: Der Fremde, in: Schütz, A. 1972, S: 53-69.

Seiffert, H. 1989: Wissenschaftstheorie, allgemein und Geschichte, in: Seiffert; Radnitzky, 1989, S. 461-463.

Seiffert, H.; *Radnitzky*, G. (Hrsg.) 1989: Handlexikon zur Wissenschaftstheorie, Ehrenwirth, München.

Shapere, D. 1964: The Structure of Scientific Revolutions, in: The Philosophical Review 73 (1964), S. 383-394.

Simon, H. 1957a: Models of Man, Wiley, New York.

— 1957b: Administrative Behavior: A Study of Decision-Making Processes in Administrative Organization, Macmillan, New York.

— 1960: The New Science of Management Decision, Harper and Row, New York.

— 1972: Theories of Bounded Rationality, in: McGuire, C.; Radner R., Decision and Organization, a Volume in Honor of Jacob Marschak, Amsterdam, London, 1972, 2. Auflage 1986, S. 153-176.

— 1993: Altruism and Economics, in: American Economic Review (Papers and Proceedings), Vol. 83, No. 2, May 1993, S: 156-161.

Smith, N. V.; *Wilson*, D. 1979: Modern Linguistics: The Results of the Chomskyan Revolution: Penguin, Harmondsworth.

Sneed, J. D. 1971: The Logical Structure of Mathematical Physics, Dordrecht, 2. Auflage 1979.

Solow, R. M. 1956: A Contribution to the Theory of Economic Growth, in: Quarterly Journal of Economics, 70, S. 65-94.

Speck, J. (Hrsg.) 1980: Handbuch wissenschaftstheoretischer Begriffe, Band 1-3, Vandenhoeck & Ruprecht, Göttingen.

Staehle, W.; *Sydow*, J. (Hrsg.) 1991: Managementforschung, Bd. 1, de Gruyter, Berlin, New York.

Starr, M.; *Zeleny*, M. 1977: MCDM - State and Future of the Arts, in: dies. 1977, Multiple Criteria Decision Making, Amsterdam, S. 5-29.

Stegmüller, W. 1970: Probleme und Resultate der Wissenschaftstheorie und Analytischen Philosophie, Bd. II, Theorie und Erfahrung, erster Halbband: Begriffsformen, Wissenschaftssprache, empirische Signifikanz und theoretische Begriffe, Springer, Berlin, u.a.

— 1979: The Structuralist View of Theories, A Possible Analogue of the Bourbaki Programme in Physical Science, Springer, Berlin, u.a.

— 1983: Probleme und Resultate der Wissenschaftstheorie und Analytischen Philosophie, Bd. I, Erklärung, Begründung, Kausalität, Springer, Berlin, u.a., 2. verbesserte und erweiterte Auflage.

— 1985: Probleme und Resultate der Wissenschaftstheorie und Analytischen Philosophie, Bd. II, Theorie und Erfahrung, zweiter Teilband: Theorienstrukturen und Theoriendynamik, Springer, Berlin, u.a., 2. korrigierte Auflage.

— 1986: Probleme und Resultate der Wissenschaftstheorie und Analytischen Philosophie, Bd. II, Theorie und Erfahrung, dritter Teilband: Die Entwicklung des neuen Strukturalismus seit 1973, Springer, Berlin, u.a.

Stigler, G. 1939: Production and Distribution in the Short Run, in: Journal of Political Economy, Vol. 47, 1939, S. 305-327.

Stigler, G.; *Becker*, G. 1977: De Gustibus Non Est Disputandum, in: American Economic Review, Vol. 67, No. 2, March 1977, S. 76-90.

Streim, H. 1975: Heuristische Lösungsverfahren - Versuch einer Begriffsklärung, in: Zeitschrift für Operations Research, Bd. 19, 1975, S. 143-162.

Ströker, E. 1989: Wissenschaftsphilosophische Studien, Frankfurt.

Strotz, R. 1955/56: Myopia and Inconsistency in Dynamic Utility Maximization, in: Review of Economic Studies, Vol. 23, S. 165-180.

Sukale, M. (Hrsg.) 1990: Sprache, Theorie und Wirklichkeit, Lang, Frankfurt a. M. u. a.

Suppes, P. 1954: Some Remarks on Problems and Methods in the Philosophy of Science, in: Philosophy of Science, 21, 1954, S. 242-248.

— 1957: Introduction to Logic, New York, u.a.

— 1967: What is a Scientific Theory? in: Morgenbesser, S. (Hrsg.), Philosophy of Science Today, New York, S. 55-67.

Tarski, A. 1935: Der Wahrheitsbegriff in den formalisierten Sprachen, in: Studia Philosophica I (Leopoldi, 1935), S. 261-405.

Taylor, F. 1914: Die Betriebsleitung, (Übersetzung von: Shop Management, New York, 1911), Berlin, 3. Auflage.

Taylor, R. 1984: Behavioral Decision Making, Scott, Foresman and Company, Glenview, Illinois.

Teichmann, H. 1971: Der Stand der Entscheidungstheorie, in: Die Unternehmung, 2, S. 127-147.

Thaler, R. 1980: Toward a Positive Theory of Consumer Choice, in: Journal of Economic Behavior and Organization, Vol. 1, 1980, S. 39-60.

Thorndike, E. L. 1911: Animal Intelligence: Experimental Studies, Macmillan, New York.

Tietzel, M. 1981: "Annahmen" in der Wirtschaftstheorie, in: Zeitschrift für Wirtschafts- und Sozialwissenschaften 101, S. 237-265.

Turnovsky, S. 1973: Production Flexibility, Price Uncertainty and the Behavior of the Competitive Firm, in: International Economic Review, June 1973, S. 395-413.

Tversky, A.; *Kahneman*, D. 1987: Rational Choice and the Framing of Decisions, in: Hogarth, R.; Reder, M. (Hrsg.) 1987a, S. 67-94.

Ueding, G. 1995: Klassische Rhetorik, Beck, München.

Ulrich, P.; *Hill*, W. 1979: Wissenschaftstheoretische Grundlagen der Betriebswirtschaftslehre, in: Raffée H., Abel, B. 1979, S. 161-190.

Vester, F. 1988: Leitmotiv vernetztes Denken, Heyne, München, 2. Auflage 1989.

Walras, L. 1954: Elements of Pure Economics or the Theory of Social Wealth, engl. Übersetzung von Eléments d'économie politique pure ou théorie de la richesse sociale, Rouge/Pichon, Lausanne/Paris, 1900, durch W. Jaffé, Irwin, Homewood, Illinois, 2. Auflage 1965, Faksimile 1981, London.

Walter-Busch, E. 1991: Entwicklung von Leitmotiven verhaltensorientierten Managementwissens, in: Staehle, W.; Sydow, J. 1991, S. 347-399.

Weber, M. 1922: Gesammelte Aufsätze zur Wissenschaftslehre, herausgegeben von J. Winckelmann, Mohr, Tübingen, 4. Auflage 1973.

Weick, K. 1977: Enactment process in organizations, in: Staw, B.; Salancik, G. 1977, New directions in organizational behavior, St. Clair Press, Chicago, S. 267-300.

Weiner, B. 1979: A Theory of Motivation for Some Classroom Experiences, in: Journal of Educational Psychology, 1979, Vol. 71, S. 3-25.

— 1988: Motivationspsychologie, (dt. Übersetzung von Human Motivation, 1980), Psychologie Verlags Union, München, Weinheim, 2. Auflage.

Weingartner, P. 1980: Wahrheit, in: Speck 1980, Bd. 3, S. 680-689.

Weingartner, P.; *Czermak*, H. (Hrsg.) 1983: Erkenntnis- und Wissenschaftstheorie: Akten des 7. Internationalen Wittgenstein-Symposiums, 22. bis 29. August 1982, Hölder-Pichler-Tempski, Wien.

Weizsäcker, C. C. v. 1971: Notes on Endogenous Change of Tastes, in: Journal of Economic Theory, Vol. 3, S. 345-372.

— 1984: The Influence of Property Rights on Tastes, in: Zeitschrift für die gesamte Staatswissenschaft (JITE), Vol. 140, S. 90-95.

Wendel, H. J. 1992: Radikaler Konstruktivismus und Konstruktionismus, in: Journal for General Philosophy of Science, 1992, Vol. 23, S. 323-352.

Wenturis, N.; *Van hove*, W.; *Dreier*, V. 1992: Methodologie der Sozialwissenschaften, Francke, Tübingen.

Werbik, H. 1978: Handlungstheorien, Kohlhammer, Stuttgart.

West, E.; *McKee*, M. 1983: De Gustibus Est Disputandum: The Phenomenon of "Merit Wants" Revisited, in: American Economic Review, Vol. 73, No. 5, December 1983, S. 1110-1121.

Whorf, B.L. 1956: Sprache, Denken, Wirklichkeit, in: Krausser, P., Beiträge zur Metalinguistik und Sprachphilosophie: Rowohlt, Reinbek b. Hamburg, 1963.

Wiener, N. 1948: Cybernetics: Control and communication in the animal and the machine, M.I.T. Press, Cambridge, Mass.

Williamson, O. 1990: Die ökonomischen Institutionen des Kapitalismus, Übersetzung von: The Economic Institutions of Capitalism, Mohr, Tübingen.

Willke, H. 1987: Systemtheorie: Eine Einführung in die Grundprobleme, Stuttgart und New York.

Wilson, T. P. 1973: Theorien der Interaktion und Modelle soziologischer Erklärung, in: Arbeitsgruppe Bielefelder Soziologen (Hrsg.): Alltagswissen, Interaktion und gesellschaftliche Wirklichkeit, Reinbek, S. 54-79.

Winston, G. 1989: Imperfectly Rational Choice - Rationality as the Result of a Costly Activity, in: Journal of Economic Behavior and Organization, Vol. 12, 1989, S. 67-86.

Wittgenstein, L. 1960: Philosophische Untersuchungen, Frankfurt.

Wright, G. v. 1974: Erklären und Verstehen, Athenäum, Frankfurt.

Wuchterl, K. 1992: Lehrbuch der Philosophie: Probleme - Grundbegriffe - Einsichten, Haupt, Bern und Stuttgart, 4. überarbeitete Auflage.

Zadeh, L. 1965: Fuzzy Sets, in: Information and Control, Vol. 8, 1965, S. 338-353.

Zimmerli, W. Ch. 1987: Wandelt sich die Verantwortung mit dem technischen Wandel? in: Lenk, H.; Ropohl, G.: Technik und Ethik, Reclam, Stuttgart, S. 92-111.

— 1988: Ethik der Wissenschaften als Ethik der Technologie. Zur wachsenden Ethik in der gegenwärtigen Wissenschaftsforschung, in: Hoyningen-Huene, P.; Hirsch, G.: Wozu Wissenschaftsphilosophie? Positionen und Fragen zur gegenwärtigen Wissenschaftsphilosophie, de Gruyter, Berlin, New York, S. 391-418.

Zimmerli, W. Ch. 1989: Geisteswissenschaften, in: Seiffert; Radnitzky 1989, S. 88-101.

Zimmermann, H.-J. 1985: Fuzzy set theory and its applications, Kluwer-Nijhoff Publishing, Boston u.a.

Autorenverzeichnis

Sachwortverzeichnis